Hermann Rohleder

Die Masturbation

Eine Monographie für Ärzte, Pädagogen und gebildete Eltern

Hermann Rohleder

Die Masturbation

Eine Monographie für Ärzte, Pädagogen und gebildete Eltern

ISBN/EAN: 9783845743585

Erscheinungsjahr: 2012

Erscheinungsort: Bremen, Deutschland

www.unikum-verlag.de | office@unikum-verlag.de

Hermann Rohleder

Die Masturbation

Eine Monographie für Ärzte, Pädagogen und gebildete Eltern

Die Masturbation.

Eine Monographie für Ärzte, Pädagogen und gebildete Eltern.

Von

Dr. med. Hermann Rohleder.

Mit Vorwort

von

Geh. Oberschulrath Prof. Dr. phil. H. Schiller - Leipzig,
früher Gymnasialdirektor in Giessen.

Motto:
„Die Krankheiten der Gesellschaft können ebensowenig als die Krankheiten des Körpers verhindert oder geheilt werden, ohne dass man offen von ihnen spricht."
Johann Stuart Mill.

Zweite verbesserte Auflage.

Berlin W. 35.
FISCHER'S MEDICIN. BUCHHANDLUNG, H. KORNFELD.
1902.

Die Schrift des Herrn Dr. med. H. Rohleder behandelt ein unerfreuliches und düsteres Kapitel des Jugendalters. Die Pädagogik entzieht sich, wie man ihr ja auch nicht verübeln kann, gerne seiner Kenntnisnahme; denn die Bekämpfung und Beseitigung dieses verbreiteten Übels ist äusserst schwierig, und der Einfluss der Schule kann sich nur sehr vorsichtig im Verein mit dem Elternhause und dem Arzte geltend zu machen suchen. In der delikaten Natur des Fehlers und seiner Feststellung und Behandlung liegt es begründet, dass alle diese Faktoren nur schwer sich zu gemeinsamer Thätigkeit vereinigen lassen. Der tiefere Grund ist aber in der meist bestehenden Unkenntnis über die Verbreitung und die Verderblichkeit des Übels zu suchen; denn die Zahl der Pädagogen und der Ärzte, vollends der Eltern ist klein, die über diese Frage ausreichende Erfahrung besitzen.

Dieser Unkenntnis oder wenigstens dieser mangelhaften Kenntnis will Herr Dr. Rohleder durch seine Schrift Abhilfe schaffen, und bei der grossen Wichtigkeit der Frage für Eltern, Ärzte und Lehrer ist nur zu wünschen, dass sein Buch in diesen Kreisen eine recht grosse Verbreitung erlange. Bestehen auch noch manche Meinungsverschiedenheiten über Ausdehnung und richtige Bekämpfung, so können diese doch nur allmählich überwunden werden, wenn alle Beteiligten ihr Interesse der Frage zuwenden, und dazu wird ihnen das vorliegende Buch wertvolles Material und eine kräftige Anregung bieten.

Giessen, 7. Juli 1898.

Geh. Oberschulrat

Prof. Dr. H. Schiller.

Vorwort zur I. Auflage.

Das vorliegende Werk, welches ich hiermit der Öffentlichkeit übergebe, bedarf, wie ich glaube, keiner Rechtfertigung seines Erscheinens. Denn eine Monographie über die Onanie ist meines Wissens in Deutschland in letzter Zeit überhaupt noch nicht erschienen, ja, „eine Litteratur über die Onanie existiert als solche nicht," sagt Fürbringer in seiner Randnote unter dem Artikel „Onanie" in der Realencyklopädie der gesamten Heilkunde von Eulenburg. II. Aufl. Man fragt sich unwillkürlich: Woran liegt dies? Etwa an der Unwichtigkeit, welche die Onanie im Leben, in der ärztlichen Praxis spielt? Doch sicherlich nicht. Denn jeder Kenner einschlägiger Verhältnisse wird zugeben, dass die Onanie eine ungeheure Verbreitung — leider — gefunden hat. Um so gerechtfertigter muss es erscheinen, wenn in einer Monographie einmal die nötige Aufklärung über diese geschlechtliche Unart, ihr Wesen, ihre Bedeutung, ihre Ursachen und Folgen für den körperlichen Gesamtorganismus, ihre Verhütung und ihre Heilung gegeben wird. Wissenschaftlich-theoretische, wie ärztlich-praktische Studien mit der Onanie bestimmten mich, das vorliegende Buch zu verfassen und in einer, wie ich hoffe, für den praktischen Arzt und auch den Erzieher unserer Jugend nutzbringenden Weise zu bearbeiten. Wenigstens glaube ich, dass manchem Kollegen, der mitten in der Praxis steht, des öfteren schon eine umfassende Belehrung über die Onanie erwünscht gewesen wäre. Ich unternehme es daher, in diesem Buche das meines Erachtens auch für die tägliche Praxis Wissenswerteste aus dem Kapitel der „Onanie" niederzulegen, und hoffe, vielen Kollegen eine erwünschte Gabe geboten zu haben.

Es soll dies Werk fürs erste dem ärztlichen Praktiker und Erzieher einmal einen Einblick gestatten in die ungeheure Bedeutung, die die Onanie im alltäglichen Leben spielt, ihm ein Bild geben von ihrer Verbreitung; .wie von dem krankhaften Triebe, dem Hang zur Onanie Tausende und Abertausende unserer Mitmenschen beherrscht werden. Anderseits soll es ihn befähigen, den Onanisten als solchen zu verstehen und nicht gleich, wie es meist geschieht, den Stab über ihn zu brechen, als Abscheu und Auswurf von Gesittung ihn zu betrachten, endlich soll es ihn — das Wichtigste! — in den Stand setzen, aus allgemeinen Symptomen, ans dem Wesen und Gebahren des Onanisten, das meist ja entschieden geleugnete Laster zu erkennen, um vor allen Dingen wirksam dagegen einzuschreiten, denn der Arzt soll es in erster Linie sein, der den Lehrer, die Eltern, den Vormund, kurz die Erzieher unserer Jugend aufmerksam macht auf die vorliegende geschlechtliche Unart und die Mittel zur Bekämpfung derselben an die Hand giebt.

Ursprünglich hatte ich das Werk nur für die Bedürfnisse des Arztes allein bestimmt, daher der medizinische Charakter, die Schreibweise des Buches. Da ich aber vom Interesse der Sache, die dasselbe vertritt, und von der zwingenden Notwendigkeit der Kenntnisnahme der Masturbation von Seiten der Erzieher tief durchdrungen bin, habe ich dasselbe völlig umgearbeitet und die Interessen der Erzieher, sowohl Lehrer wie gebildeter Eltern genügend berücksichtigt. Denn der Kernpunkt des ganzen Werkes, das Punktum saliens desselben ist, zu zeigen, dass die beste Prophylaxe der Onanie wie aller sexueller Laster des Lebens in einer vernunftgemässen Erziehung zur Selbstbeherrschung, zur sexuellen Enthaltsamkeit liegt. Dass vorzüglich die Lehrerschaft, nicht aber die Geistlichkeit dabei beteiligt ist, ist auch die Ansicht anderer, gewiss von wahrer Religiosität beseelter Autoren. So meint auch Ribbing, dass Arzt und Erzieher das erste Wort hier mitzusprechen haben, und für die Mitglieder des geistlichen Standes es ganz unmöglich ist, eine Frage, wie die unsere, nach allen Seiten zu beurteilen.

Es richtet sich das Buch an die Adresse von sittlich gereiften Männern, die voll und ganz den Zweck desselben verstehen werden. Um unser Laster mit all' seinen Schattenseiten zu schildern, durfte daher nicht zurückgeschreckt werden selbst vor Vorführung von Beispielen gemeinster sittlicher Verworfenheit. Doch „es ist das traurige Vorrecht der Medizin, dass sie beständig die Kehrseite des menschlichen Lebens, menschliche Armseligkeit und Schwäche schauen muss. Pflicht und Recht der medizinischen Wissenschaft zu diesen Studien erwächst ihr aus dem hohen Ziel aller menschlichen Forschung und Wahrheit.“ (v. Krafft-Ebing, Psychopathia sexualis.) Dass ich dennoch einen, dem Zweck der Sache angemessenen Ton in der Darstellung eingeschlagen habe, wird mir wohl Jeder zugeben.

Wer die Schwierigkeit der Abfassung eines umfangreichen Manuscriptes in den Mussestunden nach angestrengter ärztlicher Berufsarbeit kennt, wird mir für hin und wieder auftretende Wiederholungen, die ausserdem ferner in der Natur der Sache begründet sind, die hierfür erbetene Nachsicht nicht schlichtweg versagen. Hierzu kommt noch, dass die Literatur über unser Thema so auserordentlich zerstreut ist und deren Titel oft so wenig wie nur irgend etwas mit der Onanie im Zusammenhang zu stehen scheinen, dass nur Derjenige, der die Sachverhältnisse kennt, die Schwierigkeit der Beschaffung und des Studiums der einschlägigen Literatur verstehen wird. Ich habe es daher nicht für wertlos gehalten, sämtliche, mir zu Gebote gestandene Literatur am Eingange des Buches anzuführen.

Habent sua fata libelli. Möge diesem Werke, dessen einziger Zweck ist, Nutzen zu verbreiten, ein gütiges Geschick beschieden sein, möge es eine Lücke ausfüllen in der Literatur und Aufnahme finden in jenen Kreisen, für die es bestimmt ist, um anzuregen zur Mitbekämpfung jener verheerendsten aller Volksseuchen und dadurch beitragen zur Besserung bei dem Erziehungswerke unserer Jugend, zur Erhaltung eines grossen Teiles unserer Volkskraft.

Leipzig, Ende Juni 1898.

Dr. Rohleder.

Vorwort zur II. Auflage.

Nach 3 Jahren hat sich eine zweite Auflage des vorliegenden Werkes nötig gemacht, ein Beweis, dass dasselbe wohl notwendig war und eine Lücke in der Literatur der Vita sexualis des Menschen ausfüllt. Zuschriften von Ärzten und Patienten haben mich bestimmt, in meinem Bestreben, der Bekämpfung der Masturbation in Schrift und Wort, fortzufahren. Rückhaltslos war die Anerkennung der Notwendigkeit des Buches in ärztlichen Kreisen. Etwas geteilter war die Aufnahme in pädagogischen Kreisen, wenn auch der grösste Teil der Pädagogen als auf meiner Seite stehend sich zeigte, so bin ich doch hier und da auf Widerstand gestossen, wie das ja bei dem Stoffe in der Natur der Sache gelegen ist, meist aus dem Grunde, weil man glaubte, ich wolle, „dass die Erziehung ihre Weisungen von der Medizin zu empfangen habe und zwar in der Schule durch den Schularzt". (Referent aus dem Beiblatt der allgemeinen deutschen Lehrerzeitung 1899, 2.) Dies zeigt mir, dass ich missverstanden worden bin, obgleich ich ausdrücklich hervorgehoben, dass von irgend welcher Bevormundung der Lehrerschaft durch den Schularzt absolut nicht die Rede sein könne, und dass allein eine erfolgreiche Bekämpfnng des Lasters in der Schule mein Ziel sei, die das gemeinsame Wirken von Schulärzten und Lehrern erforderlich macht. Doch diese teilweise Befehdung meiner Ausführungen war pädagogischerseits vorauszusehen. Mit Recht sagt die Preussische Schulzeitung (Okt. 1898) in der Besprechung meines Buches: „Man wird seine Ausführungen bekämpfen. Es würde der Sache dienen." Wo kein Kampf, da kein Sieg. Der grösste Teil, auch der Pädagogen, ist von der Notwendigkeit meiner Ausführungen überzeugt, ein Ansporn mehr für mich, auf dem beschrittenen Wege fortzufahren und für die Steuerung des Übels in der hier niedergelegten Weise zu plädieren.

Die Literatur über die Masturbation, die wissenschaftliche Bearbeitung derselben hat in der Zwischenzeit leider herzlich wenig Fortschritte gemacht. Nur hier und da sind in Fachzeitschriften der verschiedensten Art kleine Beiträge veröffentlicht worden, die bei dieser Auflage berücksichtigt sind. Ich war bemüht, überall die bessernde Hand anzulegen.

Wenn dem einen Referenten meine Darstellung zu ausführlich, dem Anderen wieder zu kurz erschien, so bedenke man, dass das Werk

1. eine monographische Gesamtdarstellung der Masturbation nach jeder wissenschaftlichen Seite hin sein soll.

2. dass es für Ärzte, Pädagogen und wie diese Auflage, auch für gebildete Eltern bestimmt ist, welcher Aller Interesse ich, da sie an der Ausrottung des Übels besonders beteiligt sind, berücksichtigen musste, denn mit Recht verlangt Dettweiler (Zeitschrift für das Gymnasialwesen 1899, 4. Heft) auf dem Titelblatt vorliegenden Werkes den Zusatz „und für Eltern."

So möge auch die neue Auflage ebenfalls freundliche Aufnahme finden und in Schule und Haus, öffentlich und in der Familie den Weg zur wirksamen Bekämpfung des Lasters zeigen und beitragen zum Verständnis, zur Erweckung des Interesses an dieser so wichtigen Frage. „Mögen daher die Eltern, die Erzieher, die Lehrer und die Vertreter der Medizin sich vereinigen, um den Kampf gegen dieses Übels gemeinsam zu führen, welches die Grundlagen des Wohlstandes der Gesellschaft und des Staates ergreift, indem es das körperliche und geistige Wohlsein vieler Menschen von Kindheit an erschüttert, die Initiation in dieser ernsthaften That muss uns, den Ärzten, gehören." (Schmuckler, Archiv für Kinderheilkunde 1898).

Leipzig, Dezember 1901.

Dr. Rohleder.

Inhaltsverzeichnis.

Literatur.

Adler, Onanie und Schularbeiten. Zeitschrift für praktische Ärzte 1898, S. 64.

Arndt, Die Neurasthenie, Wien und Leipzig 1883.

Arnould, Nouveaux Éléments d'Hygiène: Hygiène scolaire, 2e édition. Paris 1889.

Bach und Eulenburg, Schulgesundheitslehre, Berlin 1889.

Bachus, G., Über Herzerkrankungen bei Masturbanten. Deutsches Archiv für klin. Medizin 1895, 2 u. 3.

Baginsky, Handbuch der Schulhygiene. 2. Aufl. Stuttgart 1883.

Baraduc, De l'ulceration des cicatrices récentes symptomatiques de la nymphonmanie et de l'onanisme, Paris 1872.

Beard, Die sexuelle Neurasthenie, ihre Hygiene, Ätiologie, Symptomatologie und Behandlung. Herausgeg. von Rockwell. 2. Aufl. Deutsche Ausg. Leipzig und Wien 1890.

Beaver, Daniel B. D., Archiv of ophthalmoskopie XV, 1886.

Behrend, Über die Reizung der Geschlechtsteile, besonders über die Onanie bei ganz kleinen Kindern und die dagegen anzuwendenden Mittel. Jahrbuch f. Kinderkrankheiten. 1860, 33. S. 321—329.

Benedikt, Elektrotherapie, Wien 1868.

Benedikt, Neurosen des Harn- und Sexualapparates, Internationale klinische Rundschau. 1890.

Bensemann, Walter, Public school und Gymnasium. Karlsruhe 1893.

Berard, Rapport sur l'enseignement de la gymnastique dans les lycées (Annales d'Hygiène, 1854, 2e série, tome I p. 415 ff.).

Berger, Oscar, Archiv für Psychiatrie, Bd. 6, 1876.

Blache, Quelques faits de masturbation chez les enfants en bas âge. (Tribune méd. 6. févr. 1876.)

Blanc, Considérations médico-philosophiques sur quelques points de l'éducation des enfants. Paris 1869.

Blaschko, Syphilis und Prostitution vom Standpunkt der öffentlichen Gesundheitspflege. Berlin 1893.

Bonnafont, Traité pratique des maladies des oreilles et de l'audition. 2. édit. Paris 1873.

Börner, Praktisches Werk von der Onanie. Leipzig 1780.

Bouchut, Hygiène de la première enfance, 3. édition. Paris 1885.

Bourbon, de l'influence du coit et de l'onanisme sur la production des paralysies, Paris 1857. Thèse.

Bouveret, Die Neurasthenie. 2. Auflage. Deutsch von Dornblüth, Wien und Leipzig 1893.

Sebastian Brant, Die Prostitution auf der grossen Berliner Kunst-Ausstellung 1895.

Braun, Ein weiterer Beitrag zur Heilung der Masturbation durch Amputation der Clitoris und der kleinen Schamlippen. (Wiener Klinische Wochenschrift 1866, XVI.)

Braun, G., Medizinisch-physiologische Annalen, 1869.

Burdach, Traité de physiologie, Paris 1839, tome V. p. 29.

Cabot, Follen (americ. med. surg. bullet. 1. Nov. 1894.

Campbell, H. F., The infertility of women, the nervous system in sterility, some of the reguirements of tractement. Transactions of the Amer. Gyn. Society. Philadelphia 1888.

Campbell, W. M., A case of sterility. Med.-chir. Journal. Liverpool 1882.

Casper, Leopold, Impotentia et sterilitas virilis, München 1890.

Charcot et Magnan, de l'inversion du sens genital. (Archives de neurologie 1882.)

Chopart, Maladies des voies urinaires, 2e édition. Paris 1821.

Christian, Dictionnaire encyclopaedique des sciences méd. Paris 1881, XVI.

Celsus, de medicina, liber VII, cap. 25.

Civiale, Traité pratique des maladies des organes génito-urinaires. 3e édit. Paris 1858—60.

A. C. Clark u. H. E. Clark, Neurektomie zur Verhütung der Onanie. Lancet 23. Sept. 1899.

Cohn, H., Augenkrankheiten bei Masturbanten, Archiv für Augenheilkunde, XI, 1882.

Cohn, Lehrbuch der Hygiene des Auges. Wien 1892.

Cohn, Was kann die Schule gegen die Masturbation der Kinder thun. Referat, dem 8. internationalen hygienischen Kongress zu Budapest erstattet. Berlin 1894.

Curschmann, Die funktionellen Störungen der männlichen Genitalien. (Handbuch der speciellen Pathologie und Therapie von Ziemssen, Bd. 9, II. Leipzig 1875.)

Decaisne, La machine à coudre et la santé des ouvriers (Annales d'Hygiène. 1870. tome XXXIV, p. 334).

Denacé, Journal de méd. de Bordeaux 1856.

Deslandes, De l'onanisme et des autres abus vénériens considérés dans leurs rapports avec la santé. Paris 1835.

Devay, Hygiène de familles. 2e édit. 1858. p. 572 ff.

Doussin-Dubreuil, Lettres sur les dangers de l'onanisme. Paris 1825.

Doussin-Dubreuil, Des égarements secrets ou de l'onanisme chez les personnes du sexe. Paris 1828.

Dühren, Eugen, Das Geschlechtsleben in England mit bes. Beziehung auf London. (H. Barsdorf) Charlottenburg 1901.

Dühren, Eugen, Der Marquis de Sade und seine Zeit. Studien zur Geschichte des menschlichen Geschlechtslebens. H. Barsdorf, Berlin u. Leipzig 1900.

Ellis, Geschlechtstrieb und Schamgefühl. Deutsch von Julia E. Kötscher unter Redaktion von Dr. med. Max Kötscher. Leipzig, Wiegand 1900.

Erb, Krankheiten des Rückenmarks. 2. Aufl. Leipzig 1878. (Handbuch der spez. Pathol. und Therapie von Ziemssen 11. Band.)

Eulenburg, Lehrbuch d. Nervenkrankheiten. Band 2. Berlin 1878.

Fleischmann, Über die Onanie und Masturbation bei Säuglingen. Wiener med. Presse XIX, 15, 2. 1878.

Fonssagrives, Hygiène élémentaire des malades, des convalescents et des valétudinaires, 3 éd. Paris 1881.

Fonssagrives, L'éducation physique des garçons. Paris 1870.

Fournier, H., de l'onanisme. Causes, dangers et inconvenients pour les indivus, la famille et la société. Remèdes. 5e éd. Paris 1893.

Frank, System einer medizinischen Polizey. 1780.

Fuchs, Alfred, Purkersdorf. Therapie der anomalen Vita sexualis bei Männern. Stuttgart 99. Ferd. Enke.

Fürbringer, Artikel „Onanie" in Eulenburg, Realencyklopaedie der gesamten Heilkunde. 2. Aufl., Bd. 14, 1888.

Fürbringer, Die Störungen der Geschlechtsfunktionen des Mannes in Nothnagels Spezielle Pathologie und Therapie, XIV, 3. 2. Aufl. Wien. 1901.

Gallard, La gymnastique et les exercises corporels dans les lycées (Annales d' Hygiène 1869, 2e série, tome XXXI).

Garnier, L'onanisme seul et à deux 1883.

Griesinger, Pathologie und Therapie der psychischen Krankheiten. 1861.

Gruner, Chr. Otto, Dissertatio de masturbatione. Jenae 1784.

Guibout, Annales d'Hygiène 1867, tome XXVIII.

v. Gyurkovechky, Pathologie und Therapie der männlichen Impotenz, Wien und Leipzig 1889.

Hagen, Albert, Die sexuelle Osphresiologie 1901.

Hagenbach, Journal of nervous and mental diseases.

Hartmann, Ed. v. Philosophie des Unbewussten. Berlin.

Hammond, Sexuelle Impotenz beim männlichen und weiblichen Geschlecht. Deutsche Ausgabe v. Leo Salinger. Berlin 1889.

Hegar, Alfred. Der Geschlechtstrieb. Eine sozial-medizinische Studie. Stuttgart 1894.

Henoch, Lehrbuch der Kinderkrankheiten.

Hippocrates, de morbis, II.

Hirschsprung, Erfahrungen über Onanie bei kleinen Kindern. Berliner klinische Woschenschrift 1866, Nr. 38.

Hirth, Pathologie und Therapie der Nervenkrankheiten. 2. Auflage. Wien und Leipzig 1894.

Hörschelmann, Zur Frage der sexuellen Hygiene 1899. No. 39 bis 41.

Hufeland, Macrobiotik, Leipzig Reclam.

Hösslin, Abschnitt: Ätiologie und Symptomatologie im Handbuche der Neurasthenie v. Franz Karl Müller, Leipzig 1898.

Huschke, M. C., De masturbatione, Jena 1788.

Hyrtl, Topographische Anatomie. 7. Auflage 1882, II. Band, Seite 141 ff.

Hyrtl, Lehrbuch der Anatomie. 20. Auflage, Wien 1889.

Jahrbuch für Kinderheilkunde, 1885, 1889.

Jeannel, J., De la prostitution publique dans les grandes villes etc. 2e édit. Paris 1874.

Journal des sages-femmes 16. Août 1880, Déformations vulvaires produites par la masturbation, le Saphisme.

Jolly, in Ziemssens Handbuch 12, 2 1887.

Kaula, De la spermatorrhée, Paris 1846.

Kaula, Clinique médico-chirurg, p. 189.

Knies, Die Beziehungen des Sehorgans zu den übrigen Krankheiten des Körpers. Wiesbaden 1893.

Koblank, Einige klinische Beobachtungen über Störungen der physiologischen Funktionen der weiblichen Geschlechtsorgane. Berliner klin. Wochenschrift S. 827.

Kornfeld, Centralblatt für Gynäkologie. 1888, XII, 19.

Kraepelin, E., Psychiatrie, 4. Auflage, 1893.

v. Krafft-Ebing, Psychopathia sexualis, 11. Auflage, Wien 1901.

v. Krafft-Ebing, Neue Forschungen auf dem Gebiete der Psychopathia sexualis, II. Auflage, Stuttgart 1891.

Laker, Über eine besondere Form von verkehrter Richtung des weiblichen Geschlechtstriebes; Archiv für Gynäkologie, 1885.

Lallemand, Des pertes séminales involontaires. Paris 1836—1842.

Leblond et Bouvier, Manuel de gymnastique hygiénique et médicale. Pariss 1877.

Leyden, Artikel: Tabes dorsalis in Eulenburg, Realencyklopädie der gesamten Heilkunde. 2. Auflage, Bd. 19, 1889.

Loimann, Über Onanismus beim Weibe. Therap. Monatshefte Apr. 1890 S. 165.

Lombroso, Geschlechtstrieb und Verbrechen in ihren gegenseitigen Beziehungen, Goldammers Archiv, Band 30.

Lombroso, Der Verbrecher. Übersetzt von Fränkel, p. 110 ff.

Lombroso u. Ferrero, Das Weib. Übersetzt von Kurella 1894.

Löwenfeld, Pathologie und Therapie der Neurasthenie und Hysterie, Wiesbaden 1894.

Löwenfeld, Die nervösen Störungen sexuellen Ursprungs, Wiesbaden 1891.

Mantegazza, Antropologisch-Kulturhistorische Studien über die Geschlechtsverhältnisse des Menschen. Übersetzung. Jena 1886.

Mantegazza, Physiologie der Liebe, Übersetzung. Jena.

Mantegazza, Hygiene der Liebe, Übersetzung. Jena.

Martineau, Leçons sur les deformations vulvaires et anales produites par la masturbation, le saphisme etc. Paris 1884.

Mauriac, Article „Onanisme" im Nouveau dictionnaire de médecine et de chirurgie pratiques, Paris 1877 tome XXIV, pag. 495—539.

du Mesnil, Article „Gymnastique" im Nouveau dictionnaire de médecine etc. Paris 1873, tome XVII, pag. 135 ff.

Moll, Die conträre Sexualempfindung. 3. Auflage. Berlin 1899.

Moll, Das nervöse Weib, 1897, Berlin.

Moll, Untersuchungen über die Libido sexualis I/II Berlin, Fischers med. Verl. 1898.

Moraglia, Die Onanie des Weibes. Zeitschrift für Criminalanthropologie I, 6.

Moraglia, Neue Forschungen auf dem Gebiete der weibl. Kriminalität, Prostitution und Psychopathie. Samml. kriminal-anthrop. Vorträge I. 3.

Moreau, Paul, Des aberrations du sens génésique. 3e édit. Paris 1893.

Morel, Traité des dégénérescenses physiques, intellectuelles et morales de l'espèce humaine. Paris 1857.

Müller, Paul, Die Unfruchtbarkeit der Ehe. Stuttgart 1885.

Parent-Duchâtelet, De la prostitution dans la ville de Paris. 3e édit. Paris 1857.

Peyer, Alex., Der unvollständige Beischlaf. Stuttgart 1890.

Peyer, Alex., Magenleiden bei männlichen Genitalleiden, Volkmanns Sammlung klinischer Vorträge, Nr. 356 (1890).

Ploss, H., Das Weib in der Natur- und Völkerkunde. 4 Aufl. von Bartels. 1895.

Pozzo, Gazette médic. ital. lomb. et Gazette méd. de Paris, 31. juillet 1875.

Pouillet, De l'onanisme chez la femme. Cinquième édition. Paris.

Pouillet, Étude médico-physio logique sur l'onanisme chez l'homme, précédée d'une introduction sur les autres abus genitaux Paris 1883.

Pouillet, Sur les formes, les causes, les signes, les conséquences et le traitement de l'onanisme chez la femme. 4e édit. Paris. 1884.

Puschmann, Zur Prostitutionsfrage. Wiener klinische Wochenschrift 1894, Nr. 21.

Réti, Sexuelle Gebrechen, deren Verhütung und Heilung. Wien und Leipzig 1895.

Ribbing, Seved, Die sexuelle Hygiene und ihre ethischen Konsequenzen. 3 Vorlesungen. Aus dem Schwedischen von Reyher. 5. Aufl., 1892.

Richard, David, Histoire de la génération chez l'homme et chez la femme, 2e édit. Paris 1888.

Rider, Étude médicale sur l'équitation. Paris 1870.

Rohleder, H., Die krankhaften Samenverluste, die Impotenz und die Sterilität des Mannes. Zum Gebrauch für die ärztliche Praxis, Leipzig 1895.

Rohleder, H., Vita sexualis Nr. 1 u. 2.

Rohleder, H. Die Stellung der Krankenpflege zur Masturbation. Zeitschrift für Krankenpflege No. 5 u. 6. 1899.

Rohleder, H. Vorlesungen über Sexualtrieb und Sexualleben des Menschen. Berlin. Fischer, 1901.

Rohleder, H. Die Prophylaxe bei funktionellen Störungen des männlichen Geschlechtsapparates. Supplement III zum Handbuch der Prophylaxe von Nobiling und Jankau. München. Seitz und Schauer 1901.

Rozier, Des habitudes secrètes ou de l'onanisme chez les femmes. Deuxieme édition. Paris 1825.

Rosenbach, Geschichte der Lustseuche im Altertum, 5. Auflage. Halle 2892.

Rosny, Coffin de la nature outragée par les écarts de l'imagination ou nouveau traité de l'onanisme et guide philosophique pour la jeunesse. Paris 1813.

J. J. Rousseau, Emile.

J. J. Rousseau, Confessions.

Rozier, Des habitudes secrètes ou de l'onanisme chez les femmes. 3e édit. 1830, Paris.

Salzmann, Ch. G., Über die heimlichen Sünden der Jugend. Leipzig 1799.

Saulle, Legrand du, les Hysteriques, état physique et mental, actes insolites, délictieux et criminels. Paris 1883.

Serieux, Recherches cliniques sur les anomalies de l'instinct sexuel, Paris 1888.

Simon, Traité d'hygiènè appliqué à l'éducation de la jeunesse. Paris 1827, p. 164 ff.

Schiller, Geh. Oberschulrat u. Prof. in Giessen, Handbuch der praktischen Pädagogik, 3. Auflage 1894.

Schmuckler, Die Onanie im Kindesalter. Archiv für Kinderheilkunde. Stuttgart 1898 XXV.

Schulz, Karl, Theod. Neue Bahnen im Geschlechtsverkehr Arends und Mossner. Berlin 1901.

Scholz, Prostitution und Frauenbewegung. Leipzig 1897.

v. Schrenk-Notzing, Die Suggestionstherapie bei krankhaften Erscheinungen des Geschlechtssinns etc. Stuttgart 1892.

v. Schrenk-Notzing, Zur psychischen- und Suggestivbehandlung der Neurasthenie, Berlin 1894.

Steingiesser, Sexuelle Irrwege, Berlin 1901. S. 240—245.

Schwartz, Aloyse, Dissertation sur les dangers de l'onanisme et les maladies qui en résultent. Thése inaugurale. Strassburg 1815.

Tardieu, Étude médicolégale sur les attentats aux moeurs. 7e édit. Paris 1878.

Tarnowsky, B., Die krankhaften Erscheinungen des Geschlechtssinns. Berlin 1886.

Thompson, Traité pratique des maladies des voies urinaires. 2e édit. Paris 1888.

Thompson, Leçons cliniques. Paris 1889.

Tissot, de l'onanisme ou dissertation sur les maladies produites par la masturbation. Lausanne 1760. — Oeuvres complètes. Paris 1809, tome III.

Torggler, Wiener Klin. Wochenschr. 1889, 28.

Ultzmann, Potenz, Neuropathie des Harn- und Geschlechtsapparates in Wiener Klinik 1879 u. 1885.

Ultzmann, Art. Impotenz in Eulenburg Realencyklopädie II. Aufl. Bd. VII.

Vitray, Bouché de, Quelques considérations sur l'hygiène dans les maisons d'éducation. Paris 1874, pag. 40 ff.

Vogel, Unterricht für Eltern und Kinderaufseher, wie das unglaublich gemeine Laster der zerstörenden Selbstbefleckung am sichersten zu verhüten und zu heilen.

Vogel, Alfred, Lehrbuch der Kinderkrankheiten. Herausgegeben v. Biedert, 10. Auflage, Stuttgart 1890.

Voisin, Article „Hérédité" im Nouveau dictionnaire de méd. et de chir. pratiques Paris 1873, tome XVIII.

Voisin, article „Epilepsie" im Nouveau diction. de méd. etc. Paris 1879, tome XVII.

Weber-Liel, Monatsschrift für Ohrenheilkunde XVII, 9 1883.

Weir-Mitchell, Behandlung gewisser Formen von Neurasthenie und Hysterie. Deutsche Übersetzung. Berlin 1887.

Weisse, Dissertatio de signis manustuprationis certerioribus, Erfordiae 1792.

Wiesner, Reflex cough due Masturbation report of cases west. M. Rev. Lincoln Nebr. 1898, 437.

Zippe, Stehlsucht eines Onanisten. Wiener mediz. Wochenschrift 1878, 28.

Einleitung.

„Auf zwei Rädern rollt die Welt, das eine die Liebe, das andere das Geld“, singt schon ein alter indischer Dichter. Und soweit die Geschichte zurückzuforschen vermag in die graueste Vorzeit bis auf den heutigen Tag, immer wieder ertönt in allen Variationen das „Lied der Liebe“. Mag der Mensch auch noch so sehr in seinem Seelenleben einem höheren Ideale zustreben, selbst das schier unermesslich geistige Genie bleibt doch Mensch mit tierischen Attributen, zu deren grössten die Liebe in ihrer sinnlichen Leidenschaft, dem Geschlechtstriebe, gehört. Mit dunklem Drange zur Zeit der Pubertätsentwickelung beginnend, erwacht derselbe, allmählich immer stürmischer und heftiger werdend, zum klaren Bewusstsein, und erhebt dann den Menschen auf eine Stufe mit allen anderen Kreaturen. Ungestüm drängt dieser unwiderstehliche Trieb zur fleischlichen Vereinigung mit dem andern Geschlecht, den Mann zum Verkehr mit dem Weibe, das Weib zum Verkehr mit dem Manne. Nur die Vernunft ist das unterscheidende Moment zwischen dem Triebe beim Menschen und dem beim Tiere. Jene seelischen Beziehungen, die nur in e i n e m Wesen des andern Geschlechts, nicht im gesamten Geschlecht wurzeln, veredeln und adeln diesen Trieb beim Menschen und erheben ihn zu einem bestimmenden sittlichen Faktor unseres Handelns.

Der ursprüngliche, eigentliche und alleinige geschlechtliche Trieb des Menschen zu einem Individuum des andern Geschlechts, zur Vereinigung mit demselben ist von einer solchen Stärke und Bedeutung, wie sie nur den allerwenigsten Menschen, nicht nur Laien, selbst Ärzten, zum Bewusstsein kommt. v. Krafft-Ebing hat nachgewiesen, wie die sexuellen Triebe die Urquelle der höchsten Tugenden sind, wie alles Ideale, Schöne und Gute, Kunst, Poesie, Religion, selbst Staatsformen und Einrichtungen in ihren letzten Ausläufern in sexuellen Gedanken wurzeln. „Was wäre die bildende Kunst ohne sexuelle Grundlage! In der sinnlichen Liebe gewinnt sie jene Wärme der Phantasie, ohne die eine wahre Kunstschöpfung nicht möglich ist, und in dem Feuer sinnlicher Gefühle erhält sich ihre Glut und Wärme. Damit begreift sich, dass die grossen Dichter und Künstler sinnliche Naturen sind."

Und dieser Geschlechtstrieb ist ein dem Menschen innewohnender, ihm gleichsam schon bei der Geburt, nur schlummernd, mitgegeben, der erst durch die Entwickelung des Körpers in den Jahren der Geschlechtsreife und durch die hierdurch bedingte Reizung der Geschlechtsorgane zum Leben erwacht. Wohl rechnet schon der grosse Philosoph Eduard v. Hartmann in seiner „Philosophie des Unbewussten" den Geschlechtstrieb, d. h. den Trieb der geschlechtlichen Befriedigung durch Coitus per vaginam, zu einem im Menschen liegenden und ihm angeborenen Instinkt. Das Wirken des Unbewussten ist es, dass die Geschlechtsteile zusammenpassend bildet und als Instinkt zur richtigen Benutzung treibt. Sehr bezeichnend für diesen Philosophen ist die Schlussfolgerung, worin er sagt: Die Liebe verursacht mehr Schmerz als Lust. Die Lust ist nur illusorisch. Die Vernunft würde gebieten, die Liebe zu meiden, wenn nicht der Geschlechtstrieb wäre, also wäre es am besten, wenn man sich kastrieren liesse. Auch Schopenhauer huldigt in seinem Werke: „Die Welt als Wille und Vorstellung" (3. Aufl. Bd. 2, pag. 586) dieser pessimistischen Anschauung nur, dass er in seinen Schlussfolgerungen nicht soweit geht, wie v. Hartmann. Und wahrlich, wohl der Menschheit, solange ihr noch der Geschlechtstrieb und die Liebe von Natur eingepflanzt, als „Instinkte angeboren" sind, vorausgesetzt, dass die Liebe und die ihr zu Grunde liegende Sinnlichkeit auf normalen Bahnen, in den Grenzen der Norm und vor allen Dingen auf den Wegen, die die Natur ihr gezeigt, wandelt, dann ist diese sinnliche Liebe gleichsam das Welt erhaltende und regierende Band. Nicht beklagen dürfen wir uns, dass der allmächtige Schöpfer den Menschen bei seiner ausserordentlich hohen geistigen Entwickelung in dieser sinnlichen, von jeglicher Vernunft losgelösten Liebe auf einen Standpunkt mit dem Thier gestellt hat, hier gereicht uns das Thierische zur Ehre. Die von Tolstoi in seiner „Kreuzersonate“ dargelegten Reformvorschläge zur Verbesserung des Menschengeschlechts durch Abstreifung der Sinnlichkeit würden den Niedergang des Menschengeschlechts bedeuten, es würde den Rückgang antreten und auf eine Stufe zurückkehren, die gleichbedeutend wäre mit einem Leben, wie das Tier es führt.

Doch leider gerät auch der Geschlechtstrieb auf Abarten der verschiedensten Art, Abarten und Abwege, welche nicht dem natürlichen Zweck des Geschlechtstriebes, der Fortpflanzung, dienen, sondern die nur dazu angethan sind, den Sinnesreiz des überreizten und entnervten Kulturmenschen und Wollüstlinges zu kitzeln. Zu all diesen sexuellen Abarten, die Réti zusammenfassend in seinem Werke: „Die sexuellen Gebrechen, deren Verhütung und Heilung vom Standpunkt des praktischen Arztes beleuchtet,“ in kurzen Skizzen packend geschildert hat, gehört auch jene geschlechtliche Unart, der das vorliegende Werk gewidmet ist, **die Onanie, die Selbstschändung;** jenes am eigenen Körper begonnene Laster, welches teils in der schlechten und verkehrten Erziehung der Jetztzeit, teils im erkrankten und überreizten Nervensystem, teils in krankhaften Zuständen der verschiedensten Art u. a. m. seinen Grund hat. Die vorliegenden Blätter mit ihren, aus dem Leben entnommenen Beispielen werden zeigen, wie tief der Mensch durch diese abnorme, krankhafte Bethätigung des Geschlechtssinns, durch die Onanie, zu sinken vermag. Sie werden dem Leser ein Gebiet vor Augen führen, das ihm bisher meist ein terra incognita war, dessen Kenntnisnahme selbst den gereiften Mann mit Abscheu erfüllt, in ein Gebiet grösster sittlicher Verworfenheit und Verkommenheit, das andrerseits aber den Leser nicht nur mit Schaudern erfüllen soll, sondern das frei machen soll von traditionellem Vorurteil, um selbst nach Kräften mitzuarbeiten an der Hebung und Verbesserung jener Hauptklasse unserer unglücklichen Mitmenschen, die der Onanie verfallen, der Jugend; mitzuwirken durch eine vernunftgemässe Erziehung derselben, denn uns Ärzte (und ebenso die Erzieher, die Pädagogen) müssen, wie Gyurkovechky (nach dem Vorbilde Max Nordaus) sich ausdrückt, „konventionelle Lügen“ nicht zurückschrecken, im Interesse der Wissenschaft einerseits, im Interesse der leidenden Menschheit andrerseits. Leopold Casper, ein Berliner Arzt, sagt in seiner „Impotentia et sterilitas virilis,

München 1890“, dass das sexuelle Leben, des Menschen, das mit Freimut zu besprechen, eine falsche Scheu bestanden habe, in seinen Alterationen vor das Forum des Arztes gehöre.

Es ist nun bezeichnend für deutsche Art und Denkungsweise, dass das Kapitel der Onanie als eines anstössigen und angeblich das Sittlichkeitsgefühl verletzenden, noch nie, wenigstens in letzter Zeit, eine öffentliche, wissenschaftliche, monographische Darstellung in Deutschland erfahren hat. So sagt Réti, loc. cit. Seite 23: „Onanie gehört zu denjenigen Gebrechen der Menschheit, über die man nicht gerne spricht. Man will über diese Erscheinung der menschlichen Schwäche stillschweigend zur Tagesordnung übergehen. Die Sache ist jedoch von solch' bedeutender Art und ungeheurer Tragweite, dass es ein Verbrechen wäre, wenn der berufene Hüter der Gesundheit des Menschen, der Arzt, dem beliebten Vertuschungssystem beipflichten würde. Zumeist ist es falsch angebrachte Prüderie, augenverdrehende Heuchelei, angebliches Sittlichkeitsgefühl, welches diese grossen, das Wohl unserer Kinder beherrschenden Fragen als Vergehen gegen den guten Anstand und gute Sitte betrachten, und demgemäss bei jeder Gelegenheit unterdrücken, wenn Jemand über diese menschliche Verirrung ein offenes Wort sprechen wollte. Alte Weiber, Frömmler und Heuchler, rufen alle Schrecken der Hölle über den Verwegenen, der es in ihrer Gesellschaft wagen sollte, auch nur eine Andeutung über die weitverbreitete Onanie und ihre Verhinderung zu machen. Solche scheinheiligen Gemüter ärgern sich auch freilich darüber, dass die Kinder nackt geboren werden, und dass unsere Frauen nicht, gleich den Türkinnen, mit verhülltem Antlitze einhergehen. Wohlgemerkt ist diese Prüderie in den meisten Fällen nur der Deckmantel ihres eigenen verderbten Lebenswandels, und es ist Thatsache, dass die Onanie in diesen scheinheiligen, augenverdrehenden Kreisen ihre meisten Jünger findet.

Über diese Gebrechen muss man jedoch offen und rückhaltlos sprechen, und die üble Art, mit der man diesen entschieden peinlichen Fragen ausweicht, ist zu verpönen. Durch das Lesen eines Werkes über Onanie ist noch nie Jemand Onanist geworden; das Gegenteil ist jedoch oft der Fall und die meisten Onanisten schrecken vor der ferneren Ausübung dieses Lasters zurück, wenn die verderblichen Folgen desselben klargelegt werden.“

Bis zum Jahre 1894 wurde selbst in hochgelehrten medizinischen

Gesellschaften und Congressen die Onanie nie mit auf die Tagesordnung gesetzt, sodass der bekannte hochverdiente Ophthalmologe Professor Dr. Hermann Cohn in Breslau als erster in einem Vortrage: „Was kann die Schule gegen die Masturbation der Kinder thun" auf dem 8. internationalen hygienischen Kongress zu Budapest 1894 diese so wichtige Frage einer öffentlichen Besprechung unterzog und ausrufen konnte: „Ich gebe zu, dass ein gewisser Mut dazu gehört, eine uralte, immer nur übertünchte Wunde endlich einmal öffentlich aufzureissen und eine dem heutigen Standpunkt ärztlicher Ansichten entsprechende Behandlung zu versuchen. Aber ein solcher Mut ist nötig, denn mit der bisherigen Vogelstrausspolitik ist hier nichts zu erreichen." Passierte es doch dem Verfasser, dass, als er behufs Studien zum vorliegenden Werke zu machen, von einer deutschen Universitätsbibliothek ein französisches Werk über die Onanie forderte, ihm als Arzt vom leitenden Bibliothekar der medizinischen Abteilung, einem alten Professor der Medizin, mit etwas verächtlichem Lächeln und Seitenblick bedeutet wurde, derartige „anstössige" Sachen besitze die Bibliothek nicht. (!) Ganz im Gegensatze hierzu ist unser Nachbarvolk jenseits der Vogesen dasjenige gewesen, welches diese so ausserordentlich wichtige und brennende, in gewissem Sinne entschieden sociale Frage als erstes einer eingehenden medizinisch-wissenschaftlichen Bearbeitung unterzog und bis in die neueste Zeit hinab pflegte, während, wie schon in der Vorrede bemerkt, Fürbringer in seinem Artikel „Onanie" in der Realencyklopädie der gesamten Heilkunde von Eulenburg sagen muss: „Eine Literatur über die Onanie existiert als solche nicht." Es ist dies um so bedauernswerter, als die Bekämpfung der Onanie zu einem gewichtigen Kapitel der Schulhygiene herangewachsen ist, das nicht nur für Arzte, nein, in erster Linie auch mit für Lehrer und Erzieher jeglicher Art unserer Jugend, besonders für Eltern von grösster Bedeutung geworden ist. Woher aber soll den Lehrern und Eltern Kenntnis hierüber werden, wenn selbst der Arzt von dieser, in erster Linie doch rein medizinischen Angelegenheit, keine Ahnung hat?

Wie der junge Mediziner, bevor er in die Praxis tritt, auf der Universität einerseits so Manches hat lernen müssen, was er in seiner späteren Praxis überhaupt nie wieder verwerten kann, das nur als totes, eingepauktes Zeug den Kopf bis zum Examen beschwert, um dann desto schneller auf Nimmerwiedersehen zu verschwinden, so bringt er andrerseits überhaupt nicht alle jene Kenntnisse mit, die bei Ausübung der täglichen Praxis nötig, ja unbedingt erforderlich sind. Es liegt dies daran, dass die Universitäten mit ihren Einrichtungen und bei dem in ihnen obwaltenden Studiengange noch weit zurückreichen in die Vorzeit und nur allmählich und langsam den Fortschritten und praktischen Bedürfnissen der Gegenwart sich anzupassen vermögen, so dass sie wohl den wissenschaftlichen Anforderungen entsprechen, aber nicht dem, was sie auch sein sollen, Bildungsstätte für praktische Ärzte, in denen die Letzteren so vorgebildet werden sollen, dass sie den Anforderungen, welche die tagtägliche Praxis an sie stellt, gewachsen sind. Ja, selbst von manchen tagtäglich vorkommenden krankhaften und abnormen Zuständen hat der junge Arzt, wenn er von der Universität kommt, keine Ahnung. Zu diesen letzteren gehört auch das gesamte Gebiet der funktionellen Genitalstörungen, die Kenntnis des Geschlechtstriebes und dessen Perversitäten, somit auch die Onanie. Wohl weiss jeder Arzt nun, was Onanie ist, aber von der Verbreitung, ihren Gefahren und Folgen für den Gesamtorganismus und die einzelnen Organe, von der Beurteilung der Masturbanten und der auf aetiologischer Basis begründeten Behandlungsweise der Onanie hat er ebensowenig wie der Laie eine Ahnung und wahrlich, es ist ihm diese Unkenntnis nicht anzurechnen. Denn woher soll er Kenntnis hierüber gesammelt haben? Auf der Universität hat er darüber jedenfalls nichts gehört und wird gar einmal von einem einsichtigen Vater an ihn das Ansuchen gestellt, ihm in der Bekämpfung der Onanie seines Sohnes oder seiner Tochter behilflich zu sein, so weiss er sich bei Leibe keinen Rat. Er versucht sich hierüber zu unterrichten, aber wo soll er es? Steht hierüber etwa etwas in einem Lehrbuche über Geschlechtsleiden oder in einem solchen über spezielle Pathologie? Kaum oder nur ganz vereinzelt selten, und dann gewöhnlich nur mit dürftigen Worten abgespeist. Es ist traurig, dass, abgesehen von einzelnen Artikeln, z. B. dem Fürbringerschen in der Eulenburgschen Realencyklopädie oder dem Rétischen in genanntem Werke, welche unser Thema kurz behandeln, kein Werk von ärztlicher, wissenschaftlicher Seite zur Verfügung stand, worin er als Arzt hätte eingehendere Belehrungen schöpfen können, und es ist hoch an der Zeit, dass hier einmal offen jegliche Prüderie abgestreift wird, und frei und unumwunden, — sans phrase — an erster Stelle den Ärzten die Augen geöffnet werden, damit sie Einblick erhalten, welch ungeahnte Verbreitung die Onanie im gesamten Volke, von den obersten Ständen bis herab zu den untersten Schichten der Gesellschaft gefunden hat, wie sie zu einer wahren Volksseuche geworden ist, deren Bekämpfung jedem wahren Menschenfreunde am Herzen liegen muss.

Wie ich in meinen Werken „Die krankhaften Samenverluste, Leipzig Konegen 1895, und Vorlesungen über Sexualtrieb, Berlin Fischer 1901“ gezeigt habe, ist der Geschlechtstrieb, dieser mächtige Impuls in unserm Kampfe ums Dasein, ein Attribut des gesunden, normal veranlagten Menschen, welchem Triebe in Schranken der Mässigkeit und auf natürlichem Wege sich hinzugeben, ein Erfordernis jedes sexuell gesunden, geschlechtsreifen Menschen ist, während der übermässige Geschlechtstrieb und seine übermässige Befriedigung, sei es nun auf natürliche oder unnatürliche Weise für jeglichen, und sei es auch für den von der Natur mit allen Vorzügen des Körpers und Geistes ausgestatteten Organismus, auf die Dauer nur von schädlichen Folgen begleitet sein kann. Die Gesamtkörperkonstitution, die geistigen und moralischen Fähigkeiten des Betreffenden werden durch geschlechtliche Ausschweifungen natürlicher oder unnatürlicher Art geschwächt. Dieser schädigende Einfluss tritt um so eher und schärfer hervor, wenn, wie bei der Onanie, durch unnatürliche Mittel auf künstlichem Wege eine Überreizung der Genitalien, eine hochgradige Erregung des Rückenmarks, der geistigen Centren hervorgerufen wird, wie sie normaliter nur beim Begattungsakte stattfinden. Da die Onanie in erster Linie hervorgerufen ist durch den Geschlechtstrieb, die geschlechtliche Begierde, so ist nicht zu verwundern, dass sie auch in der Zeit, wo die geschlechtlichen Begierden im Leben am höchsten gestiegen, am meisten stürmische Befriedigung verlangen, ihren Gipfelpunkt erreicht, auch am meisten ausgeübt wird, d. i. in der Jugend, in der Pubertätszeit, in einer Zeit, wo es auch nur zu erklärlich ist, wenn der Jüngling, das heranwachsende Mädchen nicht Willensstärke und Willenskraft genug besitzen, um den auf sie einstürmenden heftigen Leidenschaften zu widerstehen und so dem sinnlichen natürlichen Triebe zur Onanie unterliegen. Nicht blos in den untersten Schichten der Bevölkerung, sondern in allen Klassen der Gesellschaft richtet die Onanie in diesem Alter ihre grässlichen Verheerungen an, Beweis genug dafür, dass die Erziehung bezüglich dieses Punktes bisher absolut nichts gethan hat, sondern, seien wir offen, im Gegenteil — leider — immer bestrebt gewesen ist, aus falscher Prüderie diesen „wunden Punkt" mit dem Deckmantel der Schamhaftigkeit zu umhüllen, anstatt seiner als wichtigen Faktors in der individuellen Entwickelung des Einzelnen zu gedenken, um den sich entwickelnden Organismus zu bewahren vor den Schäden, die ihm durch die im Stillen betriebene Onanie zugefügt werden.

Und wie ungeheuer wichtig ist es, dass gerade in dieser Entwickelungszeit, die nicht allein körperlich, auch geistig bestimmend ist für das spätere Schicksal des Menschen, das erwachende Geschlechtsleben, durch eine, in diesem Punkte vernünftige Erziehung geregelt, in richtige Bahnen geleitet wird, vernünftige Aufklärung über sexuelle Dinge gegeben wird!

Glücklich Derjenige, der in dieser Zeit eine derartige, für das gesamte spätere Leben bestimmende Erziehung von seiten der Eltern oder Erzieher genossen.

Diese, die Pubertätszeit, ist bei beiden Geschlechtern, sowohl beim männlichen wie beim weiblichen, eine so scharf gekennzeichnete Lebensepoche, eine Zeit der Ausbildung von so tief einschneidender Bedeutung für die gesamte weitere Existenz des Individuums, dass ein völlig normaler Ablauf derselben von höchster Wichtigkeit ist, und Staat und Schule, Elternhaus und fremde Erzieher alles daran setzen sollten, um den normalen Ablauf in dieser Zeit der Entwickelung nicht zu stören, um dieser Entwickelungsperiode ihren physiologischen Charakter zu bewahren. Dazu gehört aber auch, dass die normalen Anschauungen über die naturgemässe Ausbildung und Funktionierung der Genitalien in dieser Epoche dem sich entwickelnden Jüngling oder der Jungfrau zur Kenntnis gelangen und übermässige geschlechtliche Ausschweifungen durch straffe Erziehung wieder in richtige Bahnen gelenkt werden, ja dass die jungen Leute überhaupt nicht auf Abwege und geschlechtliche Verirrungen irgend welcher Art gelangen, deren Folgen oft ganz unabsehbar sind. Wie mancher junge Mann hat so z. B. durch übermässig betriebene Onanie, durch geschlechtliche Ausschweifungen und Orgien während dieser Entwickelungszeit sein geistiges Vermögen derartig geschwächt und untergraben, dass er seine Carrière aufgeben musste, dass er nicht erreichte, was sein Lebensziel war, was der grösste Wunsch seiner Eltern und Angehörigen, was seine gute frühere Veranlagung von Natur aus ihm vorgezeichnet! Die Erziehung soll in dieser Lebensepoche nicht bloss eine Erziehung im gewöhnlichen Sinne sein, sondern eine Erziehung zur Selbstbeherrschung soll in dieser Lebenszeit angestrebt werden. „Sich zum Rechten zu gewöhnen, ist der Inbegriff der ganzen Moral und zugleich der Seelendiätetik". (v. Feuchterleben.)

Ein völlig normaler, nicht gestörter Ablauf der Pubertätszeit macht aber nicht nur in moralischer, auch in körperlicher Hinsicht seine Einflüsse geltend, er ist es, der den Körper stählt und kräftigt, eine feste und unerschütterliche Gesundheit ihm verleiht, ihn panzert und wappnet, um den Kampf ums Dasein im Mannesalter, resp. in der Blütezeit mit vollständiger Energie aufnehmen zu können, und so zur Gründung einer eigenen Existenz verhilft. Wie ganz anders hingegen, wo jahrelange Onanie oder geschlechtliche Ausschweifungen oder geschlechtliche Krankheiten in dieser Entwickelungszeit des Organismus körperliche und geistige Kräfte zerrütteten, das Nervensystem derartig erschütterten, dass ein hypochondrischer, hochgradig nervöser Mensch, mit Genitalneurosen behaftet, durch sexuelle Erkrankungen, geschwächt in die Blütejahre seines Lebens, ins Mannesalter eintritt! Fürwahr, das geschlechtliche Leben, die Entwickelungszeit haben, wie hieraus schon zu ersehen, einen ungeheuren, ungeahnten Einfluss auf den Organismus, und dass geschlechtliche Ausschweifungen einen deletären, oft auf Kind und Kindeskind sich fühlbar machenden hereditären Einfluss auszuüben vermögen, ist nur zu bekannt, als dass ich dies hier noch des weiteren ausmalen sollte.

Obgleich also die Schädlichkeit der Selbstbefleckung selbst dem Laien auf den ersten Blick einleuchtet, ist es umso unverständlicher, wenn besonders in neuerer Zeit wieder von einigen Autoren die Unschädlichkeit der Masturbation gepredigt wird. In Deutschland hält der jenensische Psychiater Binswanger noch daran fest, er hält die Masturbation nicht für die Ursache der Neurasthenie. Noch weiter geht Havelock Ellis, der in seinem Werke „Geschlechtstrieb und Schamgefühl", Übersetzung von Julia E. Kötzscher. Unter Redaktion von Dr. med. Max Kötzscher. Georg H. Wiegand. Leipzig 1900) die Masturbation als einen und zwar kleinen Bruchteil des Autoerotismus, d. h. einer unwillkürlichen Äusserung des Geschlechtstriebes ansieht. Das Gebiet des Autoerotismus erstreckt sich nach diesem Autor von gelegentlichen wollüstigen Träumen bis zur schamlosesten Masturbation bei Geisteskranken. Das Wort Onanie verwirft er als ungenügende Bezeichnung, da es höchstens psychologisch, aber nicht physiologisch das Wesen der Masturbation decke. Beim Kapitel Masturbation kommt er zu dem Schluss, dass mässig betriebene Masturbation bei gesunden Individuen keine verderblichen Folgen haben könne, höchtens bei neuropathisch Belasteten. Ja, er geht sogar in Übereinstimmung mit Prof. Sudduth soweit, dass er unserm Laster im normalen Geschlechtsverkehr eine beruhigende (!) Wirkung auf das Nervensystem zuschreibt. Wird nämlich kein normaler Geschlechtsverkehr gepflogen und tritt die Masturbation für denselben ein, so hat sie dieselben beruhigenden Wirkungen auf das Nervensystem wie der normale Verkehr, so stelle sich das Laster sogar als nützlich (!) heraus. Die Masturbation sei also in der Entwickelungszeit eine physiologische Notwendigkeit.

Diese Anschauungen sind natürlich völlig falsch. Warum? Weil wir als physiologisch nur jene Vorgänge beim lebenden Organismus bezeichnen, welche wir von Natur aus als normale, natürliche Erscheinungsform beobachten. Kein Mensch wird aber zugeben wollen, dass die Masturbation eine natürliche physiologische Notwendigkeit sei. Natürlich ist nur die Libido sexualis, die Masturbation aber nur eine der Libido entspringende Bethätigung des geschlechtlichen Dranges, die, weil der natürlichen Bethätigung desselben im normalen Coitus widerlaufend, als unnatürlich im wahrsten Sinne des Wortes bezeichnet werden darf. Als natürliche, unwillkürliche geschlechtliche Bethätigung könnte die Masturbation nur im zartesten Kindesalter, wo der Säugling, resp. das noch jugendliche Kind keine Ahnung dessen, was es thut, hat, aufgefasst werden. Hier aber hat die Masturbation auch weniger den Charakter einer geschlechtlichen Handlung, sondern mehr den des sogen. Ludelns. Wohl aber dürfte kein Kenner des Sexuallebens, nicht einmal der Laie bei älteren Kindern oder gar bei Erwachsenen die mit Bewustsein und zu dem Endzweck sexueller Befriedigung betriebene Onanie „als unwillkürliche Geschlechtsäusserung“ ansehen. Ja wie oft wird Masturbation, besonders die mutuelle, selbst ohne Libido, nur auf Anregung von seiten Anderer ausgeführt.

Doch die Masturbation ist nicht allein widernatürlich, sie ist direkt pathologisch, schädlich wirkend für den Organismus, wie wir später bei dem Kapitel „Folgen“ sehen werden. Wir haben daher durchaus keinen Grund, von der von Pädagogen und Ärzten allgemein anerkannten Schädlichkeit des Lasters, die überall in Schrift und Wort genügend zum Ausdruck kommt, abzuweichen. Im Gegenteil, die Schädigungen der Masturbation sind ausserordentlich weitgehende, sich zeigend sowohl individuell, am Einzelnen, als auch social, in Familien und Generationen, in der ganzen Jetztzeit, besonders in der Jugend. Unser nervöses Zeitalter ist wirklich nicht allein die Folge der immer stärker werdenden Konkurrenz und der damit verbundenen grösseren Anspannung und Aufbietung aller Kräfte auf allen Gebieten des immer erbitterter geführten Kampfes ums Dasein, sondern es ist zum nicht geringsten Teile auch die Folge der kolossal schädigenden Einflüsse, welchen das Genitalsystem im Laufe der geschlechtlichen Entwickelung und nach derselben bei vielen unserer Mitmenschen ausgesetzt ist. (Näheres siehe Rohleder, Vorlesungen über Sexualtrieb und Sexualleben). Der Jüngling und erwachsene Mann wird durch die Masturbation nur zu frühzeitig zum Greise, der Greis zu frühzeitig zum Grabe geführt. Dass hiermit nicht zu viel gesagt ist, zeigt sich für den, der, zumal in der Grosstadt lebend, das geschlechtliche Leben und Treiben unserer Zeit beobachtet. Wer gelernt hat zu beobachten und zu sehen — und welcher praktische Arzt hätte nicht hierzu tagtäglich mannigfache Gelegenheit — den wird oft tiefes Mitleid erfassen mit jenen Unglücklichen, die vom Anfang der geschlechtlichen Entwickelung an unter dem Banne des frevelhaften Lasters stehend, sich nicht wieder aufraffen können zur Selbstbeherrschung und Ermannung und jahrelang, oft zeitlebens an den Folgen dieser hochgradigen Masturbation laborieren. Verfasser steht durchaus nicht auf dem Standpunkte jener Moralprediger, welche den Geschlechtstrieb und sämtliche geschlechtliche Ausartungen als Auswüchse der menschlichen Natur, oder wie diese Herren vielmehr wollen, der menschlichen Unnatur, als tierisch bezeichnen. Er weiss sehr wohl die Bedeutung des Geschlechtstriebes zu würdigen, weiss, welche Rolle das Geschlechtsleben im Menschenleben spielt, dass nur „Geld und Liebe beherrschen der Welten Getriebe“, aber er glaubt, dass aus den obigen Thatsachen für jeden denkenden Menschen der Schluss folgt, dem gesamten Volke, dem Einzelnen eine bessere Erziehung und Gesundheitslehre zu vermitteln, ihm die nötige Belehrung über die sexuellen Verhältnisse zu geben, um zukünftige Generationen in dieser Beziehung zu einem vernünftigen, auf Wissen begründeten Handeln zu befähigen. Der Staat als gesetzgebende Körperschaft, die Lehrer und Eltern als Erzieher unserer Jugend sind hierbei ebenso beteiligt wie der Arzt, er aber ist als medizinischer Sachverständiger in erster Linie berufen, Klarheit über diesen Punkt allen Diesen zu bringen, ihnen Anleitung zu geben, um mit den geeignetsten Mitteln allen geschlechtlichen Untugenden, zuvörderst der Onanie, entgegentreten zu können, dieses an der Wurzel unserer Volkskraft so im Geheimen nagende, aber desto schwerer zu bekämpfende Übel zu verhindern. Nur Urteilslosigkeit und Scheinheiligkeit bezüglich sexueller Dinge einerseits, andererseits aber tief eingewurzelte Prüderie und falsches Schamgefühl werden bestreiten, dass dies mein Verlangen, möglichst weite Aufklärung in Wort und Schrift über Onanie und deren Bekämpfung in die Kreise der dabei Interessierten zu bringen, ohne jede Verletzung der wahren Sittlichkeit erfüllt werden kann.

Es sollen in erster Linie Ärzte, Lehrer und Erzieher unserer Jugend befähigt sein, diese Dinge

1. sachlich beurteilen zu können
2. beizutragen, dass eine richtige Erkenntnis über diese Übel dem Volke immer tiefer zum Bewusstsein komme und sie desto energischer bekämpft werden.

Dies ist das Ziel, das ich mit diesen Zeilen mir gesteckt habe. Um diesem angestrebten Ziele möglichst nahe zu kommen, habe ich folgenden Plan des Werkes in Aussicht genommen.

Es soll

I) eine genaue Definition des Lasters und eine kurze geschichtliche Einleitung gegeben, dann das Wesen der Onanie und ihre Verbreitung behandelt werden;

II) das Werk den Leser aufklären über die verschiedenen Ursachen, die der Onanie zu Grunde liegen können;

III) soll es die bei der Onanie vorkommenden krankhaften Befunde, soweit man überhaupt von solchen sprechen kann,

IV) die Folgen des Lasters vor Augen führen,

V) den Leser in den Stand setzen, das Laster zu erkennen und

VI) demselben wirksam entgegen zu treten, resp. überhaupt den Ausbruch desselben zu verhindern suchen.

Die Gruppierung des Werkes ist daher folgende:

Definition, Arten, Wesen etc. der Onanie.

I) Ursachen der Onanie (Aetiologie)
   a) pathologische, im Körper liegende Ursachen.
   b) Gelegenheitsursachen von aussen.

II) Krankhafte Körperbefunde bei der Onanie (Pathologie).

III) Folgen der Onanie.

IV) Zeichen der Onanie (Diagnose).

V) Vorhersage der Onanie. (Prognose).

VI) Behandlung der Onanie. (Therapie) und zwar:
   a) Vorbeugung derselben (Prophylaxe).
   b) Eigentliche Behandlung der vorhandenen Onanie (Therapia sensu stricto).

Definition.

Das Wort „Onanie" ist altbekannt, und wird allerorts auf dem ganzen Erdenrunde verstanden. Unter Onanie versteht man diejenige Verirrung des Geschlechtstriebes, bei welcher die äusseren Schamteile nicht wie beim Coitus durch Vereinigung und Friktion der männlichen und weiblichen Genitalien, sondern durch Manipulierung mit den Händen, — resp. blosse Gedankenunzucht — bis zur Ejaculation, zur Ausspritzung des Spermas, beim weiblichen Geschlecht bis zum höchsten Gipfel geschlechtlicher Erregung, gereizt werden, entweder allein durch die Hände, oder durch irgend welche Instrumente. Findet diese geschlechtliche Erregung blos durch Erhitzung der Phantasie mit wollüstigen Bildern statt, so spricht man auch wohl von „geistiger Onanie". Meist ist die Onanie eine körperliche und geistige zugleich. Als „Onanie im weiteren Sinne" kann man jene geschlechtliche Unart auffassen, wo durch Reizung der eigenen Geschlechtsteile an den Geschlechtsteilen anderer Personen gleichen Geschlechts oder durch sogenannte Gedankenonanie Ejaculation, resp. geschlechtliche Erregung hervorgerufen wird, während Coitus in os etc. meiner Meinung nach nicht mehr in das Gebiet der Onanie fällt, sondern als zur sexuellen Psychopathologie gehörig zu betrachten ist, die in meinen Vorlesungen über Sexualtrieb etc. später behandelt werden wird.

Woher kommt der Name Onanie? Ein englischer Autor, Bekkers in London hat ihn abgeleitet von Onan dem Starken, von dem das alte Testament in der Genesis (1. Buch Moses, Kap. 38, 9) folgendermassen berichtet: „Da aber Onan wusste, dass der Same nicht sein eigen sein sollte, wenn er sich zu seines Bruders Weib legte, liess ers auf die Erde fallen und verderbte es, auf dass er seinem Bruder nicht Samen gebe.“ „Wir sehen also, es ist dies Verfahren nicht dasjenige, das wir unter dem Namen der Onanie verstehen, sondern vielmehr das, was wir als „unterbrochene Begattung (Coitus interruptus, Coitus reservatus)“ bezeichnen. Jedoch wird heute allgemein unter „Sünde Onans, le pêché d'Onan“ nicht der unterbrochene Beischlaf, sondern die Selbstschändung, die Onanie verstanden.

Es existieren vielerlei Synonymen, die ich nur des Umstandes wegen hier anführe, dass sie, falls sie event. einmal einem Leser auftauchen sollten, von demselben verstanden werden, wie „Cheiromanie“, „Manuelisation“, „widernatürliche Leidenschaft“, „Genitallaster“, „handlich ausgeübtes Laster“, „Befleckung“, „Selbstbefleckung“, „Schoossünde“, „stille Ausschweifungen“ etc. Der neben Onanie gebräuchlichste Ausdruck ist aber „Masturbation“ (von manus Hand und stuprum Schändung) also auf Deutsch etwa „Selbstschändung mit der Hand“, ein Wort, das man auch in verschiedenen Variationen, wie Manusturbation, Mastupration, Manustupration etc. manchmal zu lesen bekommt. Die Franzosen haben aus dem von den Engländern acceptierten Ausdruck Onania Onanisme gemacht, ein Wort, das zuerst von Tissot gebraucht und durch ihn in die französiche medizinische Literatur eingeführt wurde, sodass es jetzt in Frankreich allgemein gebräuchlich ist. Der Encyklopädist und allbekannte Lustspieldichter Voltaire kannte den englischen Namen Onania und hatte das Wort Onanisme von Tissot gelesen, welches ihm so gefiel, dass er für seinen Dictionaire philosophique einen Artikel „sur l'Onanisme“ schrieb, in dem er nach pikanter Erzählung der Geschichte Onans den Ursprung des Wortes Onanisme folgendermassen erklärt: „Judas hat seinen Sohn Her mit der Phönicierin Thamar verheiratet. Her starb, weil er ein schlechter Mensch gewesen war. Der alte Vater Judas wollte, dass sein zweiter Sohn Onan die Witwe heiratete. Nach einem alten Gesetz der Egypter und Phönicier sollte der Erstgeborene der 2. Ehe den Namen des Verstorbenen führen und dies wollte Onan nicht. Er hasste das Andenken seines Bruders, und um nicht Kinder zu erzeugen, welche den Namen Her tragen sollten, wird erzählt, das er seinen Samen zur Erde fallen liess. Von daher rührt es, dass man sich der Masturbation bediente, wenn man sich der ehelichen Pflicht entziehen wollte. Die Genesis erklärt uns selbst nicht diese Eigentümlichkeit. Aber was man heute allgemein als le pêché d'Onan, als Sünde Onans bezeichnet, ist der Missbrauch, die Schändung, die man mittelst der Hand an sich selbst vollführt, ein Laster, welches ebenso gebräuchlich ist bei Knaben wie bei Mädchen von hitzigem Temperament. Es ist bemerkenswert, dass das Menschen- und Affengeschlecht die einzigen sind, die diesem widernatürlichen Laster verfallen!" Soweit Voltaire. Ich werde am Ende des übernächsten Abschnittes zeigen, dass auch hierin eine bessere Kenntnis Platz gegriffen hat, dass die Ansicht Voltaires, nur die Affen seien allein unter den Tieren der Onanie ergeben, falsch ist, sondern dieselbe auch bei verschiedenen anderen Tieren beobachtet worden ist.

Zu den besten und prägnantesten Definitionen, welche im Laufe der Zeit über die Onanie abgegeben worden sind, zählt meiner Ansicht nach die, welche M. Pouillet in seinem Werk „De l'onanisme chez la femme" Paris 1876 giebt, wo er sagt: „Die Onanie ist ein widernatürliches, mit Hilfe eines körperlichen Organs (Hand, Zunge) oder mittelst irgend eines Instruments (Behälter, Büchse) oder mittelst spezieller Bewegungen vollführter Akt, zu dem Endzweck, einen geschlechtlichen Spasmus (Rutenkrampf, orgasmus) hervorzurufen, mag dieser Akt nun von einem Einzelnen, oder insgesamt mit Anderen ausgeführt werden."

Geschichtliches.

Die Onanie ist wohl ein ebenso altes Laster wie die Geschichte der Menscheit selbst alt ist, denn soweit es uns überhaupt vergönnt ist, in die graueste Vorzeit zurückzuschauen, stossen wir auch schon auf diese verderbliche traurige Angewöhnung, und schon von Alters her war man der Meinung, dass geschlechtliche Ausschweifungen, welcher Art sie auch seien, einen schädigenden Einfluss auf den menschlichen Organismus auszuüben vermochten. Es ist daher ganz unmöglich, die Zeitepoche zu bestimmen, in welcher dieses Laster auf die Tagesordnung kam. Ich glaube, dass mit der allmählichen Entwickelung des Menschengeschlechts und des in demselben ruhenden Geschlechtstriebes die menschliche Natur auch der Onanie als einer gar zu leicht möglichen und naheliegenden Verirrung, zu der durch die nur zu oft überwältigende Stärke des Geschlechtstriebes die ersten Menschen ohne Verführung von aussen her, nur Naturtrieben folgend, gebracht wurden. Was Wunder daher, dass wir schon bei den ältesten Völkern Aufzeichnungen hierüber finden.

Und so treffen wir das Laster bei allen Völkern des Altertums und der Neuzeit. Allerdings mag wohl in den allerfrühesten praehistorischen Zeiten, wo der Geschlechtssinn vielleicht noch nicht so ausgeprägt war, wo ausserdem in dem täglichen aufregenden Existenzkampfe mit der Tierwelt und der ungeheuren Schwierigkeit der Beschaffung der Lebensbedürfnisse, andererseits beim freien sexuellen Verkehr beider Geschlechter untereinander, dem Fehlen jeglicher sozialen Zustände wenig fruchtbarer Boden für ein Erstehen der Onanie dagewesen sein, doch kann dies für uns kein Interesse bieten; so lange Geschichtsforschung existiert, begegnen wir unserm Laster, und andererseits geben uns die höhere Tierwelt wie Affen, Pferde, Rinder etc., sowie die halbcivilisierten und ganz uncivilisierten Völkerschaften, bei denen die Onanie ebenfalls vorkommt, Grund genug, anzunehmen, dass die Onanie schon so alt und älter ist, als jegliche geschichtliche Forschung.

Wie erwähnt, giebt schon das alte Testament im 1. Buch Moses Aufzeichnungen vom ersten Fröhner des Lasters. Von Onan, dem Enkel Jakobs, wurde der Name abgeleitet. Es wird ferner erzählt, dass die Frauen der alten Hebräer mit Nachahmungen der männlichen Glieder sich masturbiert haben sollen, welche Priapus (wohl von Priapos, dem befruchtenden Feldgotte mit sehr grossem Schamgliede), resp. Phallus (von *φάλλος*, penis, d. i. die Figur eines männlichen Gliedes, die bei gewissen religiösen Festen herumgetragen wurde) genannt. Auch Ezechiel spricht in der Bibel zum Volke: „Ihr habt die Schmuckgegenstände, goldene und silberne Massen, welche mir gehörten, genommen und daraus männliche Glieder gemacht und mit diesen Nachahmungen gehuret.“

Auch bei den alten Griechen und Römern war die Onanie eine im Volke weit verbreitete Unsitte und den alten Schriftstellern und Ärzten nur zu bekannt. Nur einige Beispiele brauche ich anzuführen, um dies zu beweisen. So ist bekannt, dass Diogenes der Philosoph im Fasse, sich in seinem Cynismus soweit verstieg, dass er sich öffentlich masturbierte. Athen war nicht bloss die Blütestätte der Kunst und Wissenschaft, leider auch der grössten

Unsitten und Verderbnis. Die griechischen Hetären zogen nach Athen, um hier zu klassischer Berühmtheit und Berüchtigtheit zu gelangen. Ich erinnere nur an Aspasia aus Milet zur Zeit des Perikles. Dass diese griechischen laxiven Hetären mit ihrer Clitoris sich masturbierten, ist ebenfalls bekannt. Von der bekannten Sappho aus Lesbis wird erzählt, dass sie eine ausserordentlich lange Clitoris gehabt habe. Die medizinische Wissenschaft hat ihr zu Ehren für einen sexuell abnormen Zustand den Namen Saphismus gebildet. (S. Vorles. über Sexualtrieb). Und Galenus sagt in seinem Werke über den Nutzen der menschlichen Körperteile, Buch 14, beim Kapitel über die Genitalorgane, dass man damals das männliche Sperma als schädlich betrachtete, von welchem Stoffe man den Körper notwendigerweise möglich oft befreien müsse, dass man also oft zu entleeren, auszuspritzen gezwungen sei. Auch Aristophanes geisselt in seinen Lustspielen zur Genüge die Schamlosigkeit und Sittenlosigkeit, und auch die Onanie. Wie im römischen Kaiserreich unter den römischen Imperatoren Sittenlosigkeit immer mehr und mehr überhand nahm und zuletzt nicht zum geringsten Teile mit zum Untergang des römischen Weltreiches führte, ist bekannt. Ovid, Horaz, besonders aber Juvenal geisseln die zügellose Sittenlosigkeit und Verderbtheit ihrer Zeit. Die Onanie war damals ebenso verbreitet, wenn nicht noch mehr als bei uns. Noch heute kann man im Museum zu Neapel bei den Ausgrabungen von Herculanum und Pompeji gefundene, raffiniert kunstvoll ausgeführte Instrumentchen sehen, welche augenscheinlich zur Onanie von seiten der Frauen, resp. Männer des römischen Volkes benutzt wurden. Wenn nun aber Fournier in seinem Werke: „De l'onanisme, 5. édit. Paris 1892“ aus dem Vergleich der Volkskraft der Alten zu der der Unsrigen den Schluss ziehen will, dass bei den Alten die Onanie nicht so verbreitet gewesen wie bei den Modernen, so kann ich diese Ansicht nicht teilen, ich glaube vielmehr, dass die Verbreitung der Onanie zur Zeit des römischen Kaiserreichs der heutigen Verbreitung wohl in nichts nachgeben wird, denn man muss nur auch bedenken, wie Fournier selbst ganz richtig bemerkt, dass unser Organismus, unser Nervensystem infolge des total veränderten Kulturlebens, des auf das äusserste getriebenen heftigen Kampfes ums tägliche Brod einer Unmenge von schädigenden Momenten und Dingen ausgesetzt ist, von denen die Alten eben noch keine Ahnung hatten. Die Onanie als Laster hat sich seit jener Zeit auch nie verloren. Nur den blossen Naturtrieben folgend ist vom Menschen stets, von der römischen Kaiserzeit an durch das Mittelalter hindurch bis auf unsere Tage masturbiert worden. Es würde zu weit führen, weitere historische Belege hierfür anzuführen, genug, sicher ist, dass die Onanie noch nie auf dem Aussterbeetat gestanden hat, sondern ihr im Laufe der Jahrhunderte und Jahrtausende bei allen Völkerschaften der alten und neuen Welt mehr oder weniger gefröhnt worden ist, nur mit dem Unterschiede, dass mit der fortschreitenden Civilisation das ungenierte öffentliche Treiben dieser Art, seine Brutalität und Zügellosigkeit mehr gefesselt und geschlagen wurde in die Schranken und Gesetze, die die Civilisation wenigstens äusserlich dem Menschen auferlegte. Die Onanie wurde eine verhüllte, verkappte, mehr im Verborgenen betriebene, aber nichtsdestoweniger etwa, wie man vermuten könnte, geringere, schwächere, sie blieb in der Stärke ihrer Ausdehnung sich stetig gleich. Nur noch eines Beleges hierfür möchte ich gedenken, der allmählichen Entwickelung der Litteratur über Onanie.

Es ist klar, dass einem Thema von so hoher Wichtigkeit wie der Onanie, schon von früher Zeit her von seiten der Physiologen und Ärzte das grösste Interesse entgegengebracht wurde. Von jeher wurde die Liebe als das Erhabenste und Herrlichste in der Welt besungen und gefeiert. Aber umgekehrt haben sich auch von jeher hervorragende Arzte und Moralisten mit den Folgen der Ausschweifungen in der Liebe, mit den geschlechtlichen Excessen beschäftigt und sie als eine kolossale Schädigung für den körperlichen Organismus betrachtet. Schon vor mehr als 2000 Jahren entwarf der Vater der Medizin, Hippokrates (um 380 v. Chr.) in seinem Werke „de morbis“ eine für seine Zeit klassische Schilderung der Folgen geschlechtlicher Ausschweifungen, die bis in die Neuzeit als Leit- und Richtschnur in diesen Dingen galt und welche darin gipfelt, dass die Folgen derselben in Rückenmarksschwindsucht bestehen sollen. „Diese Krankheit,“ sagt Hyppokrates, „nimmt ihren Ausgang von dem Rückenmark, sie befällt die jung Verheirateten und die ausschweifend Lebenden.“ Die Genauigkeit und die Tiefe seiner Beobachtungen übertreffen bei weitem alle die seiner Nachfolger bis ins 18. Jahrhundert hinein. Seit Hippokrates haben die bedeutendsten medizinischen Schriftsteller älterer und neuerer Zeit,

Männer wie Celsus, Galen, Aretaeus, Santorini, Hoffmann, Boerhave, von Swieten, Léves, Storck, Fabrice de Hilden etc. diese Frage immer wieder beleuchtet, und man muss wohl zugeben, in der Hauptsache haben alle diese Schriftsteller nichts weiter als Erläuterungen, Aufzeichnungen und Auslegungen der hippokratischen Ansichten zu geben vermocht, ohne wesentlich Neues beizubringen. Die hippokratischen Forschungen zeigen auch von einer Genauigkeit die für die damalige Zeit, im Verhältnis zu den damaligen Hilfsmitteln zur genaueren Beobachtung, geradezu verblüffend genannt werden müssen. So sind einzelne Symptome, wie die allgemeine Abmagerung und Aufzehrung der Körperkräfte, die nervösen Dyspnoën, die Genital-Kachexie mit meisterhafter Sicherheit in kurzen Zügen gezeichnet. Hippokrates Hauptfehler war, dass er in einer irrtümlichen fehlerhaften Thätigkeit des Rückenmarks die Ursache zu erkennen glaubte, welche die Menschen zu geschlechtlichen Ausschweifungen führe. Es spielt das Rückenmark also bei Hippokrates eine ätiologisch-aktive Rolle, ja, die Hauptrolle, da nach seiner Meinung das Besitztum eines derartig fehlerhaft funktioniernden Rückenmarkes unabänderlich zu geschlechtlichen Ausschweifungen führen musste. Es herrschte also in dieser Anschauung gleichsam ein gewisser Fatalismus, eine Prädestination, die in gewissem Sinne Ursache und Wirkung verwechselt, denn das Rückenmark spielt nicht die aktive, sondern die passive Hauptrolle, das Dorsalmark ist es vorzüglich, welches hauptsächlich durch und infolge der Ausschweifung leidet, durch die übermässige, krankhafte nervöse Erregung und Überreizung als Hauptsitz der Innervation in Mitleidenschaft gezogen wird.

Die obengenannten Autoren bis zum Mittelalter hinein waren meist nur Interpretatoren der hippokratischen Meinungen und Anschauungen. Erst während des 18. Jahrhunderts, nach dem Tode Ludwigs XIV., als Ludwig XV. neben einer schandvollen äusseren Politik auch seinen Hof zum Schauplatz wildester Orgien machte, und sein Hofleben die grässlichste Maitressenwirtschaft zeitigte, wo kirchliche Würden nur der Preis ränkevoller Intriguen waren, und verdorben durch den Hof fast alle Mitglieder der höheren Geistlichkeit und des höchsten Adels ohne Glauben und Religion wie ohne Sitten sich zu den Füssen einer königlichen Maitresse wälzten, da, in dieser Verworfenheit war es, dass, als natürliche Reaktion hiergegen, eine Macht begann, sich dem entgegenzustellen, die öffentliche Meinung, die beredsamen Ausdruck fand in der Litteratur. Die Schriftsteller waren es, die Religion, Politik, Gesetzgebung, Verwaltung, Sitten und Korruption einer strengen Prüfung unterwarfen. Und dieser den öffentlichen Interessen der Nation dienende Ausdruck des Volksgedankens gab den Schriftstellern des 18. Jahrhunderts einen neuen Charakter gegenüber den früheren. Auf allen Gebieten des geistigen Lebens erfolgte in Frankreich ein gewaltiger Aufschwung, es erschien die Encyclopädie. Kunst und Wissenschaft, und nicht zuletzt die medizinische, gerieten in neue Bahnen. Die Kühnheit des Gedankens und die Freiheit der Sprache waren wie zu keiner andern Zeitepoche das Spiegelbild und der beredte Ausdruck der demoralisierten Sittenzustände und der Korruption der damaligen Zeit. In dieser Sittenkorruption, welche sich auf alle Klassen der Gesellschaft erstreckte, und wo sich das Laster nicht einmal mehr Mühe nahm, sich zu verbergen, erstand eine Litteratur, in der die Ausschweifungen und Verirrungen jener Zeit in einer bisher noch nie gehörten freien Sprache in herbster Weise gegeisselt und verurteilt wurden. Derartige Schriften die heute sehr selten geworden, überschwemmten damals Frankreich, ja die gesamte civilisierte Welt.

So gab die zügelloseste Sittenlosigkeit der damaligen Zeit auch der medizinisch-wissenschaftlichen Litteratur einen neuen Aufschwung, einer Litteratur, welche eine moralisierende Wirkung auf die damalige Zeitströmung bezweckte und auch erzielte.

Das Hauptwerk jener Zeit nach dieser Richtung hin war das berühmte Werk von Tissot: „De l'onanisme ou dissertation sur les maladies produites par la masturbation.“ Lausanne 1760, ein Werk, das in glühendsten Farben, in brillantem, geradezu klassischen Style die Folgen unseres Lasters, überhaupt sexueller Ausschreitungen der damaligen verlotterten französischen Bourgeoisie vor Augen führte, ein Werk, das trotz seiner Überhebungen und Übertreibungen der Folgen der Onanie oder vielmehr wohl auch infolge derselben ein ungeheueres Aufsehen erregte und, man kann wohl sagen, zu europäischer Berühmtheit gelangte, das viele Auflagen erlebte und von der damaligen Zeit fast verschlungen wurde. Es erschienen nun eine Reihe mehr oder weniger bedeutender französischer Werke (sie sind vorn in der „Litteratur“ mit aufgeführt), deren bedeutendstes das Werk von Simon, traité d'hygiène appliqué à l'éducation de la jeunesse, Paris 1827, und besonders das ebenfalls zur Berühmtheit gelangte Werk von Lallemand „Des pertes seminales involontaires. Paris 1836 — 1842 sind.

Diese in ihrem Grundprinzip, der Bekämpfung der Unsittlichkeit, so vorzüglichen Bücher, sind aber trotzdem voll von Unwahrheiten und Übertreibungen jeglicher Art, sie treten alle in die Fusstapfen von Tissot. Nach diesen Autoren sind die Folgen der Onanie ganz fürchterliche. Gehirn- und Rückenmarkskrankheiten wie Tabes dorsalis, progressive Paralyse, Dementia paralytica sind da meist die unabwendbaren Folgen des früheren Lasters. Doch hat die Lektüre all' dieser Werke den entschieden unableugbaren Erfolg gehabt, dass sie sittlich, moralisch wirkten und einen selbst bis auf den heutigen Tag noch verfolgbaren Eindruck hinterliessen, denn ein grosser Teil von Genitalleiden und anderen Erkrankungen wurde auf geschlechtliche Excesse zurückgeführt, durch diese Abschreckung wurde zur Moral entschieden beigetragen. Ich meine, in dieser Hinsicht hin haben alle diese französischen Werke mehr oder weniger heilsam gewirkt. Die Schatten- und Kehrseite dieser Studien war, dass die medizinische Wissenschaft, wenigstens derjenige Teil derselben, der sich mit sexuellen Dingen beschäftigte, in Misskredit kam und leider bis zum gewissen Grade auch noch bis auf unsere Zeit geblieben ist. Es ist dies umsomehr zu beklagen, als doch jeder praktische Arzt die Ursachen eines Leidens oder Lasters kennen muss, um es wirksam zu bekämpfen, zu heilen; und welcher Praktiker, der das Vertrauen der Familie geniesst, wäre nicht schon in die kritische Lage versetzt worden, den Eltern betreffs der lasterhaften Gewohnheit ihrer Kinder mit praktischen Ratschlägen zur Hand zu gehen, Gewohnheiten, zu deren Beurteilung ihm selbst jede nähere Kenntnis abgeht. Nach diesen oben besprochenen Werken sind die Schriften über unser Thema zu einer unzähligen Menge angewachsen. Aber meist sind es Schriften, die einer gewissen spekulativen Litteratur angehören, von der man leider nur bedauern muss, dass zu ihren Verfassern sich Ärzte bekennen.

Derartige Bücher und ihre Titel sind bekannt genug, als dass ich sie noch weiter anzuführen brauchte, sie sind der Grund, dass wohl nirgends heutzutage, sowohl unter Ärzten als Laien, so verschiedene Ansichten herrschen als über die Onanie und ihre Wirkung.

Auch in neuester Zeit waren es wiederum französische Ärzte, die sich mit dem Studium der Onanie beschäftigten. Besonders nennenswert von neueren Erscheinungen dieser Art sind hier Mauriac, Artikel „Onanisme et excès vénériens“ im dictionnaire de médecine et de chirurgie pratiques, Band 24, pag 425—529, und als Monographie das jetzt bereits in 5. Auflage 1893 erschienene Werk von Dr. H. Fournier: de l'onanisme etc.“, ein Werk, das, trotzdem die letzte Auflage erst im Jahre 1893 erschienen ist, besonders bezüglich der Folgen der Onanie noch derartige, völlig unwissenschaftliche, und für den jetzigen Standpunkt medizinischer Forschung völlig unbegreifbare Zerrbilder und Übertreibungen eines Tissot und Lallemand, wie Tabes dorsalis, Erblindungen, selbst Tod etc. als Folgen der Onanie enthält, dass eine Klärung im Interesse der Sache, das wahre Wesen der Onanie zu erkennen, wirklich Not that. Dies letztere verdanken wir hauptsächlich deutschen Forschern.

Hatten wir bisher auch noch keine monographische Darstellung der Onanie aufzuweisen, so haben doch Männer wie Curschmann, Fürbringer, Löwenfeld, von Krafft-Ebing, Schiller, Cohn u. a. m. in ihren Spezialforschungen das wahre Wesen der Onanie uns zu erkennen gelehrt.

Näheres Geschichtliches zur Onanie siehe Steingiesser „Sexuelle Irrwege“.

Arten und Formen der Onanie.

Ich hatte vorher die Onanie als diejenige Verirrung des Geschlechtstriebes definiert, bei welcher die äusseren Geschlechtsteile durch Manipulation mit den Händen resp. mit irgend welchen Instrumenten oder auch bloss durch Gedankenunzucht bis zur Ejaculation, resp. bis zum höchsten Gipfel geschlechtlicher Erregung gereizt werden. Fürbringer giebt in seinem Werke: „Die Störungen der Geschlechtsfunktionen des Mannes.“ Wien 1895 seine Definition dahin, dass Masturbation die künstliche, aus eigenem Antrieb und durch eigene Manipulationen ohne Beteiligung des anderen Geschlechts bis zur Ejaculation event. (bei Frauen und Kindern) zum Höhepunkt der Erregung getriebene Reizung der Genitalien“ sei. Fürbringer fügt also hinzu „aus eigenem Antrieb“, giebt aber im nächsten Atemzug zu, dass es unanfechtbare, sehr gut beobachtete Fälle giebt, wo auch im Schlafe „unbewusst" masturbiert werde. Er selbst erzählt einen Fall, wo während des französischen Krieges ein verheirateter Verwaltungsbeamter während des Schlafes der Masturbation anheim fiel und nichts ihn von diesem Leiden abzubringen vermochte.

Fälle von unbewusster Onanie bei Knaben im Alter von 10—14 Jahren, die unter Thränen gestanden, in der Nacht, im halbwachenden Zustande das Laster begangen und erst dann bemerkt zu haben, wenn es zu spät, sind mehrfach veröffentlicht. Manchmal liegen derartigen Zuständen Erkrankungen, meist Hauterkrankungen der Genitalien, zu Grunde.

Mögen auch diese Fälle zu den grössten Seltenheiten gehören, mögen auch auf Hunderte von Fällen mit bewusster Onanie einer von unbewusster Onanie entfallen, so darf doch nicht vergessen werden, dass sie existieren und eventuell mit ihnen zu rechnen ist. Sehr oft wird allerdings von schlauen Masturbanten aus Schamgefühl, um ihr Laster zu beschönigen und sich gleichsam als unglüchliche und unschuldige Opfer dieser Geissel hinzustellen, die mit vollem Bewusstsein absichtlich ausgeführte Onanie dem Arzte als unbewusste, der sie im Schlafe wider Willen anheimgefallen, bezeichnet, ein Punkt, der dem Arz bekannt sein muss, um nicht jede vom Onanisten geklagte „unbewusste" Onanie während des Schlafes für baare Münze zu halten und etwaigen falschen Anschauungen und falscher Beurteilung des Leidens sich hinzugeben. Hierher gehören auch die Fälle von sogen. somnambulistischer Masturbation, die allerdings sehr selten sind. Drei Fälle sind veröffentlicht in dem Amer. med. surg. bulletin 1. November 1894 von Follen Cabot.

Ein geistig und körperlich gesunder, auch auf sexuellem Gebiet normaler Student von 22 Jahren träumte, dass er ohne Gefahr für seine Gesundheit masturbieren könne, ja, dass diese Art der sexuellen Befriedigung für ihn die beste sei. Post ejaculationem erwachte er, hochgradig deprimiert, unwillig, sich selbst zum Ekel. Die Folge war Verlust ins eigene Selbstvertrauen und Furcht vor geistiger Erkrankung. Alle Anstrengungen zur Heilung, Brom, Regulierung der Diät, der körperlichen und geistigen Bethätigung, selbst Festbinden der Hände und ein Verband um die Genitalien sind erfolglos. Lederhandschuhe, die angelegt wurden und im Handgelenk mit einem Schlüssel verschlossen wurden, wurden des Nachts im Traume geöffnet, nachdem Patient im bewustlosen somnambulen Zustand den in einer Vase verborgenen Schlüssel gefunden hatte. Nach dem Erwachen war vollständige Amnestie des Stattgefundenen vorhanden.

Geheilt wurde der Kranke durch Verheiratung. Ebenso berichten G. M. Hammond und Frederik Peterson über je einen Fall.

Was die einzelnen Formen der Onanie anbetrifft, so muss ich hier bemerken, dass infolge des Baues der weiblichen Genitalien man genötigt ist, beim weiblichen Geschlecht noch einige weitere Formen von Onanie zu unterscheiden.

Bei beiden Geschlechtern, dem männlichen wie weiblichen können wir folgende 4 Formen unterscheiden:

1. Die gewöhnliche manuelle, vom Individuum an sich selbst betriebene Onanie, Autoonanie genannt.

2. Die zwischen mehreren Personen gegenseitig betriebene Onanie, sogen. mutuelle Onanie.

3. Die geistige Onanie.

4. Die durch Reizung der Genitalien mit Instrumenten etc. erzeugte Onanie, instrumentelle Onanie.

Dieser letzteren Form werde ich dann anhangsweise diejenigen Formen anschliessen, welche dem weiblichen Geschlecht allein eigen sind.

1. Die Autoonanie.

Die selbstbetriebene Onanie ist die Seite 12 definierte, wo die betreffende Person an sich selbst die onanistischen Reizungen vornimmt. Hingegen die

2. mutuelle Onanie

diejenige Form darbietet, wo gegenseitig onaniert wird, d. h. die eine Person die Genitalien der andern Person so lange reizt, bis Orgasmus, Ejaculation des Spermas, resp. der Höhepunkt der geschlechtlichen Aufregung erreicht wird. Sie ist eine stark verbreitete Form der Onanie, und wird, wie ganz natürlich in Schulen und Erziehungsanstalten wie Kadettenhäusern, Privatschulen, Pensionaten, Gymnasien, Realschulen, Seminaren etc. gepflogen, seltener findet man sie vereinzelt, d. h. dass einige Personen unter sich masturbieren.

So erzählt Moll einen Fall aus einer Berliner Schule, wo ein Schauspieler die mutuelle Onanie in frechster Weise einführte, die in eine wahre Epidemie von mutueller Onanie ausartete und

Schüler für Schüler in ihre verderblichen Kreise zog. Ich werde später bei Besprechung der „Verbreitung der Onanie“ Gelegenheit haben, näher auf diesen Punkt zurückzukommen. Diese Form ist entschieden seltener als die Autoonanie, aus dem sehr einfachen Grunde, weil die meisten Onanisten sich schämen, ihr Leiden sich gegenseitig zu gestehen und für gewöhnlich ihre Selbstbefleckung allein im stillen vornehmen. Besonders findet die mutuelle Onanie Anwendung bei Urningen, wobei unus penem alterius cum manu vel instrumento usque ad ejaculationem fricat und zwar meist abwechselnd, bisweilen gleichzeitig. Doch wird bei Urningen die Masturbation auch manchmal durch normale männliche Individuen sogen. männliche Prostituierte ausgeführt, ist also keine mutuelle Masturbation mehr. Der grösste Teil der Urninge treibt jedoch nicht mutuelle-, sondern Autoonanie, schon aus dem Grunde, weil es, besonders auf dem Lande und in kleinen Ortschaften an gegenseitiger homosexueller Bekanntschaft fehlt. Beliebt bei Urningen ist auch das Masturbieren, während sie sich nackt vor den Spiegel stellen.

3. Die geistige Onanie, auch „Gedanken“onanie oder „moralische“ Onanie genannt, ist höchst schädlich, vielleicht die schädlichste von allen Formen der Onanie, aber wohl auch die seltenste. Der Ausdruck „geistige“ Onanie stammt von Hufeland, der in seiner „Makrobiotik“ sagt: „Die geistige Onanie ist ohne alle Unkeuschheit des Körpers möglich, sie besteht in der Anfüllung und Erhitzung des Gehirns mit wollüstigen Bildern.“ Also allein durch Erhitzung der Phantasie durch lascive Bilder oder dergleichen Lektüre, Anblick von sinnlich aufreizenden Statuen, Vorstellung von aufregenden wollüstigen Momenten, wie Coitus bei schönen Frauenzimmern und ähnliches ohne Manipulationen der Hände an den Genitalien, wird die Erregung so hochgradig gesteigert, dass Ejaculation eintritt.

Wie leicht einleuchtet, muss bei dieser Form eine ungeheure Arbeit der Phantasie eintreten. Diese muss die peripheren Reizungen der anderen Onanieformen mit ersetzen, wodurch natürlich eine kolossale Steigerung des Verbrauchs der kostbaren Nervenmaterie stattfindet, was wiederum rückwirkend einen ungeheuer schwächenden und schädlichen Einfluss auf die geistige Thätigkeit zur Folge haben muss. Derartige Onanisten sind gewöhnlich, vielleicht ohne

Ausnahme ganz hochgradige Neurastheniker, die früher meist anderen Formen von Onanie gefröhnt haben. Ganz abnorm selten, oder richtiger wohl überhaupt nicht, giebt es Neurastheniker, die von Anfang ihres Lasters an der geistigen Onanie fröhnten. Meist sind die „Gedankenonanisten“ Leute, die die Pubertätsjahre überschritten und während dieser Zeit Auto- resp. mutuelle Onanie getrieben haben. Beim Beginn des Lasters reicht gewöhnlich die manuelle Reizung der äusseren Genitalien zur Hervorbringung des Effektes aus; erst später, wenn eine allmähliche Abstumpfung der Glans penis resp. des Introitus vaginae durch gewohnheitsmässige, längere Zeit fortgesetzte Onanie Platz gegriffen hat, wird die geistige Onanie allmählich immer mehr und mehr mit benutzt. Hierin liegt mit einer der Hauptpunkte der Schädlichkeit der Onanie, in der immensen Verschwendung der Nervensubstanz und der dadurch herbeigeführten psychischen geistigen Schwächung. So sagt Jean Jaques Rousseau in seinen „Confessions“ von der geistigen Onanie: „Dieses Laster, welches Schande und Furcht so bequem finden, hat für eine lebhafte Phantasie eine grosse Anziehungskraft, da sie sozusagen nach Belieben mit ihrem ganzen Geschlecht schalten und walten kann.“ Fournier erzählt folgendes Beispiel von „Onanie morale“. Ein Gelehrter hatte jedesmal, wenn er, sei es nun in der Schule oder wo anders, einem Knaben die Hosen anziehen sah, um denselbn zu schlagen, eine heftige unwillkürliche Samenentleerung. Aber auch während des Schlafes, wenn er hiervon träumte, also die Phantasie allein arbeitete, oder nur lebhaft daran dachte, hatte er einen Samenfluss, überhaupt, geistige Onanie und krankhafte Samenverluste berühren sich nahe und sind einander verwandt. Der Unterschied ist der, dass bei der Onanie der Samenabfluss durch Erhitzung der Phantasie ein gewollter, beim krankhaften Samenabgang ein ungewollter, unwillkürlicher ist. Der geistigen Onanie sehr nahe verwandt ist die von Hammond (Sexuelle Impotenz beim männlichen und weiblichen Geschlecht) unter dem Namen „ideeller Coitus“ beschriebene geschlechtliche Befriedigung, die darin besteht, dass sich Jemand eine Person des anderen (bei Homosexuellen des eigenen) Geschlechts vorstellt und in der Phantasie mit ihr den Coitus ausübt. Diese Phantasievorstellung vermag so stark zu wirken, dass es ohne jegliche Berührung der Genitalien zur Ejaculation kommt.

4. Die durch künstliche Reizung der Genitalien mit Instrumenten erzeugte Onanie.

Diese Form wird von vielen Autoren nicht mit ins Gebiet der Onanie aufgenommen, und doch ist sie es nach aller Definition; denn ist es nicht eine „künstliche, aus eigenem Antriebe und durch eigene Manipulation ohne Beteiligung des anderen Geschlechts bis zur Ejaculation, beziehungsweise (bei Frauen und Kindern) bis zum Höhepunkt der Erregung getriebene Reizung der Genitalien“? (Fürbringer). Allerdings, wenn Jemand ganz skeptisch und skrupulös sein wollte, könnte er antworten, auch eine Reizung des beginnenden Teiles der inneren Genitalien. Sie wird in der Weise vollzogen, dass Fremdkörper aller nur denkbaren und undenkbaren ja manchmal für ganz unmöglich gehaltenen Arten in die männliche Harnröhre, resp. beim Weibe in die Vagina (manchmal auch in die Urethra) eingeführt werden, und unter Hin- und Herschieben die Schleimhäute bis zum Schlusseffekt gereizt werden. Sie wirkt ausserdem auch dadurch noch schädlich, dass durch die mechanischen Reizungen der Genitalschleimhäute meist Entzündungen derselben sich einstellen, ja zur Infektion der inneren Harnorgane, zu schweren infektiösen Blasenkatarrhen, die bis zu heftigen Harnleiter- und Nierenaffektionen (Cysto- und Pyelonephritiden) führen, kann es kommen.

Diese Form der Onanie findet sich wohl nur bei den ausgemergeltsten und mit allem Raffinement vorgehenden Wollüstlingen, bei denen alle drei vorher genannten Arten nicht mehr anschlagen, nicht mehr den gewünschten Erfolg haben. So hat die Phantasie derartig sittlich corruptierten Leuten, denen Hände, Lippen, Zunge u. a. Körperteile nicht mehr zur Erreichung ihrer onanistischen Zwecke genügen, schon im grauen Altertum eine Menge von Instrumenten geschaffen, die mehr oder weniger geschickt die Stelle des Copulationsorganes des anderen Geschlechts in Gestalt des erigierten Penis, resp. des Introitus vaginae etc. vorstellten. Bei Griechen und Römern wurden diese Instrumente Phallus genannt (ursprünglich von φάλλος, penis). In jeglicher Grösse und aus jeglichem Material, vom gewöhnlichsten bis zum feinsten Golde, wurden dieselben gefertigt. Ich habe oben angeführt, wie schon Ezechiel gegen die Verdorbenheit des israelitischen Volkes eifert und ihnen zum Vorwurf macht, dass sie aus den goldenen und anderen Vasen Nachbildungen von männlichen Gliedern zur Selbstbefriedigung gemacht hätten.

Bei den alten Griechen und Römern waren diese Phallusinstrumente so allgemein bekannt und man fand so wenig etwas Anstössiges an denselben, dass sogar berichtet wird, die Frauen hätten dieselben als Schmuckgegenstände getragen, die Männer dieselben an den architektonischen Verzierungen von Bau- und Kunstdenkmälern angebracht, und dass bei gewissen Völkerstämmen sie gleichsam Gegenstände einer Art Kultus gewesen wären. Es würde dieses letztere, von unserem heutigen psychiatrischen Standpunkte aus als psychopathologisch, als jene Verirrung des Geschlechtstriebes betrachtet werden können, die wir nach dem berühmten Psychiater v. Krafft-Ebing als Fetischismus bezeichnen.

Seit dieser Zeit ist die Masturbation mit derartigen Instrumenten auch nie wieder ausgestorben und bis auf unsere Tage hindurch von allen Völkern, so die Erde hat kommen und gehen sehen, ausgeübt worden. Wenn ein französischer Autor glaubt, dass der Phallus während des Mittelalters verschwunden gewesen sei, um in besserer Vervollkommnung im 18. Jahrhundert wieder aufzutauchen, so bleibt er uns den Beweis hierfür schuldig, warum gerade eine im Mittelalter durch Jahrtausende hindurch sich vererbte Unsitte allgemein verschwunden sein sollte, um erst nach Jahrhunderten plötzlich wieder aufzutauchen.

Aus China erzählt M. Jeannel, dass zu Tien-Tsin aus einer durch Zusammenmischung von Gummi und Harz gefertigten, geschmeidigen und biegsamen Masse Nachahmungen des männlichen Gliedes, denen man die ungefähr normale Fleischrötung zu geben weiss, öffentlich verkauft werden. Die Anfertigung derartiger Artikel findet in Canton statt. Ja, selbst Albums, welche nackende Frauen beim Gebrauche dieser Instrumente darstellen, werden quasi als Anleitung zum Gebrauch daselbst öffentlich verkauft. Auch Kunst- und Schmuckgegenstände aus Porzellan, bemalt man mit den schmutzigsten und obscönsten Darstellungen. In den nördlichen Staaten des himmlischen Reiches soll die Schamlosigkeit von Darstellungen in derartig öffentlich verkauften Albums wahrhaft alles übersteigen; natürlich werden derartige Gegenstände zu einem bedeutend höheren Preise verkauft als jene, die nicht mit derartig lasciven Darstellungen beschmiert sind. Man sieht, dass unter den Söhnen des himmlischen Reiches doch auch nicht alles so eitel strenge Sittlichkeit sein muss, wie man nach der tiefverschleierten Zurückgezogenheit der chinesischen Damenwelt erwarten sollte. So erzählt Pouillet in seinem Werke „Onanisme chez la femme“ Paris 1876, dass einer seiner Freunde M. Watremez in einem Theater zu Tien-Tsin Zuschauer folgender widerlichen Scene war. Eine junge, feurige Frau macht einem altersschwachen Greise, ihrem Ehegatten Vorwürfe, dass er seine ehelichen Pflichten vernachlässige. Da entfernt sich dieser plötzlich, und zurückgekehrt, überreicht er ihr freudig einen Phallus, um ihr damit zu sagen: „Sieh, damit begnügen sich in deinem Falle viele Frauen, mach es wie diese.“ Leider müssen wir hier bekennen, dass mit dem Fortschritt unserer Kultur und Zivilisation auch hierin ein Fortschritt zum Schlechtern eingetreten ist, denn die Fabrikation und Herstellung, besonders aber die Verbreitung von gewissen Artikeln, die unter dem allgemeinen Sammelnamen, dem Spitzelnamen „Pariser Artikel“ allbekannt und in allen Schichten der Bevölkerung eine ungeheure Verbreitung gefunden haben, hat immense Erfolge aufzuweisen. Die Fabrikanten suchen sich darin zu überflügeln, immer wieder neue, mit allem nur möglichen Raffinement ausgearbeitete Instrumente — ich nenne nur den sogenannten Kitzelfinger — auf den Markt zu werfen, die leider nur dazu bestimmt sind, einer Reizung der Genitalien zu Cohabitations- oder Masturbationszwecken zu dienen; und was das schlimmste dabei ist, tagtäglich stehen die gelesensten Tagesblätter voll von Annoncen, in denen „neueste Preislisten“ über derartige Gummiartikel etc. angeboten werden. Es ist dies ein Uebelstand, der nicht laut genug gerügt werden kann, und gegen den der Staat insofern einschreiten müsste, als der Verkauf und Vertrieb wenigstens derartig direkt schädigender Mittel von Staatswegen unter Androhung harter Strafen untersagt werden müsste.

Um zu zeigen, welche nur irgend möglichen und unmöglichen Instrumente zwecks onanistischer Reizung in die Genitalien eingeführt werden von Klassen der Bevölkerung, die jene eben geschilderten künstlichen Instrumente nicht kennen, dazu mögen folgende Beispiele aus dem Leben zur Illustration dienen.

a) in der männlichen Harnröhre sind schon Federspulen, Bleistifte, Federhalter, Strohhalme, Stricknadeln, Kornähren, Stücke von Bougies und elastischen Kathetern, Ohrlöffel, Zahnstocher, bei kleinen Kindern Erbsen, Bohnen etc. angetroffen worden, welche wie bei kleinen Kindern, teils aus Mutwillen, zum grössten Teile aber zwecks Onanie in die Harnröhre eingebracht wurden, Körper, welche oft durch unvorsichtiges Gebahren der Patienten, sie wieder herauszubringen, wie durch Einführung anderer Körper zu diesem Zwecke, nur immer tiefer in die Harnröhre hineingetrieben wurden, oft in die Blase gelangten, dieselbe durchbohrten und schon manchem Onanisten unter allgemeiner, akuter septischer Peritonitis den Tod brachten, höchst selten in den Mastdarm gelangten und von dort auf natürlichem Wege wieder eliminiert wurden. So erzählt Cazenave einen Fall, wo ein Arbeiter in totaler Betrunkenheit sich eine 5 Zoll lange Kornähre in die Harnröhre stiess und durch einen darauf eingeführten Katheter vollends in die Blase beförderte. So wird im Prager anatomischen Museum ein Harnblasenstein aufbewahrt, welchem folgende Geschichte zu Grunde liegt. Ein Lehrling hatte in onanistischer Absicht, um seine Harnröhre zu kitzeln, eine Stecknadel in dieselbe eingeführt. Dieselbe gelangte in die Blase und inkrustierte sich, nur die Spitze blieb leider frei von der Inkrustation. Diese durchbohrte die Blase und führte durch ausgedehnte Eiterung in den Beckeneingeweiden, durch allgemeine Peritonitis einen höchst schmerzhaften Tod für den jungen Frevler herbei. Auch äusserlich werden alle möglichen Instrumente, durch welche der Penis hindurchgesteckt wird, zur Onanie benutzt. So erzählt Dupuytren von einem jungen, 20—22jährigen Menschen, der sich einst in der Klinik vorstellte mit einem Leuchtereinsatz, einer sogenannten Leuchterdille an der Wurzel des Gliedes, welches er behufs Onanie durch das Instrument durchgesteckt hatte. Das Glied war in Erektion geraten und Patient hatte nicht vermocht, die Dille wieder vom gesteiften Gliede abzuziehen. Die Einschnürung war derartig stark, dass der vor der Einschnürungsstelle beträchtlich angeschwollene Penis sich zur Gangrän anschickte, und es Dupuytren nur mitgrösster Vorsicht unter Anwendung von Zange und anderen Instrumenten gelang, das Glied von der Dille zu befreien, ohne es zu verletzen. Ein anderes, sehr ähnliches Beispiel ist folgendes: Ein junger Mann verfiel während des Badens (in der Wanne) auf folgendes Mittel, sich zu masturbieren. Er steckte den Penis in das Loch in der Badewanne, welches zum Ablauf des Wassers angebracht war. Bald aber wurde die Erektion des Penis eine derartige, dass Betreffendem das Zurückziehen des Penis aus dem Loche nicht mehr möglich war, er fand sich wie im Schraubenstock fest geschraubt. Auf das Schreien des Unglücklichen eilten Leute herbei, denen es nur mit höchster Mühe gelang, den Betreffenden aus seiner Klemme zu befreien. Mauriac erzählt in seiner Abhandlung folgenden Fall: Ein Masturbant bediente sich zur Befriedigung eines Eisenstabes von 7—8 Zoll, dessen Ende er in Form eines Hackens gebogen hatte, damit dieselbe die Urethraschleimhaut mehr anreize. Eines Tages zersprengte er durch seine unmässigen Manipulationen die Pars membranacea der Urethra. Bei den grössten Anstrengungen es herauszuziehen, schob er es nur immer tiefer und tiefer hinein. Dr. Fardeau aus Samur wurde gerufen, es zu entfernen. Er erkannte, dass der Hacken sich am inneren Rand der Tuberositas ischiadica festgehängt hatte. Eine lange Incision in dieser Richtung erlaubte ihm, den Eisenstab vom Perineum aus zu entfernen. Der Kranke gesundete vollständig wieder.

Bis zu welcher Geschicklichkeit es manche Patienten bringen, zeigt ein Fall v. Krafft-Ebing, wo ein 13jähriger Knabe sich durch Susceptio penis in os probrium usque ad ejaculationem zu masturbieren vermochte.

Besonders gern werden Pflanzenstiele und Pflanzenstengel zur Onanie benutzt. Einen Pflanzenstengel, welcher in die Harnröhre eingebracht worden war und in die Blase gelangte, entfernte Senn mittels Steinschnitt beim 19jährigen Menschen. Rigal entfernte den Stengel einer Wasserlilie, Bonnet den Stiel einer Weinrebe von 3 Zoll Länge und 3 Linien Dicke, welche alle zu masturbatorischen Zwecken benutzt worden waren. Es wäre ein Leichtes, diese Fälle noch um ein Bedeutendes zu vermehren, doch glaube ich, zeigen sie schon zur Genüge, wie alle nur denkbaren und undenkbaren Sachen in die männliche Harnröhre zwecks onanistischer Reizungen eingeführt werden.

b) Fremdkörper in der weiblichen Scheide behufs Onanie.

Die Zahl von Fremdkörpern, die sexuell erregte Weiber aus blosser Lüsternheit in Ermangelung natürlicher Befriedigung, aus onanistischem Antriebe in die Scheide stecken, ist Legion. Sie ungefähr zu schildern ist unmöglich. Denn alle nur möglichen Dinge sind hier schon eingeführt worden, werden aber natürlich wieder entfernt, ohne dass der Arzt oder ein anderes Wesen auch nur eine Ahnung davon hat! Nur wenn es das tückische Geschick will, dass ein derartiger Fremdkörper nicht wieder aus der Scheide heraus will und Ärzte hierfür notwendig werden, oder bei zufälligen Sektionsbefunden erfährt die ärztliche Welt von derartigen Monstrositäten in der Scheide. Es wurden schon Eau de Cologne-fläschchen und andere Flaschen aller Art, ein hölzerner Griff des Plätteisen's, Rasierpinsel, Rosenkränze, Mohrrüben, Nadelbüchsen mit und ohne Nadeln, Zahnstocher, Pferdehaare, Haarnadeln, Schnürsenkel, und alle nur erdenkbaren Dinge darin gefunden, natürlich nicht fehlend: liegen gebliebene und vergessene Überzüge von männlichen Gliedern, sogenannte Condoms, Safety-Sponges, Sicherheitsschwämmchen etc. Der ausgedehnteste Gegenstand aber, der eingebracht ist in die Scheide zu onanistischer Reizung, wird beschrieben in der Gazette medicale, Février 1851, wo berichtet wird von einem Bierglas von 3 Zoll Weite und 4 Zoll Höhe, welches man in einer weiblichen Scheide fand, und welches, da es hoch eingeführt war und seiner Glätte wegen mit den Fingern nicht gefasst werden konnte, erst mittels einer geburtshülflichen Zange mühevoll aus seinem unnatürlichen Orte entfernt werden konnte.

Dr. Mavel berichtet in der Gazette des hospitaux 1851, dass eine überdies noch hochschwangere Dame sich, um ihren onanistischen Reizen zu fröhnen, ein hölzernes Pfefferbüchselchen, von $2^1/_2$ Zoll Breite und $3^1/_2$ Zoll Länge in die Scheide einführte. Das Unglück wollte es, dass die Büchse zerbrach und der austretende Pfeffer eine heftige Vulvovaginitis noch dazu verursachte. Nur mit grösster Mühe gelang die Entfernung des Küchen-instrumentariums. Der französische Chirurg Dupuytren zog eine Pomadenbüchse aus der Scheide. Das Merkwürdigste, was wohl je einmal in einer weiblichen Scheide gefunden wurde, entdeckte Hyrtl. (Topograph. Anatomie, VII. Aufl. 2. Bd. Seite 212 ff.) Er fand einmal in der Scheide einer Frau einen ca. orangegrossen Gegenstand, von Schleim bedeckt, vor, der sich bei näherer Untersuchung als hohler Körper aus gelbem Wachs entpuppte, der im Innern — wer errät es — einen zusammengeknitterten Speisezettel eines Gasthauses enthielt und 26 Jahre an diesem Orte gelegen hatte! Ja, von der Ehegattin des Kreuzfahrers Ritter de la Corda wird berichtet, dass sie während der Abwesenheit ihres Ehegatten ein glühendes Holzscheit (?!) zur Masturbation benutzt habe. Ein interessanter Fall ist auch folgender: Eines Tages konsultierte eine Dame mit heftigen unerträglichen Schmerzen an den Genitalien den Arzt. Letzterer fand beim Touchieren einen harten Körper in den oberen Teilen der Vagina, dessen äussere Umhüllung wie aufgeblasen erschien, so dass dieselbe den Körper zu umgeben und gewaltsam zurückzuhalten schien. Nach grosser Anstrengung gelang es dem Arzte, den Körper zu fassen und ihn zu extrahieren. Dabei zeigte es sich, dass es ein Flaschenpfropf war. Höchst wahrscheinlich war derselbe dadurch an diesen so merkwürdigen Ort gekommen, dass die Dame, obwohl sie es leugnete, sich eines Flaschenhalses mit daraufgestecktem Korke zur Onanie bediente, wobei es einmal der Zufall wollte, dass der Kork in der Scheide zurückblieb.

Im Journal de médecine et de chirurgie pratiques findet sich ein Fall, wo bei einer 36jährigen Frau eine Zwirnspule, eine Zwirnrolle von ca. 2 cm entfernt wurde, welche sie im Alter von 14 Jahren, um sich zu masturbieren, in die Scheide eingeführt hatte. Dort hatte der Fremdkörper schon mehrere Male Blutung hervorgerufen. Ja, die Frau war zweimal verheiratet gewesen, ohne dass der Ehegemahl (!) jemals etwas davon gemerkt hätte. Selbst den sie behandelnden Ärzten gegenüber hatte sie gewusst, die Existenz des Fremdkörpers zu verheimlichen.

c) Fremdkörper in der weiblichen Harnröhre behufs Onanie.

Auch die weibliche Harnröhre wird zu onanistischen Zwecken benutzt. So berichtet Dieulafoy im Journal de Toulouse 1851 (juin) von einer $3^1/_2$ Zoll langen und $1^1/_2$ Zoll dicken Nadelbüchse, die er mittels Steinschnitt bei einer 43jährigen Frau aus der Blase entfernen musste. Denacé berichtet im Journal de méd. de Bordeaux 1856 von einem aus der Blase vorgeholten Stück einer Wachskerze und dergleichen Stück eines Rosenkranzes, welche beide zur Onanie gebraucht worden waren und den Händen der unglücklichen weiblichen Sünderin entschlüpften, in die Blase gelangten und von dort durch ärztliche Hilfe entfernt werden mussten. Pamard zog aus der Urethra eines 32jähriges Mädchens eine elfenbeinerne Spitze von $3^1/_2$ Zoll Länge und 5 Zoll Dicke.

Doch genug hiervon. Ich wollte nur zeigen, bis zu welchen

Verirrungen der onanistische Trieb kommt, wie mit Hintansetzung jeglicher Vernunft und aller edleren Triebe die Onanie den Menschen beherrscht, und zu welchen Thorheiten sie ihn hinzureissen im Stande ist, perversen Handlungen, die Diejenigen, die nicht die Stärke des onanistischen Hanges zu beurteilen vermögen, zur Annahme vorliegender geistiger Schwäche oder Abnormität bringen könnten.

Es sind dies die vier hauptsächlichsten Arten des Lasters, die sowohl bei Männern wie Weibern vorkommen. Das weibliche Geschlecht hat jedoch, infolge des Baues seiner äusseren Genitalien, den, allerdings sehr zweifelhaften, Vorteil noch auf zwei weitere besondere Arten sich masturbieren zu können, dies sind

1. die Clitorisonanie,
2. die Brustdrüsenonanie (Mammalonanie). Moraglia giebt folgende übersichtliche Tabelle über die verschiedenen Formen von Onanie beim weiblichen Geschlecht.

Erscheinungsformen der weiblichen Onanie

1. Masturbatio vaginalis		2. Mast. clitoridiana	
M. vagino-uterina, M. uterina		eigene	fremde
		menschliche	tierische
3. M. urethralis		4. M. mammaria	
äussere	innere	eigene	fremde

Die „Scheidenonanie“ halte ich entgegen den Angaben Moraglias für die gewöhnliche beim Weibe und entspricht der Gliedonanie beim Manne, mag sie nun manuell allein, oder gegenseitig oder durch künstliche Instrumente vorgenommen werden. Hier in diesem Kapitel sollen nur diejenigen Formen zur Besprechung gelangen, welche dem weiblichen Geschlecht in Folge seines Baues ein besonderes Gepräge verleihen.

Was die Häufigkeit der beiden obengenannten Formen anbetrifft, so steht die Clitorisonanie der Brustdrüsenonanie gegenüber entschieden im Vordergrund, obwohl sie natürlich auch viel seltener als vorher besprochene allgemein bekannte vier Formen der Onanie ist.

1. Die Clitorisonanie,

Clitorismus (französisch Clitoritisme oder Clitorisme) besteht in einer Art von natürlich unvollkommenem — Coïtus, den Frauen mit einer sehr entwickelten, sehr langen Clitoris, die einen Penis vortäuscht, an anderen Frauen vornehmen, resp. vorzunehmen versuchen. Die Clitoris ist bekanntlich in ihrem Bau ein Penis en miniature, bestehend aus 2 Schwellkörpern, welche einen, durch Gestalt und Lage dem Penis gleichenden erektilen Körper darstellen, welcher eine Glans, ein doppeltes Frenulum, ein Praeputium, sogar Musculi ischio-cavernosi hat (natürlich aber keine Harnröhre). Dass dieses Gebilde bei lasciven Weibern oft etwas vergrössert angetroffen wird, ist bekannt. Ausnahmsweise kann die Clitoris so stattliche Grösse erreichen, dass sie die Stelle des männlichen Gliedes vertreten, eine Anomalie geschlechtlichen Umganges veranlassen kann (den sogenannten Amor lesbicus). So singt schon Martial:

Inter se geminos audent committere cunnos,
mentiturque virum, prodigiosa venus.

Auch den alten Römern waren, wie hieraus hervorgeht, diese Dinge nicht unbekannt. Derartige Frauenzimmer hiessen bei ihnen Frictrices.

Der Sittenpolizei und gerichtlichen Medizin unserer Zeit sind diese Frauen, besonders unter den Prostituierten, sehr wohl bekannte Geschöpfe.

Der gewöhnliche Clitoridisme, entweder durch eigene Manipulationen oder seitens einer Anderen bis zum Secreterguss, soll nach Moraglia die verbreitetste Onanieform beim weiblichen Geschlecht sein (?) selbst im Kindesalter (?? Verf.). Der gegenseitige Clitoridismus soll nach ihm in Pensionaten und besonders in Bordellen unter den Prostituierten sehr verbreitet sein, dann in Grossstädten unteren Jungfern, Wittwen etc., die ihre Vulva den liebkosenden Zungen von Katzen und Hunden darbieten.

In südlicheren Ländern wird dieses Organ, die Clitoris, überhaupt etwas länger und grösser. So ist bekannt, dass in Abessynien und mehreren Teilen Centralafrikas noch vor der Einführung des Christentums die Beschneidung der Frauen eine volkstümliche Sitte war. Bis zu welcher Grösse das Organ sich entwickeln kann, dafür mag Bürgschaft ablegen die Erwähnung des Thomas Bartholinus, der eine Clitoris von 6 Zoll Länge und Fingerdicke (!) sah. Auch Parent-Duchatelet berichtet von 3 Prostituierten wegen abnorm langer Clitoris. Gewöhnlich ist der Clitorismus ein sehr seltenes

Laster, eben aus dem Grunde, weil eine so stark entwickelte Clitoris, dass sie zum Coïtus benutzt werden kann, zu den grössten Seltenheiten gehört, obschon Mauriac annimmt, dass dasselbe häufig sei. Häufiger sind allerdings ja die onanistischen Reizungen der normalen Clitoris bis zur höchsten geschlechtlichen Erregung.

2. Die Brustdrüsenonanie (Mammalonanie).

Dass zwischen den Brustdrüsen und den Genitalorganen der Frauen ein innerer Connex besteht, ist allgemein bekannt, und jede Frau aus dem Volke weiss es aus den Erfahrungen, die sie während der Schwangerschaft durch Anschwellen der Brustdrüse nach der Geburt, durch Stillen des Kindes etc gesammelt, so dass die Brustdrüsen in physiologischer Hinsicht einmal nicht ganz mit Unrecht als ausserhalb der Gesclechtsorgane gelegene Geschlechtsdrüsen bezeichnet worden sind. Dass aber durch Reizungen der Brustdrüse eine geschlechtliche Erregung hervorgerufen werden kann, ist wohl den allerwenigsten weiblichen Individuen bekannt; und daher kommt es wohl auch, dass diese Form der Onanie verschwindend selten ist, sicher die seltenste aller Onanieformen darstellt. Es besteht nämlich diese Brustdrüsenonanie darin, dass durch Reizungen der Brustdrüse entweder mit der Hand oder gewissen Körpern oder heissen Douchen, — ja selbst mit chemischen Ingredienzien soll sie schon vorgenommen worden sein — das betreffende Individuum bis zur höchsten Stufe geschlechtlicher Aufregung gereizt wird. Im Grossen und Ganzen lässt sich sagen, dass die Brustdrüsenmasturbation, die notabene sowohl einseitig als doppelseitig ausgeführt werden kann, in seltenen Ausnahmefällen zu einem derartigen Grade von geschlechtlicher Aufregung führt, aber dennoch vermag sie es. Es sind Fälle bekannt, wo Frauen neben anderer Art der Masturbation sich mit solcher Heftigkeit der Brustdrüssenonanie hingaben, dass diese Reizungen zum höchsten Grade von Genitalerregung führten, zum Orgasmus, begleitet von der bekannten Ausstossung des Genitalschleimes, der weiblichen Ejaculation. Für gewöhnlich wird die Mast. mamaria nicht allein betrieben, sondern als Unterstützungsmoment bei der gewöhnlichen Masturbation zugezogen. Sie soll bei normalen Frauen beliebter sein, als bei den Prostituierten. Besonders die Letzteren sind in allen Arten weiblicher Onanie bewandert. Ja, eine Prostituierte rühmte sich Moraglia gegenüber, dass sie sich auf 14 verschiedene Arten masturbieren könne. Oft findet sich bei den Bordelldirnen sexuelle Befriedigung nur noch durch Onanie. Der gegen Entgelt gewährte Coitus mit jedem Beliebigen ohne irgend welche Zuneigung stumpft sie gegen den Normalverkehr ab, macht ihnen denselben gleichgiltig, ja oft widerlich. Nach Moraglia masturbieren alle Prostituierten. Unter 180 solchen der Bordelle von Genua, Savona, Turin, Venedig, Acqui, Ancona masturbierten Alle. 113 versicherten, dass sie die Masturbation dem Coitus vorzögen.

Zuletzt bei Besprechung all dieser Formen ist es noch Pflicht, daran zu erinnern, dass dieselben nicht scharf voneinander getrennt ausgeführt werden, sondern entweder hintereinander, eine Form in bunter Reihe der andern folgend, oder vereint, je von der Laune, der momentanen Stimmung, der Kenntnis derselben etc. der betreffenden Ausübenden abhängig, ausgeübt werden.

Übergang der Onanie in sexuelle Psychopathie.

Von einigen Autoren werden noch einige Formen von Handlungen, die auf die Erzielung geschlechtlicher Lust hinzielen, als Onanie bezeichnet, wie Coitus in os, -inter crura, -inter mammas, etc., Vorgänge, die entschieden nicht mehr in das Gebiet des psychisch Normalen, wohin die von mir bisher angeführten Formen gehören, gerechnet werden dürfen, denn es sind dies Handlungen, denen eine psychische Perversion, ein geistiger Defekt zu Grunde liegen muss und die daher ins Gebiet der sexuellen Psychopathie zu verweisen sind. Denn man müsste dann überhaupt alle Handlungen die auf die Erzeugung künstlicher geschlechtlicher Erregung hinzielen, unter den Begriff der Onanie stellen, und darunter dann auch die abgelegensten geistigen Abnormitäten, die geschlechtliche Dinge als Untergrund haben, wie Masochismus, Sadismus etc. dazu rechnen. Am bekanntesten von all diesem, und wohl noch am ehesten in das Gebiet des Normalen fallend, ist der Coitus in anum, ein Vorgang, der unter dem Namen Päderastie allgemein bekannt ist, und vom Strafgesetzbuch mit harter Strafe geahndet wird. Doch wird richtiger auch diese Form nicht mehr als zur Onanie gehörig betrachtet, weil sie doch wohl nicht aus dem Triebe eines sexuell völlig normal veranlagten Menschen wie die vorher geschilderten Formen, entspringt. Trotzdem möchte ich hier einige dieser abnormen Vorgänge einer ganz kurzen Besprechung mit unterziehen, um dem Leser zu zeigen, wie weit hier die Verirrung des menschlichen Geistes gegangen, mit welcher abnormen, unwiderstehlichen Gewalt und Kraft das geschlechtliche Laster, freilich auf psychopathologischer Grundlage, den Menschen hinabzuziehen vermag in ungeahnte Tiefen sittlicher Verworfenheit und Verkommenheit.

Es mögen Instrumente, welcher Art sie auch seien, zur Fröhnung geschlechtlicher Unarten benutzt werden, das hauptsächlichste Organ des Körpers, welches hierzu dienen muss, bleibt doch die Hand. Jedoch sie allein genügte dem Raffinement so mancher Geschlechtssünder nicht, und so musste noch so manch anderes Organ des menschlichen Körpers, welches viel eher zu allem anderen als hierzu von Natur bestimmt ist, dazu dienen, diesen Leuten in ihrem geschlechtlichen Kitzel behülflich zu sein, besonders die Zunge und die Lippen sind es, die hierzu verwandt werden. Diese Art unnatürlichen geschlechtlichen Verkehrs ist gottlob doch ziemlich selten, sowohl unter Individuen desselben Geschlechts, wie unter Individuen verschiedenen Geschlechts, unter Letzteren aber sicher noch viel verbreiteter als unter Ersteren. Mauriac macht die Bemerkung, dass in letzter Zeit diese Art geschlechtlicher Befriedigung eine grössere Verbreitung gefunden haben soll. Im Grossen und Ganzen huldigen diesem unheilvollen Laster wohl mehr Frauen als Männer, und schon aus dem Altertume sind uns Beispiele von derartigen Frauen überliefert worden. So soll bei den alten Griechen besonders die Sappho, eine im 7. Jahrhundert vor Christi lebende lesbische Dichterin sich mit einem Stabe junger Lesbierinnen umgeben haben, mit denen sie gegenseitige Befriedigung per linguam vornahm und die laut und öffentlich ihren Abscheu gegen Männer verkündeten. Sie erhielten den Beinamen Tribaden (von τρίβειν reiben) und die Tribadie (Tribadismus, französisch Tribadisme) ist eine Form von geschlechtlicher Befriedigung (oder, wie einige Autoren unrichtig wollen, von Onanie), die bei den Griechen noch lange Zeit gepflogen worden sein soll und geschichtlich erhärtet ist. Es wird jetzt der Name Sapphismus (Tribadismus) in der medizinischen Wissenschaft auch benutzt, um eine Form (von Onanie) zu bezeichnen, wo durch Reiben und Lecken an den Genitalien einer Person durch die Zunge einer anderen weiblichen Person die erstere in geschlechtliche Erregung versetzt wird. Prof. Martineau am Hospital de Lourcine muss leider die Bemerkung machen, dass Tribadismus und Sapphismus heutzutage nicht bloss bei Prostituierten, sondern auch unter den Frauen aller Geschlechtsklassen leider sehr häufig sei. Näheres Rohleder, Sexualtrieb etc. II. Theil. Das

Wesen der Onanie

ist aus dem Vorhergehenden schon deutlich sichtbar geworden, als dass ich noch des weiteren viel hinzuzufügen brauchte. Es handelt sich immer um eine widernatürliche Befriedigung des Geschlechtstriebes, die natürlich für den Organismus ganz andere Folgen haben muss, als die natürliche Geschlechtsbefriedigung; und gerade das Widernatürliche ist das schädigende Moment. Denn der Akt an und für sich ist bei beiden, dem Coitus naturalis wie der Onanie, in seinem Endeffekt völlig gleich, Ausspritzung des Spermas, resp. Erregung höchster geschlechtlicher Lust hier wie da, hingegen bei der Onanie die begleitenden Nebenumstände, wie die angespannte Phantasie, einen schädigenden, depotenzierenden Einfluss auf das Nervensystem haben müssen. Die durch natürliche oder künstliche Mittel hochgradig erregte Einbildungskraft steigert sich, verirrt sich bis zu den kühnsten Phantasiegebilden, einzig und allein zu dem Zwecke, die geschlechtliche Erregung, den Geschlechtstrieb in widernatürlicher Weise, d. h. nicht durch Kopulation mit einem Individuum des anderen Geschlechts, mit allen nur möglichen Finessen und Raffinement zu befriedigen.

Ein einzelner Onanieakt spielt sich daher ungefähr folgendermassen ab: Der oder die Betreffende sucht für gewöhnlich einen einsamen Ort aus, Abort, abgelegenes Zimmer, Boden, Keller, Stallung, Scheune etc., an welchem sie isoliert ist, entkleidet die Genitalien und sucht, wenn männlichen Geschlechts, wenigstens für gewöhnlich, durch mehr oder weniger schnelle Vor- und Rückwärtsziehung der Vorhaut über die Eichel diese, die Glans penis unter übermässiger Arbeit der Phantasie, Vorstellung von Wollustgebilden irgend welcher Art bis zum Orgasmus mit darauffolgender Ejaculation zu erregen. Seltener sind die anderen Arten der Onanie, wie Reibungen der Glans mit Instrumenten etc. Mädchen und Frauen suchen durch Reibungen der Clitoris, der Labia maiora et minora, resp. der Scheidenschleimhaut durch eingeführte Finger, Instrumente etc. ebenfalls unter kräftiger Mitarbeitung der Phantasie, geistiger Vorführung geschlechtserregender Bilder und Scenen, wie hübscher, entkleideter Jünglinge, Vorstellung von Geschlechtsakten, wie Coitus etc. sich bis zum Orgasmus, zum höchsten Punkt geschlechtlicher Lust zu reizen, der gewönlich mit Auspressung des im Cervix sitzenden Pfropfens von Uterus-Schleim endigt. Seltener, doch auch benutzt werden, wie wir sahen, die Harnröhren bei beiden Geschlechtern, indem die Harnröhrenschleimhaut durch eingeführte Instrumente unter Hin- und Herreiben bis zur höchsten geschlechtlichen Aufregung gekitzelt wird. Während des Vorganges prägt sich auf dem Gesicht der Sünder die höchste Erregung aus, das Auge wird starr, nach einem Punkt gerichtet, das Gesicht glüht vor Aufregung, die Hände zittern, der Puls, die gesamte Herzthätigkeit, der Atem werden beschleunigter, die Gesichtszüge verziehen und verzerren sich bis zu den unglaublichsten Grimmassen, es tritt ein Zustand höchster Beklommenheit ein, der endlich durch einen Collaps endigt. Nach dem Anfall fühlen sich die Patienten erschlafft, ermattet und nach meiner Ansicht viel mehr ermattet als nach einem normalen Coitus, verstimmt, müde, schläfrig, welk, zu weiterer geistiger wie körperlicher Arbeit untauglich. Die Wirkung hiervon muss natürlich sein für's erste eine ganz abnorm hochgradige Überanstrengung, Überreizung schlimmster Art des gesamten Nervensystems in allen Tonleitern und Variationen, und die unausbleibliche Folge hiervon wieder als Rückwirkung ein Erschöpfungs- und Schwächungszustand, eine Art Paroxysmus, gleichsam ein Shok des gesamten Nervensystems, vorzüglich aber des Centralnervensystems. Die übertriebene geistige Ausschweifung und der damit einhergehende Verbrauch von geistiger Materie, von Nervensubstanz als der wertvollsten des Organismus ungeheuer oft (mehreremal täglich) und jahrelang fortgesetzt und oft in der zartesten Kindheit schon begonnen, das eben ist es, das der Onanie den so verderblichen, schädlichen Einfluss verleiht, einen Einfluss, der nicht allein auf die körperliche und ebenso geistige Kraft, das Gedächtnis, schwächend sich zeigt, sondern auch auf das seelische Befinden, den Charakter des Betreffenden verderblich wirkt und wirken muss.

Aber, das ist für das Wesen der Onanie mit charakteristisch und für die Beurteilung der Onanisten als Sünder von grosser Bedeutung, die erste Bethätigung des Geschlechtstriebes liegt meist in der Onanie. Ganz unwillkürlich und ohne Zuthun von anderer Seite wird das Kind, oft schon in der zartesten Jugend, allein durch den Geschlechtstrieb zur Onanie geleitet, und der allergrösste Teil der Menschheit hat, bevor er zum natürlichen Geschlechtsverkehr übergeht, allein „dem Triebe der Natur gehorchend, nicht der eigenen Willkür“, früher der Onanie gehuldigt. Dann ferner werden beide Geschlechter beherrscht von einem derartigen geschlechtlichen Triebe, dass ihnen dessen Befriedigung auf natürlichem Wege nicht mehr genügt oder infolge des heftigen und häufigen Auftretens geschlechtlicher Anspornung — ein Punkt von grösster Wichtigkeit, — faute de mieux, in momentaner Ermangelung eines Wesens des anderen Geschlechts, sie der Onanie in die Hände fallen.

Die Triebfeder, die Grundursache, welche in letzter Linie zu geschlechtlichen Handlungen führt, ist und bleibt ja doch stets allein der Geschlechtstrieb, der dem Menschen innewohnt, der ebenso ein integrierender Bestandteil des normal entwickelten Menschen, seines Fühlens und Seins ist, wie der Hunger oder Durst. **Der Geschlechtstrieb ist es auch, der meist, von den Kinderjahren abgesehen, wohl stets während und nach der Pubertätszeit in letzter Linie zur Onanie treibt.** Da dieser Geschlechtstrieb individuell je nach dem Temperamente, der Körperkonstitution, Lebensweise, dem Klima etc. ein sehr verschiedener ist, so ist auch einleuchtend, dass die Onanie eine mehr oder weniger grosse Verbreitung bei den einzelnen Individuen, Ständen, Klassen, ja gesamten Völkerschaften gefunden hat und von genannten und ähnlichen äusseren Bedingungen abhängig auch die Ursachen der Onanie ganz verschiedene sein müssen. Da ferner der sexuelle Trieb des Mannes ein bedeutend stärker ausgeprägter ist als der des Weibes, so sollte man von vornherein vermuten, dass das männliche Geschlecht auch mehr onaniere als das weibliche, eine Ansicht, die sehr viel Wahrscheinlichkeit für sich hat, die sich aber wegen mangelnden statistischen Materials weder behaupten noch verneinen lässt, der aber doch die meisten Autoren beipflichten, so meint z. B. Moll „Das nervöse Weib“ S. 78: „dass unter der weiblichen Jugend die Onanie weniger verbreitet ist als unter der männlichen und dies möchte ich auch auf erwachsene weibliche Personen beziehen. Schon die geringere Sinnlichkeit des Weibes spricht dafür.“ Sicher ist, dass die weitverbreitete Meinung, dass der Mann im Geschlechtsverkehr viel stürmischer, heftiger, aggressiver sei als das Weib, im Grossen und Ganzen seine wohlberechtigte Geltung hat. Sowohl beim Menschen als auch in der gesamten Tierwelt ist im Geschlechtsverkehr das Männchen der angreifende, unterwerfende, aktive Teil; das Weibchen hingegen spielt hierbei mehr eine gehorchende, passive Rolle, indem es sich willenlos den stürmischen Angriffen von Seiten des Mannes unterwirft. Doch gilt dieser Satz eben, wie gesagt, nur im Grossen und Ganzen. Die Geschichte lehrt uns zur Genüge, dass auch beim weiblichen Geschlecht der Geschlechtstrieb ein heftiger, hochgradig gesteigerter sein kann, so dass er an Heftigkeit dem des männlichen Geschlechts gleichkommt, ja, ihn um ein Bedeutendes übertrifft. Fast sagen- und märchenhaft klingen die Erzählungen der alten Autoren, wenn sie uns betreffs dieses Punktes über Semiramis, Cleopatra, Julia, der Tochter des Augustus, Messalina, über ungezählte andere, durch ihren abnorm starken Geschlechtstrieb und geschlechtlichen Verkehr geschichtlich berühmte und berüchtigte Frauen erzählen, über Frauen, deren auch die neuere und neueste Geschichte genügend aufzuweisen hat. Wer dächte hierbei nicht an eine Katharina von Russland, welche gleichzeitig bis 12 Liebhaber, quasi zur Auswahl gehabt haben soll, oder an den Hof Ludwig XV., an eine Marquise vom Pompadour u. a. m. Dr. Guilleman erzählt in seiner Polygénésie, dass zu Patani auf der Halbinsel von Malacca die Männer, um den Angriffen des weiblichen Geschlechts zu widerstehen, sich genötigt gesehen hätten, sich Gürtel umzulegen. Einmal hochgradig erregt, sind allerdings die Frauen, da ihr Nervensystem leichter erregbar ist, weniger imstande, sich zu beherrschen als dies gemeinhin bei dem männlichen Geschlechte der Fall sein mag. Eine treffende Bemerkung macht Charles Mauriac an einer Stelle seines Aufsatzes. Er sagt: „Mir scheint es eine unumstössliche Thatsache, dass das geschlechtliche Temperament unter den Frauen in viel ungleicherer Weise verteilt ist als unter den Männern; sicherlich findet man unter den Frauen viel grössere Differenzen hinsichtlich der Stärke, der Heftigkeit, der Dauer der geschlechtlichen Thätigkeit. Bei den einen ist der geschlechtliche Appetit gleich Null oder erhebt sich kaum aus seiner Empfindungslosigkeit bis zur Stärke von Aufregungen. Das Verlangen, die Begierden erwachen nicht, der Akt der Begattung hat sogar etwas Widernatürliches an sich und sie unterwerfen sich demselben nur aus Gefallen oder weil sie sich ihm nicht zu entziehen vermögen. Vergleicht man mit diesen heftigen Naturen jene, welche die Leidenschaftlichkeit und die sinnlichen Begierden in jeglicher Form mit aller Heftigkeit in einen festen, beständigen, ununterbrochenen Zustand höchster Aufregung gefesselt hält, welchem sie wohl oder übel sich unterwerfen müssen, so begreift man die Heftigkeit des geschlechtlichen Triebes. Zwischen diesen Extremen des weiblichen Temperaments giebt es sehr zahlreiche und bedeutend mehr Übergänge, als dies durchschnittlich beim männlichen geschlechtlichen Temperament der Fall ist."

Diese Bemerkung Mauriac's zeigt entschieden von feiner Beobachtungsgabe, zeigt den guten Kenner und Beurteiler des weiblichen Charakters auf geschlechtlichem Gebiete. Sicher liegt in dieser Beobachtung viel Wahres und des französischen Autors längerer Rede wahrer Kern ist: Die Frauen sind, wie in ihrem Charakter überhaupt, auch in ihrer geschlechtlichen Sphäre viel unberechenbarer und unbestimmbarer als der Mann. Für uns entspringt hieraus, dass die Onanie bei Frauen sich viel weniger einer sicheren Beurteilung unterziehen lässt als beim männlichen Geschlecht. Ich meine, die Frauen onanieren durchschnittlich weniger als die Männer, aber wenn sie onanieren, thun sie es mit einer Heftigkeit einer übermässig geschwängerten Phantasie und Leidenschaftlichkeit, wie sie die Onanie bei Männern gewöhnlich nicht erreicht. Leider sind dies alles Hypothesen, Vermutungen, die keine statistisch feste Basis haben und nur aus einzelnen Beobachtungen im praktischen Leben gezogen worden sind.

Verbreitung der Onanie.

Eine Statistik, an welcher sich die Verbreitung der Onanie darlegen liesse, existiert bisher leider noch nicht, ein Umstand, der umsomehr zu beklagen ist, weil, wie Cohn mit Recht meint, auf Grund einer Statistik sich am deutlichsten vor aller Welt zeigen liesse, welchen Umfang Missstände angenommen, und um wieviel mehr es daher nötig ist, einzugreifen. Dass eine Statistik der Onanie unüberbrückbare Schwierigkeiten darbietet, ist klar. Cohn schlägt vor, Fragebogen zu entwerfen, in welchen um Beantwortung der Fragen auf Grund eigener Schulerinnerungen gebeten würde. Dieser Fragebogen wäre zunächst am besten „an die 21000 deutschen

Ärzte und an die 8000 deutschen Studenten der Medizin zu versenden. Die Antworten wären anonym zu erbitten.“ Dieser Vorschlag ist nicht neu, er ist schon früher gemacht worden, um über die Verbreitung der Gonorrhoë und Lues genaues statistisches Material zu erhalten, aber bei der Onanie ist ein derartiges Vorgehen nur noch viel gebotener als bei den vorhergenannten Geschlechtskrankheiten, da diese zur Behandlung den medizinischen Instituten resp. den Ärzten in die Hände fallen müssen und so Statistiken angefertigt werden können, bei der Onanie aber nicht. Natürlich müssten, da eine derartige Sammelforschung mindestens 6000 Mark allein für Portis, Drucksachen etc. verschlingt, nach Cohn ganz richtig die reichen wissenschaftlichen Akademien und Gesellschaften einspringen.

Wenn nun auch keine Statistik vorliegt, soviel kann wohl auch ohne Statistik gesagt werden, dass **die Onanie, eine der verbreitetste Volkskrankheiten ist, die überhaupt existiert, ja,** ich gehe noch weiter, **die allerverbreitetste.** Es giebt kein verbreiteteres Leiden. **Ich behaupte, selbst Syphilis und Tripper sind nicht so verbreitet wie die Onanie.** Wenn z. B. Blaschko in seinem Werke: „Syphilis und Prostitution vom Standpunkt der öffentlichen Gesundheitspflege“, Berlin 1893, bezüglich der Verhältnisse Berlins auf die Reichhauptstadt allein jährlich frische 30 000 bis 35 000 Trippererkrankungen berechnet, oder bei einzelnen Gesellschaftklassen, z. B. Studenten, sogar zu dem Resultate kommt, dass in vier Studentenjahren wohl fast jeder Student einmal an einer Geschlechtskrankheit erkranken würde, so kann man, ja muss man von der Onanie wohl sagen, dass fast alle Menschen ihr je einmal in ihrem Leben gehuldigt haben und die von mir in meinem Werke: „Die krankhaften Samenverluste, die Impotenz und die Sterilität des Mannes“ angegebene Zahl von 90 % ist sicherlich nicht zu hoch, aber wahrscheinlich zu niedrig gegriffen. Jedenfalls geniesst die Onanie unter der Jugend eine Verbreitung, von der die meisten Laien keine Ahnung haben. Sehr erfahrene Kenner und Ärzte huldigen auch dieser Ansicht, ja, einige gehen so weit, dass sie behaupten, es giebt Keinen, der nicht einmel in seinem Leben onaniert habe. Prof. Oscar Berger spricht sich im Archiv für Psychiatrie Band 6. 1876 dahin aus, dass jeder Erwachsene ohne Ausnahme in seinem Leben einmal Onanist gewesen sei. Hören wir seine eignen Worte. Er sagt: „Die Masturbation ist eine so verbreitete Manipulation, dass von 100 jungen Männern und Mädchen 99 sich zeitweilig damit abgeben und der Hundertste, wie ich zu sagen pflege, der r e i n e Mensch, die Wahrheit verheimlicht.“ Im allgemeinen kann man procentuarisch praeter propter die Verbreitung der Onanie nur beurteilen nach den verschiedenen Lebensaltern. So ist klar, dass bei der geschlechtlichen Entwickelung am Ausgang der Schulzeit und nach vollendeter Pubertät in der ersten Zeit der Jünglings- und Backfischjahre am allermeisten onaniert wird, hier kann man wohl ganz sicher, ohne zu übertreiben, rechnen, dass in dieser Lebenszeit mindestens 95 % aller Menschen onanieren. Alle Autoren stimmen in diesem Urteil mit mir überein, dass zur Zeit der Pubertätsreifung und in der derselben folgenden Zeit das Laster seine heftigste Ausübung findet, um allmählich mit zunehmendem Alter, mit dem Eintritt ins gereifte Mannes-, resp. Frauenalter, abzunehmen, jedoch n i e aufhört, denn in j e d e m Lebensalter finden wir, wie wir im nächsten Abschnitt: „Die Onanie in den verschiedenen Lebensaltern sehen werden, dass mehr oder weniger masturbiert wird, sowohl in der zartesten Kindheit, wie im höchsten Greisenalter.

Wir haben früher gesehen, wie uns geschichtliche Überlieferungen beweisen, dass schon in der grauesten Vorzeit, bei den alten Hebräern, Griechen, Römern, die Onanie weite Verbreitung gefunden hatte, wie im fernen Osten in China in schamlosester Weise Onanie getrieben und Instrumente und Bilder zu onanistischen Zwecken öffentlich verkauft werden, und wohin wir auch sonst auf der Welt unsern Fuss setzen würden, bei den civilisierten und uncivilisierten Völkerschaften würden wir die Onanie treffen. So erzählen uns Afrikareisende, dass sie dieselbe bei den Negern und Eingeborenen im Innern des schwarzen Erdteils angetroffen haben. In allen mohamedanischen Ländern, ferner überall dorten, wo die Polygamie erlaubt war, können wir sehen, wie die in Schaaren in den Harems und Serails zusammengesperrten Frauen ihr dolce far niente damit auszufüllen suchen, dass sie faute de mieux sich gegenseitig mit den auch ihnen wohlbekannten Instrumenten, meist Nachahmungen des männlichen Gliedes, Phallus etc., masturbieren, gleichsam um sich für die ihnen verbotenen Früchte der Liebe einen Ersatz zu schaffen. Mit Recht sagt daher auch Beard, dass man dem Laster auf der ganzen Welt, auch bei halbcultivierten und wilden Völkerstämmen begegne.

Noch das einzige Grundgesetz bezüglich der Verbreitung der Onanie möchte ich hier anführen, dass nämlich, je mehr man nach Norden kommt, desto weniger die Onanie Boden gefasst hat, und umgekehrt mit dem weiteren Vordringen nach Süden auch die Onanie immer mehr und mehr, wie alle geschlechtlichen Akte, zunimmt. Es ist dies begründet, in dem Klima, das, je heisser es ist, destomehr zu geschlechtlicher Thätigkeit treibt; andererseits aber liegt es in den Charaktereigentümlichkeiten, die die Bewohner des Nordens so scharf von denen des Südens trennen. Der gefühlskalte, kühlberechnende Nordländer wird viel weniger zu raschen feurigen Thaten sich hinreissen lassen, als der Südländer. Er ist mehr Phlegmatiker, während dieser bei seinem heissrollenden Blut seiner feurigen Phantasie, seinem cholerisch-sanguinischen Temperament sich eher aufregenden, geschlechtlichen Handlungen hingiebt, ferner ist in der Ernährung, der gesamten sozialen Organisation der einzelnen Länder etc. dieser Unterschied bedingt. Was die

Verbreitung der Onanie bei den Geschlechtern

anbetrifft, so ist diese schon gestreift. Noch erwähnen will ich, dass Tissot unter den Onanisten das weibliche Geschlecht für viel stärker vertreten hält als das männliche, ebenso Pouillet und Moraglia, letzterer weil das Weib empfindlichere Genitalien habe als der Mann (?) Delandes schätzt das Verhältnis bei beiden Geschlechtern ungefähr gleich. Christian meint, dass das männliche Geschlecht stärker masturbiert und ebenso Garnier. Ich meine, diese Frage ist überhaupt nicht zu entscheiden, da absolut jede genauere statistische Unterlage pro et contra fehlt, höchst wahrscheinlich ist die Masturbation bei beiden Geschlechtern ungefähr gleich stark verbreitet. Die weibliche Masturbation soll sich nach Moraglia durch grössere Intensität und Beharrlichkeit auszeichnen, weil sie durch die Ehe hindurch und noch über dieselbe hinaus daure, doch ist dies nach meinen Erfahrungen auch bei der männlichen M. der Fall.

Doch auch da, wo nicht Vernunft die Leidenschaften zügelt, finden wir die Onanie, im Tierreich. Nur des Interesses wegen möchte ich diesen Punkt mit berühren.

Die Onanie bei den Tieren.

Voltaire war der Ansicht, dass nur bei den Affen die Onanie vorkomme, allen anderen, im zoologischen System unter diesen stehenden Tieren dieselbe fremd sei. Diese Ansicht ist falsch. Die Onanie bei den Tieren ist, ebenso wie bei den kleinen und kleinsten Kindern, deswegen so wenig bekannt, weil die betreffenden Beobachter, die diese Bewegungen wahrnehmen, nicht wissen, dass sie onanistischer Natur sind, sie nicht als solche zu deuten vermögen, eben weil sie ihnen unbekannt sind. In einem Artikel: „La continence (die Enthaltsamkeit) im Dictionaire des sciences méd.; tome VI, p. 118 macht Montègre sehr interessante Angaben hierüber. Er meint, dass die meisten Tiere,. wenn sie von ihren Weibchen resp. Männchen getrennt sind, auf irgend eine Weise ihrem Begattungstriebe nachzukommen suchen. So reibt sich der brünstige Hirsch, hat er kein Weibchen, bis zur Ejaculation an einem Baumstamm, ebenso ist die Masturbation beim Kameel, Elefanten, Stier, Affen etc. beobachtet worden. Auch die Hunde masturbieren sich sehr häufig und besonders heftig, gewöhnlich machen sie es so, dass sie sich auf den Rücken legen und mit den Hinterfüssen das stehende Glied zu erreichen und es zu reiben suchen; seltener kreuzen sie die Beine, um eine, dem Introitus vaginae entsprechende Öffnung zu bilden, durch welche sie das Glied zu stecken bemüht sind; auch Lecken des Penis bis zum Grade hoher Erregung ist bei ihnen bekannt und kann man tagtäglich beobachten. Ganz besonders aber, und hier von den verderblichsten Folgen begleitet, hat man unser Laster beobachtet bei den Pferden. Die Onanie bei Pferden ist jedem Züchter bekannt und besonders bei guten Rassepferden, Sportspferden eine sehr üble Beigabe und ihre Folgen für edle Hengste sind nicht nur jedem Pferdezüchter, auch jedem Pferdeliebhaber und Kenner wohlbekannte Dinge. Für gewöhnlich onanieren sie in der Weise, dass sie den erigierten Penis an der untern Abdominalfläche zu reiben suchen. In der Révue veter. 1856 giebt Prangé folgenden bemerkenswerten Fall von Onanie und dessen Heilung bei einem Pferde bekannt. Das Tier nahm eine derartige Stellung ein, dass es vermochte, seinen erigierten Penis gegen die beiden Vorderbeine zu reiben, es kam sogar bis zu 3- bis 4maliger Ejaculatio seminis pro die.

Da das Tier sehr herunter kam und es ein edles Pferd war, beschloss man, kalte Bäder anzuwenden. Des Morgens und Abends ein derartig kaltes Bad 6 Tage hintereinander genügte, um dem Tiere das Laster vollständig abzugewöhnen. Der vorhin erwähnte Montègre erzählt, dass der erste der beiden in Paris gezeigten und dort gestorbenen Elefanten durch gewisse Bewegungen seiner Gesamtmasse derart heftige und so häufige Ejaculationen hervorzurufen verstand, dass man annimmt, er sei daran gestorben. Doch genug dieser Beispiele von Onanie bei Tieren, wer sie beobachten will, der gehe nur in die zoologischen Gärten und beobachte mit offenen Augen das Leben und Treiben der Tiere dort, er wird oft die onanistischen Triebe bei von ihren Weibchen getrennten männlichen Tieren beobachten können.

Die Onanie in den verschiedenen Lebensaltern.

Hier haben wir zu betrachten:

1. Die Onanie bei den Säuglingen und im zarten Kindesalter.
2. Die Onanie bei grösseren (Schul-) Kindern.
3. Die Onanie nach den Pubertätsjahren im Jünglings- und Jungfrauenalter.
4. Die Onanie in den gereiften Jahren.
5. Die Onanie im Greisenalter.

1. Die Onanie bei Säuglingen und im zarten Kindesalter

ist ein zum Teil noch recht dunkles Kapitel, das einer baldigen, streng wissenschaftlichen Durcharbeitung und Klärung bedarf. A priori sollte man meinen, dass eine gewisse geistige oder doch wenigstens körperliche Entwicklung für die Erweckung geschlechtlicher Triebe eine ganz notwendige Vorbedingung sein müsse, dass ohne diese Vorbedingung und in so abnorm früher Lebensperiode ein Zustandekommen von Onanie ganz undenkbar wäre. Jedoch die Praxis belehrt uns eines Besseren. Es gilt heutzutage auf Grund zahlreicher, von erfahrenen Kinderärzten gemachten Beobachtungen als ganz sicher, dass eine instinktmässige Befriedigung des Geschlechtstriebes nach onanistischen Prinzipien in den ersten

Jahren der frühesten Kindheit vorkommen kann und auch wirklich vorkommt, und hier, in so zarter Jugend, natürlich von viel verderblicheren und unheilvolleren Folgen für den Körper und besonders für das Centralnervensystem begleitet sein muss, da dessen Hauptstätte, das Gehirn, sich noch in voller Entwickelung befindet. Was die Art und Weise anbetrifft, wie im Säuglingsalter onaniert wird, so zeigt sich, dass meist wetzende Bewegungen der Oberschenkel bei Überkreuzung aneinander, oder an der Brust, an dem Arm der Wärterin ausgeübt werden, selbst reibende Bewegungen mit den Händchen an den Genitalien kommen schon vor. Fleischmann, Henoch u. a. beschreiben reibende Bewegungen, von denen Fürbringer allerdings meint, dass „derartige Schaukelbewegungen, welche mit dem Begriff der bewussten, unnatürlichen Handlung nichts gemein haben, der Reflexaktion und der unwillkürlichen Bethätigung eines allgemeinen Behaglichkeitsgefühles näher stehen als der Onanie". Nach Hirschsprung, der sich besonders mit diesem Thema beschäftigt hat und seine Erfahrungen hierüber niedergelegt hat in Hosp. Tid. 3, R. III. 12, 1885, soll die Onanie bei kleinsten Kindern bei Mädchen viel häufiger sein als bei Knaben. Man trifft sie jedoch auch bei diesen des öfteren an. Der jüngste überhaupt veröffentlichte Fall stammt von ihm: Hier begann die Onanie im Alter von 4—5 Monaten! In einem anderen Falle handelte es sich um ein gutgenährtes, normal gebildetes, 13 Monate altes Mädchen, von der mütterlichen Seite her stark nervös belastet, das seit ca. 8—9 Monaten an den Anfällen litt, die der behandelnde Arzt nicht zu deuten vermochte. Das Kind war völlig normal. Die Anfälle verliefen folgendermassen: Das Kind schmiegte sich fest an die Brust und Schulter der Wärterin an, legte die eine Hand an den Rücken, die andere an die Brust der Wärterin und machte mit dem Becken und den parallel ausgestreckten Beinen wetzende auf- und abgehende Bewegungen, eine geraume Zeit hindurch fort. Während des Anfalles traten die Zeichen allgemeiner Erregung ein. das Gesicht rötete sich, die Pupillen erweiterten sich, eine Verzerrung des Gesichts, Grimassen stellten sich ein, bis endlich unter Stöhnen und Seufzen der Anfall sich auslöste. Während des Anfalles nahm das Kind von seiner nächsten Umgebung absolut keine Notiz. Nach dem Anfalle schlief es infolge der grossen Ermattung. Nach Aussage der Mutter wiederholten sich die Anfälle sowohl Tags wie Nachts mehrere Male. Es wurde dieser Zustand von Hirschsprung als unwillkürlicher wenn auch unbewusst hervorgerufener Geschlechtsgenuss aufgefasst. Diese, durch Friktion der Geschlechtsorgane bis zum höchsten Grade von Orgasmus führenden Bewegungen sind für gewöhnlich die selteneren, meist findet man Kreuzung der Beine in sitzender Stellung und Vor- und Rückwärtsbewegung. Bei einem dreijährigen, aus geisteskranker Familie stammenden schwächlichen und blutarmen, für sein Alter hoch aufgeschossenen, geistig sehr früh entwickelten Mädchen, von lebhaftem Temperament und nervöser Unruhe, bestanden schon seit 1½ Jahren onanistische Anfälle, ähnlich denjenigen der eben geschilderten Art. Es onanierte auch in der Nacht im festen Schlafe.

Auch Kraft berichtete von einem elfmonatlichen Mädchen, das sich unter heftiger Aufregung mit den Händen in der Schamspalte rieb. Dieser Fall wurde lange Zeit als der jüngste Onanist betrachtet, bis Hirschsprung in seinem vorher citierten Fall in die Öffentlichkeit trat. Bei älteren Kindern von 3 und mehr Jahren kann man beobachten, wie unter Hin- und Herrücken bei übereinander geschlagenen Beinen eine hochgradige Erregung auf dem Gesichte der betreffenden Kinder sich ausmalt. Das Unrechte ihrer Handlung kommt den Kindern in diesem Alter doch schon zum Bewusstsein.

Nach Hirschsprung soll das Laster bei Knaben in diesem jugendlichen Alter viel seltener vorkommen als bei Mädchen. Dies mag auch im Grossen und Ganzen recht sein. Sicher ist, dass im allgemeinen die üble Gewohnheit bei Knaben später auftritt, als bei Mädchen. Hirschsprung hat nur 3 Fälle bei Knaben im frühesten Kindesalter beobachtet. Der jüngste hatte erst ein Alter von 16 Monaten und bei diesem sollen sich schon Erektionen gezeigt haben. Es ist wohl der einzige, wenigstens meines Wissens bisher publizierte Fall von Erektionen in einem derartig frühen Kindesalter. Betreffender Knabe war klein, mager, mit etwas Wasserkopf und wohl infolgedessen noch offener Fontanelle behaftet, wurde tagtäglich und in letzter Zeit mehrere Male täglich von Anfällen betroffen die 1½ Stunde dauerten und in heftigen, den Gesamtkörper nach vorn und hinten ruckenden Bewegungen bei erigiertem Penis sich äusserten. Der Knabe war durch diese Anfälle wie in Schweiss gebadet, verfiel in grosse Mattigkeit und

Schlaf nach jedem Anfall. Seit einem Monat war der Knabe stark heruntergekommen, abgemagert, durchfällig, hatte verminderten Appetit. Würmer waren nicht vorhanden.

Einen ähnlichen Fall hatte Verfasser zu beobachten Gelegenheit. In der Leipziger Universitätskinderpoliklinik stellte sich einstmals eine Mutter mit einem circa $1^1/_4$ jährigen Knaben vor, bei welchem die Mutter „eine komische Art von Krämpfen" glaubte konstatieren zu können. Der Krampf entpuppte sich als onanistische Bewegungen, welche das Kind durch Reibung der Genitalien an der Brust der Mutter, resp. der Wärterin hervorbrachte. Die Augen schauten starr, das Gesicht wurde glühend, es trat Beklommenheit ein, bis auf der Höhe nach circa zehn Minuten ein lautes Schluchzen den Anfall beendigte, nach welchem das Kind dem Schlafe verfiel.

Einen ebenfalls sehr lehrreichen Fall erzählt Vogel in seinem Buche: „Unterricht für Eltern und Kinder-Aufseher, wie das unglaublich gemeine Laster der zerstörenden Selbstbefleckung am sichersten zu verhüten und zu heilen" Kap. 1, pag. 8. Ein kleiner Knabe von einem Jahre hatte schon die Gewohnheit sich gegenseitig die Oberschenkel zu reiben und erzielte dabei sogar eine Erektion des Gliedes. Einige Frauen belächelten dies. Nur die Mutter sträubte sich mit Entschiedenheit, es zu ertragen. Das Kind wiederholte dies mehrere Male am Tage, selbst in der Nacht und oft eine Viertelstunde lang, während welchem Akte das Gesicht heiss, rot wurde, die Augen leuchteten, die Respiration wurde beschleunigter, unregelmässig. Gleichzeitig erigierte sich der Penis. Ja, die Mutter behauptete sogar, während dieser convulsivischen Bewegung eine gewisse Flüssigkeit am Penis austreten gesehen zu haben. Ermattet und in Schweiss gebadet liess es nach, um in einen tiefen Schlaf zu verfallen.

In der Tribune médic. vom 6. Fevr. 1876 berichtet Dr. René Blache von einem jungen 17monatlichen Mädchen, welches nicht bloss mit den Händen, sondern auch durch fortwährende Reibung der Oberschenkel und Beine sich in den Zustand des geschlechtlichen Spasmus zu setzen vermochte. Es hatte das grässliche Laster bei diesem zarten Kinde schon die gesamte Gesundheit zerstört; extreme Reizbarkeit des gesamten Nervensystems, Verlust des Appetits starke Abmagerung, charakteristische, anämische Blässe, schwarze Augenränder, tief in den Augenhöhlen liegende matte Augen waren die Folgen des Lasters bei diesem bedauernswerten Geschöpfe.

Bevor ich auf die Onanie bei grösseren (Schul-) Kindern übergehe, glaube ich, ist hier der Ort, noch einer Unart bei ganz kleinen Kindern zu gedenken, die mit der Onanie von einigen Autoren in direkten Zusammenhang gebracht worden ist, der sogenannten

Ludelbewegungen.

Das sogenannte Ludeln, als Lutschen, Wonnesaugen, Suctus voluptabilis bezeichnet, ist eine Unart, die, wenn man genauer zusieht, wohl bei den meisten kleinen Kindern beobachtet wird. Man versteht darunter die Angewohnheiten der kleinen Kinder, an den Fingern, den eigenen Lippen, der Zehe, den hingehaltenen Fingern einer zweiten Person, an der zwischen die Lippen vorgestreckten eigenen Zunge Saugbewegungen zu machen, zu lutschen. Die beste Bearbeitung dieses Gegenstandes findet sich meines Wissens im Jahrbuch für Kinderheilkunde, Neue Folge XIV, 1, pag. 68 ff., 1879 von Dr. H. Lindner. Dieser Autor unterscheidet

1. einfache Ludler und
2. Ludler mit Kombination.

Die einfachen Ludler sind entweder Lippen- oder Zungenludler, oder auch, und dies ist meistens der Fall, Finger-, Daumen-, Handrücken- und Armludler. Doch auch an fremden Körpern beobachtet man Lutschbewegungen, an Saugflaschen, der Brotrinde, dem Gummimundstückchen, dem sogenannten „Lutsch", Zulp.

Die Ludler mit Kombination benutzen beim Ludeln einzelne Finger einer oder beider Hände zum Frottieren irgend eines beliebigen Punktes (punctum voluptabile). Liegt der letztere in der activen, aushelfenden Hand, so reibt ein Mittelfinger den Rücken benachbarter Zeigefinger, oder sämtliche Finger reiben sich an einem, während hingegen die passive aushelfende Hand den Zweck verfolgt, den Ludel abzuhalten oder zu stützen, oder auch ihn zu bemänteln, zu verdecken (Ludler mit Maske).

Die Ludler übertragen ihren spezifischen Ludelpunkt, den Vergnügungspunkt, auch auf ihre Schlafgenossen. Die üble Angewohnheit des Ludelns kann so heftig werden, dass es bis zu Exaltationen beim Ludeln kommt, dass sie sich Schmerzen beim Ludeln bereiten, dass es zu widerwärtigen Proceduren kommt, von denen sich selbst die andern kleinen Kinder abwenden. Lindner stellte, um statistisches Material zu gewinnen, an 500 Kindern Studien bezüglich des Ludelns an und kam zu folgenden Resultaten: Unter den 500 Kindern, die 117 Familien angehörten, fand er 69 Ludler = 13,8 %, welche 54 Familien angehörten. Von diesen waren 33 Knaben, 26 Mädchen und von diesen 69 Kindern hatten nur 3 den Lutsch, den Zulp erhalten. Lindner ist der Meinung, dass jedem Kinde eine Disposition zum Ludeln angeboren ist, welche unter gewissen Umständen, unter günstig dargebotenen Bedingungen zum Wonnesaugen ausartet. Was die Zeit des Ludelns anbetrifft, so wird von den meisten Kindern am liebsten vor dem Einschlafen geludelt, ja, es ist bekannt, dass leider viele Eltern, um das Kind zum Einschlafen zu bringen, demselben den Lutsch in den Mund stecken. Aber auch nach dem Erwachen, nach dem Bade vor dem Trinken wird gern geludelt. Durch intercurriernde Krankheiten wird das Ludeln gewöhnlich unterbrochen, und man kann das Wiedererwachen des Ludelns als ein günstiges Symptom betrachten. Was die Nachteile des Ludelns anbetrifft, so unterscheidet Lindner zwei:

1. Die Nachteile in kosmetischer Beziehung.
2. Die Nachteile ernsterer Natur.

1. Nachteile in kosmetischer Beziehung sollen sein eine Verunstaltung des Mundes, ja, selbst Scoliosen (!) sollen durch das Ludeln entstehen, und zwar dadurch dass beim Ludeln am rechten Daumen mit Hilfe der beiden rechten Extremitäten, des rechten Armes und des rechten Beines, die normale rechtsseitige Seitenbiegung der Wirbelsäule leicht vergrössert wird, weshalb auch das zweihändige Ludeln oder die bei doppeltem Wonnepunkt regelmässig sich abwechselnde Aushilfe ohne Schaden für die Wirbelsäule sein sollen. Ich muss gestehen, dass mir diese Erklärung sehr wenig einleuchtend ist; ja, ich bezweifle überhaupt sehr das Entstehen einer Scoliose allein durch Ludelbewegungen. Lindner giebt auch selbst an, dass unter seinen 69 Ludlern nur 2 scoliotisch waren, gewiss absolut kein Beweis für seine Behauptung, wenn man bedenkt wie häufig in diesem zarten Kindesalter die Scoliose ist.

Hingegen die Verunstaltung des Mundes, der sogenannte Lindnersche „Ludelmund“ d. h. eine durch das Ludeln entstandene Missbildung der Knochen der Mundhöhle, verbunden mit Unregelmässigkeiten der Zahnbildung hat entschieden viel Wahres für sich und auch von anderer Seite ist darauf hingewiesen worden. So fand der bekannte Kinderarzt Prof. Dr. Biedert in Hagenau im Elsass bei einem Zahnludler alle vorderen Zähne platt am Zahnfleisch weg abgeschliffen und Dr. H. Chandler giebt im Boston-Journal 1894, 7, pag. 204, 1878 eine interessante Studie über die Unregelmässigkeiten der Zähne und Zahnbildung im Zusammenhange mit Ludelbewegungen.

2. Zu den Nachteilen des Ludelns ernsterer Art gehört auch die Maceration der Finger, die selbst bis zum geschwürigen Verfall gehen kann, und all der Glieder, die zum Ludeln benutzt werden, besonders aber, und was für uns von Interesse, der Zusammenhang dieser Unart mit der Onanie oder vielmehr der Uebergang derselben in Onanie. Wenn man nun auch sagen muss, dass zwischen Ludelbewegungen und Onanie ein ausserordentlicher Unterschied ist, so lässt sich doch nicht leugnen, dass bei gewissen Graden sich beide sehr ähneln. Bei ganz hochgradigem, leidenschaftlichem Ludeln kann man Erscheinungen sehen, die denen bei leidenschaftlicher Onanie kleiner Kinder täuschend ähnlich sind. Ich habe des öfteren beobachtet, wie die kleinen Säuglinge während des leidenschaftlichen Ludelns, meist am Daumen, starr auf einen Punkt schauten, wie das Gesicht glühte, die Augen starr ins Blaue gerichtet waren, selbst die Atmung eine beschleunigte war. Bedenkt man nun, dass beides, sowohl das Ludeln, als auch die Onanie in diesem Alter, ohne irgend welches Bewusstsein, allein instinktmässig betrieben werden, so liegt die Vermutung sehr nahe, dass das Ludeln einen günstigen Boden für die Onanie schaffen kann, und dass selbst das Ludeln schon auf die Reizbarkeit des Nervensystems einen entschieden schädigenden Einfluss auszuüben vermag. Ich glaube sicher, dass leidenschaftliches Ludeln entschieden eine bedenkliche Sitte hat, zumal wenn eine nervöse Belastung des Kindes von seiten der Eltern vorliegt und in diesem Sinne kann, meine ich, das Ludeln eine praedsiponierende Rolle für die Onanie spielen. Man wolle festhalten, dass beides zwei an und

für sich völlig getrennte Bewegungen sind, die nichts miteinander zu thun haben, die meiner Ansicht nach auch nicht, wie Lindner will, direkt ineinander übergehen können, von welchen Bewegungen aber das heftige leidenschaftliche Ludeln praedisponierend für die Onanie wirken kann und eventuell schlummernde Onanie auszulösen vermag. Noch erwähnen möchte ich, dass Lindner sogar eine mangelhafte geistige Entwickelung infolge des Ludeln gesehen haben will. (!) Ich halte das Ludeln für eine, durch Vererbung im Laufe der Zeit ausgebildete, jedem Kinde bei der Geburt mitgegebene üble Angewohnheit. Diese Disposition zum Ludeln kann nur durch eine richtige, resp. falsche Wartung und Pflege unterdrückt resp. grossgezogen werden. Leider müssen wir sagen, dass die falsche Erziehung bei unserer Kinderwartung mehr die Grossziehung des Lasters als die Unterdrückung desselben anstrebt. Man beobachte nur unsere Eltern, Kindermädchen, Ammen und alle das Geschäft der Kinderwartung besorgenden Personen während ihres Dienstes und man wird finden, dass die Erziehung zum Ludeln das Gewöhnliche, die Unterdrückung oder überhaupt Nichtangewöhnung das viel Seltenere ist. Bei uns gilt es als Regel, dass dem Kinde zur Beruhigung bald nach der Geburt ein sogenannter „Zulp“ oder „Lutsch“, (österreichisch „Schnuller“) in den Mund gesteckt wird. Da das Ludeln stets schwer abzugewöhnen ist, sollte jede Mutter dem Säuglinge das Ludeln verwehren. Die Kinder sollen nach dem Erwachen sofort aus dem Bette gehalten, nach dem Baden sich nun selbst überlassen bleiben. Stets entferne man, event. mit Gewalt, die Hand vom Ludelpunkt. Von vornherein aber gewöhne die Mutter dem Kinde das Ludeln zur Beruhigung nicht an, gebe ihm nie einen Zulp in den Mund, sondern suche auf irgend eine andere Weise das Kind zu beruhigen. Man merke sich aber, in jedem Kinde liegt gleichsam instinktmässig angeboren, jeden Gegenstand in den Mund zu stecken und an ihm zu ziehen. Zur Verhütung oben genannter übler Folgen, wie der Verunstaltung des Mundes, der Maceration der Finger und der eventuellen, wenn auch geringen Hinleitung auf die Onanie, sowie auch aus ästhetischen Gründen sollte jeder Mutter vom Arzt eingeprägt werden, dem Kinde zur Beruhigung nie einen Zulp in den Mund zu geben, sondern stets auf alle andere Weise das Kind zu beruhigen suchen.

2. Die Onanie bei grösseren Kindern.

In der zweiten Periode der Kindheit, dem schulpflichtigen Alter, macht das Laster unter den Kindern die grössten Fortschritte. Hier spielt der Nachahmungstrieb die Hauptrolle. Ein Kind zeigt es dem anden und sucht es ihm vorzuthun, daher schon ganze Onanieepidemien, vorzüglich in Instituten und Pensionaten, zur Beobachtung kamen. Durch die Onanie wird wiederum — welch' unglückseliger Circulus vitiosus! — das Wollustgefühl bei den Kindern so gesteigert, dass sie oft trotz harter Strafen und bester Vorsätze nicht von dem grässlichen Laster die Hand ablassen können, und so erklärt es sich, im Verein mit dem Nachahmungstrieb, mit der Verführung, mit der allmähligen Entwickelung des Geschlechtstriebes, mit dem innigen Verkehr mit den anderen Schulkindern, mit dem ihnen tagtäglich gegebenen Anstoss zu dem Laster, dass in der Schulzeit dasselbe so erschreckende Fortschritte macht, und — seien wir offen, fast jedes Kind — ein trauriges Geständnis, das wir hiermit machen müssen — ergreift. Fürwahr, traurig ist dies, denn welcher Familienvater, welche Familienmutter würde nicht erschüttert bei dem Gedanken, dass ihr Kind, ihr Liebling auch diesem Laster ergeben sein soll, resp. in den weiteren Jahren der Entwickelung mit der grössten Wahrscheinlichkeit sich noch ergeben wird. Doch dass diese Perspektive, so erschütternd sie auch sein und wirken mag, von mir keine übertriebene, sondern — leider — eine auf purer, nackter Wahrheit beruhende ist, diesen Beweis will ich hiermit, allerdings meist auf Grund von Cohnschen Angaben, erbringen.

Alle Schriftsteller stimmen darin überein, dass in der Zeit der beginnenden Pubertät, sagen wir rundweg, um das 12.—14. Lebensjahr, also am Ende der Schulzeit, am heftigsten masturbiert wird. Die Schulen, welcher Art sie auch sein mögen, ob Volks- oder Bürgerschulen, ob Gewerbe- oder höhere Töchterschulen, ob Gymnasien oder Realgymnasien, sie stellen das hohe Kontingent, den grössten Teil der Onanisten. Schon Dr. Bahrdt, der vor dem 30jährigen Kriege nach Schulpforta kam, hat während 2jährigen dortigen Aufenthalts diese Bemerkung gemacht, er sagt, dass „die gesamte Knabenwelt dieser Fürstenschule bis auf ihn und noch 3 andere von dem griechischen Laster geschändet“ sei. Im

Jahre 1760, als Tissot sein berühmtes Werk „de l'onanisme“ schrieb, teilt er in demselben mit, dass die Onanie oft bei allen Schülern eines College auftrat; und 1780 sagt Dr. Joh. Peter Frank in seinem „System der medizinischen Polizey“: „Das onanistische Laster ist in manchen Collegien, Erziehungshäusern und Schulen vieler Gegenden so eingerissen, dass man von Seiten der Obrigkeit nicht genug Mittel treffen kann, einer solchen Pest zu begegnen. Ich weiss Schulen, wo zu 40 Knaben bei Handlungen angetroffen wurden, welche wegen ihrer Folgen das Gemeinwesen sollten zittern machen.“ Und so liessen sich die Aussprüche unserer bedeutendsten Ärzte und Pädagogen von damaliger Zeit bis auf unsere Zeit geschichtlich verfolgen und wiedergeben, um zu zeigen, dass sowohl damals, wie im Laufe des letzten Jahrhunderts die Onanie in der Schulzeit auch ganz ungeheuer verbreitet war, eine Verbreitung gefunden hatte, wie sie leider bis auf die neueste Zeit niemals geglaubt, niemals öffentlich aufgedeckt worden ist. Baginsky, Fürbringer u. a. Autoren sind genau derselben Meinung und so tönt das alte Klagelied der ungeheuren Verbreitung der Onanie uns aus allen modernen Kulturstaaten entgegen. Nur einige Beispiele hier zum Beweise. Walter Bensemann schildert in seinem Werke: „Public school und Gymnasium“, Kalsruhe 1893 die grässlichen Zustände, die sich in den englischen public schools vorfinden, er sagt, dass daselbst die grössten Laster in jeder Ausdehnung ihren Wohnsitz haben, dass das englische Internatsschulwesen „weiter nichts als eine Kasernierung jener bekannten Ausartungen des Griechentums“ sei, „durch das enge Zusammenleben von Knaben ganz ungleichen Alters werden Verhältnisse erzeugt, wie sie in dem kaiserlichen Rom an der Tagesordnung waren.“

Aus Frankreich berichtet Alfred Fournier in seinem Buche „de l'onanisme“ von der ausserordentlichen Verbreitung, die die Onanie dort gefunden, er meint, dass sie in der Kindheit und in der späteren Jugend am grässlichsten wüte, und zwar hier in den Schulen, öffentlichen Instituten, wo ein Schüler durch das Beispiel des Mitschülers verdorben werde. In schamlosester Weise verführen die älteren Schüler die jüngeren. Wo Güte nicht hilft, werden die letzteren durch Drohungen von den älteren Schülern gezwungen, sich gegenseitig, mutuell zu onanieren. In Pensionaten ist die Onanie in Form intimster gegenseitiger Freundschaft ebenfalls sehr verbreitet, und andere französische Ärzte wie Deville, Tarnowsky, Chevalier u. a. sind ebenfalls derselben Meinung. Letzterer nennt das Laster sogar Inversion scolaire.

Aus Deutschland:

Moll erzählt von einer Onanieepidemie in einer Berliner Schule, wo ein Schauspieler die mutuelle Onanie eingeführt hatte und dieselbe rasend um sich griff.

Professor Schiller sagt in seinem „Handbuch der Pädagogik", 3. Auflage 1894, Seite 170 ff., dass er in 34jähriger Amtsthätigkeit wiederholt in der Lage war, betreffs der Onanie reichere Erfahrungen zu sammeln, als dies je der Fall zu sein pflegt." Und weiter „dass die Selbstbefleckung in den Schulen sehr verbreitet ist, lehren zahlreiche Beobachtungen. Sie findet sich von Sexta bis Prima. Selten ganz unten und ganz oben, am häufigsten in den Tertien und Sekunden. Keine Anstalt wird vermutlich frei sein, aber in einzelnen Schulen erreicht das Übel eine sehr grosse Ausdehnung. Tradition und Schülermaterial sind hier vom grössten Einflusse. Besonders gefährlich sind die Anstalten als Brutstätten und Verbreiterinnen des Fehlers, an welche zahlreiche Schüler, welche das normale Alter um mehrere Jahre überschritten haben, in die mittleren Klassen vom Lande eintreten. Teils bringen dieselben die schlimme Gewohnheit schon mit, die unter der Landbevölkerung bekannt und heimisch ist, teils erfahren sie dieselbe von älteren Schülern und verbreiten sie dann weiter."

H. Cohn in Breslau führt an, dass in der Tertia eines Gymnasiums das Übel ein halbes Jahr lang verbreitet gewesen sei, bevor es zur Kenntnis der Lehrer gekommen, „während dieser langen Zeit wurde in jeder Freiviertelstunde täglich, da die Thür geschlossen war und kein Lehrer die Aufsicht führte, gegenseitige Onanie systematisch betrieben." In einem anderen Gymnasium wurden von den Sekundanern „Jugendspiele," d. h. gegenseitige Onanie getrieben.

Ich selbst weiss von einem sächsischen Gymnasium, wo in der Obertertia durch verlotterte Schüler die Onanie eingeführt wurde und in den Pausen von einem grossen Teil der Schüler acceptiert wurde. Das Übel kam hier überhaupt nicht zur Kenntnis der Lehrer, sondern schleppte sich in die Sekunda hinein fort, um erst allmählich sich zu verlieren. Selbst in den Unterrichtsstunden, während des Unterrichts, wird masturbiert.

Cohn berichtet von einem Schüler, der ihm offen gestanden: „Oben haben wir Cäsar gelesen und unten haben wir dabei miteinander masturbiert und zwar über den Beinkleidern". Ein Unterprimaner desselben Gymnasiums, in welchem in der Obertertia die Onanie einriss, erzählte mir nach seinem Abgange zur Universität, dass er oft, sowie seine Mitschüler, besonders nach durchkneipten Abenden und Nächten, die mit geschlechtlichen Aufregungen u. a. Dingen verbunden waren, des Morgens als süsse Erinnerung an die am vergangenen Abend genossenen Freuden, während der Unterrichtsstunden, besonders während der Lektüre griechischer resp. lateinischer Schriftsteller, über den Hosen onaniert habe, selbst gegenseitige, mutuelle Onanie mit seinen Mitschülern getrieben habe.

Einzig ist aber die „aktenmässig festgestellte Mitteilung von Prof. Schiller in Giessen, wonach die Schüler ganzer Bankreihen die Taschen der Beinkleider durchbohrt hatten und gegenseitig während des Unterrichts die verderbliche Gewohnheit pflegten(!)".

Diese Aufzeichnungen, glaube ich, werden genügen, um allen Eltern und Erziehern dazuthun, dass die vorhin ausgesprochene Ansicht von wahrhaft erschreckender, ganz abnormer Verbreitung die Onanie während der Schulzeit bei beiden Geschlechtern leider volle Berechtigung hat, dass daher die Bekämpfung der Onanie in dieser Zeit um so mehr ihre volle Berechtigung in der Schulhygiene zu finden hat, ja zu einer „brennenden Frage" derselben geworden ist, und dass es Pflicht jedes Einselnen, der diese Zeilen liest, ist, nach seinem Teil, nach seinen Kräften mitzuwirken an der Aufbesserung derartiger bodenloser Zustände.

3. Die Onanie nach den Pubertätsjahren, im Jünglings- und Jungfrauenalter

deckt sich fast mit der Onanie im Schulalter, nur kann zur allgemeinen Beruhigung wohl sicher hinzugefügt werden, dass in dieser Zeit entschieden schon eine allmähliche, wenn auch geringe Abnahme des Lasters zu verzeichnen ist. In dieser Zeit, wo die Vernunft doch immer mehr und mehr die Herrschaft über die zügellosen Begierden und Leidenschaften erhält, wo die Willensstärke zur völligen Ausreifung gelangt oder doch wenigstens gelangen sollte, wird auch ein entschiedenes Zurückgehen der onanistischen Ausschweifungen beobachtet. Wenn auch einige Autoren meinen, dass gerade in dieser Periode, welche man ungefähr beim männlichen Geschlecht bis 24., beim weiblichen Geschlecht bis 20. Lebensjahre rechnen kann, noch häufiger masturbiert wird als im Schulalter, so muss man doch bekennen, dass in dieser Zeit ein leiser allmählicher Rückgang des scheusslichen Lasters zu beobachten ist. Es mag dies einerseits daher kommen, dass nach völlig erwachtem Geschlechtstrieb besonders das weibliche, aber auch das männliche Geschlecht denselben aus naheliegenden sozialen Umständen nicht auf natürliche Weise befriedigen kann und daher wohl oder übel, faute de mieux, der Onanie in die Hände getrieben wird. Ein grosser Teil der Bleichsucht und Blutarmut unserer weiblichen Jugend ist, wenn natürlich auch nicht alleinige Folge, so doch nicht zum geringsten Teil der Mitwirkung der Onanie, neben der verkehrten Lebensweise, der falschen Erziehung u. a. Faktoren zuzuschreiben.

Meist werden die in der Schule grossgezogenen lasterhaften onanistischen Triebe ins Jünglingsalter und Jungfrauenalter mit herüber genommen und, wenn auch in abgeschwächter Weise, ihnen weiter gefröhnt. Die Folgen sind in diesem Alter wenn auch nicht so böse wie zur Zeit der Entwickelung im kindlichen Alter, doch immerhin nicht zu unterschätzende, oft noch die Gesundheit in körperlicher und besonders geistiger Beziehung genugsam schädigende. Besonders aber ist es Neurasthenie mit allen ihren Folgen, speziell die sogenannte sexuelle Neurasthenie, die als Folge des Lasters in diesem Lebensalter erscheint. Doch davon später.

4. Die Onanie im gereiften Mannes- resp. Frauenalter.

Man sollte erwarten, das nach völliger körperlicher wie geistiger Reife Jedermann Waffen genug in der Hand hätte, um etwaigen auf ihn einstürmenden Trieben die Spitze bieten zu können, jedoch — der Geist ist willig, das Fleisch ist schwach. Selbst in diesem Alter, wo alle Bedingungen zur Bekämpfung des Lasters dem Menschen gegeben sind, ist derselbe willensschwach genug, diesem scheusslichen Triebe zu willfahren, und so sehen wir, dass auch in diesem Alter die Onanie zu einem noch genugsam verbreiteten Laster gehört und genug Opfer fordert. Leider herrschen über die Verbreitung während dieser Zeit, ebenso wie während des Greisenalters, keine Aufzeichnungen, wie sie uns über die Zeit der frühen Schuljahre zur Verfügung stehen. Und woher sollten hier auch wahrheitsgemässe Angaben stammen, da in dieser Zeit man keine Kontrolle mehr über die Menschheit auszuüben vermag. Eben nur durch die von Cohn angeregten Sammelforschungen per Fragebogen, die an die Ärzte versandt werden müssten, liesse sich hier statistisches Material sammeln. Trotz alledem lässt sich aber aus den Erfahrungen, die in der ärztlichen Praxis gesammelt worden sind, wohl die Behauptung aufstellen, das auch in diesem Lebensalter die Onanie noch ein stattliches Häuflein von Anhängern besitzt. Nur irgendwie genauere ungefähre Angaben zu geben, ist absolut unmöglich. Wenn man als Arzt so manchem Patienten aber auf den Zahn fühlt, lässt sich das Geständnis erlangen, dass er neben sexuellem Verkehr ab und zu auch noch der Onanie huldigt, allerdings wendet sich wohl die Mehrzahl der Männer in den zwanziger Jahren, beim Eintritt ins Mannesalter, von dem unnatürlichen Laster ab und einem natürlichen Geschlechtsverkehr, — sei es ehelicher oder unehelicher Art — zu. Nur a priori lässt sich wohl vermuten, dass unter dem weiblichen Geschlecht, besonders unter den unverheirateten, „sitzengebliebenen" älteren Jungfrauen der besseren Stände die Onanie in diesem Lebensalter mehr Anhänger zählt als unter dem männlichen, weil das männliche Geschlecht eben freieren geschlechtlichen Verkehr hat, während das weibliche Geschlecht, wenn unverheiratet, bei dem dem Menschen innewohnenden sexuellen Hang mehr oder weniger doch wohl der Onanie in die Hände fallen wird. Sicher ist, dass die Onanie bei weitem nicht die Verbreitung in dieser Lebenszeit findet, wie in der früheren Schulzeit oder späteren Entwikelungszeit, und es wird wohl nicht zu hoch gegriffen sein, wenn man annimmt, dass bei weitem die Mehrzahl der Menschen sich im Mannes- resp. Frauenalter von der Onanie abwendet und höchstens dann und wann noch einmal dem alten Laster verfällt. Doch dass die Onanie in dieser Zeit nie gänzlich auf dem Aussterbeetat gesetzt ist, darüber nur einige Beispiele: „So sagt Fürbringer (Die Störungen der Geschlechtsfunktionen des Mannes

Seite 25): „Uns sind Fälle bekannt, in welchen glücklich verheiratete, kinderreiche Väter in gesetzten Jahren nicht von ihren schlimmen Trieben zu lassen vermochten, selbst dann nicht, wenn der Coitus naturalis keineswegs als eingeschränkter gelten konnte. Ein Bankier unserer Beobachtung verfiel dem Laster „auf jeder Reise“, auch wenn dieselbe natürlichen Geschlechtsgenuss brachte. Zerstreute Rückfälle in den Zeiten der durch äussere Umstände gebotenen ehelichen Abstinenz scheinen etwas ganz Gewöhnliches zu sein.“ Von deutlich sichtbaren Einfluss ist in dieser Zeit auch der Alkohoholgenuss. Gerade Potatoren glaube ich nach meinen Erfahrungen öfters als Onanisten ansprechen zu dürfen. Erstens wird durch den Alkoholmissbrauch die Widerstandsfähigkeit, die sittliche Energie geschwächt, oder wenigstens um ein Bedeutendes herabgemindert, und zweitens wirkt der Alkohol auch als Stimulans auf die Libido und dadurch auf die onanistischen Triebe verhängnisvoll ein. Was endlich

5. Die Onanie im Greisenalter

anbetrifft, so ergiebt sich schon von vornherein aus dem natürlichen Gesetz der allgemeinen Abnahme der geschlechtlichen Potenz im Greisenalter, dem allmählichen Erlöschen des Geschlechtslebens mit zunehmendem Alter, dass sie, wie überhaupt geschlechtliche Akte, seien sie im Rahmen der Mässigkeit gehalten oder seien es Ausschweifungen der verschiedensten Art, seltener sein muss, ja etwas Widernatürliches, Abnormes sein muss.

Der geschlechtliche Trieb kann bis zum 60. ja 70. Lebensjahre vorhanden sein, da aber die Erectio penis in dieser Zeit, wenn überhaupt noch eine leidliche, doch sehr viel zu wünschen übrig lässt, was Wunder, wenn da der Greis oder die Greisin wieder zum Kinde wird und noch einige Voluptas sexualis durch onanistische Machinationen sich zu verschaffen sucht? So treffen wir also selbst in diesem Alter die Onanie, wenn auch als etwas Seltenes, doch durchaus nicht ganz abnorm Seltenes dann und wann noch an. So erzählt Boech von einer hochgradigen Onanie (durch Würmer vermittelt) bei einer 66jährigen Frau, Biett von einer Onanie vom Charakter der Nymphomanie bei einer 60jährigen Frau. Lallemand entfernte bei einem Kranken von 55 Jahren eine

Polsternadel (Matratzennadel) von 4 Zoll Länge, welche dem Masturbanten im Momente der Ejaculation entschlüpfte. Dieselbe war zurückgestossen worden durch die kurzen stossweisen Zusammenziehungen während der Ejaculation.

Alles in allem ist die Onanie im Greisenalter als etwas Seltenes, Ungewöhnliches zu bezeichnen, und nur, um zu zeigen, dass dieselbe von der Wiege bis zum Grabe, durch alle Altersstufen und -Klassen hindurch zu finden ist, ist derselben hiermit kurze Erwähnung gethan worden.

Wie die Onanie manchmal von Jugend auf bis zum Greisenalter fortwährend durch das ganze Leben hindurch betrieben wird, ferner, zu welchen raffinierten Mitteln das Laster zwecks Befriedigung seine Zuflucht nimmt, zeigt der später unter Nyphomanie resp. Satyriasis und Onanie veröffentlichte Fall von Chopart. Der

Häufigkeit und Heftigkeit der Onanie

möchte ich auch noch kurz hier erwähnen. Es hängen natürlich auch diese ab von der mehr oder weniger grossen Charakterstärke, der Willenskraft, sowie dem Temperament, dem Alter, Geschlecht u. a. Umständen. Statt vieler Worte möchte ich hier nur eines Beispieles Erwähnung thun, das wohl einzig in seiner Art recht deutlich zeigt, mit welcher Heftigkeit und wie ausserordentlich häufig onaniert wird, welche ungeheure Schädigungen durch Onanie ausnahmsweise der menschliche Organismus auszuhalten vermag. Dasselbe ist dem Lallemandschen Werke: „des pertes seminales, Bd. I, p. 557 entlehnt. Ein Kranker hatte mit 11 Jahren begonnen, sich zu masturbieren und bis zum 53. Lebensjahre, also 32 (!) volle Jahre hindurch masturbiert; manchmal sogar 10—11 (!) mal pro Tag und höchstens 4—5 tagelang einmal das Laster unterlassen, so dass er selbst die Excesse von 5 Jahren durchschnittlich auf 3650 pro anno schätzt.

Ich gehe nach diesen erörternden Vorbemerkungen über zu dem eigentlichen medizinischen Teil unserer Studie und werde hierbei die Onanie nach folgenden Gesichtspunkten betrachten:

I. Ursachen der Onanie (Ätiologie).

II. Krankhafte Befunde bei der Onanie (Pathologie).

III. Folgen der Onanie.

IV. Zeichen der Onanie (Diagnose).
V. Vorhersage der Onanie (Prognose).
VI. Behandlung der Onanie.
a) Verhütung derselben (Prophylaxe).
b) Eigentliche Behandlung (Therapie) derselben.

I. Ursachen der Onanie.
(Ätiologie.)

Wie ich bei Besprechung des „Wesens der Onanie" gezeigt habe, liegt die erste Bethätigung des Geschlechtstriebes meist in der Onanie. Es wird das Kind oft allein von der Natur, durch den Geschlechtstrieb zur Onanie verleitet. Die Grundursache, die erste und ursprünglichste Triebfeder der Onanie, wie jeder geschlechtlichen Handlung liegt also im Geschlechtstrieb, ein Punkt, der wie wir später sehen werden, für die Beurteilung des Onanisten sehr wohl zu berücksichtigen ist. Ihn aber als Ursache allein für sich, von anderen Ursachen der Onanie abzutrennen, halte ich deswegen für verfehlt, weil in letzter Linie der Geschlechtstrieb fast stets mit geringen Ausnahmen die zu Grunde liegende Ursache des lasterhaften Triebes ist. So unterscheidet Deslandes in seinem oben citierten Werke „De l'onanisme etc." 3 Arten von Ursprung der Onanie und zwar:

1. Die spontane Entdeckung, sich zu masturbieren, ohne dass von anderen Personen das Individuum hierauf gebracht worden wäre; es ist dies also diejenige Art, wo die Natur durch den geschlechtlichen Trieb den Menschen selbst zum Laster verleitet.

2. Die Onanie durch Belehrung, durch Anweisung von seiten Anderer.

3. Die Onanie, die gleichsam als Notbehelf dient, wie im Pubertätsalter, wenn dem natürlichen Geschlechtsverkehr durch irgend welche Umstände nicht genügt werden kann.

Es ist diese Einteilung im allgemeinen sehr trefflich, im speziellen aber nicht zu verwerten, da man wohl des öfteren nach diesem Schema nicht wissen würde, ob im einzelnen Falle die

Onanie nicht durch natürliche Veranlagung herbeigeführt ist, oder durch Anweisung einer zweiten Person angelernt ist. Es ist dies für die Onanie und ihre Folgen für den Körper auch ganz gleichgiltig. Ein System, nach welchem die Ursache der Onanie in klarer, durchsichtiger Weise geordnet werden könnte, giebt es nicht, ja ist überhaupt unmöglich. Es liegt dies in der Natur der Sache, denn das Geschlechtsleben des Menschen von der Wiege bis zum Grabe, das ganze menschliche Leben bietet gar zu Vieles, das eventuell den ersten Anstoss zu unserm Laster geben könnte. Ich habe daher all die Ursachen in möglichst natürlicher Weise in zwei Hauptgruppen zu ordnen versucht und mich bemüht, möglichst umfassende Untergruppen derselben zu geben. Es ist auch das, was ich hier gebe, nur ein schwacher Versuch. Etwas Vollkommenes, ein vollständiges System aller Ursachen der Onanie wird aus natürlichen Gründen kein Autor zu geben vermögen. Ich bin mir daher bewusst, nur etwas Unvollkommenes zu bieten, aber ich habe mich bemüht, alle in meinem diesbezüglichen Studien gefundenen Ursachen in bestimmten Gruppen möglichst vollständig zu schildern.

Ich werde die Gesamtursachen, die man für die Onanie verantwortlich mechen kann, daher einteilen in:

A. **Solche,** deren Ursprung im **körperlichen Organismus selbst,** in irgend welcher krankhaften Veranlagung und dergleichen gelegen sind.

B. **Solche,** die von **aussen,** durch irgend welche äusseren Umstände zur Onanie verleiten.

A. Physiologische, im Körper liegende Ursachen der Onanie.

Als solche möchte ich folgende bezeichnen:

1. Eine krankhafte Prädisposition, krankhaft gesteigerter Geschlechtstrieb.
2. Abweichung vom normalen Geschlechtstrieb, also perverser Geschlechtstrieb.
3. Eine zu frühzeitige Entwickelung.
4. Körperliche Gebrechen, Erkrankungen etc.
5. Die Erblichkeit.

6. Faulheit und Müssigang.
7. Moralische Schwäche, Willensschwäche.

1. Ein krankhaft gesteigerter Geschlechtstrieb als Ursache der Onanie.

Dass ein übermässig gesteigerter, krankhaft erhöhter Geschlechtstrieb Ursache der Onanie sein muss, die damit Behafteten, besonders die Kinder, denen der natürliche sexuelle Verkehr abgeht, der Onanie in die Hände treiben muss, ist wohl klar und einleuchtend, wenn, wie wir gesehen haben, schon der normale, nicht pathologisch erhöhte Geschlechtstrieb die Triebfeder ist, die die meisten Menschen zu Onanisten macht. Die krankhaft gesteigerte Geschlechtslust, die sogenannte Satyriasis, oder wie dieselbe beim weiblichen Geschlecht genannt wird, die Nymphomanie, gehört zwar noch ins Gebiet der (geistig)-normalen Funktionen, bietet aber entschieden schon den Übergang zu den ins Gebiet der Psychopathia sexualis gehörenden Anomalien des Geschlechtstriebes. Die krankhaft gesteigerte Geschlechtslust ist sowohl beim männlichen wie weiblichen Geschlecht ausserordentlich schwer zu beurteilen, da schwer zu bestimmen ist, wo die physiologische Grenze zwischen normaler und übertriebener Geschlechstslust bei den einzelnen Individuen liegt und individuell diese Grenze ganz verschieden sein kann, abhängig von einer Menge äusserer wie innerer, im Körper gelegener bestimmender Faktoren. Ja die Meinungen der Ärzte über diesen Punkt gehen ziemlich weit auseinander. Was von dem Einen noch als normale Geschlechtsleistung bezeichnet wird, wird von dem Anderen als hochgradig pathologisch bezeichnet. So bezeichnet z. B. Emminghaus eine unmittelbar post coitum cum ejaculatione wieder erwachende Libido sexualis als ins Gebiet der Satyriasis gehörig. (Näheres s. Rohleder, Vorlesungen über Sexualtrieb und Sexualleben des Menschen.) Die Satyriasis und ebenso die Nymphomanie sind psychosexuelle Erkrankungszustände, bei denen die monotonsten, gleichgiltigsten Vorstellungen ein hochgradiges Wollustgefühl hervorrufen, das um jeden Preis zu befriedigen gesucht wird, das bis zu Hallucinationen und hallucinatorischem Delirium bis zu einer wahren Brunst mit Angstgefühlen sich steigern kann. Das in einem derartigen Zustande männliche Individuen den Frauen, dem gesamten weiblichen Geschlecht hochgradig gefährlich werden können, ist klar. — Noch klarer aber ist es, dass, da unsere sozialen Zustände nicht in jedem gegebenen Momente eine natürliche Befriedigung des Geschlechtsverkehrs gestatten, in Ermangelung dessen dieser Zustand zur Onanie führen muss.

Da Individuen, in einen solchen hochgradig geschlechtlichen Erregungszustand versetzt, unwiderstehlich ihre Geschlechtslust befriedigen müssen, eine natürliche Befriedigung oft, ja meist, unmöglich ist, so verfallen diese Patienten, selbst die energievollsten, unwiderruflich in diesem Zustand der Onanie, einer Onanie, die mit ungeheurer Heftigkeit geübt wird.

Demselben Schicksal verfallen die mit Nymphomanie behafteten Frauen. Wenn auch im Grossen und Ganzen das Weib viel weniger geschlechtsbedürftig ist als der Mann, so ist doch die Nymphomanie entschieden häufiger als die Satyriasis. Beide trifft man bei Grossstädtern, die tagtäglich sexuell viel mehr angeregt werden als die Landbewohner, viel häufiger. Und hier in der Grossstadt führt — last not least — Nymphomanie sehr oft zur Prostitution. Ein nicht geringer Teil der Prostituierten unserer Grossstädte wird nicht durch Not allein oder Müssiggang und Faulheit der Prostitution in die Arme geworfen, sondern durch die Nymphomanie. So sagt Réti, loc. cit.: „Die beste und sorgfältigste Erziehung kann solche Mädchen vor dem Verfall nicht schützen. Mit wilder Leidenschaft, alle sittlichen Erregungen bei Seite lassend, stürzen sie sich dem Laster in die Arme, und je mehr sie sich der Wollust hingeben, desto stärker wirkt der nicht zu sättigende Reiz der krankhaft erregten Geschlechtsnerven . . . . verlieren die Frauen die Selbstbeherrschung und können sich von der Onanie oder vom Coitus nicht zurückhalten.“

Noch erwähnen möchte ich, dass die Onanie infolge krankhaft gesteigerten Geschlechtstriebes sowohl beim männlichen als auch beim weiblichen Geschlecht sehr oft bei Neurasthenikern angetroffen wird, wie ja überhaupt mit neurasthenischer Constitution ein gesteigertes Geschlechtsbedürfnis oft einhergehen soll. Andererseits findet man das letztere bei sehr lebhaftem Temperament.

Wie allbekannt sind die Grenzen zwischen einem normalen Zustand von Lebhaftigkeit und erhöhter, krankhafter Reizbarkeit des Temperaments individuell ungemein verschieden und ganz unmöglich ist es, hier eine nur irgendwie bestimmende Grenze ziehen zu wollen. Die individuelle Gemütsstimmung, die wir mit dem Ausdruck Temperament bezeichnen, ist abhängig von einer, man kann wohl sagen Unmenge jener im Menschen selbst gelegenen und äusseren Umstände, abhängig von den äusseren Lebensverhältnissen des Betreffenden, von körperlichen Zuständen, dem Alter, der ganzen Lebensweise, dem Umgang, der Luft, dem Boden, überhaupt dem Klima, in dem der Betreffende lebt, dem Geschlecht, kurz von einer Menge völlig unberechenbarer und unkontrollierbarer Faktoren. Wir wissen nur, dass das Temperament in allen nur möglichen Übergängen, Modifikationen und Variationen uns bei den verschiedenen Individuen entgegentritt, dass ein und dasselbe Individuum in seinem Temperament verschiedenen Umwandlungen, von inneren und äusseren Lebensbedingungen abhängig, unterliegt und sogar das Temperament nur eines Individuums den verschiedensten Schwankungen, z. B. je nach dem Lebensalter, in welchem dasselbe steht, unterworfen ist.

Man versteht gemeiniglich unter Temperament die psychische Reaktion auf äussere Eindrücke und die daraus hervorgehenden Erscheinungen.

Es ist klar, dass je nach dem verschiedenen Temperament auch der Geschlechtstrieb ein verschiedener sein wird, dass der Geschlechtstrieb, das Geschlechtsleben und das Temperament in gewissen Wechselbeziehungen zu einanderstehen müssen, dass ein feuriger, leicht erregbarer Choleriker oder Sanguiniker auch auf äussere geschlechtserregende Eindrücke anders reagieren wird als ein ruhiger Melancholiker oder gar Phlegmatiker, den nichts aus seiner Fassung zu bringen vermag. Da nun aber Geschlechtsleben und Onanie in innigem Connex miteinander stehen, so lässt sich daraus schliessen, dass auch das Temperament und die Onanie in gegenseitiger Beziehung zu einander stehen und mit Recht.

So sehen wir, dass der Sanguiniker, besonders aber der Choleriker einen bedeutend gesteigerten Geschlechtstrieb besitzt im Vergleich zum Melancholiker und infolgedessen auch bedeutend mehr zur Onanie geneigt ist als der Letztere. Der Anblick einer etwas lasciven Statue, eines anstössigen Bildes, eines koketten Frauenzimmers etc., der den Phlegmatiker oder Melancholiker nicht aus seiner Ruhe bringen kann, vermag beim Sanguiniker oder gar

Choleriker heftige Geschlechtstriebe auszulösen, die bei momentaner Unmöglichkeit natürlicher Befriedigung wohl oder übel zur Onanie führen, und von diesem Standpunkt aus betrachtet ist auch das Temperament mit eine zur Onanie führende Ursache, prädisponiert gleichsam dazu.

Wie der krankhaft gesteigerte Geschlechtstrieb naturgemäss eine Ursache der Onanie bilden kann, so ist auch wohl klar, dass der umgekehrte Zustand, ein krankhaft verminderter Geschlechtstrieb, die sogenannte „sexuelle Appetitlosigkeit“ (Eulenburg) ein die Onanie verhinderndes Moment sein muss. Das Fehlen jedes sexuellen Triebes zum andern Geschlecht, die völlige Anaesthesia sexualis ist ein Zustand, der bei gesunden, normal veranlagten Personen überhaupt wohl nicht vorkommt, obgleich Hammond es bejaht. Jedenfalls ist das Fehlen jeglichen Geschlechtstriebes bei normalen Genitalien und sonstiger normaler Entwickelung eine hochgradig pathologische, krankhafte Erscheinung, die für uns gar nicht in Betracht kommt. Hingegen ist dies wohl die mangelnde Libido sexualis, die herabgesetzte geschlechtliche Lust. Es ist ein immerhin seltener Zustand, der eben, da er selten zur geschlechtlichen Befriedigung führt, auch dämpfend der unnatürlichen Befriedigung der Selbstbefleckung gegenüber wirken wird. (Näheres Rohleder, Vorlesungen über Sexualtrieb etc.)

2. Abweichungen vom normalen Geschlechtstrieb als Ursache der Onanie.

Die qualitativen Abweichungen vom normalen Geschlechtstriebe sind gar zu verschieden und ganz unmöglich ist es, hier diese alle besonders zu besprechen. Es ist dies ein Kapitel, das auch dem Psychiater angehört. Doch will ich diejenigen Formen, die als die hauptsächlichsten Ursachen anzusehen sind, hier kurz betrachten.

Es giebt eine Abnormität auf geschlechtlichem Gebiete, wo der Mensch sich geschlechtlich nicht zum andern Geschlecht, sondern zum eignen hingezogen fühlt, es ist also ein gleichgeschlechtlicher oder „homosexueller“ Trieb, im Gegensatz zum normalen, andersgeschlechtlichen oder heterosexuellen Triebe.

Für diesen abnormen perversen homosexuellen Trieb ist von Westphal der Name „Conträre Sexualempfindung“ eingeführt worden, auch „Urningtum“ wird er genannt. In leichteren

Fällen dieser Art, wo zeitweise der Mann sich zum Manne, zeitweise zur Frau hingezogen fühlt, spricht man von psychischer oder psychosexueller Hermaphrodisie. Die Äusserungen des Geschlechtstriebes entsprechen hier nicht dem Zwecke der Natur, d. h. der Fortpflanzung, und trotzdem spielen hier bei der Neigung der Homosexuellen zu einander die Geschlechtsorgane von Personen des anderen Geschlechts eine Hauptrolle. Ziel eines Urnings ist ein sexueller Akt irgend welcher Art in Berührung mit den Geschlechtsorganen eines Subjekts des gleichen Geschlechts. Es leuchtet nun ein, dass der Geschlechtsverkehr der Homosexuellen untereinander ein bei weitem schwierigerer sein muss als der der heterosexuellen Personen, besonders auf dem platten Lande und in kleineren Städten, wo die gegenseitige nähere Bekanntschaft eine grössere, das gesamte Thun und Treiben einer viel schärferen Beobachtung und Kontrolle von seiten der Mitmenschen unterliegt. Hier fallen diese Leute, da ihnen die andere Person desselben Geschlechts zum Zweck ihrer geschlechtlichen Befriedigung mangelt, ausserordentlich häufig der Onanie anheim. Die früher gemachte Annahme, dass Onanie bei Urningen nicht vorkomme, ist jetzt sicher als eine auf Unkenntnis der Sache beruhende, falsche erkannt worden (s. S. 26). Auch das Schamgefühl und die Furcht, mit dem Gesetzbuch in Konflikt zu kommen, wirken hier die Onanie begünstigend.

Wie der sexuell normal beanlagte Onanist beim Onanieren sich üppige, reizende, nackte Weiber vorstellt, so der homosexuelle Onanist ein solches Individuum seines Geschlechts. Moll meint, dass Urninge sich zur geschlechtlichen Erregung besonders gern anatomische Abbildungen zu verschaffen suchen, dass diese für sie ebenso pikant seien, als nackte weibliche Gestalten für den geschlechtlich normal veranlagten Mann. v. Krafft-Ebing berichtet von einem homosexuellen Onanisten, der sich vor den Spiegel stellte und bei Betrachtung seiner eignen Gestalt onanierte. In grösseren Städten, wo der gegenseitige Verkehr der Homosexuellen ein viel freierer und regerer ist, wo ein derartiges unglückliches Wesen im Verkehr viel eher einen Leidensgefährten kennen lernt und mit ihm geschlechtlich verkehrt, ja, wo Zusammenkünfte zwecks gegenseitigen geschlechtlichen Verkehrs stattfinden, herrscht natürlich auch in der Art des gegenseitigen sexuellen Verkehrs eine grosse Mannigfaltigkeit. Die häufigste Art desselben ist aber unumstritten die sogenannte „mutuelle Onanie“, wobei gegenseitige Reibung des Gliedes bis zur Ejaculation erfolgt. Die Beurteilung, wie weit die Homosexualität überhaupt Ursache der Onanie, gleichviel ob der Auto- oder mutuellen Onanie sei, ist eine sehr schwierige, denn dieselbe ist bei Heterosexualität ein so ausserordentlich verbreitetes Laster, dass, wie Moll sagt, aus ihrem Vorkommen bei Homosexualität nicht auf einen ursächlichen Zusammenhang mit ihr geschlossen werden darf. Dessen ungeachtet meine ich, giebt es doch wohl sicher verbürgte Fälle, wo allein der perverse geschlechtliche Trieb zur Onanie führte. Dass gerade bei mit konträrer Sexualempfindung behafteten Personen die Onanie sittlich ausserordentlich schädigend wirken muss, wie Casper in seiner „Impotentia et sterilitas virilis“ München 1890 meint, kommt daher, dass besonders im Beginne des Lasters das noch im geringen Maasse vorhandene reine Gefühl für die Weiblichkeit, der ideale, zur Verbindung mit dem Weibe drängende Zug durch die Onanie sehr leicht zurückgedrängt, vernichtet wird. „Dieser Defekt beeinflusst die Moral, die Ethik, den Charakter, die Phantasie, die Stimmung, das Gefühlsleben des jugendlichen Masturbanten, sowohl des männlichen als des weiblichen, in ungünstiger Weise und lässt nach Umständen das Verlangen nach dem andern Geschlecht auf den Nullpunkt sinken, sodass Masturbation jeglicher naturgemässen Befriedigung vorgezogen wird,“ sagt von Krafft-Ebing.

Für den praktischen Arzt geht soviel hieraus hervor, dass er den Onanisten, wenn bekannt, dass letzterer an konträrer Sexualempfindung leidet, mit ganz anderen Augen betrachten und sein Leiden ganz anders beurteilen muss, als wenn er heterosexual ist, andererseits aber, dass jeder Homosexuale, besonders auf dem Lande und in kleineren Städten, der Onanie verdächtig ist.

3. Eine übermässig frühzeitige geistige Entwickelung als Ursache der Onanie

ist entschieden auch häufiger als allgemein angenommen worden. Das gesamte Nervensystem nimmt im menschlichen Körper die herrschende Stellung ein, es ist infolge seines ausserordentlich feinen hochorganisierten Baues dazu bestimmt, gleichsam der Mittelpunkt des ganzen körperlichen Seins, das Centrum darzustellen, dem alle anderen Organe mehr oder weniger unterstellt sind. Schon in der Kindheit des Menschen und ebenso aller anderen Geschöpfe übernimmt das Centralnervensystem die führende Stellung über alle anderen Organe des tierischen Körpers. Bald nach der Geburt, in den ersten Jahren der Entwickelung, sehen wir, wie Gehirn und Rückenmark eine Ausbildung erfahren, sich zu einer Stufe von Vollkommenheit erheben, hinter welcher alle anderen Organe, wie die der Bewegung etc. weit zurückbleiben. Letztere verbleiben gleichsam noch in einem Zustand von Unvollkommenheit, während die Sinnesorgane, die Organe der geistigen höheren Funktionen, obgleich bei der Geburt ebenfalls noch sehr unentwickelt, sich mit rapider Schnelligkeit entwickeln und bis zur vollständigen Ausübung ihrer Funktionen gelangen. Nach der ersten Kindheit, wo die geistigen Funktionen des Kindes beginnen, sich zu grösserer Vollkommenheit zu entwickeln, beginnen auch die grössten Gefahren für's Kind. Die Kinder sind in diesem Alter gleichsam mit einer überschwänglichen Empfindungs- und Einbildungskraft ausgestattet und von der Richtung, welche dieser Einbildungskraft durch die Erziehung des Kindes gegeben wird, hängt oft das ganze Lebensglück und -unglück des Kindes ab. Ich werde zeigen, inwiefern. Die ausserordentlich schnelle Entwickelung der geistigen Centren, des geistigen Empfindungsvermögens kann ebensowohl das Resultat einer natürlichen angeborenen Veranlagung als auch Produkt der Erziehung während der ersten Kindheit sein. Denn noch vor der Pubertät, oft schon im zarten Kindesalter von 3 bis 6 Jahren und später wird durch eine rege Phantasie und geistige Thätigkeit, durch eine hochgradig gesteigerte Empfindlichkeit und gespannte Aufmerksamkeit das Kind instinktmässig auf seine Genitalien aufmerksam; es bringt das Denkvermögen des kleinen Kindes, die geistige Regsamkeit dasselbe unwillkürlich auf dieselben, und die Folge ist eine nähere Beschäftigung mit den Genitalien, es konzentriert seine Aufmerksamkeit auf dieselben, beginnt an denselben zu spielen; die Erregungen, welche diese Manipulationen hervorrufen, spornen das Kind nur noch mehr an und so gelangt durch diesen verhängnisvollen Circulus vitiosus das Kind unwillkürlich, gleichsam unbewusst, wie zufällig, zur Masturbation. Allmählich, mit den fortschreitenden Manipulationen und der dadurch hervorgerufenen Erregung wächst auch das Interesse daran, das Kind überliefert sich mit immer grösserer, immer mehr und mehr zunehmender

Heftigkeit der Masturbation, dessen unheilvolle Folgen nicht lange auf sich warten lassen und um so verhängnisvoller sind, je jünger das Kind, je zarter seine gesamte Körperkonstitution ist. Schon Deslandes sagt in seiner Schrift S. 501 sehr richtig: „Es sind keineswegs die munteren und lebhaften Kinder sowie die, welche mit Ungestüm sich den Bewegung schaffenden und ausarbeitenden Spielen hingeben Diejenigen, welche gern sich onanieren, sondern Jene, deren Sinnes- und geistige Fähigkeiten von Tag zu Tag lebhafte Fortschritte machen, deren sitzende Lebensweise nicht erlaubt, sie anders zu gebrauchen."

Und Fournier meint (S. 158): „Die Erziehung, welche die Jugend in unserer modernen Gesellschaft erhält, und zum Hauptzweck eine rapide Entwickelung der geistigen Fähigkeiten hat, scheint der Entwickelung der Masturbation günstig zu sein. Man lässt dem Körper nicht die ganze Kraft und Fähigkeit erlangen, deren er fähig ist." Also Grundsatz der Erziehung soll sein eine spätere, etwas hinausgeschobene geistige Reifung, verbunden mit körperlicher Ausarbeitung. Mit anderen Worten: Wenig geistige, viel körperliche Beschäftigung im ersten Kindesalter bis ca. 10. Jahre sind ein vorzügliches Mittel, trefflich geeignet, onanistische Anwandlungen nicht aufkommen zu lassen, zu unterdrücken; umgekehrt können frühzeitige geistige Reife, verbunden mit viel geistiger Beschäftigung, sitzender Lebensweise und weniger oder völlig mangelnder körperlicher Ausarbeitung die ersten Grundsteine zur Entwickelung der Onanie liefern, indem sie unwillkürlich das Kind auf die geschlechtliche Sphäre hinleiten. Diese Kinder werden allein durch die Natur, instinktmässig zur Berührung ihrer Genitalien gebracht. Dass sie oft keine Ahnung haben von dem, was sie thun, beweisen die Fälle. Auch ich kenne deren einige, wo die betreffenden Kinder gänzlich unschuldig ihren Eltern erzählten von ihrem Treiben, das ihnen selbst zur Last wurde und sie baten, sie von diesem Leiden zu befreien.

Fournier erzählt an genanntem Orte folgenden lehrreichen Fall: Ein kleines 4jähriges Mädchen überlieferte sich ganz unbewusst der Masturbation. Mit 8 Jahren entdeckte man das Laster und versuchte mit allen möglichen Mitteln, es zu bekämpfen. Wenn man die Hände des Kindes fesselte, wetzte es die Oberschenkel gegeneinander, oder setzte sich auf ein Stück Möbel, welches sich eignete, durch Reiben an demselben die Onanie zu begünstigen, kurz, suchte auf alle mögliche Weise seinem Laster zu fröhnen. Dabei lebte das Kind in völliger Unwissenheit jeglicher geschlechtlicher Vergnügungen. Allein infolge einer sehr frühzeitigen geistigen Entwickelung war seine Aufmerksamkeit auf seine Genitalien gelenkt worden und war unbewusst zur Masturbantin geworden. Im Alter von 8 Jahren hatten die Genitalien und Brüste eine Entwickelung wie im 12. Lebensjahre. In letzterem Jahre starb es an Erschöpfungszustand, Marasmus, und es zeigten in diesem Alter die Genitalien vollständig den Charakter völliger Reife, während das Äussere des Kindes unter der fortwährenden Masturbation gelitten hatte. Es zeigte ein welkes, schlaffes, greisenhaftes Aussehen. Noch in seinem letzten Lebensmomente hatte das unglückselige Geschöpf beständig die Hände an seinen Genitalien und starb, während es sich masturbierte.

Dieser Fall, meine ich, zeigt deutlich, wohin die allzu lebhafte Fantasie in der ersten Zeit geistiger Entwickelung führen kann, wenn derselben keine vernünftigen Hemmnisse in den Weg gelegt werden, wenn sie nicht eingedämmt wird. Es hatte dieses Kind absolut keine Ahnung davon, dass es überhaupt etwas Unrechtes thue, allein durch zu früh erwachte, allzu lebhafte Fantasie, die naturgemäss bei ungenügender Ablenkung auf die Genitalien verfiel, wurde das Kind unbewusst der heftigsten Masturbation in die Arme geliefert. Würde der individuellen geistigen Entwickelung des Kindes, der damals aufschiessenden Fantasie in der zartesten Kindheit, im ersten Lebensjahre eine andere Richtung gegeben worden sein, dann konnte die Natur soweit sich nicht verirren. Das feinorganisierte Nervensystem nahm in der Zeit seiner Entwickelung die Reize von aussen auf und verarbeitete sie. Gerade in dieser Zeit hinterlassen äussere Eindrücke oft lebhafte Erinnerungsbilder, wie wohl Jeder von uns noch an meist ganz unbedeutende Ereignisse aus der Zeit jener Kindheit sich erinnern kann.

Die gesamten Genitalien, sowohl des Mannes wie Weibes, hängen nun eng zusammen mit dem gesamten Nervensystem. Daher kommt es, dass ein mehr oder weniger lebhafter Eindruck auf die Sinnesorgane, der das geschlechtliche Leben betrifft, die heissesten Begierden, das heftigste Bestreben nach dem Coitus mit dem andern Geschlecht auszulösen vermag. Der Einfluss, welchen das Centralnervensystem auf die Geschlechtsorgane ausübt, ist es, der bei irgendwelchem Anstoss von aussen das Kind während seiner Entwickelung doch einmal auf seine Genitalien hinweist und ihm unbewusst die Anweisung zur Selbstbefleckung an die Hand giebt. Dieser Vorgang ist etwas Natürliches. Es liegt in der menschlichen Natur infolge des innigen Connexes zwischen Centralnervensystem und Geschlechtsorganen begründet, dass während der geistigen Entwickelung das Kind früher oder später doch auf seine Genitalien hingelenkt wird. Es ist daher nicht das zu bekämpfen, dass das Kind in gewissem Sinne mit seinen Genitalien bekannt wird, denn das wäre widernatürlich, das wäre überhaupt nicht zu bekämpfen, sondern dahin ist zu streben, dass der geistigen Entwickelung des Kindes gleichsam andere Nahrung geboten wird, ihm andere Wege gewiesen werden, dass es abgeleitet wird nach Möglichkeit durch Beschäftigung mit anderen Dingen. Ein sich selbst überlassenes Kind wird wohl oder übel dem Laster früher oder später in die Hände fallen, denn es ist dies eben in der natürlichen Entwickelung des Kindes begründet, aber hierin liegt der Hauptfehler unserer gesamten heutigen Erziehung.

Es wirkt in psychischer Beziehung nichts so sehr begünstigend auf das Laster ein als eine verkehrte Erziehung, welche der Launenhaftigkeit des Kindes freien Lauf lässt, welche die Stärkung des Willens, der Energie hintansetzt, ja, die Fantasie des Kindes in überspannter Weise anfacht, oder durch geistige Überbürdung die geistigen Kräfte desselben überanstrengt, die geistige Entwickelung des Kindes verfrüht. Sie legt leider nur allzu oft den Grund zu jener reizbaren Schwäche des Nervensystems, auf deren Boden bald über kurz oder lang die Onanie emporschiesst. Noch einen Punkt möchte ich hier erwähnen. Manche Autoren meinen, den Spiess umdrehend, dass nicht allein das Centralnervensystem erregend auf die Geschlechtsorgane, sondern die Geschlechtsorgane auch erregend auf das Centralnervensystem wirken und hierdurch zur Masturbation führen können. Ich halte diese Behauptung, wenn auch manchmal für berechtigt, doch durchaus nicht für so durchgreifend wie das Umgekehrte. Sie gehen von der Annahme aus, dass der in der Pubertätszeit in den Samenblasen angehäufte Samen das Centralnervensystem derartig erregen soll, dass die betreffenden Jünglinge unabänderlich der Masturbation in die Arme getrieben würden, dass der Mensch unfähig würde, der zu schwachen Stimme der Vernunft zu gehorchen. Diese Anschauung hat deshalb nur sehr bedingte Giltigkeit, weil schon durch die natürlichen Gesetze der Pollutionen, beim Weibe durch den gesamten Vorgang der Menstruation wohl dafür gesorgt ist, dass eine übermässige Anfüllung von Sperma, resp. eine allzu hochgradige Congestionierung der weiblichen Genitalien vermieden wird, und dadurch per naturam ein Hinlenken des Centralnervensystems auf geschlechtliche Dinge umgangen wird. Die tagtägliche Beobachtung lehrt uns, dass meist das geistige Centrum, die Fantasie es ist, welche durch irgendwelche Eindrücke von aussen so hochgradig erregt wird, dass es zum geschlechtlichen Akte kommt. Ein Jeder weiss, wie der Anblick einer schönen, aber koketten Frau unsere Gedanken plötzlich umzustimmen, ihnen eine andere Richtung zu geben vermag, wie der Gedanke an ein physisches Vergnügen gleichsam die Macht über unsere Geschlechtsorgane hat, es wird uns verständlich, wie die wildeste zügelloseste Fantasie, die lebhafte Einbildungskraft die heftigsten Begierden auszulösen vermag, uns hinreissen kann zu Leidenschaften und geschlechtlichen Akten, die dem nüchternen Verstande ein Rätsel sind. Und eben das ist das Unglückselige bei dem Akte der Masturbation, dass die Betreffenden zu ihrer Ausführung keines weiteren Individuums bedürfen. Würde die Vereinigung beider Geschlechter, der natürliche Coitus, ebenso beliebig und so leicht zu jeder Zeit ausführbar sein wie die Onanie, so würde sicher die Letztere an Verbreitung abnehmen.

Wenn die Leidenschaftlichkeit, die sinnliche Begierde erwacht, so sind zur masturbatorischen Befriedigung eben schon alle Bedingungen gegeben, d. h. es sind weiter keine nötig als sich zurückzuziehen in die Einsamkeit, um dem Laster ungestört, allein zu fröhnen. Unmittelbar nach dem onanistischen Akte folgen wohl bei den meisten Individuen, selbst im Kindesalter schon, heftige Selbstvorwürfe, der That folgt die Reue auf den Füssen, die leider nur momentan ist, nicht lange anhaltend, denn schon kurze Zeit darauf lässt die Erinnerung an das angenehme Gefühl und die von neuem erregte Fantasie den Willensschwachen ins alte Laster zurückfallen.

So kann also eine zu frühzeitige geistige Entwickelung, eine geistige Frühreife, so erwünscht sie den Eltern ist, und so stolz sie das Vater- oder Mutterherz erhebt, dem betreffenden Kinde unter Umständen doch gefährlich werden, wenn nicht eine richtige Erziehung dieser geistigen Frühreife die richtigen Bahnen weist.

4. Körperliche Gebrechen und Krankheiten als Ursache der Onanie.

Auch hier hat die exakte Forschung noch ein Gebiet von grosser Tragweite vor sich, denn bei weitem noch nicht genug ist erforscht der ätiologische Zusammenhang so mancher Krankheit mit der Onanie. Als feststehend aber in ihrem ätiologischen Zusammenhange mit der Onanie möchte ich folgende Krankheitszustände betrachten. Zuerst betrachte ich

a) auf nervöser Basis beruhende Störungen, wie Hysterie, Epilepsie und Hypochondrie, dann aber jene krankhaften Zustände, welche einen Reiz auf die Nervenendigungen ausüben und durch fortwährende Irritationen auf die Genitalien und Onanie hinleiten, also vor allen Dingen

b) Hauterkrankungen, besonders der Genitalorgane, die juckende und reizende Hautausschläge hervorrufen. Dann

c) parasitäre Erkrankungen der Haut,

d) innere Erkrankungen,

e) geistige Erkrankungen, Krankheiten des Gehirns und Rückenmarks,

f) Erkrankungen der Geschlechtsorgane,

g) die Menstruation

als Ursachen der Onanie.

a) Nervöse Störungen, die Ursache der Onanie sein können,

sind vorzüglich die Hysterie, die Epilepsie, die Hypochondrie (und selten die Idiotie); also alles Krankheiten, bei denen schwere nervöse Funktionsstörungen zu Tage treten, denen aber keine grössere anatomische Veränderung im Nervensystem zu Grunde liegt, Krankheiten, die sich ausschliesslich auf die mit den psychischen Vorgängen eng verknüpfte Gehirnthätigkeit beziehen, bei denen sich ein abnormer Ablauf der psychischen Vorgänge abspielt, es sind also psychische Krankheiten. Wie bekannt, finden wir bei den meisten der mit psychischen Krankheiten Behafteten eine sogenannte „psychische Constitution“, ein „psychisches Naturell“, ein Benehmen und Wesen der Kranken, aus dem oft schon ohne weitere Untersuchung ein Schluss auf die vorhandene Krankheit gezogen werden kann. Es sind die hysterischen, epileptischen und zum Teil auch hypochondrischen, launenhaften, sehr reizbaren, leicht empfindlichen, aufbrausenden Individuen, also Personen von mehr oder weniger ausgeprägtem cholerischem, resp. sanguinischem Temperament, das an und für sich schon eine Praedisposition für Onanie abgeben kann. Wenn derartige Individuen einmal eine heftige psychische Erregung durchmachen, die sexuelle Dinge betrifft, oder nur streift, so wird das widerstandsschwache Nervensystem leicht von der Macht der psychischen Erregung überwältigt und es kommt zu einem geschlechtlichen Akte, der deficiente natura zur Onanie führen muss. Sind etwa gar die Geschlechtsorgane derjenige Körperteil, auf den bei der psychischen Erregung die Aufmerksamkeit vorzugsweise hingelenkt wird, so ist die Onanie meist unausbleiblich, besonders bei ganz jugendlichen Individuen, bei Kindern.

Wie die gesamten Vorgänge des Geschlechtslebens, die Entwickelung der Geschlechsteile, die Pubertät, die Pollutionen, die Menstruation, die Schwangerschaft, das Wochenbett, der Coitus etc. nicht selten für die Entwickelung und den Verlauf der Hysterie, Epilepsie und Hypochondrie von Bedeutung sind, so sind auch umgekehrt oft diese Krankheiten für die Entwickelung von Vorgängen des Geschlechtslebens, der Masturbation von unverkennbarem Einfluss, natürlich niemals direkt, sondern wohl immer durch Vermittelung psychischer Momente. Die Beurteilung dieser Fälle und ein ätiologischer Zusammenhang ist dem Arzte meist nur dann möglich, wenn er in die intimsten Familienverhältnisse durch den Patienten, resp. durch die Eltern desselben eingeweiht ist. Man trifft die Onanie bei Hysterischen, Epileptischen, Hysteroepileptischen und Hypochondrischen in den jugendlichen und mittleren Jahren, besonders bei jungen Mädchen, bisweilen schon in den ersten Jahren des Schulbesuchs. Das weibliche Geschlecht erkennt durch die Periodicität seiner Menstruation, die mit der Hysterie doch oft in gewissem Connex steht, meist selbst den Zusammenhang, der zwischen dieser und dem geschlechtlichen Leben besteht.

Auch die Geschichte würde uns an „grossen Männern“ der

Beispiele genug geben können von dem innigen Connex zwischen psychischen Krankheiten und Onanie. Ich erinnere nur daran, dass Jean Jacques Rousseau, wie aus seinen „Confessions“ hervorgeht, heftiger Onanist gewesen ist und dabei an Epilepsie litt. Dass Napoleon I., Caesar etc. Epileptiker waren und dabei den Freuden in venere in nicht zu geringem Masse zusprachen, ist ebenfalls sattsam bekannt.

b) Die Hautkrankheiten.

Hier sind es alle jene pathologischen Zustände, welche mit Entzündung und starkem Juckgefühl einhergehen, besonders wenn derartige Zustände an der Haut der Genitalorgane Platz gegriffen haben. An erster Stelle ist es hier das

Ekzem, der eigentliche Typus einfacher Entzündung der Haut und zwar das Anfangsstadium, das erste Stadium, wo zahlreiche kleine, hirsekorn- bis höchstens stecknadelkopfgrosse Knötchen, die sogenannten Papulae, aufschiessen, mit denen ein mehr oder weniger heftiger Juckreiz verbunden ist. Jedoch verschwindet dieser Juckreiz bekanntlich nicht im ersten Stadium, sondern schleppt sich mehr oder weniger auch durch das Stadium vesiculosum, das Stadium madidans, crustosum et squamosum hindurch. Dieses Gefühl des Juckens und Brennens, einer gewissen Spannung führt wohl oder übel bei starker Heftigkeit — im Schlafe unbewusst — zum Kratzeffekt von Seiten des Patienten. Besonders ist es das chronische Ekzem der Genitalien, das durch sein heftiges Jucken zu einer Plage wird. Bei Männern erkranken meist Penis und Scrotum, dann auch noch das Perineum, beim Weibe meist die grossen Labien. Ein verheirateter Mann, der an chronischem Ekzema scroti et perinei litt, gestand mir von selbst, ungefragt, ein, dass der Juckreiz ihn stets zum Coitus, resp. im Geschäft zur Onanie reize und consultierte mich lediglich dieses Juckgefühls wegen.

Wichtiger ist der Lichen ruber, welcher mit einem starken, heftigen Juckgefühl einhergeht, welches so heftig werden kann, dass es für lange Zeit zur Schlaflosigkeit, zum Zerkratzen der Efflorescenzen und dadurch zu heftigen Schmerzen führt. Ausserdem wird von ihm die Genitalgegend oft befallen. Von allen Hautkrankheiten aber am grässlichsten, weil im zartesten Kindesalter beginnend, auch am gefährlichsten und thatsächlich den von ihr

Befallenen der Onanie direkt in die Arme werfend, ist eine Krankheit, deren Name schon den mit ihr einhergehenden Juckreiz ausdrückt, die sogenannten Juckblattern, die Prurigo. Diese Geissel, die, wie schon gesagt, in der frühesten Kindheit, im 2. Lebensjahre gewöhnlich beginnt, besteht in sich fortwährend wiederholenden Urticariaquaddeln. Das erste Symptom ist das sogenannte Prurigoexanthem, ein aus stecknadelkopfgrossen, blassen Knötchen bestehender, mit einem ganz ausserordentlich heftigen Juckreiz verbundener Hautausschlag. Ja, dieser unaufhörlich Tag und Nacht die kleinen Patienten quälende Juckreiz ist das schwerste Symptom der ganzen Krankheit. Es ist klar, dass, wenn unglückseligerweise die Prurigo die Genitalgegend befallen hat, die betreffenden Kinder unabänderlich der Masturbation anheimfallen müssen. Dazu kommt, dass immer und immer wieder neue Prurigoknötchen aufschiessen. Besonders die Prurigo ferox (auch Prurigo acria genannt), die heftigste Form des Leidens ist es, die durch ihr unausstehliches, fortwährendes Juckgefühl die Patienten zur Masturbation, zu allem Möglichen und Unmöglichen, ja zur Verzweiflung, zum Wahnsinn, resp. zum Suicidium treiben kann.

Eine der Prurigo in ihren Symptomen sehr ähnliche Krankheit, die ebenfalls als die Onanie begünstigendes Moment wirkt, ist der Pruritus cutaneus.

Er befällt besonders gern die Genitalien und die Umgebung des Afters, führt infolge des durch das grässliche Jucken bedingten Kratzens zu Kratzekzemen. Das Kribbeln und Jucken tritt hier meist anfallsweise auf und führt zu mehr oder weniger stark pathologischen Zuständen. Die Kranken verbringen infolge des Juckreizes die Nächte teilweise ohne Schlaf, die deprimierende Wirkung auf das Gemüt, das gesamte psychische Verhalten ist unverkennbar, speziell die an Pruritus genitalium laborierenden Patienten sind genötigt, sich jeglicher anständigen Gesellschaft zu entziehen, ziehen sich in die Einsamkeit zurück und hier, wo sie ungestört sind, geben sie sich einem heftigen Kratzen der gesamten Genitalgegend hin. Infolge des Juckens und Kratzens wird die Libido sexualis mechanisch erregt, es kommt zur Erektion und hiermit zur Masturbation. Selbst den Prurituspatienten mit grosser Energie ist es oft nicht möglich, dem onanistischen Triebe zu widerstehen, sie verfallen, ich möchte sagen oft aus Verzweiflung, der Masturbation, um in ihrem traurigen grässlichen Zustand wenigstens für kurze Zeit sich den Genuss vorübergehenden Rausches zu bereiten; besonders bei Diabetes und chronischer Nephritis finden wir diese heftigen Formen von Pruritus genitalium.

Die Urticaria, das Nesselfriesel, das vorübergehend kommt und geht, ist beim Ausbruch der Quaddeln ebenfalls von einem sehr heftigen Jucken begleitet, einem Hautreiz, der zum Aufkratzen führt. Dieses Kratzen wirkt wiederum oft begünstigend für den Weiterausbruch von Quaddeleruptionen, Urticaria factitia. Die Quaddeln rufen ihrerseits wieder Jucken hervor, und so entsteht ein unheilvoller Circulus vitiosus. Dass dieses Jucken ebenfalls zur Masturbation, selbst bei erwachsenen, sehr vernünftigen Individuen führt, davon kann ich aus eigener Praxis einen Fall anführen. Ich wurde zu einer verheirateten Dame gerufen, welche vom Kopfe bis zum Fusse mit einer ganz lebhaften Urticaria — wahrscheinlich einer Urticaria ex ingestis — befallen war.

Das Hauptsymptom war auch hier der Juckreiz, der zum Kratzeffekt führte. Das Überstreichen der Haut mit dem Fingernagel rief die schönsten Urticarialinien hervor, kurz, es war eine femme autographe, wie die Franzosen sagen würden, wie ich noch nie wieder gesehen. Die Frau war ausser sich vor fürchterlichem Jucken und warf sich wie rasend im Bett umher. Einreibung einer Carbolsublimatsalbe, Befeuchten mit Thymolkampherspiritus, Einpackung in kalte, mit Essigwasser getränkte Betttücher waren kaum im stande, den Juckreiz zu lindern. Als ich nach Tisch wieder hinkam, hatte derselbe kaum nennenswert nachgelassen. Ich liess die Frau in ein kühles Bad, darauf in mit zitronensaurem Wasser getränkte Laken bringen, welche soweit den Juckreiz linderten, dass die Frau ruhig wurde. Bei näherer Besichtigung des Körpers zeigte sich jetzt eine heftige Vulvitis und ebenso eine Entzündung unter den Achselhöhlen. Die Dame, die überhaupt eine hochgradig reizbare und empfindliche Haut hat, gestand mir am nächsten Morgen, als ich auf die Vulvitis zart hinwies, dass sie in ihrer Verzweiflung den unendlich heftigen Juckreiz durch Masturbation zu unterdrücken oder wenigstens ihn zeitweise darüber zu vergessen gesucht habe. Von welcher Heftigkeit das Juckgefühl gewesen sein musste, liess sich aus der Vulvitis, der hochgradigen Entzündung der grossen und kleinen Labien schliessen.

Auch Intertrigo kann bisweilen die Veranlassung zur Masturbation geben, ebenso die Ansammlung von Smegma praeputii im Vorhautsack bei verengter Vorhaut und der daraus resultierende Entzündungszustand, die Balanitis, der sogenannte Eicheltripper. Das sich zersetzende Secret übt eine irritierende Wirkung auf die Eicheloberfläche und das innere Praeputialblatt, und hierdurch kommt es unter Kitzelgefühl oder Brennen zur Entzündung. Das Kitzelgefühl wiederum ist es, das, besonders bei dazu praedisponierten Individuen, hauptsächlich Knaben, doch auch erwachsenen Männern ein Wollustgefühl, Libidio, hervorruft und dadurch direkt zur Onanie führt. Beim weiblichen Geschlecht kommen derartige Zustände viel seltener vor, jedoch gehört bei ihnen, zumal im Sommer bei Unreinlichkeit der betreffenden Individuen, eine dementsprechende Entzündung der kleinen Labien und der Clitoris, eine Vulvitis nicht zu den Ausnahmen. Oft kommen diese Zustände zusammen mit Diabetes vor. Bei den Frauen kommt auch eine sogenannte Vulvitis mykotica, hervorgerufen durch Pflanzen, durch Pilzparasiten, vor; eine in der Regel durch Oidium albicans hervorgerufene Vulvaraffektion, die unter heftigem Jucken und Brennen ebenfalls zur Masturbation führen kann.

So bilden also mit heftigem Reize, Juck- und Krabbelgefühl, mit starker Entzündung der Haut der Genitalorgane, besonders der Mucosa einhergehende Affektionen bei gewissen, von Natur dazu schon praedisponierten Individuen eine Ursache zur Onanie; hauptsächlich jene Hautaffektionen, welche mit einem lebhaften, für längere Zeit anhaltenden Juckreiz verbunden sind, sind die gefährlichsten. Im Grossen und Ganzen kann man hier wohl sagen, dass von den juckenden Hautaffektionen mehr das weibliche als das männliche Geschlecht zur Onanie verführt wird. Es beruht dies einerseits darauf, dass die gesamten äusseren weiblichen Genitalien mehr Ausdehnung und Fläche besitzen, ein diese Genitalien befallender Juckausschlag daher grössere Dimensionen einnimmt als beim männlichen Geschlecht, anderseits aber auch darauf, dass durch die uterovaginale Secretion, den weissen Fluss etc. beim Weibe ein dem Manne unbekannter Reizzustand geschaffen wird. Dass

c) die parasitären Erkrankungen zur Onanie führen,

ist ziemlich problematisch.

Höchstens ist es die Scabies, die Krätze, zu deren Praedilektionsstellen auch die Genitalgegend gehört. Das Praeputium und die Haut desselben, die Gegend des Mons veneris, die Labia majora et minora, die Gegend des Dammes, das sind bevorzugte Lieblingssitze der Milben. Das subjektive Symptom bildet von Anfang an ein ausserordentlich lebhaftes Jucken, hervorgerufen durch das Einbohren der Milben in die Haut und ihr Fortbewegen unter derselben. Infolge des lebhaften Juckreizes kommt es zum Kratzen (daher auch der Name „Krätze"), und durch das Kratzen zum Ekzema arteficiale. Dies wiederum vermehrt natürlich das Juckgefühl. Hierzu kommt noch, dass in der Wärme, die an und für sich schon die Genitalgegend irritiert, die Milben zu lebhafterer Bewegung und Unterminierung in der Haut angespornt werden und dadurch den Juckreiz vermehren. So werden die Scabiespatienten im Bett, unter der Bettdecke, in der Bettwärme infolge des durch genannte Umstände ausserordentlich heftig auftretenden Juckgefühls nolens volens zu Kratzungen, Reibungen der Genitalien und bei wohl überhaupt schon vorhandener Onanie dadurch zu neuen Rückfällen geführt.

Die Phthirii inguinales (Pediculi pubis, Morpiones, Filzläuse) diese so häufig in den Haaren der Genitalien sitzenden Parasiten, die das allbekannte, der Roseola syphilitica so ähnliche Exanthema caeruleum, die typischen Taches bleues (Maculae caeruleae) hervorrufen, gehen oft mit lästigem Juckgefühl einher, dürften aber trotzdem wohl sehr selten nur zur Onanie Veranlassung geben.

Hingegen sind die Darmschmarotzer, die Eingeweidewürmer bei Kindern entschieden noch viel zu wenig betonte Ursache der Onanie und hier ganz besonders die

Oxyures vermiculares, diese kleinen, unter dem Namen „Pfriemenschwänzchen" bekannten Springwürmer von ca. 9—12 mm Grösse (Weibchen), die Männchen sind noch kleiner und mit dem blossen Auge gerade noch sichtbar. Die in den oberen Abschnitten des Darms, also im Coecum und den unteren Partieen des Dünndarms lebenden Oxyuren rufen überhaupt keine Symptome hervor, während hingegen die in den unteren Teilen des Rectums Sitzenden örtliche Symptome, besonders aber ein sehr stark juckendes und brennendes Gefühl im After erzeugen, hierdurch werden die Kinder zum Bohren und Kratzen veranlasst, besonders des Abends im Bett, wo durch die intensivere Bettwärme die Würmer ihre lebhafteren Bewegungen aufnehmen. Sie kriechen dann bei kleinen Mädchen in die Scheide, rufen dort ein ganz ausserordentlich lebhaftes Juckgefühl hervor und verleiten dadurch zur Masturbation. Auch bei Knaben, ja sogar Männern hat man diese Würmer unter die Vorhaut kriechen und dadurch Ursache abnormer, geschlechtlicher Erregungen und der Masturbation werden sehen. Viele derartige Fälle sind in der Litteratur veröffentlicht, wo die Masturbation lediglich und allein auf die vorhandenen Eingeweidewürmer und die dadurch bedingten Reizungen des Afters und der Genitalien zurückgeführt wird. Um nur ein Beispiel von der Heftigkeit des Reizes anzuführen, sei der Fall von Boech genannt. Dieser Autor sah die Ascariden bei einer 66jährigen Frau einen so heftigen Juckreiz bedingen, dass dieselbe sogar zur Nymphomanie getrieben wurde.

d) Innere Erkrankungen, die zur Onanie führen.

Ich will vom physiologischen Standpunkt ausgehen. Wie bekannt, begünstigen Kongestionszustände, Blutandrang und Blutüberfüllung der Geschlechtsorgane eine erhöhte Libido sexualis. Also bedingen die utero-ovarialen Kongestionen während des physiologischen Ablaufs der Menstruation gesteigerten geschlechtlichen Appetit, die Frauen sind während dieser Zeit leichter empfänglich für geschlechtliche Reizungen, ebenso wie bekanntlich auch eine Befruchtung in der Zeit der Menstruation leichter eintritt. Ferner bedingen physiologische Kongestionszustände der männlichen Genitalien, Entzündungen derselben, wie Urethritis, Prostatitis etc. zum grossen Nachteil und Leidwesen der Patienten eine vermehrte geschlechtliche Reizbarkeit (z. B. die so gefürchteten Erektionen bei akutem Tripper). Die Menstruation allein ist infolge der starken Blutkongestion der Ovarien imstande, eine Art von nervöser Hyperaesthesie hervorzurufen (die sogenannte Hyperaesthesie ovarienne), die zu grösserem sexuellem Bedürfnis führt. Früher nahm man auch an, dass Männer, deren Hoden nicht aus der Bauchhöhle in den Hodensack hinabgestiegen waren (der sogenannte Kryptorchismus), viel mehr zu geschlechtlichen Affektionen geneigt seien. Wir wissen jetzt durch Godards und Anderer Forschungen, dass dies falsch ist. Mit Kryptorchismus ausgestattete Männer haben vollständig normale sexuelle Gefühle, sind ohne erhöhte sexuelle Reizbarkeit, nur steril; weil die Testikel in der Bauchhöhle nicht vollkommen ausgebildet sind, kommt es nur zu Erektionen, aber nicht zu Ejakulationen. Die Alten hatten ganz wunderliche Ansichten über derartige Individuen. So meinte Aristoteles, dass die der Hoden beraubten Tiere ganz besonders sexuell begierig und leistungsfähig seien. Einen Fall, wo ein mit Kryptorchismus behafteter Knabe heftig masturbierte, teilt Polinière im Dictionnaire des sciences médicales unter dem Artikel „puberté" pag. 39 mit. Dieser 12jährige Kryptorchist gab sich ganz unmässig der Masturbation hin. Alle guten Ratschläge und Drohungen setzten derselben kein Ziel. Erst der Tod endete seine Ausschweifungen. Natürlich beweist dieser eine Fall absolut nichts.

Besonders aber ist die Phthisis pulmonum, die Lungenschwindsucht hier zu nennen. Dies ist von Alters her eine Krankheit, bei der merkwürdiger- und unerklärlicher Weise mit zunehmender körperlicher Schwäche und Marasmus oft nicht nur die geschlechtliche Leistungsfähigkeit nicht leidet, sondern sogar gesteigert wird, wo Libido und Orgasmus zunehmen. Die Zahl von in der Litteratur veröffentlichten Fällen, wo bei täglich zunehmender Schwäche und Verfall der gesamten Körperkonstitution bei Lungenschwindsucht geradezu sexuelle Excesse begangen wurden, ist ausserordentlich gross. So erzählt Hofmann von einem tuberkulösen Bauer, der noch Abends vor seinem Tode im Zustand des höchsten Marasmus den Beischlaf auszuüben vermochte. Den Patienten selbst ist diese Thatsache, dass mit dem fortwährenden Kräfte- und Körperverfall eine zunehmende geschlechtliche Potenz einhergeht, so auffallend, dass sie selbst um Aufklärung hierüber den Arzt bitten. „Wahrscheinlich liegen hier eigene Reizmomente vor, welche unter Umständen die dominierende Kraft der Kachexie überkompensieren." (Fürbringer.) Der Ausspruch: Phthisicus salax! hat daher seine vollkommene Berechtigung, und nicht klein ist das Heer derjenigen Phthisiker, welche, männlichen wie weiblichen Geschlechts, während ihres Leidens der Onanie verfallen.

Unter Schwindsüchtigen treffen wir eine grosse Zahl von Onanisten!

Bei den Blutentmischungskrankheiten, wie Leucamie,

Pseudoleucaemie etc. kann man bisweilen Priapismus, den sogenannten Priapismus leucaemicus beobachten, dem nach Neidhardt, F. Schultze u. a. ein thrombotischer Prozess zu Grunde liegen soll. Dem sei wie ihm wolle, sicher ist, dass durch diesen Priapismus Onamie ausgelöst wird.

Auch die Lepra soll nach einigen Autoren zu häufigen geschlechtlichen Erregungen Anlass geben, besonders die Lepra tuberculosa. So erzählt Sonnini, dass er auf der Insel Kandia (dem alten Kreta!) Lepröse beiderlei Geschlechts, sogar Greise, sich den heftigsten geschlechtlichen Reizungen habe hingeben sehen. Dieselben Angaben wurden von Niebuhr, Vidoc u. a. bestätigt. Doch ist wohl anzunehmen, dass die Lepra, besonders die Lepra anaesthetica genitalium eher einen Libido sexualis dämpfenden als reizenden Faktor darstelle. Noch eines Faktors möchte ich gedenken, der wenig bekannt ist und allerdings selten, aber doch einen mächtigen Hebel zur Masturbation bildet, es ist das

Rekonvalescensstadium nach schweren fieberhaften Erkrankungen,

wie Typhus, gastrischem Fieber, Pneumonie, Scarlatina, besonders aber nach Typhus abdominalis. Hier werden die Patienten oft von ganz unglaublich starken, mit heftiger Libido sexualis einhergehenden Erektionen befallen, die nolens volens zur Onanie führen.

Eine sehr gewöhnliche Ursache der Onanie bilden auch die

Hämorrhoiden,

jene Erweiterungen der Venengeflechte des unteren Mastdarmteiles. Die Hauptbeschwerden derselben sind, wie bekannt, ein beständiges Gefühl von Brennen und Drücken im After, besonders aber bei der Stuhlentleerung, hervorgerufen durch die starke Füllung, Entzündung und Einklemmung der Hämorrhoidalknoten, Schmerzen, die bekanntlich zu sogenannten Hämorrhoidalanfällen führen können. Durch Teilnahme der Venenplexus der benachbarten Organe entstehen Schmerzen in der Kreuzbeingegend, beim Urinieren, Menstruationsanomalien etc., alles Reizzustände, die durch das durch kribbelnde Gefühle veranlasste Kratzen in der Gegend der Genitalien und des Dammes schon oft genug zur Masturbation geführt haben und allein schon durch den Afflux, durch die Blutstauung stärkere Libido sexualis bedingen.

Auch die habituelle Obstipation kann zur Masturbation verleiten. Diese auf mangelnder peristaltischer Darmbewegung beruhende Affektion führt allenfalls zu Stauungen im Gesamtgebiete der Unterleibsvenen und wird dadurch eine Ursache zur Onanie bei vielen Kindern. Schon Kaempf machte diese Beobachtung in seiner Abhandlung über die Hypochondrie, Wien 1788, und Schultze stimmt ihm bei. Letzterer Autor sah bei einem 5jährigen Mädchen ein heftiges Jucken an den Genitalien des Morgens und Abends durch Purgativmittel heilen. Die früher gegebene Erklärung, dass durch die angestrengte Stuhlentleerung ein Übertritt von Sperma in die Harnröhre und dadurch Reizung zur Onanie herbeigeführt werde, ist unhaltbar. Wahrscheinlich ist eine reflektorische Vermittelung im Verlaufe der Sympathicusbahnen das die Libido sexualis bei erschwerter Defäkation auslösende Moment. Sei dem wie ihm wolle, sicher ist, dass erschwerte Defäkation eine Erektion und dadurch Onanie unter gewissen pathologischen Umständen hervorzurufen im stande ist.

Deslandes in seinem genannten Werke S. 514 ist sogar der Ansicht, dass allein das Bedürfnis des Urinierens bei gewissen Kindern zur Masturbation führe. Der Druck, meint er, den sie zu dem Zwecke auf das Glied ausüben, indem sie die Oberschenkel gegeneinanderdrücken, erwecke Sensationen, die dazu führten; eine Erklärung, die mir doch zu gewagt erscheint. Der Ansicht an und für sich, dass das Bedürfnis zu urinieren schon Ursache der Onanie sein kann, stimme ich auch bei, nur glaube ich, dass der Druck, den die gefüllte Blase ausübt, reflektorisch ein die Erektion auslösendes Moment darstellt und dadurch zur Onanie führt, da ja auch für gewöhnlich die gefüllte Harnblase es ist, die die bekannten Morgenerektionen und physiologischen nächtlichen Samenergüsse auslöst.

Ganz besonders von den inneren Erkrankungen, und seiner Wichtigkeit entsprechend als getrenntes Kapitel, möchte ich den

Diabetes als Ursache der Onanie

verantwortlich machen, obwohl ich weiss, dass noch kein Autor derartig nachdrücklich auf den innigen Connex zwischen Masturbation und Diabetes hingewiesen, ihn so scharf betont hat. Es scheint dieser Zusammenhang um so unerklärlicher, als wir bekanntlich ja besonders durch Seegens Forschungen den Diabetes als eine Krankheit kennen gelernt haben, welche mit einem allmählichen Erlöschen des Geschlechtsbetriebes einhergeht, und oft schon in den ersten Stadien der Krankheit eine Abnahme der Facultas virilis konstatierbar ist. Die Impotenz ist bei Diabetes ebenso wie bei Tabes eine allbekannte Thatsache und dennoch behaupte ich, dass erstere Erkrankung häufig Ursache der Onanie sei. Wie bekannt ist die Entzündung der Vulva, der äusseren Schamteile, die Vulvitis acuta nicht bloss durch Tripperaffektion, Traumen, Ausfluss aus den Genitalien etc. hervorgerufen. Ebensowenig wie die Balanitis des Mannes für gewöhnlich einer Infektion entspricht, sondern einer Retention des Smegma praeputii und Zersetzung desselben infolge mangelnder Reinlichkeit, ebenso findet man bei den Frauen zeitweise Zustände von heftiger Entzündung der Vulva, die mit starkem Brennen und lebhaftem Kitzelgefühl einhergehen, Zustände, die sich oft bis zur Unerträglichkeit steigern und selbst die Frauen mit grösster Selbstbeherrschung zum Kratzen verleiten, dadurch zur Entzündung der Vulva und Onanie führen. Dem erfahrenen Praktiker sind diese Zustände heute wohl bekannt und stets des Diabetes verdächtig.

Es kommen bei Frauen bei Diabetes derartige Entzündungszustände der kleinen Labien und der Clitoris, seltener der grossen Labien vor, durch welche das Juck- und Kratzgefühl, der Pruritus pudendi (die Kraurosis vulvae!), so furchtbar wird, das betreffende Patienten Tag und Nacht keine Ruhe, keinen Schlaf finden. Der unaufhörliche Juckreiz bringt die Patienten psychisch und physisch hochgradig herunter, ja selbst Suicidium soll dieser Pruritus pudendi schon verursacht haben. Infolge derartigen Juckreizes sehen sich die Frauen zu fortwährenden Manipulationen, stetigem Reiben und Kratzen an den Genitalien veranlasst und diese Manipulationen führen unabänderlich, selbst bei den charakterstärksten Frauen zur Onanie. Dieser Pruritus vulvae ist ein sehr oft zur Onanie verleitender. Er hat nicht seinesgleichen beim männlichen Geschlecht. So sah Biett noch eine 60jährige Frau infolge eines Prurigo genitalium der Nymphomanie verfallen! In der That übersteigt seine Stärke alles Ähnliche beim männlichen Geschlecht und fast muss es scheinen, als ob in den weiblichen Genitalien irgend etwas eine ganz besonders hervorragende Prädisposition für diesen Pruritus genitalium bilde. Die Affektion kann sich in die Vulva hinein erstrecken. Winckel hat in der „deutschen Zeitschrift für praktische Medizin“ 1887 und in seinem „Lehrbuche der Frauenkrankheiten“ Fälle beschrieben, wo es beim Diabetes ausser zum Pruritus auch zu furunkulösen und phlegmonösen Prozessen kam, ja selbst mässig schmerzhafte Schwellung der Inguinaldrüsen kann eintreten. Es wird dieser Pruritus pudendi zurückgeführt auf die Zersetzung des zuckerhaltigen Urins und dadurch bedingte Pilzbildung, sodass die Genitalien oft wie mit weissen Pilzmassen, -rasen besät erscheinen.

Auch bei Männern entwickelt sich beim Diabetes manchmal eine starke Balanitis mit entzündlicher Phimose oder Paraphimose, die zu erhöhtem Geschlechtsdrange und dadurch zur Onanie führen kann. So erzählt Fürbringer von einem 78jährigen, stark diabetischem Kaufmanne, der über „furchtbaren Geschlechtsdrang“ klagte und von einem 54jährigen diabetischen Fabrikdirektor, der jahrein jahraus täglich zweimal den ehelichen Coitus ausübte.

Es zeigt uns also, dass der Diabetes wohl mit Recht, wenn auch nur indirekt durch den Pruritus pudendi, als Ursache der Onanie gelten kann.

Bei dieser Gelegenheit möchte ich noch erwähnen, dass Fournier meint, dass Mangel an Sorgfalt und Reinlichkeit der Genitalien als Ursache von Genitalreizungen, entweder durch den scharfen spezifischen Geruch des Genitalsecrets, das bei gewissen Personen erregend wirken soll, oder durch die Reizzustände, welche durch diesen unhygienischen Zustand an Glans und Präputium hervorgerufen werden, anzusehen sind. Das Letztere ist einfach die Balanitis, die wir als Ursache der Onanie eben kennen gelernt haben. Dass aber der scharfe Geruch des Genitalsekrets Ursache der Onanie werden soll, glaube ich nicht. Auch Fürbringer meint in seinem Werke: „Die Störungen der Genitalfunktionen“ S. 3, dass der widerliche Smagmageruch des Mannes wie Weibes als auslösendes Moment für die Erektionen, selbst bei völlig geschlechtlich gesunden Personen wirken könne, und auch von Krafft-Ebing führt Beispiele hierfür an. Ich muss gestehen, dass mir dies sehr wenig einleuchtend ist, denn für gewöhnlich ist derselbe doch so schwach, dass er unwillkürlich wohl nur von den wenigsten Menschen wahrgenommen wird, es sei denn, dass dieselben mit einem ganz ausserordentlich feinen Geruchsorgan ausgestattet sein müssten. Bei den Tieren allerdings sind, wie allbekannt, Geruchseindrücke mit die Mächtigsten zur Erweckung des Geschlechtssinnes, wobei man aber auch bedenken muss, dass der Geruchssinn bei Tieren (vide bei Hunden!), ein ausserordentlich scharfer, durchschnittlich viel schärfer als beim Menschen ist. Allerdings möchte ich hier, mehr des Interesses wegen als weil zur Sache gehörig, erwähnen, dass neuerdings von verschiedener Seite der dem Menschen anhaftende Geruch als ein besonders starker hervorgehoben wird, wie von Prof. Dr. W. Joest in seinem Werke „Ethnographisches und Verwandtes aus Guayana", und Albert Hagen-Breslau hat die Beziehungen des Geruchssinnes zum Sexualleben in seiner „Sexuellen Osphresiologie" einem genauen Studium unterzogen.

e) Geistes- und Hirnkrankheiten als Ursache der Onanie.

Die Onanie spielt, wie überhaupt alle geschlechtlichen Ausschweifungen, eine Rolle in der Ätiologie der Geisteskrankheiten, wenn sie auch nicht direkt Geisteskrankheiten erzeugt, so wirkt sie doch praedisponierend hierfür, wie wir später sehen werden, beide stehen in Connex. Wenn auch nicht Geisteskrankheit direkte Folge der Onanie sein kann, so kann doch Onanie direkte Folge der geistigen Störung sein.

Guislain war der Erste, der hierauf aufmerksam machte. Er betrachtet die Geisteskrankheiten als sehr häufige Ursache der Onanie und bemerkt, dass die meisten Irren gewohnheitsmässig zu Onanisten werden. Es kommt hier eben hinzu, dass durch die geistige Schwäche oder vollständige geistige Umnachtung den armen Patienten jegliches Urteil über das, was sie mit der Onanie thun, völlig abgeht, oder das Urteilsvermögen doch mehr oder weniger hochgradig getrübt, herabgesetzt ist. Sicher ist, dass die onanistischen Machinationen hier quasi mehr gewohnheitsmässig, maschinenmässig gethan werden. Ich möchte die Onanie der Geisteskranken vergleichen mit der Onanie kleiner Kinder, resp. den Ludelbewegungen derselben. Hier wie da wird sie getrieben, ohne dass den Betreffenden, die sich ihrer hingeben, eine Urteilskraft über das, was sie thun, zusteht. Die ersten Zeichen einer geistigen Erkrankung zeigen sich ja bekanntlich sehr oft durch abnorme geschlechtliche Reizbarkeit, durch erhöhte Libido sexualis, die den im gereiften Alter stehenden

Individuen bisher selbst noch nicht als Anomalie erschien, obgleich sie als solche von jedem anderen Gesunden erkannt werden würde. Der berühmte französische Irrenarzt Morel sagt in seinem Traité des maladies mentales I, pag. 416 ff., dass er eine sehr grosse Geilheit bei den Paralytikern in der Entwickelung ihrer Krankheit gesehen habe ebenso wie bei Individuen, welche zwar nicht als geisteskrank gelten, aber an einer idiopathen Gehirnaffektion litten. Die Intervention des Arztes sei dabei oft eine sehr delikate Angelegenheit, die aber im Interesse der unglücklichen Frauen, welche das Opfer der geschlechtlichen Perversion ihrer Gatten seien, schlechterdings unumgänglich notwendig sei. Diese krankhaften Neigungen müssen in der Mehrzahl der Fälle als Symptom einer ihrer Natur nach sehr schweren Geisteskrankheit aufgefasst, erkannt werden. Es ist selten, dass man nicht genötigt sei, „zur Isolierung in einer Irrenanstalt zu greifen“. Mauriac erzählt, dass er einst zu einem Kranken, verheiratet und Familienvater, gerufen wurde, der einige Jahre vorher Lues acquiriert hatte. Anfangs bestanden nur leichte Anfälle, allmählich nahm die Verwirrung seiner Gedanken zu, er wurde ausschweifend, rasend, besuchte alle öffentliche Häuser seiner Vaterstadt und wollte seine Frau zwingen, ihn zu begleiten. Allmählich mit zunehmender Umnachtung wurde auch die Satyriasis immer heftiger, sodass er dem weiblichen Geschlecht gefährlich wurde und eingesperrt werden musste. Es bildete sich eine progressive Paralyse der Irren aus.

Das geschlechtliche Leben und die geistigen Centren stehen somit in innigem Connex. Das Reflexcentrum der Erektion, welches nach Goltz im Lendenteil des Rückenmarks gelegen ist, ist dem Grosshirn unterstellt, wahrscheinlich ist es eine Aktion der Grosshirnrinde, die als cerebrales Centrum die Libido sexualis beherrscht und bei Erkrankung der Grosshirnrinde, die bei gewissen Geisteskrankheiten, wie progressiver Paralyse, Platz greift, kann notwendigerweise auch eine Beeinflussung der Libido sexualis stattfinden; es werden Erektionen ausgelöst, dadurch der Anstoss zur Onanie gegeben. Dies scheint mir die natürlichste Erklärung, warum wir bei gewissen Geisteskrankheiten, besonders im ersten Stadium, wo oft die Diagnose auf eine psychische Erkrankung kaum zu stellen ist, so häufig Onanie finden.

Aber ebenso wie vom Gehirn durch cerebrale Reizung kann auch bei Erkrankungen des Rückenmarks durch spinale Reizung Erektion ausgelöst und dadurch der Onanie Vorschub geleistet werden. Daher kann man bei Tabes dorsalis und anderen organischen Rückenmarksleiden neben den krankhaften Samenergüssen und krankhaften Pollutionen oft auch krankhafte Erektionen beobachten, die ihrerseits zur Erweckung der Onanie beitragen. Bei Quermyelitis, Unterbrechungen der Nervenleitungsbahnen durch Traumen und anderen Rückenmarksleiden braucht die Praxis mit etwaigen, dabei vorkommenden Erektionen und daraus enspringenden Machinationen nicht zu rechnen, da sie hinter die Schwere der anderweitigen Symptome zurücktreten.

f) Erkrankungen der Geschlechtsorgane als Ursache der Onanie.

Ich will hier nur jene Erkrankungen dem Leser vor Augen führen, die am häufigsten in der Praxis auftauchen und den Gedanken einer Gelegenheitsursache zur Onanie dem Praktiker nahelegen müssen. Alle diese Erkrankungen, es sind hier besonders die des unteren Urogenitalapparates und seiner Nachbarschaft ins Auge gefasst, wirken reflektorisch von der Peripherie aus Erektion und Libido sexualis auslösend. Es sind hauptsächlich entzündliche Zustände der Samenblasen, der Prostata, der Blase und der Harnröhre.

Von den Erkrankungen der Prostata und der Pars prostatica urethrae ist es bisweilen die chronische Prostatitis, welche mit dem einhergehenden, wenn auch nur geringen Reizzustande dieser Teile oft die geschlechtliche Lust erhöhend wirkt und dadurch zur Onanie treibt, wie ja auch bekanntlich bei dieser Erkrankung die Spermatorrhoën eine häufige Erscheinung sind. Ebenso wirken Entzündungen der Samenblasen, der Blase, Cystitis acuta infolge des brennenden Urinierens, dann Blasensteine, sehr selten Geschwülste der Blase infolge der entzündlichen Nervenreizung erhöhend auf den Geschlechtstrieb und dadurch die Onanie fördernd. Fürbringer erzählt von einem sehr kräftigen Eisenbahnunternehmer, der im Anschluss an die Entwickelung einer Geschwulst am Blasengrund priapistische Erscheinungen und praecipitierte Ejaculationen zeigte.

Am häufigsten noch von den Erkrankungen der Genitalorgane zur Onanie führend ist die Entzündung der Harnröhre durch acuten

Tripper anzuschuldigen. Nach Ablauf des Incubationsstadiums stellt sich bekanntlich ein gewisses Kitzelgefühl in den vordersten Teilen der Urethra ein, ein Kitzelgefühl wollüstiger Natur, so dass es zur Veranlassung von — leider — weiteren Cohabitationen oder von Masturbationen wird. Es kommt ferner hinzu, dass, hauptsächlich während der Nacht, Erektionen eintreten, die infolge der geschwollenen, entzündlichen, unnachgiebigen Urethralschleimhaut sehr schmerzhaft und für gewöhnlich von sonst unbekannter langer Zeitdauer sind. Wohl nie führt der chronische Tripper zur Onanie.

g) Die Menstruation als Ursache der Onanie.

Dass der sexuelle Entwickelungsvorgang, beim weiblichen Geschlechte gleichzeitig die Zeit des Erwachens der Sinnlichkeit, auf den Sexualtrieb und die sexuelle Bethätigung hinleiten muss, bedarf wohl keiner weiteren Auseinandersetzung, denn Menstruation und Entwickelung der weiblichen Genitalien stehen in innigem Connex. Beweis hierfür die Anschwellung der Brüste während der Menstruation u. v. A. Daher ist sicher, dass die Jungfrau durch den Menstruationsvorgang, besonders die nervöse und hysterische, sinnlich erregt wird und dass leider dabei die Masturbation oft den Sieg davonträgt. Dazu kommt noch die Erziehung der jungen Mädchen der besseren Stände, die psychische Er- resp. Verziehung. Einen derartigen Fall eigener Praxis, wo ein junges dysmenorrhoisches 17jähriges Mädchen von der Mutter ins Bett gesteckt und infolge Lektüre von Zolas Rougeon zur Masturbation verleitet wurde, habe ich in einer Arbeit: „Die Stellung der Krankenpflege zur Masturbation“, Zeitschrift für Krankenpflege 1899, gezeigt.

Ein weiterer lehrreicher Fall aus eigner Praxis möge illustrieren, wie gerade z. Z. der Menstruation der Hang zur Onanie ein erhöhter ist. Eine stark hysterische Ökonomensfrau vom Lande, von schwächlicher Körperkonstitution, aber ziemlich lebhaftem, sehr reizbarem Temperament, etwas nervös, ziemlich blutarm, kinderlos (Grund der Sterilität ist mir nicht bekannt, da eine innere Untersuchung resp. eine Untersuchung des Mannes stets abgelehnt wurde), versicherte mir, dass sie während der Zeit ihrer ca. 8tägigen Periode der gesteigerten Libido sexualis nicht widerstehen könne, und während dieser Zeit, aber nur in dieser Zeit, stets einige Male ihrem grässlichen, ihr selbst widerwärtigen Laster in die Arme fallen müsse. Es soll nach ihrer Angabe sogar soweit kommen, dass bei dem in ihr wogenden heftigen Seelenkampfe, aus dem die Onanie stets siegreich hervorgehe, sie in Schwindel und Ohnmacht mit heftigem Schweissausbruch verfalle. S. auch S. 80 und S. 215: „Folgen der Masturbation für die Genitalien der Frau."

5. Die Erblichkeit als Ursache der Onanie.

Das Gesetz der Vererbung, dessen Wirkung auf körperlichem Gebiete Jedermann bekannt ist, (Ähnlichkeit der Kinder mit Eltern oder Grosseltern, Erblichkeit von krankhaften Anlagen, wie Tuberkulose, Lues etc.) erstreckt sich auch auf das geistige Gebiet. Es können sowohl selbst ererbte, also von den Vorfahren stammende Eigentümlichkeiten, als auch erworbene vererbt werden. Ebenso wie nun besondere Charakterzüge, ebenso können auch krankhafte Äusserungen, oder wenigstens gewisse Schwächezustände der Seelenthätigkeit — als solchen wollen wir einmal die Willensschwäche, auf welcher zum grossen Teil die Onanie beruht, betrachten — vererbt werden.

Dass Geisteskrankheiten vererbt werden können, ist allbekannt. Die Geschichte einzelner Regentendynastien, sowie ganzer Volksstämme giebt von der Vererbung körperlicher und geistiger Vorzüge und Mängel Kunde. Der Mensch besitzt die Anlage zu allen Trieben. Der eine Trieb ist stärker entwickelt als der andere. Ein jeglicher Trieb wird durch heftige Erregungen gekräftigt, durch Mangel an Erregungen mehr oder weniger geschwächt. Durch Erregung eines bestimmten Triebes, des Geschlechtstriebes, und Stärkung eines entgegengesetzten den Geschlechtstrieb unterdrückenden Triebes kann der Veranlagung, dem Charakter des betreffenden Individuums eine bestimmte Richtung gegeben werden, die bei der Vererbung ihre Wirksamkeit geltend macht, die Nachkommen derartiger Individuen zu erhöhter geschlechtlicher Reizbarkeit gleichsam praedisponiert. Thatsächlich hat man auch die Beobachtung gemacht, dass von geilen, unzüchtigen und ausschweifenden Eltern stammende Kinder sich viel mehr den geschlechtlichen Ausschweifungen jeglicher Art hingeben als andere. Die Gesetze der Vererbung lassen sich mit aller Entschiedenheit auch hier durchblicken. So ist auch Oppenheim der Ansicht, dass der Hang zur Onanie vererbt wird. Schmuckler, Archiv für Kinderheilkunde 1898, meint, dass die Kinder von Elternonanisten schon mit geschwächten Nerven zur Welt kommen und dadurch zur Onanie sehr geneigt sind. Trotz alledem muss man aber sagen, dass als direktes ätiologisches Moment die Erblichkeit für Onanie wohl kaum verantwortlich gemacht werden kann. Ich meine, dass der sexuelle Trieb, die übermässige geschlechtliche Begier es ist, die vererbt wird und auf Grund dieser die mit übermässig geschlechtlicher Reizbarkeit veranlagten Individuen um so leichter der Onanie in die Arme fallen. Vielleicht lässt sich eine Vererbung onanistischer Neigungen in manchen Fällen auch dadurch erklären, dass eine nervöse Schwäche vererbt wird und auf Grund dieser Nervosität dem Kinde eine höhere Disposition für onanistische Ausschweifungen innewohnt. Denn dass nervös belastete Individuen auch für gewöhnlich eine erhöhte Libido sexualis zeigen, ist eine wissenschaftlich wie praktisch festgestellte Erfahrungsthatsache. Nur so, als Causa disponens, nicht als direkt ätiologisch bestimmendes Moment möchte ich die Erblichkeit für die Onanie aufgefasst wissen.

Von demselben Gesichtspunkte aus sind auch

6. Faulheit und Müssiggang als Ursache der Onanie

aufzufassen. Der Arbeiter, der körperlich viel beschäftigte sich ausarbeitende Landmann, der schwere Lasten tragende, körperlich sehr schwere Arbeiten vollbringende Mann aus den unteren Volksschichten, sie alle haben durchschnittlich nicht ein derartig hohes geschlechtliches Bedürfnis wie der viel geistig, körperlich hingegen sehr wenig oder fast gar nicht arbeitende Büreaubeamte, Gelehrte, Kaufmann etc. Die Ursache liegt darin, dass durch die stark angestrengte Muskelthätigkeit im Körper, in den Muskeln selbst eine Menge Zersetzungsprodukte sich anhäufen, die eine Herabsetzung der Leistungsfähigkeit, genannt „Ermüdung", bedingen. Diese Ermüdung erstreckt sich auf alle Gebiete des Körpers, nicht allein auf die körperliche, sondern auch auf die geistige Thätigkeit, sie verlangt den Schlaf. Ein ermüdeter Körper ist gegen von aussen eindringende, aufregende Reizungen viel mehr abgestumpft, viel weniger irritabel, daher auch Reizungen sexueller Art den durch körperliche Arbeit ermüdeten Körper viel weniger treffen, ihn viel schwerer aufzuregen vermögen als den körperlich durchaus nicht ermüdeten. Ein französischer Autor Morache weist in seinem sehr anregend geschriebenen „Traité d'hygiène militaire". 2° éducation Paris 1886 darauf hin, dass die Soldaten, die sich in den Garnisonen und Kasernen den geschlechtlichen Vergnügungen und Lastern aller Art heftig ergaben, während des Feldzuges und bei militärischen Übungen, Manövern etc. diese verhängnisvolle Neigung ganz vergessen. Er meint, dass es nichts Spezifischeres gegen unser Laster gebe als die Strapazen und Entbehrungen während eines Krieges. Auch A. Schwartz erzählt in seiner „Dissertation sur les dangers de l'onanisme et les maladies qui en resultent". Strassbourg 1815, dass einige Leute ihm versichert hätten, durch dieses Mittel von dem Laster geheilt zu sein. Aber ganz abgesehen davon, dass natürlich Krieg und Manöver nicht als Heilmittel gegen die Onanie empfohlen werden können, ist doch wohl auch zuzugeben, dass auch während der Manöver und selbst im Kriege die geschlechtliche Leistung nicht so sehr bedeutend herabgesetzt ist, denn in jeder öffentlichen Entbindungsanstalt kann bisweilen statistisch ein erheblicher Zuwachs von unehelichen Kindern konstatiert werden während der Zeit, wo die „Nachwehen" der Manöver sich geltend machen können, d. h. 9 Monate nach vollendetem Manöver. Mai und Juni sind als solche Monate, wo in der Entbindungsklinik das „Material" sehr gross ist, bekannt. Ferner weiss auch jeder Militärarzt, wie direkt nach dem Manöver ein Emporgehen in der Ziffer geschlechtlicher Erkrankungen der Mannschaften zu beobachten ist.

Trotz alledem bleibt richtig, dass körperliche Ausarbeitung die geschlechtliche Reizbarkeit entschieden herabsetzt, während Müssigkeit und Faulheit dieselbe entschieden steigert und so wirken letztere indirekt ebenfalls als Causae disponentes, als prädisponierende Ursachen für geschlechtliche Ausschweifungen und Masturbation. Hierauf beruht es, dass der körperlich mehr arbeitende Landmann verhältnismässig weniger dem Laster der Onanie ergeben ist als der weniger körperlich, mehr geistig arbeitende Stadtbewohner, der ausserdem tagtäglich mehr auf geschlechtliche Akte und Thätigkeit hingelenkt wird; denn das Grossstadtleben mit seinen viel mehr anregenden und korrupierenden Einrichtungen (Prostitutionswesen etc.) stellt auch an das Geschlechtsleben des Menschen viel mehr Versuchungen als dies das schlichte, einfache, sexuell wenig anregende Landleben vermag.

Moraglia hat Faulheit und Müssiggang, alias Reichtum, dann enges Zusammenleben beider Geschlechter in Fabriken und Werkstätten, alias Armut zusammen als „soziale Ursachen der Onanie gedeutet.

7. Die moralische Schwäche, die Willensschwäche als Ursache der Onanie.

Der Geschlechtstrieb ist, wie ich früher gezeigt habe, doch stets der Urquell, aus dem geschlechtliche Akte, seien sie nun natürlicher oder unnatürlicher Art, entspringen und alle die bisher genannten Zustände sind mehr oder weniger prädisponierende Ursachen, welche den Geschlechtsbetrieb zum Ausbruch bringen. Der Geschlechtstrieb ist aber beim Menschen — und das unterscheidet ihn in erster Linie vom Tiere — ebenso wie jedes Handeln, der Vernunft, dem Willen unterworfen. Von diesem, von der Willensstärke des Einzelnen hängt es im Grunde genommen meist ab, ob er sich geschlechtlichen Akten, resp. geschlechtlichen Ausschweifungen hingiebt oder nicht. Der Wille soll die Herrschaft über die Leidenschaft haben. Die Vernunft ist es, die das Begehren und Streben, den Willen des Menschen leitet. Es hängt somit in letzter Linie stets von der Willensfestigkeit des Einzelnen ab, ob er sich einer Handlung hingiebt oder nicht. Somit ist es auch in allen genannten Ursachen zur Onanie zuletzt immer wieder der Wille, resp. die Willensschwäche, welche es bis zum Laster kommen lässt und die Willensschwäche ist demnach also keine eigentliche Ursache für sich zur Onanie, sondern sie liegt allen genannten Ursachen als letzte Instanz zu Grunde. Aber dennoch möchte ich, da die Willensschwäche, die moralische Schwäche doch eine so hervorragende, eine so bestimmende Stellung bei dem der Masturbation anheimfallenden Individuum spielt, ihr eine gesonderte Besprechung als Ursache der Onanie zukommen lassen. Denn soviel ist mir sicher, dass von all den bisher genannten, im Körper liegenden Ursachen der Onanie keine einen derartigen Einfluss auf dieselbe hat wie die Willensschwäche.

Allein die Willensschwäche ohne irgend eine der vorher genannten Ursachen, ohne irgend welche gleichzeitig vorhandene körperliche Erkrankung oder erbliche Belastung etc. ist es, die einen geistig und körperlich vollständig normalen, gesunden Menschen der Onanie verfallen lässt. Ja, es ist die Willensschwäche allein bei weitem die häufigste aller Ursachen der Onanie, wenigstens im denkreifen Alter.

Wir werden derselben daher immer und immer wieder begegnen. Sie zieht gleichsam wie ein roter Faden durch unser Werk, da sie eng verknüpft ist mit unserem Laster; ohne sie keine Onanie. Dies, glaube ich, rechtfertigt wohl hinreichend die gesonderte Besprechung der Willensschwäche als Ursache der Onanie.

a) Die centrale geistige, psychische Thätigkeit des menschlichen Gehirns, die nur in uns vor sich geht, besteht in der Verarbeitung von Sinnes- und Empfindungseindrücken zu Vorstellungen und Verwendung dieser Vorstellungen zur Bildung von Begriffen, Urteilen, Schlüssen, i. e. zum Denken, zur Vernunft. Das Bewusstsein von Gefühlen, das Denken und Wollen ist nur bei normaler Reizbarkeit der gesamten Hirnsubstanz, bei gesundem Zustande der so ausserordentlich fein organisierten Gehirn- und Nervenmasse denkbar. Diese centrale psychische Thätigkeit des Gehirns besteht in Vorstellungen, d. h. dem sich Bewusstwerden von geschehenen Sinneseindrücken entweder

in vergangener Form (Erinnerung, Gedächtnis) oder in
neuer, noch nicht dagewesener Form (Fantasie).

Durch Wahrnehmen und Vergleichen all' dieser Vorstellungen bilden sich Begriffe, durch welche der Mensch die Fähigkeit, das gegenseitige Verhältnis der einzelnen Vorstellungen zu erkennen, erlangt, sich ein Urteil bildet. Aus mehreren Urteilen erlangt das Gehirn das Vermögen, Schlüsse zu ziehen.

Das Denken nun ist das Bilden von Begriffen, Urteilen und Schlüssen. Die verschiedene Feinheit, der verschiedene Grad von Schärfe, mit dem dieses Denken vor sich geht, ist der Verstand. Vernunft hingegen ist das Vermögen, sich die Erscheinungen zu erklären, über die Ursache der Dinge nachzudenken, Rechtes vom Unrechten zu unterscheiden.

b) Die centrifugale, die handelnde, wollende Thätigkeit des Gehirns besteht in der Vermittelung von Begehrungen, Wünschen, Streben, Wollen von Allem, was ausserhalb uns vor sich geht, und wird dadurch, dass sie sich überträgt auf die Bewegungsnerven, zum Handeln. Wenn dieses Wollen, der Wille eine direkte Einwirkung der Gefühle ist, ohne dass vorher darüber nachgedacht wurde, d. h. ohne vorherige centrale geistige Thätigkeit, so bezeichnen wir dieses Handeln, dieses Wollen als sinnlich. Geht aber diesem Willen und Handeln die nötige Beurteilung voraus, dann ist das Handeln, der Wille vernünftig, nicht bloss sinnlich. Es wird also der Wille um so mehr oder weniger vernünftig sein, je höher oder niedriger der Verstand des Betreffenden, die Bildung desselben ist. Der Wille ist demnach um so freier, stärker, je leichter sinnliche Einflüsse durch Beherrschung vermieden werden können. Diese Beherrschung aller sinnlichen Eindrücke irgend welcher Art durch den Willen nennt man Willensstärke. Kinder und Unverständige, sowie Ungebildete, dann ihrer Denkkraft beraubte Irrsinnige handeln daher unverständiger als Erwachsene, und Leute mit gediegener Bildung.

Natürliche Forderung ist daher, an die Kinder, Unerwachsenen, Ungebildeten nicht dieselben Anforderungen bezüglich der Willensstärke, nicht denselben Maassstab bezüglich der Beurteilung ihrer Handlungsweise anlegen zu wollen wie bei geistig Reifen. Die Kräftigung und Steigerung des vernünftigen Handelns ist die Willensstärkung, Willensstärke. Die Lähmung, Herabsetzung des vernünftigen Wollens und Handelns ist Willensschwächung, Willenslosigkeit.

Aus diesen zum Verständnis nötigen philosophischen Deductionen geht, glaube ich, zur Genüge hervor, dass ein willensschwaches Individuum sich leicht durch äussere Reize, ohne nachzudenken, zu einer Handlung verleiten lässt. **Dieses unwillkürliche** und bisweilen ganz unbewusste Handeln (wie in der Kindheit) auf bestimmte Eindrücke und Empfindungen von aussen her ist nur ein quasi instinktmässiges, hierher gehört auch der Trieb. Trieb ist demnach ein unwillkürliches unbedachtes Streben auf eine äussere Empfindung hin, daher ist der Geschlechtstrieb der durch eine Empfindung und dergleichen ausgelöste Reiz auf das Geschlechtscentrum, der durch irgend einen geschlechtlichen Akt zu befriedigen gesucht wird.

Giebt nun das betreffende Individuum, teils weil ihm ein Urteilsvermögen, die Vernunft überhaupt abgeht (Kindheit, geistige Umnachtung), teils weil der Wille, die Vernunft nicht stark genug sind, diesen Trieb zu beherrschen, nach, so verfällt es dem Geschlechtstriebe, gleichviel ob er auf natürliche Weise (Coitus) oder unnatürliche Weise (Onanie) befriedigt wird.

So verfällt das willenschwache Individuum der Onanie, weil seine Willenskraft, seine Vernunft nicht stark genug sind, dem geschlechtlichen Triebe zu widerstehen. Die Vernunft wird durch Sinneseindrücke, die Richtung, welche diesen gegeben wird, durch Erziehung entwickelt, und hierin, in der richtigen psychischen Erziehung, in der häufigen Erregung der guten und Unterdrückung der schlechten Triebe vermittelst dieser Erziehung beruht die Willensstärkung und diese richtige Erziehung, resp. Selbsterziehung ist, wie wir im Kapitel Prophylaxe resp. Therapie sehen werden, dasjenige Mittel, welches am besten geeignet ist, das Laster der Onanie einzuschränken und dadurch den Menschen zu einer Stufe höherer geistiger und körperlicher Vollkommenheit zu erheben, ihn im wahrsten Sinne des Wortes zu veredeln.

B. Die ausserhalb des Körpers liegenden Ursachen der Onanie

sind noch viel zahlreicher, als die im Körper liegenden, da bekanntlich bei mehr oder weniger erhöhter sexueller Begierde oft die unscheinbarsten und undenkbarsten Dinge Anstoss zu geschlechtlichen Akten geben. Sie in irgend ein zusammenfassendes System unterzubringen ist daher noch viel schwieriger als bei den im Körper liegenden Ursachen, ich möchte sagen, überhaupt unmöglich, denn bei dem so überaus wechselvollen Menschenleben, bei dem so grundverschiedenen Charakter der Einzelnen können selbst die unscheinbarsten Dinge, die einfachsten Sachen den ersten Anstoss zu geschlechtlichen Akten geben, ja, wer würde mir wohl auf den ersten Blick hin glauben, dass Not, Kummer, Elend zur Onanie verleiten können? Als solche von aussen auf den Menschen einwirkende Eindrücke, welche Ursache der Onanie werden können, möchte ich nun folgende bezeichnen:

1. Falsche Erziehung.
   A. Falsche häusliche Erziehung.
   B. Falsche öffentliche Erziehung
2. Verdorbene Fantasie (durch obscöne Bilder, Lektüre, Ballete etc.).
3. Falsche Ernährung.
4. Gewisse Medicamente.
5. Bekleidung.
6. Beschäftigung.
7. Die Jahreszeit, das Klima etc.
8. Soziale Verhältnisse, Not und Armut etc.
9. Sexuelle Abstinenz.
10. Unglückliche Ehe.
11. Die Furcht vor allzugrossem Kindersegen, resp. vor Alimenten.
12. Die Furcht vor Ansteckungen mit geschlechtlichen Erkrankungen.
13. Die Impotenz.
14. Religiöse Gründe.

Die falsche Erziehung als Ursache der Onanie habe ich an die Spitze aller ausserhalb des Körpers liegenden Ursachen der Onanie gestellt und ich glaube, was ihre Häufigkeit anbetrifft, mit Recht, denn sie ist von allen anderen Ursachen diejenige, die am meisten den Grund zur Onanie legt.

A. Die falsche **häusliche** Erziehung als Ursache der Onanie.

Die Erziehung ist das vom Staate durch die Ehe legitimirte System zur geistigen wie körperlichen Ausbildung des bei der Geburt von Natur elenden, völlig hilflos in die Welt gesetzten Menschen. Die häusliche, elterliche Erziehung ist es, der das Kind beständig von der Geburt an untersteht bis zu dem Momente, wo es selbst eintritt ins soziale Leben, wo es körperlich und geistig soweit entwickelt ist, dass die Ausbildung zum eigenen Beruf, die weitere Fortbildung auf eigene Kräfte erfolgen kann. Diese Bevormundung durch die Eltern resp. deren Stellvertreter ist von so tief einschneidender Bedeutung für jedes einzelne Individuum, für seine zukünftige Lebensbestimmung, dass man wohl nicht mit Unrecht gesagt hat, die Erziehung entscheide das Lebensgeschick des Einzelnen. Und sicher ist eine gute, weise geleitete Erziehung die beste Mitgift, die Eltern den Kindern mitzugeben vermögen. Das Familienleben, die Sitten und Beispiele der Eltern resp. deren stellvertretenden Erzieher hinterlassen von dem Momente an, wo die Intelligenz des Kindes erwacht bis zu dem Momente, wo es das Elternhaus verlässt, einen bestimmenden Einfluss auf das spätere Leben des Kindes. Das Gefühlsleben, das geistige Sein des Kindes, das Denken und Handeln, kurz die ganze geistige wie körperliche Entwickelung desselben, die Ausbildung der körperlichen wie geistigen Eigenschaften und Eigentümlichkeiten, die Bildung des Charakters, des Willens, all dieses geschieht in der Zeit der elterlichen Beeinflussung und diese geordnete und geregelte Bevormundung durch die Eltern bis zur geistigen und körperlichen Reife für das praktische Leben, das eben ist die wahre Erziehung.

Hieraus ergiebt sich, dass die Erziehung des Menschen gleich nach der Geburt beginnt und nach bestimmten Gesetzen vor sich gehen muss. Junge Leute, die die Ehe eingehen, übernehmen, meine ich, damit auch die Pflicht, als zukünftige Erzieher der etwa aus der Ehe entspringenden Kinder sich gehörig mit den Erziehungsgesetzen vertraut zu machen. Leider ist es aber, wie das soziale Elend unserer Zeit zeigt, mit dem Bekanntsein dieser Erziehungsgesetze bei einem grossen Teile der Eltern nicht bloss in den niederen, auch in den höheren Ständen sehr übel bestellt. Viele Eltern schmeicheln sich, geborene Erzieher von Gottes Gnaden zu sein. Andere meinen, dass das Kindererziehen eine ganz selbstverständliche, leichte Sache sei, wozu ein besonderes Wissen und Können absolut nicht notwendig sei. Daher, weil den Eltern die im menschlichen Körper herrschenden Naturgesetze völlig unbekannt oder nur höchst mangelhaft bekannt sind, werden auch fast alle Kinder in den ersten Lebensjahren nicht e r zogen, sondern v e r zogen. Es kann nun nicht meine Pflicht sein, auf das gesamte Erziehungswerk einzugehen. Es ist dies Sache des Pädagogen, nicht des Arztes. Einschreiten des Arztes ist nur insofern nötig, als vom medizinischen, vom hygienischen, gesundheitlichen Standpunkt gegen das Kind während der Erziehung gesündigt wird. Ich habe hier nur zu zeigen, wie eine derartige häusliche Verziehung des Kindes die Ursache zur Onanie werden kann. Hier ist und bleibt erster Grundsatz, ein jedes Kind nach seiner Individualität zu erziehen.

Was

a) das Säuglingsalter

anbetrifft, so kann die häusliche Erziehung als ätiologisches Moment für Onanie hier wohl kaum verantwortlich gemacht werden, da die Onanie in diesem Alter völlig den Charakter einer unbewussten Handlung trägt, da das Kind mehr instinktmässig, von Natur dazu getrieben wird. Des Näheren verweise ich auf die „Prophylaxe der Onanie in den ersten Lebensjahren“.

Eine ungleich grössere Bedeutung als im Säuglingsalter hat die falsche Erziehung

b) im Kindesalter

sowohl im ersten Kindesalter bis zur Schulzeit, als auch während der Schulzeit, denn in dieser Zeit ist es, wo die Onanie zum Ausbruch kommt, allein deshalb, weil die Erziehung eine falsche war. Die Verbreitung des Lasters in diesem Alter ist, wie das Kapitel „Onanie im Schulalter“ uns lehrt, eine ganz abnorme, ja furchtbare. Die Erziehung in diesem Alter ist es, die den Menschen erhebt, ihn adelt, ihn erst zum Menschen macht. Was Erziehung in diesem Alter, überhaupt Erziehung vermag, das sehen wir wohl am deutlichsten an jenen unglückseligen Individuen, die durch unglückliche äussere Umstände überhaupt keiner Erziehung zu teil geworden. Sie sanken herab zum Tier, es wurden sogenannte Tiermenschen, verwilderte Individuen, die absolut keine Spur von Gesittung kannten.

Es muss also in diesem Zeitalter die Erziehung des Menschen stattfinden. Hier muss nicht bloss

a) eine körperliche und

b) eine geistige,

sondern auch

c) eine moralische und

d) eine Gemüts- und Willenserziehung Platz greifen. Fehler in der Erziehung nach einer dieser 4 Richtungen hin können den Anstoss zu geschlechtlichen Unarten bilden.

a) Die körperliche Erziehung schadet hier durch Fehler in der Ernährung, dem Schlafe, der Bewegung und Reinlichkeit. Wie aber mangelnder Schlaf, falsche Bewegungen, Vernachlässigung der Reinlichkeit, z. B. bei den natürlicheu Verrichtungen der Notdurft etc. Anstoss zur Onanie geben, wird die Prophylaxe uns zeigen.

b) Die geistige Erziehung des Kindes sündigt hauptsächlich in der Schule. Aber auch die häusliche geistige Erziehung ist nicht völlig frei zu sprechen von dem Vorwurf, eventuell begünstigend auf das Laster der Onanie einzuwirken, ja die häusliche geistige Erziehung kommt meiner Ansicht nach ziemlich stark in Frage, denn sie ist in dieser Zeit der erwachenden geistigen Thätigkeit bis zum Eintritt in die Schule, bis zum 6. Jahre für die Charakterbildung, für das gesamte Naturell des Kindes von einschneidenster Bedeutung. Hier, wo nur die Übung der Sinne, die Unterscheidung des Rechten vom Unrechten, die Angewöhnung an Gehorsam und Beschäftigung in Betracht kommt, ist Haupterfordernis Alles, woran das Kind sich nicht gewöhnen soll, von demselben abzuhalten, hingegen Alles, was ihm in Fleisch und Blut übergehen soll, beständig zu wiederholen.

Man vergesse hierbei ja nicht, dass während dieser Entwickelungszeit das Kind ein sehr scharfes Auge und Ohr alles Dessen hat, was um ihn herum vorgeht, und dass das Gehirn das, was es auffasst, sich fest einprägt, dass es sehr empfänglich gerade in diesem Zeitalter ist. Nur zu oft wird dadurch dem Kinde der erste Hinweis auf sexuelle Dinge gegeben, werden in ihm Gefühle gezeitigt, die es auf seine Genitalien und die seiner Spielgenossen führen und so das Kind dem sittlichen Verderben, der Onanie allmählich entgegenbringen, oder ihm wenigstens seine Keuschheit und Sittsamkeit rauben. Unsere heutige Generation hat zu wenig Achtung vor der Kindheit, vor dem kindlichen Gemüt.

Aber nicht anstandloses und sittenloses Betragen der Eltern, Erzieher und umgebenden Personen des Kindes kann das letztere auf Irrwege geleiten, auch, — was ich hier, da ich später in der „Prophylaxe“ des genaueren das Thema erörtere — nur kurz andeuten will, allzufrühe geistige Überbürdung, der eine zu geringe körperliche Ausarbeitung entgegensteht. Sie schädigt das noch in der Entwickelung begriffene Hirn stets und bildet jene krankhafte Reizbarkeit aus, auf Grund deren sich die Nervosität entwickelt.

c) Die moralische Erziehung im Hause kann dadurch, dass sie mangelhaft, eben nicht genügend moralisch, ebenso

d) die Gemüts- und Willenserziehung durch Vernachlässigung, durch mangelnde Heranbildung eines charakterfesten, sittlichen Willens, der doch der Kernpunkt jeglicher vernünftiger Erziehung und bester Schutz gegen geschlechtliche Anfechtungen ist, zum Verfall in sexuelle Ausschweifungen beitragen. Die Beweisführung dieser Thatsachen wird das Kapitel „Die Prophylaxe der Onanie im Kindesalter" zur Genüge erbringen.

B. Die falsche **öffentliche** Erziehung als Ursache der Onanie.

Die öffentliche Erziehung ist, wie bekannt, vom Staate durch die Schule organisiert, der jedes Kind durch obligatorischen Zwang zum Schulbesuch unterliegt. Die Schule hat in erster Linie den Zweck, beim Kinde die Organe der Geistesthätigkeit, das Gehirn durch methodische, passende Übungen und Gewöhnung soviel als möglich auszubilden. Die Ausbildung kann nur bei einem gehörig entwickelten Gehirn und bei gehörig entwickelten Sinnesorganen durch ganz allmähliche, der Individualität des Kindes angepasste Steigerung in der Dauer und Stärke der Gehirnthätigkeit vorgenommen werden.

Alle Erziehungsanstalten arbeiten darauf hin, die geistigen Thätigkeiten, den Geist soviel als möglich zu wecken, heranzubilden und in richtige Bahnen zu leiten. Die Entwickelung dieser geistigen Thätigkeiten in der Schule besteht nun im Empfinden (Gefühl, Gemüt), im Denken (Verstand, Vernunft) und im Wollen (Wille). Das Gehirn besitzt nun zwar die Fähigkeit, geistig, d. h. in genannter Weise thätig zu sein, jedoch muss diese geistige Thätigkeit erst angeregt und methodisch, nach bestimmten Regeln und Systemen allmählich entwickelt werden. Dies geschieht durch den systematischen Schulunterricht, welcher nach festgesetzten Principien und in erster Linie in durch das allmähliche Wachstum des Körpers begründeten Normen geleitet wird.

Fehler in dieser Bildungsstätte des Geistes, der Schule, im Unterrichte, müssen nun nach verschiedenen Richtungen hin natürlich ihre Rückwirkung äussern. Wo Licht ist, ist auch Schatten. Die Erziehung während der Schulzeit kann eine falsche sein und ist es thatsächlich auch oft. Mag natürlich im Hause, im elterlichen Erziehungsregime, schon aus dem Grunde, weil Eltern eben keine pädagogisch gebildete Menschen sind, viel mehr gesündigt und gefehlt werden, als bei einer öffentlichen Erziehung, welcher Art sie auch sei, so ist doch andererseits zuzugeben, dass auch bei letzterer oft gefehlt wird. Diese, die falsche öffentliche Erziehung in ihren Beziehungen zum sexuellen Leben, zu sexuellen Ausschweifungen der verschiedensten Art zu schildern ist hier meine Aufgabe. Zwei Lehrinstitute möchte ich hierbei erwähnen, da falsche Erziehung in diesen Anstalten, d. h. in derartig früher Jugendzeit für die Entwickelung sexueller Laster doch schon von einiger Bedeutung ist.

Wie bekannt hat man, meist allerdings durch Privat- und Vereinswohlthätigkeit, Anstalten ins Leben gerufen, wo die kleinsten Kinder der arbeitenden Klassen, die Säuglinge und Kinder bis zur Schulzeit beköstigt, gepflegt und bewacht werden und während des ganzen Tages oder wenigstens des grössten Teils desselben bleiben, mit einem Worte: ihre Erziehung erhalten, da die Mütter dieser Kinder dem täglichen Erwerbe nachzugehen durch sociale Verhältnisse verpflichtet sind und die genügende Zeit und Musse, sich ihren Kindern und deren Erziehung zu widmen, nicht haben. Derartige Anstalten sind die sogenannten

Kleinkinderkrippen, Kleinkinderbewahranstalten,

deren wohlthätige Einrichtungen jetzt immer mehr und mehr anerkannt werden und mit Recht immer mehr Verbreitung finden. Ausser den Kinderbewahranstalten kommen für das Erziehungswerk noch in Betracht die sogenannten Kindergärten. Die Erziehung in unseren öffentlichen Schulen beginnt bekanntlich mit dem 6. Lebensjahre. Viele Eltern sind nun, wie eben angedeutet, teils aus socialen, teils aus mehr oder weniger gewichtigen äusseren Gründen, nicht im Stande, ihren Kindern mit dem Beginn der geistigen Entwickelung bis zu den Schuljahren, vom 2. bis 6. Lebensjahre, die nötige Erziehung zu teil werden zu lassen. Selbst wenn dies der Fall wäre, so ist meist die Erziehungskunst der Eltern nicht zulänglich. Daher sind die sogenannten Kindergärten ins Leben gerufen worden.

Hier soll den Kindern in der Zeit bis zum Schulbeginn eine vernunftgemässe Erziehung zu teil werden. In diesem Alter hat eine gute Erziehung mindestens denselben Wert für das spätere Leben wie im Schulalter. Hier erwacht im Kinde der Drang nach Thätigkeit, nach einem bestimmten Wollen. Diesen in rechte Bahnen zu leiten, auf die Verstandes-, Willens- und Gemütsbildung des Kindes hinzuwirken und somit den Grund zu einem willensstarken Charakter zu legen, ist Sache dieser Institute.

Fehler in dieser Richtung hin zeigen sich ausserordentlich verschiedentlich und — last not least — in sexueller Hinsicht.

Die falsche öffentliche Erziehung kann daher Ursache sexueller Laster sein:

a) in den Kinderkrippen und Kleinkinderbewahranstalten,

b) in den Kindergärtnereien,

c) in der Schule, in Pensionaten etc.

a) Die falsche Erziehung in den Kinderkrippen und Kleinkinderbewahranstalten.

Da dieselben meist Säuglinge und kleine Kinder bis zum praeter propter 3. Lebensjahre beherbergen, so ist klar, dass hier eine falsche Erziehung nur sehr wenig Ursache für sexuelle Gebrechen abgeben kann. Die kleinen Sünder sind des unnatürlichen Lasters sich nicht bewusst, sondern folgen nur einem ihnen innewohnenden, instinktmässigen Triebe. Denn das, was im 2. Kindesalter und in der Schulzeit am meisten zur Onanie antreibt, der Nachahmungstrieb, kann in diesem Alter kaum so ausgeprägt sein. Nur körperlich könnte hier eine event. falsche Erziehung die Ursache der Onanie sein.

Viel eher schon wäre eine Grundlegung für Onanie hier in den Kleinkinderbewahranstalten denkbar. Es sind auch hier dieselben Faktoren, die in der häuslichen Erziehung des Kindes event. massgebend sind zur Heranbildung der Onanie. Das Übel wurde in dieser frühen Jugend glücklicherweise nur bei einzelnen Kindern und nie epidemienweise wie in den späteren Jahren beobachtet.

Weit mehr Grund haben wir schon, die

b) falsche Erziehung in den Kindergärten als ursächliches Moment für Onanie

verantwortlich zu machen.

Die Erziehung im 2. Kindesalter, vom ca. 3. bis 6. Lebensjahre, wirkt, wir dürfen dies wohl ohne Übertreibung sagen, bestimmend für das spätere Schicksal des Menschen. Es ist von Pädagogen und namhaften Medizinern schon der Ausspruch gethan worden, dass ein Kind, welches im 6. Jahre, also bei Beginn der Schulzeit, noch Schläge verdient, ein verzogenes ist, dass die meisten Kinder in dieser Zeit nicht erzogen, sondern verzogen werden, sie legen auf die Erziehung im 2. Kindesalter vom ca. 3. bis 6. Jahre, und dies ist eben das Kindergartenalter, einen ganz besonderen Wert.

Ich kann mir nicht versagen, bei der Wichtigkeit dieses Themas, wenigstens eine autoritative Meinung hierüber meinen Lesern zu unterbreiten, nämlich die Prof. Dr. Bocks.

Er sagt: „In diesem zweiten Kindesalter muss nämlich schon der Anfang mit einer Erziehung gemacht werden, welche den Menschen für sein späteres sociales Leben vorbereitet. Auch finden sich, weil die allermeisten Kinder in ihren ersten Lebensjahren von den Eltern schon verzogen wurden, Untugenden aller Art, besonders Eigensinn, vor. In diesem Alter wollen die Kinder immer etwas zu thun haben und während ihr Unbeschäftigtsein leicht Unarten aufkommen lässt, werden sie durch Beschäftigung davon abgelenkt. Dies findet aber im „Kindergarten“ statt, wo die Kinder durch Erzieher von Fach, am besten durch eine Mutterstelle vertretende Kindergärtnerin nach bestimmten Regeln auf naturgemässe Weise unter Spielen und Beschäftigungen mit andern Kindern erzogen werden ...... auch soll hier auf den Verstand, das Gemüt und den Willen erziehend eingewirkt und nebenbei noch manuelle und sprachliche Geschicklichkeit, sowie Kräftiguug der Musculatur erzielt werden. Im Kindergarten soll der Verkehr mit der Natur angebahnt und der Grund zur Erreichung eines menschenwürdigen Verstandes und Gemütes, eines willensstarken Charakters und kräftiger Menschenliebe gelegt werden. . . . Auf die Kindergartenerziehung ist ebenso viel, wenn nicht noch mehr Wert als auf die Schulerziehung zu legen und es sollten in den Kindergärten ebenso wie in den Schulen nur richtig gebildete und geprüfte Erzieher wirken dürfen.“

Eine falsche Erziehung muss in dieser Zeit, wo Wille, Gemüt, Seelenbildung und Charakter ihre ersten Grundlagen erhalten, wo das Hirn so modellierungsfähig ist, von üblen Folgen für die Zukunft begleitet sein.

Von dem Zeitpunkte an, wo das Kind die ersten Bewegungen macht, beginnt in ihm der Trieb nach Spielen, nach Beschäftigung, ein Drang nach Seinesgleichen, nach Spielgenossen, Umgang mit anderen Kindern. Da nun, selbst in mittleren und besseren Ständen, die Eltern durch irgend welche Umstände oft nicht in der Lage sind, hier allen Anforderungen, welche eine Kindererziehung in dieser Zeit beansprucht, gerecht zu werden, so ist die Erziehung hier oft eine falsche, verkehrte, zu sexuellen Verirrungen führende.

Die Erziehung im Kindergarten stellt aber ausserordentlich grosse und schwierige Aufgaben an die in dieser Anstalt angestellten Erzieher und Erzieherinnen, denen selbst beim besten Willen und genügend pädagogischer Vorbildung eine nach allen Richtungen hin wirklich sachverständige Erziehung den betreffenden Kindern zu teil werden lassen, oft nicht möglich ist. Es liegt dies zum Teil mit daran, das bei den betreffenden Kindergartenlehrern und Lehrerinnen das nötige Wissen über die im menschlichen Körper herrschenden Naturgesetze mangelt und infolgedessen eine Menge Fehler gemacht werden, sowohl in körperlicher als auch geistiger Erziehung, in sittlich moralischer Hinsicht und in der Erziehung des Willens.

Geistig wird hier gesündigt durch zu lange, nicht mit genügender Abwechselung stattfindende Hirnübungen. Die in diesem Alter nur auf Anschauung beruhenden Gedächtnis- und Denkübungen wechseln nicht genug mit Ruhe und Spielen ab. Die Folge hiervon ist Blutarmut und nervöse Schwäche, welch' letztere sehr zu erhöhter geschlechtlicher Reizbarkeit und Thätigkeit disponiert.

Falsche körperliche Erziehung im Kindergarten tritt ein durch unzweckmässigen oder unvernünftigen Gebrauch des Muskelapparates, durch zu langes Sitzen, Stehen und Gehen. Ganz besonders gefährlich aber für unser Laster wird ein Sitzen mit übereinandergeschlagenen Beinen, welches oft geschlechtliche Reize auszulösen vermag. Ferner wird das Kind oft gezüchtigt durch Schläge auf den Podex. Besonders die Rutenhiebe auf diesen Körperteil vermögen, zumal bei Knaben, einen grossen Reiz in den Geschlechtsorganen auszulösen und dadurch Erektion und selbst Samenerguss zu erzeugen. Ist dies einmal eingetreten, so ist meistenteils die Verleitung zur Onanie gegeben, der dann auch redlich zugesprochen wird. Ein Beispiel aus meiner Praxis, das allerdings aus der letzten Klasse der Volksschule stammt, möge dies illustrieren. Einst brachte mir ein Landmann seinen $6^1/_2$jährigen Sohn, der wiederholt, doch ohne Erfolg, von ihm wegen Onanie geschlagen worden war. Das Kind war vom Volksschullehrer wegen Schulschwänzens durch heftige Hiebe auf den Podex mit einem Rohrstocke gezüchtet worden. Während des Prügelns bekam das Kind nach eigener Angabe eine heftige Erektion, jedoch ohne Ejaculation, die den Knaben auf bis dahin ihm völlig unbekannte Gebiete leitete. Der Knabe versuchte nachher, — und das ist charakteristisch für die Ätiologie! — durch sich selbst auf den Podex Schlagen mit einem Holzscheite wieder eine Erektion zustande zu bringen. Von dem Vater dabei ertappt, gestand er demselben, wie er darauf gekommen sei. Die väterlichen Züchtigungen mittelst Ohrfeigen waren nicht imstande, das Kind von seiner Unart abzulenken, und erst eine von mir angegebene Bandage (siehe Therapie), welche das Kind Tag und Nacht tragen musste, konnte verhindern, dass der Knabe seinem Laster nicht mehr nachgab.

Eine falsche Erziehung in moralisch-sittlicher Hinsicht in Kindergärtnereien lenkt oft die Aufmerksamkeit des Kindes unbewussterweise auf die Genitalien und bereitet dadurch den Boden zu geschlechtlichen Unarten vor.

Die mangelhafte Willenserziehung in diesem Alter ist indirekt mit die häufigste Ursache der Onanie, denn würde den meisten Menschen bei den Anfechtungen des menschlichen Lebens eine grössere Willensstärke und Energie innewohnen, wahrlich, unser Laster würde nicht die weite Verbreitung finden können, die es leider in der That findet. Gerade die Willenskraft soll schon jedem Kinde vor dem Besuch der Schule anerzogen worden sein, wie, darüber belehrt die Prophylaxe im Kapitel „Die Anerziehung eines willensstarken Charakters“.

C. Die falsche Erziehung in der Schule, den Pensionaten, Kadettenhäusern etc. als Ursache der Onanie

ist eins der wichtigsten Kapitel für die Ätiologie unseres Lasters.

Die Schulzeit im Allgemeinen, d. i. die Zeit der Ausbildung des Kindes in der Volksschule reicht bei uns vom 6. bis vollendeten

14. Lebensjahre, d. h. um im menschlichen Organismus vor sich gehende Prozesse vergleichsweise als Anfangs- und Endstadium anzuführen, ungefähr von der Zeit des beginnenden Zahnwechsels, der zweiten Dentition, bis zum Beginn der Mannbarkeit, der Pubertät. Bei einem nicht geringen Teile unserer Jugend erstreckt sich die Schulzeit, d. h. die Zeit der geistigen Ausbildung, noch ins höhere Alter hinein, nämlich bei Denjenigen, welche eine höhere Bildung auf Realschulen, Gymnasien, Kadettenhäusern, Lateinschulen, bei Mädchen in Pensionaten, Lehrerinnen- und Kindergärtnerinnenseminaren etc. suchen, zu dem dann eventuell noch eine akademische Bildungszeit auf der Universität, Polytechnikum, Kriegsschule etc. hinzutritt. Doch auch unsere Volksschuljugend hat jetzt durch die Einrichtung der Fortbildungsschule einen etwas verlängerten Schulbesuch durchzumachen. Es ist klar, dass in einem derartigen Zeitraume, wo dem Kinde in seiner geistigen wie körperlichen Ausbildung die mannigfachsten Eindrücke zuteil werden, in einer Zeit, die für das gesamte spätere Leben bestimmend wirkt, die richtige resp. falsche Erziehung von ungeheurem und ungeahntem Einflusse nach den mannigfachsten Beziehungen hin sein muss und nicht zuletzt in geschlechtlicher Beziehung. Aber nicht allein eine falsche Erziehung während der Schulbildung wirkt hier schädigend ein, nein, auch andere Ursachen, sagen wir, G e l e g e n h e i t s u r s a c h e n, die der Schulbesuch mit sich bringt, das Zusammenleben mit anderen Kindern, der gegenseitige Verkehr derselben, das Leben in den Schulräumen können hier demoralisierend ohne jegliches Wissen von seiten der Eltern und Lehrer mitwirken. Eine Trennung all dieser Momente ist nicht leicht möglich, besonders ist hier eine Trennung der öffentlichen und häuslichen Erziehung ganz undurchführbar. Die Kinder können hier verführt werden zur Onanie

1. durch fehlerhafte k ö r p e r l i c h e (öffentliche und häusliche) Erziehung während der Schulzeit;

2. durch verkehrte g e i s t i g e (öffentliche und häusliche) Erziehung während der Schulzeit;

3. durch G e l e g e n h e i t s u r s a c h e n in und ausser der Schule.

1. E i n e f e h l e r h a f t e **körperliche** E r z i e h u n g i s t i n d e r S c h u l z e i t d a d u r c h U r s a c h e d e r O n a n i e u n d g e s c h l e c h t l i c h e n U n a r t e n,

dass hier oft ein Unterschied in der Erziehung zwischen beiden

Geschlechtern gemacht wird. Es merkt das ältere Schulkind sehr bald heraus, warum dieser Unterschied stattfindet und die Hinlenkung auf das erwachende geschlechtliche Leben ist gegeben, ferner dadurch, dass das Zustandekommen vorreifer Gedanken und Gefühle nicht nach Möglichkeit unterdrückt wird.

Oft die haarsträubendsten, ganz unglaublichen Sachen passieren da dem Arzte. Mir ist es wiederholt vorgekommen, dass in besseren Familien die jungen Mädchen jedesmal bei der wiederkehrenden Periode, einige Tage zuvor, anstatt erst recht zu häuslichen körperlichen Handreichungen und Beschäftigungen herangezogen zu werden, von den „einsichtsvollen“ Müttern zu Bett gebracht wurden, tagelang zu Bett liegen mussten, von der Mama gehegt und gepflegt wurden, ja keine häuslichen Arbeiten verrichten durften, sondern mit Lektüre französischer Romane und anderen lasciven Sachen sich beschäftigen konnten, damit ja all das gesamte Sinnen und Denken des Kindes auf geschlechtliche Dinge hingelenkt würde. Wie manchmal hierdurch die Onanie und andere sexuelle Unarten grossgezüchtet worden sind — bisweilen gelang es mir, die Mütter von der dabei betriebenen Onanie zu überzeugen —, das allein weiss nur der stillbeobachtende Arzt, nicht die „einsichtsvolle“ Mutter. Solche falsche Erziehung züchtet frühreife Gedanken und Gefühle und führt bei falscher Erziehung das Kind dem verderblichen Hange entgegen.

β) kann durch verkehrte Kleidung des Mädchens sexuellen Unarten Vorschub geleistet werden, indem sie zu eng und unnatürlich ist. Gesündigt wird hier besonders

durch das Korsett oder Schnürleibchen und durch die Unterkleider.

Infolge der jetzigen Konstruktion unserer Frauenkorsetts wird durch das Tragen derselben an den Seiten der unteren Rippen vorn die Magengegend eingeengt. Die Verengerungslinie geht praeter propter zwischen Herz, unteren Partien der Lunge und Zwerchfell einerseits, Leber, Magen und Milz andererseits hindurch, durchschneidet also die lebenswichtigsten Organe. Die natürliche Folge der Einschnürung durch das Korsett in diesen Gegenden ist eine ungenügende, mangelhafte, stockende Blutzufuhr vom Herzen nach allen diesen Organen und infolgedessen eine mangelhafte Ernährung. Ferner aber wird dadurch eine Stauung und Hyperämie der Unterleibs- und Genitalorgane hervorgerufen, dadurch wieder eine schnellere

Reifung der Genitalorgane, ein schnellerer Eintritt der Ovulation und Menstruation bewirkt, die notwendigerweise mit zeitiger erwachendem Geschlechtstrieb mit all seinen Folgen Hand in Hand geht.

Neben dieser Enge der Kleidung wirkt aber auch begünstigend die Form der Kleidung, denn dass ein stark ausgeschnittenes Kleid, das sogar die obersten Teile der Brustdrüse sehen lässt, nicht nur aus ästhetischen Gründen verwerflich ist, sondern unsere männliche Jugend — man beobachte dieselbe diesbezüglich nur auf Bällen, im Theater, Ballet, Circus etc. — zur geschlechtlichen Gedankenunzucht, zu geschlechtlichen Handlungen, Verirrungen, Onanie etc. hinreisst, braucht wohl nicht erst klargelegt zu werden. Gesündigt wird beim männlichen Geschlecht in dieser Zeit durch übermässig geistige Anstrengung bei allzu nahrhafter Kost, die leicht das Zustandekommen der Pollutionen bewirkt resp. begünstigt und dadurch das Denken und Thun des Knaben auf geschlechtliche Dinge, auf die Onanie hinlenkt.

Bezüglich der Bekleidung im Speziellen als Ursache der Onanie, der Ernährung und Lebensweise als solcher werde ich in der Prophylaxe unseres Lasters ausführlich eingehen.

γ) Auch der Umgang des Kindes mit anderen Kindern kann schädigen.

Durch ungenügende Controlle und Beobachtung wird hier oft schwer gefehlt und direkt die Onanie von einem Kinde dem andern gezeigt, ja, oft dann mutuelle Onanie unter den Kindern getrieben. Ich könnte mehrere Beispiele anführen, wo im Privathause bei ungenügender Kontrollierung der Eltern die Knaben angeblich zum Spielen, in Wahrheit aber, um Auto-, resp. mutuelle Onanie zu treiben, zusammenkamen. Bei der ungeheuren Verbreitung, die die Onanie während der Schulzeit gefunden hat, ist fast mit absoluter Sicherheit anzunehmen, dass von einem gewissen Zeitpunkte ab in einer Klasse, unter einer bestimmten Anzahl von Kindern eins eingeweiht ist in die Geheimnisse der Onanie, die es bei erster bester Gelegenheit seinen Spielgenossen und Mitschülern mitzuteilen geneigt ist, denn gerade die Schulen sind die Brutstätten der Onanie. So sagt Geheimer Oberschulrat Professor Dr. Schiller in seinem genannten Werke aus 34jähriger Schul-(Gymnasial)Erfahrung: „Keine Anstalt wird vermutlich völlig frei sein, aber in einzelnen Schulen erreicht das Übel eine sehr grosse Ausdehnung. Tradition und Schülermaterial sind hier von grösstem Einflusse. Besonders gefährlich sind die Anstalten als Brutstätten und Verbreiterinnen des Lasters, an welchen zahlreiche Schüler, welche das normale Alter um mehrere Jahre überschritten haben, in die mittleren Schulen vom Lande eintreten. Teils bringen dieselben die schlimme Gewohnheit schon mit, teils erfahren sie dieselben von älteren Schülern und verbreiten sie dann weiter. „Nicht die Natur verdirbt hier, sondern das Beispiel," sagt Fournier, der Nachahmungstrieb ist es. So erzählt Cohn von der Tertia eines Gymnasiums, wo einige ältere Schüler das Übel in die Klasse eingeführt hatten. Während eines halben Jahres hindurch „wurde in jeder Freiviertelstunde täglich, da die Thür geschlossen war und kein Lehrer die Aufsicht führte, gegenseitige Onanie systematisch betrieben."

2. Die verkehrte (öffentliche und häusliche) **geistige** Erziehung in den Schuljahren als Ursache der Onanie.

Sie sündigt in unserem jetzigen Zeitalter hauptsächlich dadurch, dass der Schulbesuch zu zeitig beginnt. Ein Teil der krankhaften Reizbarkeit unserer Schuljugend rührt vom zu frühen Beginn der Schule her.

Dann ist die geistige Erziehung der Schulzeit insofern eine verkehrte, als sie oft nicht auf allmähliche Steigerung der Hirnthätigkeit bedacht ist, sowohl in der Stärke, als in der Dauer der geistigen Beschäftigung zu hohe Anforderungen an das kindliche Hirn gestellt werden. Die Folge davon ist, dass das Hirn zur Beherrschung alles dessen natürlich nicht ausreicht und in allen Gebieten alsbald Lücken sich zeigen, die dann wieder — welch' ein Circulus vitiosus! — durch Nachhilfestunden ausgefüllt werden müssen!

Unter unserem jetzigen geistigen Erziehungsregime wird fast alles Gewicht auf die Erziehung des Gedächtnisses gelegt, auf die des Verstandes, des Willens, des Körpers fast gar keine Zeit verwendet.

Die Verstandesbildung in unseren Schulen ist, indem zuviel das Gedächtnis, resp. die Fantasie, nicht aber in gleichem Masse die Entwickelung des Begriffs, des Urteils, des Schlussvermögens angebahnt wird, eine durchaus mangelhafte, ganz einseitige, daher so wenig Verstand und Vernunft in den Handlungen so vieler sonst gescheiter Köpfe, daher selbt bei so grossen Gelehrten oft ein so charakterschwacher Wille. Diese Erziehung wirkt doppelt schädlich, einmal dadurch, dass infolge der zu geringen körperlichen Ausarbeitung, der zu geringen Ruhepausen während der geistigen Beschäftigung eine Überarbeitung des Gehirns, eine zu frühzeitige geistige Reife stattfindet und dadurch das Kind mehr oder weniger zur Beschäftigung mit sich selbst, seinem Körper hingezogen wird, den während der Pubertätsentwickelung an ihn herantretenden geschlechtlichen Reizen, dem erwachenden Geschlechtstriebe sich immer mehr hingiebt, andererseits aber dadurch, dass es infolge mangelhafter Willensbildung den geschlechtlichen Reizen nicht Widerstand zu leisten vermag, ihnen unbedingt in die Hände fallen muss. Schon Kant hat dargelegt, dass bis zu einem gewissen Grade die Empfindung unter der Gewalt des Willens steht, und eine Erziehung zur Willenskraft und Selbstbeherrschung gegenüber den Anfechtungen und Wechselfällen im menschlichen Leben ist Sache der geistigen Erziehung vor der und während der Schulzeit, um seine leibliche, geistige und sittliche Gesundheit zu wahren.

Dann wird dadurch gefehlt, dass auf die Individualität des Kindes nicht genügend Rücksicht genommen wird. Allerdings liegt dieser Übelstand, nicht an den jetzt herrschenden Erziehungs- und Unterrichtssystemen an und für sich, sondern daran, dass in den einzelnen Klassen eine zu grosse Anzahl von Kindern untergebracht ist, bis 50 Kinder und noch mehr. Ein wenig Besserung ist glücklicherweise schon dadurch geschaffen, dass jetzt in einigen Ländern, wie Sachsen, das System der Schulärzte geschaffen worden ist, das immer mehr sich Bahn bricht.

Bei den Mädchen der unteren Klassen wird durch geistige Erziehung in der Schulzeit bedeutend weniger geschadet als bei den Mädchen der mittleren und ganz besonders der höheren Klassen. Hier wird hauptsächlich in der häuslichen geistigen Erziehung von den eigenen Eltern an den Kindern gesündigt. Hier kommt zur Bewältigung des Lernstoffes in der Schule noch der überbürdende Privatunterricht. Wenn auch die hygienischen Bestrebungen der

Jetztzeit immer weitere Kreise erfassen, gerade die oberen Gesellschaftsklassen bleiben an ihrem geistigen Erziehungssystem mit einer Zähigkeit haften, die eines Besseren wert wäre. Aber wenn nur das vorgeschriebene Wissensmaterial eingepfropft wird, wenn der Knabe nur sein Ziel erreicht, oder das Mädchen nur die elegante, feingebildete, in Musik, Kunst, Litteratur etc. wohl bewanderte Dame zu spielen vermag, ob dabei Körper und Seele, Gemüt und Moral verloren gehen oder wenigstens darunter leiden, ist völlig gleich. Diese häusliche wie öffentliche fehlerhafte, falsche Körper- und Geisteserziehung in den mittleren und besseren Ständen unserer heutigen Schuljugend, die mangelhafte Erziehung zur Willensstärke ist es, die gerade unsere höheren Lehranstalten, die Gymnasien, Realschulen, die höheren Töchterschulen, Pensionate noch mehr als die Volksschulen zu Brutstätten unseres Lasters macht. Wie dies möglich, und wie Abhilfe hiergegen zu schaffen ist, davon später.

Etwas besser, leider nicht viel, sind die Verhältnisse in den untersten Schichten der Bevölkerung. Hier ist es, anstatt der Verziehung, das sociale Elend, was hemmend, schädigend uns entgegentritt. An Stelle einer häuslichen geistigen Überbürdung tritt hier oft eine häusliche körperliche Überbürdung ein. Die Kinder der Volks- und Bezirksschulen sind, sobald sie aus der Schule nach Hause kommen, angewiesen, dem Erwerb mehr oder weniger nachzugehen. Wer z. B. nach Thüringen (Porzellan- und Spielsachenindustrie), nach dem Voigtlande oder irgend welcher industriereichen Gegend kommt, längere Zeit sich dort aufhält und, wie der Arzt, das Leben und Treiben auch in den untersten Volksschichten beobachtet, wird oft betrübten Blickes schauen müssen, wie schon die kleinen, oft kaum schulpflichtigen Kinder zum Erwerb herangezogen werden (Bemalen von Kinderporzellansachen, Klöppeln etc.), sobald sie nach Hause kommen und dem kindlichen Hirn nun und nimmer die Zeit der Ruhe, der Erholung gegönnt wird, deren es bedarf. Die Folge davon ist ein blutarmes, überarbeitetes, schlecht genährtes Gehirn, welches sich entweder übermässig reizbar oder träge zeigt. Zu diesem Mangel an Erholung und Bewegung kommt noch die schlechte Luft in den Wohnräumen, ungenügende, nicht nahrhafte Kost etc., alles

Folgen der socialen Verhältnisse, die mehr oder weniger deletär auf den kindlichen Organismus einwirken müssen, die eine Erziehung heraufbeschwören, welche ebenfalls die Willensbildung und systematische Körperstählung des Kindes vernachlässigen muss. Doch muss man auch hier unterscheiden unvermeidliche, mit der Armut verbundene und vermeidbare Schädlichkeiten. Zu ersteren würden zu zählen sein schlechte Wohnung, Ernährung und Bekleidung, zu letzteren mangelhafte Reinigung und Pflege des Körpers.

Zuletzt wird, wenn auch glücklicherweise selten, insofern geschädigt, als das Kind im Unterricht unbewusst den Anstoss zu anderen Gedanken erhält, die des Kindes Fantasie nach geschlechtlicher Richtung hin entfachen. Wie schwer mag es oft wohl sein, bei einer so grossen Anzahl von versammelten Kindern stets auch auf jedes ein so wachsames Auge zu haben, um einer einzureissen drohenden Sittenverderbnis vorzubeugen. Möchten den Lehren hier die Horazischen Worte vorschweben: „Maxima debetur puero reverentia, si quid turpe paras, tu ne pueri contempseris annos.“

3. Die Gelegenheitsursachen in und ausser der Schule.

Am verderblichsten wirkt in dieser Zeit

α) der gegenseitige Verkehr nnd zwar sowohl indirekt als direkt, insofern als im Verkehr der Kinder untereinander eine Ansteckung des Lasters im wahrsten Sinne des Wortes erfolgt. Sowohl im häuslichen Verkehr als im Verkehr in der Schule wirkt hier die Ansteckung, der Nachahmungstrieb, die Verführung im Verein mit dem sich entwickelnden Geschlechtstriebe in der beginnenden Pubertätszeit so ausserordentlich gefahrvoll. Hier hat die Onanie eine ungeahnte Verbreitung gefunden. Man darf es offen aussprechen, dass es kaum eine Schule, öffentliche Erziehungsstätte geben wird, wo das Laster völlig unbekannt wäre, dass es aber eine grosse Menge von Schulen giebt, bei denen alle Schüler schon verdorben sind. Sicherlich bedarf es bei den meisten Kindern wohl mehr als einer Attaque auf die Schamhaftigkeit derselben, um den Anfechtungen und Reizungen zu unterliegen, aber allmählich tritt die Verführung von Seiten der anderen Kinder mit elementarer und unwiderstehlicher Gewalt heran.

So fängt das Laster, immer weitere Kreise ziehend, zuletzt die ganze Klasse und Schule in seine Netze. Rousseau sagt in seinem „Emile“: „Es beginnen die Ausschweifungen der Jugend durch die Lehren. Nicht die Natur ist es, welche verdirbt, sondern das Beispiel.“

Schon lange ist diese Beobachtung gemacht worden, so erzählt Tissot in „Excerptum totius italicae et helveticae litterarum, Bern 1859“, dass alle Schüler eines Collège, um sich die Langeweile und den Schlaf, der sie während der Unterrichtsstunden eines metaphysischen Scholastikers beschlich, zu vertreiben, der Masturbation sich hingaben. Salzmann erzählt einen Fall, wo die jungen Leute eines Ortes von 2 Studenten, die von der Universität kamen, mit Onanie inficiert wurden. Besonders sind die öffentlichen Schulen die Anstalten, wo durch das gegebene Beispiel mit Leichtigkeit und Blitzesschnelle die Onanie verbreitet wird. Aus allen Kulturstaaten liegen uns erschreckende Berichte über die Verbreitung des Lasters in der Schule vor. So schildert Fournier die Zustände der französischen Schulen diesbezüglich als ganz fürchterliche. Ebenso sprechen sich St. Claire, Deville, Saunié, Tarnowsky u. a. französische Autoren über das französische Internatswesen aus, ja, Chevalier nennt die Onanie sogar „Inversion scolaire“ und sagt: „Möge die Bewachung noch so scharf sein, das angeborene Bedürfnis zu einer Neigung führt gefährliche Freundschaften zwischen Kindern des gleichen Geschlechts herbei.“

Das englische Internatswesen in den public scools schildert Bensemann loc. cit., indem er meint, dass daselbst „die grössten Laster in jeder Ausdehnung ihren Wohnsitz haben“, dass „durch das enge Zusammenleben von Kindern ganz ungleichen Alters Verhältnisse erzeugt werden, wie sie in dem kaiserlichen Rom an der Tagesordnung waren“. Von einem Dresdener Gymnasium weiss ich, dass dort die Onanie in der Obertertia durch einige unlautere Elemente Eingang fand und den grössten Teil der Klassenschüler ansteckte, es wurde dort der Ausdruck „eiern“ für onanieren gebraucht. Selbst in Volks- und Bürgerschulen sind derartige Epidemien beobachtet worden, hervorgerufen durch Einschleppung des Lasters seitens eines oder einiger verdorbener Schüler, die dann durch Verführung die anderen Mitschüler dazu verleiteten. Doch meist ruft schon der Nachahmungstrieb allein das Gefühl bei den Kindern hervor, es dem Übelthäter nachzuthun und manches Kind wird im Geheimen Onanist, ohne es den anderen Kindern sehen zu lassen. Von dem Kadettenleben und der dort betriebenen mutuellen Onanie entwirft ein Homosexueller Herrn Dr. Moll ein anschauliches, ebenfalls recht betrübendes Bild.

Auch in den Töchterschulen, sowohl in den Mädchenklassen als in den Pensionaten herrschen derartige Zustände. Hier sind sie sicher beobachtet und ich glaube, man geht nicht fehl, wenn man annimmt, dass die Onanie ebenso in den weiblichen Seminaren, Töchterschulen, Handarbeitsschulen, kurz, in allen Schulen, wo junge Mädchen Instruktion irgend welcher Art erhalten, vorhanden ist. Trotz alledem finde ich bei den besten Autoren die Ansicht verbreitet, dass die Onanie unter den Mädchen lange nicht solche immense Verbreitung genommen habe. So sagt Fürbringer in seinem Artikel „Onanie" in der Eulenburgschen Realencyklopädie, dass gerade das Gros der Schüler der verderblichen Gewohnheit verfällt, während sie das Zusammenleben von Mädchen in Instituten nur an Einzelnen zu reifen pflegt. Auch Fournier ist dieser Ansicht. Fürbringer giebt keine Erklärung seiner Ansicht, letzterer Autor meint, weil man die Unschuld der Mädchen mehr respektiere als die der Knaben, weil die gesamte Erziehung für Mädchen eine kürzere sei als die für Knaben und ferner mache die Onanie, auch wenn sie ausgebrochen, weniger Fortschritte als unter den Knaben, da die Mädchen von Natur aus furchtsamer und in sich verschlossener seien als die Knaben. Was den ersten Punkt anbetrifft, die gegenseitige Achtung der Unschuld untereinander, so weiss jeder Kenner, dass die Mädchen unter sich ihre Gespielinnen und Schulfreundinnen ebenso verführen, wie die Knaben ihre Kameraden und Spielgenossen; und was die kürzere Erziehung anbetrifft, so trifft Fürbringers Ansicht doch nur für den geringsten Teil der Bevölkerung zu, die ihre Knaben zum Gymnasium etc. schicken. Ausserdem treten hier an Stelle der letzteren die Pensionate, deren Ausbildungszeit allerdings ja eine bedeutend kürzere ist.

Doch sei dem, wie ihm wolle, ich meine, dass im schulpflichtigen Alter, vor der Pubertät zwischen Knaben und Mädchen ein geringer Unterschied bestehe, dergestalt, dass bei den jüngeren Mädchen weniger onaniert wird als bei den Knaben, in späterer Zeit aber, in der Pubertätszeit, der Zeit der ersten

Menstruationen, wo infolge der hierdurch bedingten Blutkongestionen im Unterleibe ein grösserer Reiz auf die Genitalsphäre ausgeübt wird und das Mädchen mehr auf geschlechtliche Dinge hingelenkt wird, beide Geschlechter in puncto „Sexuelle Unarten" sich nichts nachgeben dürften. So schildert auch Fournier die Verhältnisse in den französischen Mädchenpensionaten als ganz ungeheuerliche, bloss dass hier, dem weiblichen Charakter entsprechend, die Onanie sich mehr verbirgt und selbst den Augen der Lehrerinnen mehr unentdeckt bleibt als die Onanie der Knaben den Lehrern. Besonders unter dem Deckmantel von intimen Freundschaftsverhältnissen kommt es hier zum leidenschaftlichen onanistischen Getriebe. Fournier schildert, wie in den französischen Pensionaten die skandalösesten Machinationen soweit gehen, dass die „Freundinnen" oft zusammenschlafen, sich hier in raffinierter Weise gegenseitig die oberflächlichen Epidermisschichten abkratzen und mit leidenschaftlichen Küssen sich bedecken, um besser ihre Treue und gegenseitige warme Zuneigung zu bezeugen. „Wir haben oft," sagt dieser Autor, „Liebesbriefe junger, kaum 11 bis 12jähriger Mädchen gesehen, deren heftige und leidenschaftliche Ausdrucksweise uns erzittern machte." So weiss ich aus der Bürgerschule eines kleinen Städtchens, dass die Knaben im Sommer des Nachmittags nahe des Waldes an einem Teiche zusammen kamen. Die elterliche Erlaubnis erholten sie sich zum Baden, es wurde aber sehr oft nicht gebadet, sondern im Walde mutuelle Onanie getrieben und selbst während des Badens wurde onaniert. Ein junger Kaufmann erzählte mir, dass er tagtäglich im Elternhause mit Schulkameraden vom 12. bis 14. Lebensjahre bis zu seiner Konfirmation Zusammenkünfte gehalten hätte bei verschlossenen Thüren, und dabei bis stundenlange Auto- resp. gegenseitige Onanie getrieben worden sei.

Also Nachahmungstrieb und Verführung bei vorhandener mangelnder Willenskraft sind es, welche am meisten unsere Kinder zu Fall bringen, sie sexuellen Unarten und Ausschweifungen aller Art entgegentreiben. Durch Verführung, Willensschwäche (und, als dritter Faktor, starken Sexualtrieb) verfallen die meisten aller Menschen unserem Laster. Sie sind es, die dem bis dahin unschuldigen Kinde ein Gift einimpfen, dessen Wirkung lange anhält und das erst später, mit allmählich zunehmender Vernunft und veränderten Lebensbedigungen im Jünglings- und Jungfrauen- resp. erst Mannes- und Frauenalter langsam abklingt. Muss da doch in jedem vernünftigen Vater, jeder einsichtsvollen Mutter bei der erschütternden Perspektive, dass auch ihr Kind einst infolge der ungeheuren Verbreitung des Übels während der Schulzeit mit grösster Wahrscheinlichkeit sich diesem scheusslichen Laster ergeben wird, wenn anders nicht die nötige Willenskraft anerzogen worden ist, der glühend heisse Wunsch erweckt werden, ihr Kind davor zu behüten, durch eine vernünftige, energische Erziehung zur Selbstbeherrschung!

Ausser all diesen angeführten Dingen entspringen der Schulzeit noch eine Menge von „Gelegenheitsursachen“ zur Onanie. Hermann Cohn hat in seinen Thesen: „Was kann die Schule gegen die Onanie der Kinder thun?“ folgende 5 als Gelegenheitsursachen zur Onanie in der Schule bezeichnet.

β) Das stundenlange Sitzen in der Schule.

γ) Das allzulange Sitzen bei häuslichen Schularbeiten.

δ) Die Art des Sitzens.

ε) Das Klettern mit den Beinen auf den Kletterstangen.

ζ) Den Besuch der Aborte.

Ich lehne mich hier vollständig an die Cohn'schen Ausführungen an.

β) Das stundenlange Sitzen in der Schule.

Mit Recht plaidiert Cohn für die Wiedereinführung des Nachmittagsunterrichts und Abkürzung des Morgenunterrichts, weil 5 Stunden hintereinander zu sitzen selbst mit Unterbrechung schon für den älteren Gymnasiasten zu anstrengend ist, um wie viel weniger für ein wachsendes Kind, gar nicht zu reden davon, dass die Aufmerksamkeit und geistige Kraft immer schwächer und schwächer wird und in der letzten 5. Stunde wohl fast gleich 0 ist. Cohn verlangt Morgenunterricht von 9—12 (Sommer 8—11) Uhr und 4mal Nachmittags 2—4 Uhr, da schon das Laufen zur Schule den etwaigen Schädigungen infolge allzulangen Sitzens entgegentritt.

Das stundenlange Hintereinandersitzen bringt die Kinder auf die Idee, sich mit den Genitalien zu beschäftigen, weil die Schulbänke nicht richtig konstruiert sind, die Beine werden übereinandergeschlagen, dadurch kommt es zur Reibung der Geschlechtsorgane, Einklommung des Penis zwischen die beiden Oberschenkel.

Die Folge hiervon ist, man beachte die Knaben im Hause in ihrer sitzenden Stellung nur einmal genau, dass der Knabe sehr bald mit der linken Hand in die Hosentasche, meist ganz unbewusst, fährt, um, wie soll ich sagen, die Lage der Genitalien zu ordnen. Es sind zum Sitzen der Schüler Bänke mit negativer Distanz erforderlich, d. h. Bänke, bei denen eine von der Kante der Tischplatte nach dem Fussboden zu gezogene Senkrechte noch die Sitzplatte trifft, dass also die Sitzplatte weiter nach vorn kommt als die Kante der Tischplatte. Die Haltung des Schülers im Sitzen muss eine solche sein, dass beim Arbeiten die beiden Schultern desselben in stets gleicher Höhe stehen, dazu ist auch nötig, dass die Bänke dem Alter entsprechend hoch, d. h. dass der Abstand zwischen Tischplatte und Sitzplatte ein der Grösse des Kindes entsprechender ist. Bisweilen (in Dorfschulen!) haben die Bänke nicht einmal Rückenlehne. Infolge der mangelnden Rückenlehne ist das Kind genötigt, beim Ausruhen sich mit dem Ellenbogen auf die Tischplatte aufzustützen. Zur Erleichterung werden die Beine hierbei übereinandergeschlagen und Friktionen der Genitalien erzeugt, welche nur zu leicht die Kinder auf onanistische Manipulationen bringen. Über

γ) Das allzulange Sitzen bei der häuslichen Schularbeit

als Ursache der Onanie habe ich schon gesprochen. Besonders in der Secunda und Prima der Gymnasien herrscht eine Überbürdung. Cohn meint, dass die Beaufsichtigung meist zu fehlen pflegt und die Stühle oft gepolstert und warm sind und dadurch eine Reizung der jugendlichen Genitalien hervorrufen. Treffend äussert sich hierüber Adler, Onanie und Schularbeiten, Zeitschr. f. prakt. Ärzte 1898.

δ) Betreffs der Art des Sitzens meint Gymnasialdirektor Bach ganz recht, dass die Lehrer darauf zu achten haben, dass jede ordnungswidrige Haltung, welche sich mit Reibungen der Geschlechtsorgane verbinden kann, wie vorzüglich das Sitzen mit übereinandergeschlagenen Beinen, unterbleiben muss. Auch den Reitsitz findet Cohn für schädlich, schon den Reitsitz in der Schule (betreffs des eigentlichen Reitens zu Pferd als Ursache der Onanie verweise ich auf Seite 142) und während der Lehrjahre hältd ieser Autor für sehr gefährlich bezüglich der Entwickelung der Onanie. So hat Derselbe von Handlungsgehilfen und Handlungslehrlingen oft genug die Mitteilung erhalten, dass sie nach einigen Stunden reitenden Sitzens auf dem Schemel von einem mächtigen, kaum zu überwindenden Drange zur Onanie erfasst wurden, ganz besonders, wenn die Schemel gepolstert waren. Er erzählt einen Fall, wo ein Knabe während der Schulzeit onanierend ertappt wurde, als er auf der Kante der Sitzplatte des Stuhles ritt. Ob dieser reitende Sitz allein für sich onaniefördernd wirkt, lasse ich dahingestellt, ich habe bezüglich dieses Punktes keine Erfahrung aus der Praxis, möchte aber doch meinen, dass hierbei bei ungezählten Fällen bei Schulknaben und Handlungsgehilfen noch weit andere Sachen wie Erhitzung der Fantasie mit wollüstigen Bildern und Anderes vielleicht mehr mitgewirkt hat als der nur zufällige Reitsitz.

ε) Das Klettern mit den Beinen auf Kletterstangen

soll nach der Meinung H. Schillers ebenfalls vielfach den Anlass zur Onanie geben. Dieser Autor verlangt vom Turnlehrer, dass er das Kind nur so klettern lasse, dass der Emporklimmende sich mit den beiden Händen an 2 Stangen zu gleicher Zeit anhalte, während die Füsse frei schweben, kurz, es wird verlangt, das Klettern zwischen zwei Kletterstangen mit pendelnden Füssen, nicht an einem Tau oder an einer Stange mit Kletterschluss. Dagegen sagt Bach wörtlich Folgendes: „Kletterübungen, wenn sie nicht vorschriftsmässig mit Festhaltung des Taues mittelst Knien und Füssen ausgeführt werden, sind mit Reibungen der Geschlechtsteile verbunden, jedoch insofern weniger bedenklich, als die Aufmerksamkeit der Kraftanstrengung zugewandt werden muss, und die Beaufsichtigung der Turnübungen seitens eines geschulten Lehrers die Ausübungen onanistischer Bewegungen kaum jemals aufkommen lassen wird. Das schnelle Heruntergleiten im Schluss an den Kletterstangen ist allerdings immerhin zu verbieten, damit man jeder Reizung der Geschlechtsteile vorbeugt. Bei der alljährlich in der königlichen Turnlehrerbildungsanstalt in Berlin stattfindenden Prüfung von Turnlehrern wird konsequent als erste Übung das Klettern am Tau vorgenommen und genau darauf geachtet, dass der richtige Kletterschluss stattfindet. Es unterbleibt auch nicht eine kurze Belehrung, darüber, warum derselbe nicht bloss aus technischen, sondern auch aus sittlichen Gründen notwendig ist."

Auch der bekannte Kinderarzt Baginsky-Berlin — der, nebenbei gesagt, auch Übungen am Springbock, Springpferd und Reck als die Genitalien reizend ansieht — erwähnt in seinem „Handbuche der Schulhygiene, 2. Auflage Stuttgart 1883" einen Fall, wo ein Knabe sich an einer Thürklinke hochzog, während er zugleich mit einem zwischen die Schenkel geklemmten Körper anscheinend ganz harmlos die Genitalien sich rieb. Ich habe bezüglich dieses Punktes, des Kletterns auf Kletterstangen noch nichts erfahren können und kann daher auch kein Urteil fällen, halte jedoch mit Schiller Anreizungen zur Onanie durch das Klettern mit Kletterschluss für leicht möglich und schliesse dies aus einer anderen analogen Unart, die des öfteren von Knaben nur zu dem Zwecke geschlechtlicher Reizung und Erregung gethan wird. Man beobachtet nämlich bisweilen, wie Knaben auf Treppengeländern reitend hinabrutschen, und dabei in entschiedene Erregungen versetzt werden durch den Reiz, den das Entlanggleiten auf den Treppengeländern an den Genitalien hervorbringt. Ich weiss mich deutlich dessen zu erinnern, wie in dem von mir besuchten Gymnasium die Schüler der untersten Klassen mit Vorliebe in den Pausen das Hinabgleiten am Treppengeländer truppenweise übten.

Was

5) den Besuch der Aborte als Ursache der Onanie

anbetrifft, so ist von Cohn mit Recht darauf hingewiesen worden, dass „ein längeres Verweilen auf denselben als zur Befriedigung der Bedürfnisse nötig ist, gewiss Gelegenheit zur Onanie giebt." Diese Thatsache hat aber nicht nur für die Schule, sondern auch für das Elternhaus ihre Giltigkeit. Man bedenke, ein grosser Teil der Onanisten vollzieht seine Reizungen auf dem Aborte! Ein Landwirtssohn erzählte mir, dass er durch die hoch aufgeschürzten Dienstmädchen als 12jähriger Knabe derartig aufgeregt worden sei, dass er sich auf den Abort als sichersten und ungestörtesten Platz begeben habe und dort zum erstenmale der Onanie verfallen sei, dass er jahrelang dann auf dem Aborte dem Laster gefröhnt habe. Gerade in den Jugendjahren wird meist auf dem Abort, den Böden, Scheunen, verschlossenen Zimmern und derartig abgelegenen

Orten masturbiert und zwar meist Autoonanie getrieben, während hingegen der gemeinsame Besuch von Aborten durch mehrere Kinder wohl im Grossen und Ganzen seltener Gelegenheit zur Onanie bringen mag. In der Schule ist es daher dringend nötig, dass während der Unterrichtspausen die Aborte genügend beobachtet werden. Die Aborte sollten stets so gelegen sein, dass von dem Zimmer des Lehrers aus die nötige Beobachtung und Beaufsichtigung möglich ist. Dass natürlich selbst für kleinste 6jährige Schulkinder für beiderlei Geschlecht getrennte Aborte auch im kleinsten Orte vorhanden sein müssen, ist eine ganz selbstverständliche Forderung.

Gymnasialdirektor Bach geht sogar soweit, zu fordern, dass der Lehrer während der Unterrichtsstunden die Erlaubnis zur Befriedigung eines natürlichen Bedürfnisses nur ausnahmsweise, nur bei krankhaften Zuständen gestatte, denn „es gehört zur Hebung des Ordnungssinnes, dass sich die Schüler auch in diesem Punkte an Anstand und Sitte gewöhnen, wie sie in gesitteten Kreisen die Regel ist“. Dieser Rat ist zwar wohlgemeint, schiesst aber weit über das Ziel hinaus, ist verfehlt, und verrät den Nichtmediziner, denn gerade das Zurückhalten des Harns, die gefüllte Harnblase und ebenso der mit Kotmassen gefüllte Mastdarm rufen reflektorisch eine Reizung der Genitalien hervor, die ihrerseits wieder zur Onanie führt. Der Lehrer wolle daher seine Schüler nach Möglichkeit an Ordnung gewöhnen, ihnen androhen, dass bei Wiederholungsfalle die Erlaubnis zum Austreten während der Unterrichtsstunden nicht gegeben wird, aber nicht schroff sie zur Zurückhaltung ihrer natürlichen Bedürfnisse anhalten durch Entziehung der Erlaubnis, während des Unterrichts auszutreten. Auch hier muss der Lehrer seine Schüler ungefähr zu beurteilen wissen und individualisieren. Cohn sagt: „Ich kann es nicht unerwähnt lassen, dass ich von vielen Schülern erfahren habe, dass gerade dieses Zurückhalten die ersten onanistischen Reizungen bei ihnen zur Folge gehabt hat, da gerade dieses Zurückhalten mit gewissen wollüstigen Empfindungen verbunden gewesen sei, sodass sie mitunter aus diesem Grunde später absichtlich mit der Befriedigung ihrer Bedürfnisse gezögert haben.“

Deslandes, loc. cit. ist ebenfalls dieser Ansicht, er sagt pag. 514 wörtlich: „Viele Kinder werden nur durch die Bemühung, den

Urin zurückzuhalten, zur Masturbation gebracht. Der Druck, welchen sie zu dem Zwecke auf das Glied ausübten, indem sie die Oberschenkel gegeneinander drückten, hatte zur Folge, dass Sensationen erweckt wurden, welche sie wieder hervorzubringen suchten.“ Auch Eltern und häuslichen Erziehern, Gouvernanten etc. ist dringend anzuempfehlen, auf eine diesbezüglich strenge, aber unbemerkte Beobachtung und Überwachung ihrer Kinder während des Abortbesuchs zu halten.

Hier noch anfügen möchte ich als sexuelle Laster begünstigend

η) den Besuch von Orten mit demoralisierender Wirkung.

Als solche möchte ich besonders 3 nennen, 1. Restaurationen, 2. Tanzlokale und 3. — horribile dictu — Bordelle. Ich habe hierbei natürlich die höheren Klassen der Gymnasien, überhaupt höheren Schulen im Auge. Im Königreich Sachsen ist in den meisten Gymnasien den Schülern der Obersecunda, Unter- und Oberprima der Verkehr in anständigen Lokalitäten im Sommer bis Abends 10 Uhr, im Winter bis 9 Uhr gestattet, wie bekannt, werden aber diese Vorschriften noch weniger gehalten als alle anderen. Jeder, der ein Gymnasium besucht hat, weiss aus eigener Erfahrung, dass bezüglich dieses Punktes nur gar zu gern und sehr viel gesündigt wird. Ganz besonders aber in der Grosstadt, wo nicht, wie in der kleinen Provinzialstadt, eine genaue Kontrolle der Schüler möglich ist, diese ein viel freieres, ungebundeneres Leben führen, gehört der Besuch der Restaurationslokalitäten beim grössten Prozentsatz unserer Schüler zur Tagesordnung. Besonders sind hier jene Lokalitäten bevorzugt, wo der edle Stoff von zarter Damenhand kredenzt wird, Restaurationen mit Kellnerinnenbedienung. Wie gefährlich gerade der Umgang mit Kellnerinnen oft wirkt, davon weiss der Anstaltsarzt, dem Geschlechtskranke unterstellt sind, aus Anamnesen etc. genügend zu erzählen. Es hiesse Eulen nach Athen tragen, wollte ich dieses Thema noch weiter ausführen. Auch die T a n z l o k a l i t ä t e n tragen sehr viel zur Demoralisierung unserer Jugend bei. Besonders in den Grossstädten sind die Vororte mit ihren berüchtigten Tanzsälen bei den Gymnasiasten, Kadetten und Studenten beliebt, Lokalitäten, wo unter Kontrolle und nicht unter Kontrolle stehende Dirnen ihr Wesen treiben und die jungen Leute verführen. Dass auch hier der Verkehr der Schüler unter sich, die Verführung eine grosse Rolle spielt, ist klar.

Am verabscheuungswürdigsten aber ist es, wenn derartige, noch in der Bildung stehende Leute sogar Bordelle aufsuchen. Ich weiss von mehreren, jetzt in Amt und Würden befindlichen Herren, dass sie schon als Sekundaner Bordelle gewohnheitsmässig besucht haben. Besonders jene Schüler sind hier gefährdet, welche in den Grossstädten in Pensionaten wohnen, wo die strenge Beaufsichtigung der Eltern mangelt. Es wäre nicht nur erwünscht, sondern auch sogar notwendig, wenn die bezüglich des Prostitutionswesens angebahnten Reformen auch darauf Rücksicht nehmen würden, und jungen Leuten unter einem gewissen Alter (20 Jahre), sowie Schülern öffentlicher Lehranstalten der Besuch derartiger Anstalten streng untersagt würde.

Im Verkehr in derartigen Anstalten ist unsere Jugend ganz besonderen Gefahren ausgesetzt, denn abgesehen davon, dass ihre Sittenreinheit gänzlich vernichtet wird, die jugendliche, noch reine Seele vergiftet wird, wird auch das körperliche Wohl durch event. Infektion mit geschlechtlichen Erkrankungen grossen Gefahren ausgesetzt. Von Staatswegen müsste eine noch bedeutend schärfere Kontrolle dieser Anstalten und ihrer Besucher ausgeübt werden.

Was die

falsche Erziehung im Jünglings- und Jungfrauenalter

als Ursache der Onanie anbetrifft, so lässt sich hier nicht viel Neues sagen, denn

1. ist den jungen Leuten vor dem Eintritt in dieses Alter das Laster meist bekannt und von ihnen schon betrieben worden resp. wird in dieser Zeit von ihnen noch sehr heftig betrieben und

2. wirken selbst in dem Falle, dass es ihnen noch nicht bekannt ist, dieselben Momente in der falschen Erziehung, wie ich sie bisher besprochen. In diesem Alter sind die jungen Leute, wenn überhaupt sie noch unter genügender Kontrolle stehen, Schüler höherer Schulen, Lehrlinge im Kaufmannsstande, in Handwerkerkreisen, junge Fabrikarbeiter etc., denen oft eben die nötige Erziehung mangelt, resp. bei denen die schon genannten Umstände in der Erziehung sich als schädlich wirkend erwiesen haben. Auch bei den jungen Mädchen, die ja durchschnittlich noch viel mehr unter elterlicher Kontrolle stehen als die männliche Jugend, sind

die schädigenden Momente besprochen worden. Vielleicht erwähnen möchte ich hier noch, dass auch auf die jungen Mädchen die Tanzlokalitäten denselben Einfluss auszuüben vermögen, wie auf die männliche Jugend. Ein grosser Teil unserer Ladenmädchen, Dienstmädchen, Fabrikarbeiterinnen etc. ist des Sonntags nicht bei Vergnügungen in der freien Natur anzutreffen, sondern auf Tanzböden, wo geschlechtliche Reizungen und Aufregungen im Überflusse vorhanden sind. Doch müssen wir hier auch wieder bekennen, dass das Grundübel oft in der sozialen Lage der Betreffenden zu suchen ist und meist dann unbekämpfbar ist.

II. Verdorbene Fantasie durch obscöne Bilder, dergleichen Lektüre, Ballete als Ursache der Onanie.

Die Fantasie ist eine allmählich im Laufe der Zeit durch die Ausbildung der geistigen Arbeit im Gehirn anerzogene Fähigkeit. Diese Fantasie ist nun, je nach der intellektuellen geistigen Thätigkeit, dem geistigen Vermögen eine grössere oder geringere, je nach der Aufnahmefähigkeit des Vorstellungsorganes individuell ganz verschiedene. Wird die Fantasie durch eine allzu frühzeitige rege geistige Thätigkeit allzu zeitig geweckt, so kann sie im Laufe der Entwickelung des Gehirns ins Ungezügelte schiessen.

Unsere geistige Ausbildung der Jetztzeit giebt der kindlichen Fantasie in sexueller Hinsicht nun leider nur der Reize zu viele, die geeignet sind, das Sexualsystem anzureizen und so zu geschlechtlichen Unarten zu führen; vorzüglich tragen folgende Faktoren zur Erregung und Überleitung der Fantasie auf sexuelle Gebiete bei:

α) erotische Lektüre,

β) dergleichen Bilder, Statuen, Bildergalerien, Museen, Ballete, Circus-, Kunstreiter- etc. Vorstellungen, Bälle und dergleichen.

α) Durch erotische Lektüre wird in der Schule, schon in der Volksschule, ausserordentlich viel gesündigt. Den ersten Anstoss in geschlechtlicher Beziehung erhalten die Kinder oft durch die — Bibel. Die Bibel in ihrer ursprünglichen Gestalt bietet unserer Jugend in ihrer sittlichen Reinheit eine grosse Gefahr, besonders das alte Testament. Ich weiss mich aus eigener Schulzeit dessen genau zu erinnern, dass gerade die unsittlichen, die Geschlechtssphäre reizenden

Stellen mit einer Emsigkeit, einem Fleisse aufgesucht wurden, der eines Besseren wert gewesen wäre, und, wenn diese Stellen gefunden, von einem Mitschüler dem anderen mitgeteilt, eifrigst gelesen und dann besprochen wurden. Genau dasselbe sagt Cohn aus seiner Schulzeit. Stellen wie diejenige im 1. Buch Moses, Kap. 38, 9, wo Onan seinen Samen fallen lässt, wenn er sich zu seines Bruders Weibe legte, und viele andere mehr (Verfasser ist in der Bibel nicht bewandert, es würde dem Bibelkundigen ein Leichtes sein, derartige und ähnliche Stellen ins Ungezählte zu vermehren) müssen eo ipso das kindliche, sittenreine Gemüt vergiften. Mit Recht sagt daher H. Schiller auf Grund seiner reichen Erfahrung während 34jähriger Amtsthätigkeit als Gymnasialdirektor, „dass die Bibel in ihrer ursprünglichen Gestalt eine grosse Gefahr für die Sittenreinheit der Jugend ist, und dass die Onanie auf Knaben- und Mädchenschulen sich zunächst an die Vorlesung von Bibelstellen angelehnt hat, es sollte keine unverkürzte Bibel in der Schule benutzt werden". Des weiteren betont Schiller auch die Notwendigkeit, den Religionsunterricht einer Revision zu unterziehen, er sagt, „dass häufig im Religionsunterricht, wenn auch in der besten Absicht, von Hurerei, Ehebruch und andern geschlechtlichen Dingen mit einer Ausführlichkeit geredet wird, die regelmässig den Blick auf Gebiete lenkt, denen er noch lange fern bleiben müsste". Schon unser Katechismus giebt den kleinen Kindern mit den ersten Anlass zur Onanie und Gedankenunzucht. Was soll sich ein kindliches Gemüt, ein sich entwickelnder Verstand wohl vorstellen, wenn es in den Geboten: „Du sollst nicht ehebrechen", „Du sollst nicht begehren Deines Nächsten Weib, Magd etc." heisst? Und obgleich die Erklärungen dazu von unseren Lehrern in peinlichst decenter Weise gegeben werden, ich meine, derartige Lektüre führt zu einer wollüstigen Erhitzung der Fantasie, die wohl oder übel des öfteren doch auf unsittliche Gedanken und Ausführungen bringen muss.

Des weiteren plaidiert Cohn für diejenigen Schulausgaben der alten Klassiker, in welchen die schlüpfrigen Stellen weggelassen sind. Dieselben enthalten z. B. noch ausserordentlich viel anstössige Stellen, die natürlich mit ganz besonderer Vorliebe gelesen werden. Der Einwand Schillers, „dass das fremdsprachliche Gewand, in dem die Lektüre sich bietet, die fantastische Vorstellung erschwert, da der Verstand und das Gedächtnis sich um das Verständnis, um den Sinn bemühen müssen, ist hinfällig; es möge dieser Autor nur bedenken, dass die meisten unserer antiken Schriftsteller zu Hause aber neben der Ursprache in der Übersetzung gelesen werden. Die „Eselsbrücken" (auch „Klatschen" genannt) sind überall bei den Schülern, wenigstens in den höheren Klassen, eingebürgert. Ich weiss mich noch genau zu entsinnen, wie die anstössigsten Schriftsteller, wie Terenz, Properz und Martial, in Übersetzungen von Schüler zu Schüler wanderten und als Hauslektüre mit grossem Interesse gelesen wurden. Besonders letzterer Schriftsteller, der nur lasciv ist und jedes sittlichen Ernstes ermangelt, bei dem Scham und Sittlichkeit nichts gelten, der auf niedrigem erotischen Tummelplatz jeglichen Schmutz mit Wohlbehagen ausmalt, war allbeliebt. Ganz besonders aber ist es Juvenal in seinen Satyren, der eine ungeheure Anziehung auf die Jugend ausübt. Wenn alle diese Schriftsteller auch keine Klassenlektüre sind, so sind sie desto mehr Schülerprivatlektüre in Übersetzungen. Juvenal, der alle Abgründe denkbarster Verworfenheit ausmalt, der aus dem tiefsten Schlamm eines moralischen Sumpfes des römischen Kaiserreichs Scenen entwirft in grellster Beleuchtung, vor denen das Auge des Erwachsenen sich schliesst, er ist einer der beliebtesten alten Schriftsteller. Ich möchte behaupten, dass Juvenals Satyren, besonders die 6. und 9., wo er die unbeschreibliche Verworfenheit der römischen Frauenwelt geisselt, schon bei manchem Schüler direkt zur Onanie geführt haben. Dass aber auch die gewöhnlich gelesenen Schriftsteller, wie Ovid, Homer, Horaz u. a., besonders lezterer in seinen Oden, genug des Anstössigen enthalten und die Fantasie des Schülers erhitzen, ist allbekannt. Ich entsinne mich einer in der Reklamschen Bibliothek enthaltenen Übersetzung, die besonders in ihren Anmerkungen genaue und ausführliche, mit pikanten Bemerkungen gespickte Erklärungen über Hermaphroditismus etc. enthält. Wie weit die Sucht der Schüler nach derartiger Lektüre geht, möge der Umstand beweisen, dass ich von einem Gymnasium weiss, dass vor dem Abiturientenexamen von mehreren Oberprimanern Casanovas Memoiren (!) geradezu verschlungen wurden! Auch von illustrierten Schulbüchern, Schulwörterbüchern meint Cohn, dass sie demoralisierend wirken. Er hat von vielen Schülern gehört, dass die erste Aufklärung über geschlechtliche Dinge den Lexicis entnommen wurden.

Auch das Theater und Ballet, die weit ausgeschnittenen Kleider auf der Bühne, die Kleidung, das Tricot der Damen vom Ballet etc., bisweilen das Stück selbst, können stark demoralisierend wirken. Oder wird Jemand behaupten wollen, dass z. B. im Residenztheater in Berlin im Feydeauschen Stück „Fernands Ehekontrakt," einem Schwank, der über 100 Aufführungen erlebte, Kinder etwas für sie Schickliches sahen, einem Stück modern französischer Schule, in welchem eine junge Dume nur einen verkommenen Mann heiraten will, und ihren Bräutigam, den sie für unschuldig hielt, erst dann heiratet, nachdem er das Gegenteil bewiesen! Oder was mag ein Backfisch, ein junger Gymnasiast in seiner Fantasie sich ausmalen beim Anschauen von Offenbachs Operetten, wie: „Schöne Helena" etc!

In gleichem Sinne wirken auch Circusvorstellungen (Voltigieren von Damen am Pferde, Luftgymnastik etc.) auf unser Kindergemüt ein, wozu noch kommt, dass das Mitnehmen der Kinder zum Circus eine ganz beliebte Sache ist. Dasselbe gilt mutatis mutandis von Cafés-chantants- und ähnlichem Künstlerlocalitätenbesuch. Der Besuch der Tanzstunden und die in höchsten Kreisen eingeführten Kinderbälle mit manchmal geradezu absonderlicher Ankleidung der kleinen Mädchen können ähnliche Wirkung haben. Unsere männliche Jugend höherer Schulen hat besonders Interesse an dem Besuche von Gypscabinetten, Museen von Gyps- u. a. Statuen aus antiker Zeit. Auch Bildergalerien spielen hierbei eine grosse Rolle. Ich kenne einen Dresdener Herrn, der mir offen und unumwunden gestand, er besuche des Sonntags Morgens besonders gern das Museum der Gysabgüsse, um schöne Frauengestalten nackend zu sehen und sich daran zu erregen. Cohn sagt, dass er aus dem Munde stark onanierender Schüler im Alter der beginnenden Pubertät erfahren habe, dass sie durch den Besuch genannter Localitäten und Orte besonders erregt würden, so dass nach dem Besuche derselben trotz der besten Vorsätze der Trieb zur Onanie immer wieder mit unwiderstehlicher Gewalt ausbrach".

Hier möchte ich noch darauf hinweisen, wie unsere weibliche Jugend, als Ersatz hierfür zu schlüpfrigen Romanen greift, welche in grellsten Farben, in pikanter, fesselnder Darstellung die unsittlichsten Dinge ausmalen und hierin Stoff zu geschlechtlichen körperlichen wie geistigen Ausschweifungen finden. So erzählt Fournier loc. cit. folgenden Fall. Bei einer jungen, mit lebhafter Fantasie und leidenschaftlich-sanguinischem Temperamente ausgestatteten Dame hatte das Lesen vieler schlüpfriger Romane eine derartig heftige Masturbation gezeigt, dass Zittern der oberen Extremitäten die Folge davon waren.

In welcher Weise z. B. Gemäldesammlungen demoralisierend wirken können, hat dem Verf. z. B. die grosse Berliner Kunstausstellung 1895 bewiesen. Das pikanteste derselben war bekanntlich der Saal Nr. 40, der Salon des Champs élysées. Nur an die allerstärkst aufgetragenen Gemälde sei erinnert. Claude Bourgonnier giebt in seinen „Versuchen des Antonius" ein völlig nacktes Weib mit lüsternem Blick im Auge, Antonius mit Armen und Beinen umschlingend. Fernand le Quesne versinnbildlicht einen Gebirgsbach in seinem Laufe durch 20 ganz nackte junge Mädchen auf einem ca. 30 m langen Gemäde! Fantin Latour zeigt eine Jüdin im Moment vor dem Einsteigen ins Bad in einer Schaukel („die badende Sarah").

Julian Story-Paris zeigt in „Nymphe und Satyr" zwei nackte lüsterne Gestalten. Henri Camille Danger zeigt in seiner „Venus genetrix" ein ebenso abstossendes Gemälde, ein völlig nacktes, kokettes, üppiges Frauenzimmer mit vollen Brüsten in sinnberauschender Stellung vor Amor knieend. Doch genug der Bade-, Entkleidungsszenen, der sinnlich erregenden Gemälde.

Es sei ferne von mir, als Kunstrichter auftreten und die Grenzen zwischen Kunst, Aesthetisch-Schönem und Sinnlichem ziehen zu wollen. Aber dem aufmerksamen Besucher der Ausstellung war der Beweis der Richtigkeit unserer Behauptung erbracht, dass hier eine grosse Quelle sexueller Erregung nach unserem Sinne hin gegeben war. Spricht doch sogar ein Autor: Sebastian Brant, von einer „Prostitution auf der grossen Berliner Kunstausstellung 1895."

Auch andere gewöhnliche Dinge — deren Herstellung gar nicht gestattet werden sollte, wie durchsichtige, obscöne Bilder, Cigarrenspitzen mit mikroskopischen, die Fantasie erregenden Photographien, ebensolche Cigarrentaschen und was dergleichen Dinge mehr sind, bilden Objekte dieser Art, die unzüchtige Ideen bei unserer Jugend reifen lassen und dadurch der Verderbnis derselben Vorschub leisten.

S c h m u c k l e r (Archiv f. Kinderheilkunde) macht darauf aufmerksam, dass die üble Gewohnheit vieler Mütter, ihre Knaben mit in die Badestube zu nehmen, durch den Anblick des nackten mütterlichen Körpers zur Masturbation verführen.

III. Die falsche Ernährung als Ursache der Onanie.

Grundlage jeglicher Gesundheitslehre und Hygiene ist Kenntnis des menschlichen Stoffwechsels. Der normale Stoffwechsel im menschlichen Organismus, id est Gesundheit, kann nur dann vor sich gehen, wenn ausser vielen anderen Faktoren auch eine dem Organismus passende Nahrung dargeboten wird. Eine der Hauptregeln der Hygiene ist daher „Vermeidung von schädlicher Nahrung". Im Grossen und Ganzen unterscheiden wir Nahrungs- und Genussmittel. Nahrungsmittel sind „Stoffe, welche Spannkräfte enthalten, die der Organismus für seine Kraftproduktionen frei machen kann" (Ranke), während die Genussmittel keinen Nährwert haben und nur als Reizung auf die Verdauungsnerven wirken. Was die Wirkung der Nahrungsmittel in erster Linie auf die geschlechtliche Sphäre anbetrifft, so haben sie absolut keinen Einfluss auf dieselbe, sondern nur allein die Genussmittel, womit nicht geleugnet werden soll, dass allzu nahrhafte und reichliche Kost von Nahrungsmitteln bei möglichster Beschränkung von Genussmitteln, zumal bei sitzender Lebensweise und körperlich nicht genügender Ausarbeitung, indirekt, sei es durch Ausbildung zum Phlegma, zum Müssiggang, ebenfalls den Boden für Onanie ebnen könnte, aber direkt die Onanie herbeizuführen vermag selbst die allzu reichliche Kost von Nahrungsmitteln allein nicht.

Die Genussmittel kann man wiederum trennen in „eigentliche Genussmittel" und „Gewürze". Die ersteren, die eigentlichen Genussmittel sind es, welche auf die Geschlechtssphäre einwirken, wie Kaffee, Thee, Wein, Bier, Branntwein, Fleischbrühe, Tabak etc. und zwar meist erregend, reizend einwirken. Es ist dies schon lange bekannt. Sagt doch Hahnemann in seinen „Studien zur homoeopathischen Medizin" schon in allerdings übertriebener Weise, dass hinter der Tasse Kaffee sich die Onanie verberge! Besonders von alkoholischen Getränken wie Wein, Bier, Branntwein ist bekannt, dass sie in kleinen geringen Dosen ein die Geschlechtslust erregendes, in grossen Dosen dieselbe abdämpfendes Mittel sind, überhaupt ist die Wirkung des Alkohols individuell sehr verschieden, beruhend auf Disposition, Veranlagung, habituellem Genuss etc. Durch die allgemeine Erregung vieler Funktionen des Nervensystems, die er in kleinen Dosen herbeiführt, schafft er eine Freudigkeit, entzügelt er die Fantasie und wirkt dadurch excitierend auf das Geschlechtsleben ein, ein Vorgang, den man bei Genuss kleinerer Quantitäten von Alkohol an sich selbst beobachten kann. Auch Fürbringer sagt loc. cit.: „dass ein mässiger Alkoholgenuss die Potenz eher steigert, ist eine landläufige, kaum bestrittene Thatsache. Das „sine Baccho frigat Venus“ bezieht sich keineswegs nur aufs Weib. Mehrere von uns beratene „angehende Geschlechtsinvaliden vermochten „nur noch“ im leichten „Alkoholgenuss“ den Beischlaf zu leisten“. In grösseren Quantitäten genossen wirkt der Alkohol entschieden lähmend auf das Geschlechtsleben ein. Es ist dies auch im Volke ganz bekannt, dass nach reichlichem Genuss von Bier resp. Wein eine Verzögerung, resp. Erschwerung beim Coitus die Folge ist und ebenso kann man von anderen Genussmitteln wohl behaupten, dass sie im Allgemeinen etwas die Geschlechtssphäre zu reizen vermögen, am meisten beleumdet sind nach dieser Hinsicht hin: Sellerie, Caviar und Austern. Es mag dieser Reiz individuell je nach der Disposition der betreffenden Individuen auch ein ganz verschiedener sein, bei gewissen, an und für sich schon sehr reizbaren nervösen Kindern, besonders erblich nervös belasteten, vermag ein starker Genuss von schwerem Wein, Thee etc. ganz entschieden schon zu genügen, um die im Kinde schlummernde Onanie zum Ausbruch zu bringen, um eine derartige Erregung hervorzubringen. Disponierend, vorbereitend zur Onanie wirken diese Genussmittel ganz entschieden. Grundfalsch ist es daher, Kindern derartige Getränke zu verabreichen. Auch der Tabakgenuss wirkt in diesem Sinne erregend und schädigend. Von Nahrungsmitteln wie Fleisch, Ragout, Wild, besonders Hase mit haut-goût, Krebsen, Hummern glaubt man annehmen zu müssen, dass sie geschlechtlich aufregend wirken. Besonders von Fischen und ihrer Milch wird infolge ihres starken Phosphorgehalts dies angenommen. Doch üben diese Nahrungsmittel ebenso wenig wie die anderen auch nur eine geringe Reizung auf das Geschlechtszentrum aus.

IV. Medicamente als Ursache für Onanie.

Es wäre dies eine Onanieform, die ich als Intoxicationsonanie bezeichnen möchte. Dass gewisse Arzneikörper auch auf die Genitalsphäre einen Einfluss auszuüben vermögen, ist eine alte Beobachtung, möge derselbe nun ein erregender, stimulierender oder lähmender sein. Über die einzelnen Mittel nun, die wirklich geschlechtserregend wirken, die sogenannten Aphrodisiaca, resp. diejenigen, die geschlechtslähmend wirken, die sogenannten Antaphrodisiaca herrschen noch sehr geteilte Meinungen. Im Grossen und Ganzen werden als erregende Arzneien, Aphrodisiaca, folgende bezeichnet: Canthariden, Phosphor, Strychnin, Cocain, Cannabis indica, Opium, Nux vomica, Aloë, Ergotin, Atropin, Blatta orientalis und dann die scharf riechenden ätherischen Sachen wie Moschus, Campher, Terpentin u. a. m. Gyurkovechky empfiehlt in seiner „Pathologie und Therapie der männlichen Impotenz 1889" Sauerstoffinhalationen als Aphrodisiacum. Von dem grössten Teil aller dieser Mittel kann man aber ruhig und getrost behaupten, dass ein erregender Einfluss auf die Genitalien nicht bemerkaar ist. Nur von Canthariden, Strychnin, Cannabis indica, eventuell auch noch Cocain und Ergotin ist meiner Ansicht nach eine entschieden sexuell erregende Wirkung des öfteren bemerkbar. Das neueste zur Hebung der Potenz auch benutzte Aphrodisiacum ist Johimbim. Näheres s. „Rohleder, Prophylaxe bei funktionellen männlichen Genitalstörungen."

Die Sauerstoffinhalationen sind geschlechtlich nicht erregend. Ob reizende Purgantien und Lavements infolge ihrer Reizung des Rektums, die sich wahrscheinlich durch Vermittelung des Sympaticus auf die Samenbläschen fortpflanzen soll, Masturbation hervorzurufen im stande sind, wie Fournier meint, weiss ich nicht. Doch möchte ich dies sehr bezweifeln, und im Gegenteil, wie früher dargethan, die vorher bestandene habituelle Obstipation dafür verantwortlich machen. Die Purgativs wirken dabei entschieden die Onanie bekämpfend, wie schon der von Schulz erwähnte Fall einer Heilung von Onanie bei einem 5jährigen Mädchen beweist, das an Obstruktio alvi litt.

Im Gegenteil zu den Aphrodisiaca sollen die Antaphrodisiaca die geschlechtliche Lust und Begierde herabdämpfend wirken. Als solche werden genannt Bromkalium, wie überhaupt alle Bromalkalien, Lupulin, Jod und seine Präparate, Morphin, Arsen, Antimon, Salicylsäure, Digitalis, Salpeter, dann die ganze Reihe moderner Antipyretica, vom Antipyrin bis herab zum Thallin, Antinervin u. a. m.

Alle diese Mittel wirken noch viel unsicherer wie die Aphrodisiaca, nur Brom und seine Präparate und eventuell noch Lupulin haben sich mir als die Libido sexualis vermindernd erwiesen.

V. Falsche Kleidung als Ursache der Onanie.

Die Kleidung kann der Unsittlichkeit dienen, dadurch, dass sie

a) unzweckmässig,

b) ungenügend ist,

c) das Laster verdeckt.

Besonders ist es hier die weibliche Jugend, das junge Mädchen in den letzten Jahren der Schulzeit und der Jungfrauenzeit, das

a) durch unzweckmässige Kleidung

der Onanie entgegengeführt wird.

In demselben Sinne wirkt auch eine allzuleichte Bekleidung des Körpers. Ferner wird bei unseren jungen Mädchen von den letzten Schuljahren an gesündigt durch das Korsett, die Schnürleibchen und die Unterrockbänder, denn dadurch wird die gesamte Zirkulation gehemmt, eine permanente Stauung und Kongestionierung in den Unterleibsorganen geschaffen, die ihrerseits auf die Genitalorgane ihre schädliche stimulierende Wirkung ausübt.

Im gleichen Sinne wirken bei Männern der sogenannte Hosenbund, wenn er zu eng ist, dann besonders der Hosenriemen. Überhaupt können nicht passende Beinkleider durch Reibungen an den Genitalien zur Onanie führen.

Weit schädlicher für die Onanie wirkt

b) ungenügende Kleidung.

Dass sehr stark an der Brust ausgeschnittene Kleider, welche sogar den oberen Teil der Brust durchblicken lassen, besonders die stark dekolletierten Kleidungen beim weiblichen Geschlecht nicht nur bei der Jugend, auch bei Erwachsenen im schönsten Mannesalter, bei sonst sittlich gereiften Männern, ungemein aufregend wirken, ist bekannt.

Auch das Stillen der Kinder an der Mutterbrust erhitzt die kindliche Fantasie oft. Mir wurde einigemale von jungen Leuten eingestanden, dass ihre Fantasie früher mächtig erregt worden sei beim Anblick von stillenden Frauen und sie dadurch zur Masturbation verleitet worden seien.

c) Das Laster verdeckend wirkt die Kleidung und zwar die männliche wie die weibliche. Besonders die Hosentaschen bieten hierzu ein erwünschtes Versteck, in der vor aller Welt verborgen onaniert werden kann — und — auch onaniert wird. Ich habe früher die Mitteilung Schillers angeführt, nach welcher die Schüler ganzer Bankreihen die Hosentaschen durchbohrt hatten, um leichter zum Penis zu gelangen und während des Unterrichts sich onanierten. Auch sehr weite Kleidungsstücke sollen in diesem Sinne verderblich wirken. So sagt ein spanischer Arzt, das Laster sei in Spanien sehr weit verbreitet und nicht zum geringsten Teil deshalb, weil der weite Mantel, das nationale Bekleidungsstück der Spanier (wenigstens früher wohl, Verf.) es verbergen; es sei nichts Seltenes, auf den öffentlichen Promenaden unter den Mänteln Onanie zu sehen.

In demselben Sinne wirkt auch ganz besonders das Bett als höchst verderblich und vielfach zur Onanie verleitend. Bei einem grossen Teile unserer Jugend ist es Gewohnheit, des Abends vor dem Einschlafen oder des Morgens nach dem Erwachen vor dem Aufstehen erst noch einmal zu onanieren.

Einesteils wirken hier die zu schweren Federbetten, die unter diesen sich anstauende Wärme, besonders im Sommer, andererseits ist aber das Bett an und für sich nur zu verlockend zur Masturbation. Hier kann das Kind ungesehen, in angenehmer Lage in erregenden Bildern und Szenen seine Fantasie schiessen lassend, dem Laster fröhnen. Auch das allzulange auf dem Rücken Liegen und Ruhen im Bett inmitten einer heissen und geschwängerten Atmosphäre hält Mauriac für gefährlich.

VI. Die Beschäftigung als Ursache der Masturbation.

Das eine, den heutigen Fortschritten der Zeit so vielfach angepasste, ungeheuer vielfältige und vielseitige Beschäftigung mehr oder weniger begünstigend für die Entwickelung der Onanie in einzelnen gewissen Berufsarten wirken kann, ist ganz sicher. So weiss Fournier von gewissen Berufsarten, die in ursächlichem Zusammenhange mit der Onanie stehen, anzuführen das Reiten und das Maschinennähen.

Der Beruf, das Gewerbe, die Beschäftigung, sowie auch bestimmte Gewohnheiten können infolge vorwiegender Thätigkeit des einen oder anderen Teils resp. Organes unseres Körpers einen nicht unbedeutenden Einfluss, der leicht nach dieser oder jener Hinsicht schädlich wirken kann, haben.

Scheiden wir für unsere Zwecke alle Berufsarbeiten in solche mit vorwiegend geistiger und solche mit vorwiegend körperlicher Thätigkeit.

Vorwiegende geistige Arbeit wird zur Ursache der Masturbation eventuell durch zu lange Dauer hintereinander, denn es geht damit meist einher eine sitzende Lebensweise. Die sitzende Körperhaltung mit nach vorn übergebeugtem Oberkörper übt ihren schädlichen Einfluss aus auf die vegetativen Prozesse der Ernährung und der Verdauung, auf die Sexualsphäre mit Auslösung von Libido sexualis und dadurch führt sie — deficiente coitu — zur Masturbation. Auch durch das längere Stehen am Schreibpult soll Onanie gefördert werden, vielleicht dadurch, dass infolge von Ermüdung eine Kreuzstellung der Beine eingenommen wird, dadurch eine Reibung, Friktion der Oberschenkel gegen die Genitalien stattfindet, die onanistische Gedanken wachruft.

Vorwiegend körperliche Beschäftigung als Ursache der Onanie.

Die einzelnen körperlichen Berufsthätigkeiten bieten eine grössere Mannigfaltigkeit. Hier wirken eine Menge mehr oder weniger bestimmender Faktoren auf die Arbeiter ein. Im Grossen und Ganzen müssen wir sagen, dass mit starker körperlicher Ausarbeitung einhergehende Berufsthätigkeit eher sexuelle Unarten bekämpft als begünstigt. Es mag dies daher kommen, dass in den oberen mehr geistig arbeitenden Klassen naturgemäss eine die sexuelle Thätigkeit mehr begünstigende Lebensweise mit ungenügender körperlicher Bewegung, allzu kräftiger Ernährung, Müssiggang, Verzärtelung, Nervosität, eine durch Genüsse aller Art mehr verdorbene Fantasie etc. viel mehr anzutreffen ist als in den unteren Ständen. Der um das tägliche Brot ringende, mit durchschnittlich viel stärkerer Familie, hingegen weniger Glücksgütern gesegnete Arbeiter vermag nicht, derartigen Luxus sich zu erlauben wie der besser Situierte. Die grosse körperliche Ausarbeitung des Arbeiters, vereint mit den

Nahrungs- und anderen tagtäglichen Sorgen lässt nicht so leicht Gedanken und Bestrebungen sexueller Art aufkommen. Dies gilt nicht bloss für die Erwachsenen, auch für die Kinder in den Arbeiterständen. Dieselben werden von früher Jugend auf gewöhnlich schon zu harter körperlicher Arbeit angehalten und verfallen dadurch bei weitem nicht so leicht der Onanie wie das verzärtelte Schooskind der Aristokratie.

Jedoch bieten andererseits auch die mit schwerer, anstrengender Thätigkeit des Körpers verbundenen Berufsarbeiten Gefahren in sexueller Hinsicht. Ich habe schon vorher erwähnt, dass von Fournier besonders das Maschinennähen als Ursache der Onanie verantwortlich gemacht wird und zwar mit Recht. Durch das Treten der Pedale müssen fortwährend die beiden Beine in auf- und abgehender Bewegung aneinander reiben. Durch dieses fortwährende Frottieren der äusseren Genitalien durch die Oberschenkel werden lebhafte Irritationen der äusseren Genitalpartien erzeugt, welche nach Fournier oft sogar so stark werden sollen, dass sie plötzlich ihre Arbeit verlassen müssen, um sich mit frischem Wasser abzuwaschen. Diese Friktionen führen im Laufe der Zeit, besonders nach Guibaut: Annales d'Hygiène 1867, Bd. 28 p. 420 zur Onanie. Decaisne, la machine à coudre et la santé des ouvriers (Annales d'Hygiène 1870, Bd. 34, pag. 335) meint, dass das Maschinennähen nur dann zur Onanie führen könne, wenn die betr. Person damit die Absicht verbinde, dass also die betreffenden Individuen die Friktionen des Oberschenkels vermittelst des Maschinennähens absichtlich benutzen, um sich zu masturbieren. Ich meine, dass sowohl unabsichtlich als absichtlich das Maschinentreten zur Onanie führt, besonders aber dann, wenn während der Arbeit sexuelle Ideen und Gedanken dem Betreffenden durch das Hirn schiessen, die geschlechtliche Lust sich gerade regt. In diesem Zustande werden dann die Nähmaschinen wohl auch unbewusst zur Onanie benutzt. So berichtet Cohn loc. cit. S. 25 von Bekenntnissen junger Näherinnen, welchs an Photopsieen litten und ihren grossen Drang zur Onanie auf die beständige Reibung beim Treten der Nähmaschinen bezogen.

Nicht bloss Nähmaschinen, auch jede anderweitige Maschine, welche, wie bei Schneidern, Schuhmachern, in grossen Fabriketablissements etc. zu ihrem Betriebe das Pedaltreten erfordert, führt mehr oder weniger zur Onanie, ganz besonders aber dann, wenn, wie es bei Schustern oft der Fall, ein Sitzen auf dem Schemel dabei stattfindet. Dieser Sitz auf dem Schemel wird überhaupt für verderblich erklärt, wie vorher dargethan. Leider ist die Zeit noch ferne, wo auch bei uns, wie in Amerika, durch Dampf oder elektrische Motoren die Nähmaschinen in Bewegung gesetzt werden.

Auch das

Reiten, das Sitzen im Sattel

wirkt ganz entschieden die Onanie begünstigend. Es schafft das Reiten keineswegs den Vorteil, den man immer von ihm rühmt Beim Reiten findet hauptsächlich ein Abfluss des Blutes aus den oberen Unterleibsvenen nach den unteren, also auch nach den Genitalien statt. Hierzu kommt die Erschütterung beim Sitzen im Sattel, zumal beim Galoppreiten, dann der Reitsitz selbst, das fortwährende Reiben der Oberschenkel am Bauche des Pferdes. Bei Damen soll die Erschütterung bei eng aneinanderliegenden Schenkeln besonders gefährlich sein. Man sagt, dass die Damenwelt der englichen Aristokratie zur Zeit der Periode nicht zu guterletzt aus diesem Grunde das Reiten unterlasse. Rider macht in seiner „Etude médicale sur l'équitation“ die Bemerkung, dass besonders bei den des Reitens ungewohnten Personen, vorzüglich bei reizbaren Damen Pollutionen Folgen des Reitens wären. (NB.: Selbst vielen Ärzten wird das Vorkommen von Pollutionen bei Frauen etwas Unbekanntes sein, sie sind von v. Krafft-Ebing, Rosenthal, Guttceil, Hanc u. a. Autoren beschrieben worden, es sind Auspressungen des Uterinschleimes, resp. des Inhaltes der Bartholinischen Drüse.) Auch bei den alten Scythen war bekanntlich das Reiten den Frauen untersagt, angeblich aus dem Grunde, weil sie den Rückgang ihrer Stämme in Verbindung brachten mit der heftigen Leidenschaft des Reitens bei ihren Frauen. Überhaupt wurde die sogenannte Scythenkrankheit, „Maladie des Scythes“, lange als Folge übermässigen Reitens angesehen, obgleich sie wohl mehr dem Gebiete der paralytischen Impotenz zuzuweisen ist. Interessant ist, dass Hammond in seinem Werke: Sexuelle Impotenz beim männlichen und weiblichen Geschlecht, Deutsche Ausgabe von L. Salinger, Berlin 1889“ eine ähnliche Angabe macht. Nach ihm sollen unter den Pueblo-Indianern einzelne Individuen durch beständiges Herumreiten zu Pollutionisten (Mujerados) werden. Auch Cohn macht die Angabe, dass Offiziere ihm gestanden, durch das Sitzen im Sattel sei ihr geschlechtlicher Trieb wesentlich vermehrt, während bei zeitlangem Aussetzen derselbe wesentlich vermindert sei. Ich weiss von einem Berliner Artillerie-Unteroffizier, 'dass er während des Reitens, besonders nach einer einige Zeit währenden sexuellen Abstinenz, von heftigen Erektionen mit nachfolgender Ejaculation befallen wurde. Fürbringer erzählt von einem 39jährigen, stark nervösen Brauereibesitzer, welcher als Cavallerist heftige, bisweilen in der Stunde 4malige Pollutionen unter Erektion und Orgasmus beim Reiten hatte und von einem anderen reitenden Freiwilligen, der sogar angab, auf dem Pferde vorzeitig zum Geschlechtsinvaliden geworden zu sein, und dass die Onanie unter den Cavalleristen wie überhaupt allen reitenden Armeetruppen bei den Mannschaften verbreitet ist, wird von Militärärzten dieser Truppengattungen bestätigt. Trotzdem hält Fürbringer loc. cit. Seite 106 die Samenentleerungen beim Reiten für gewollte. Er sagt: „Die Erschütterung beim Reiten entwickelt also ihre besondern Gefahren bei einem Opfer schwerster, onanistischer Neurose. Wir wollen damit nicht leugnen, dass überhaupt das Reiten zur Masturbation verführen kann. Wenn aber dem Gesunden auf dem Pferde Samenergüsse passieren, so hat er sie gewollt, wie der Schuljunge, der durch das Rutschen auf der Bank Pollutionen auslöst.“ Trotz alledem möchte ich doch an dem Urteil der meisten anderen Autoren festhalten, dass das Reiten, zumal das übermässige, forcierte Reiten bei Personen, die es nicht gewöhnt, nicht tagtäglich reiten, sehr wohl zur Onanie, selbst bei völlig gesunden Personen, verführen kann.

Eine dem Reiten sehr ähnliche Bewegung ist das

Fahren auf dem Veloziped.

Man sollte, da der Radfahrer ja auch auf einem kleinen Sattel sitzt, a priori erwarten, dass auch das Radfahren zur Masturbation die Genitalien anreize, doch dem ist meist nicht so. Allerdings ertönen in letzter Zeit, besonders von französischer Seite aus, warnende Rufe gegen das Radfahren, ja, man hat schon eine Radfahrerkrankheit sui generis konstruiert. Doch im Grossen und Ganzen wird selbst von radfahrenden Collegen bestätigt, dass ihnen während des Fahrens nie ein Gedanke zur Onanie gekommen sei. Der verstorbene Dr. Fressel in Ems, der in einer kleinen Broschüre die Wirkung des Radfahrens auf den menschlichen Organismus schildert, erwähnt nichts davon. Es liegt wahrscheinlich daran, dass die schwere körperliche Anstrengung, die mit dem Treten der Pedale beim forcierten Fahren verbunden ist, allzu sehr ermüdet, ohne noch geschlechtliche Gedanken aufkommen zu lassen. Ob aber bei langsamem, nicht angestrengten Fahren das Treten der Pedale durch die dabei statthabende Reibung der Oberschenkel gegen die Genitalien event. nicht auch bei manchen Individuen onanistische Triebe auszulösen vermag, sei dahin gestellt. Ich halte dies für sicher, wenigstens ist von einem, jetzt circa 63jährigen Herrn, der infolge hochgradiger Adipositas seit ca. 10 Jahren impotent ist, mir mitgeteilt worden, dass er nur durch das langsame Radfahren es bis zu einer Erektio penis bringen könne und von einem anderen Herrn, der früher an Spermatorrhoën litt, jetzt jedoch geschlechtlich völlig normal ist, weiss ich dasselbe. Sicher ist, dass im Vergleich zum Reiten das Radfahren entschieden viel weniger zur Onanie verleitet. Auch Tanzen kann sehr oft zur Onanie verleiten, ganz abgesehen von den fast auf jedem Tanzboden vorhandenen äusseren Anreizungen zur Sinneslust. Dass auch in der Beschäftigung des Arztes, besonders des frauenärztlichen eine Ursache für Masturbation gegeben ist, ist bekannt. Speziell wird dies von vielen Ärzten unbeachtet gelassen. Die Thure-Brandsche Massage des Uterus und seiner Adnexe, so segensreich und heilsam sie bei parametritischen Exsudaten u. A. wirkt, so gefahrvoll ist sie doch. Lacker und besonders Lockeman loc. cit. weisen darauf hin, dass die Frauen öfters nicht zum Frauenarzt gehen, um sich örtlich behandeln zu lassen, sondern nur, um bei der Behandlung, besonders mit Massage, Wollustgefühle zu bekommen, masturbiert zu werden. Dieser Punkt müsste ärztlicherseits mehr Berücksichtigung erfahren.

Zuletzt möchte ich noch darauf hinweisen, wie die Beschäftigung insofern dem geschlechtlichen Leben des Individuums Gefahr bringen kann, als bei grösserem Zusammenleben, zumal beiderlei Geschlechts, wie es in Fabriken, Arbeitshäusern u. a. Anstalten der Fall ist, die Sittlichkeit, das Anstandsgefühl gefährdet ist. Denn unter einer derartigen Zahl von zusammenlebenden Individuen werden stets einige Elemente sich finden, die, schon längst verdorben, mit allen glühenden Farben den Genuss geschlechtlicher natürlicher oder unnatürlicher Freuden schildern und sie ins Laster mit hinabreissen. Die uneheliche Geburtenzahl in so manchen Fabrikskrankenkassen giebt hiervon beredten Ausdruck, sie zeigt statistisch, welche sittlichen Zustände infolge des innigen Zusammenlebens hier herrschen.

VII. Auch die Jahreszeiten und das Klima sind schwach begünstigte Momente für die Onanie,

denn dass selbst beim Menschen diesen ein gewisser Einfluss auf das geschlechtliche Leben zukommt, ist sicher. Allerdings ist derselbe bei weitem nicht so gross wie beim Tier. Besonders auf dem Lande, in der Landbevölkerung ist dieser Einfluss ein viel augenscheinlicherer und zwar zeigen hier die wärmeren Jahreszeiten einen das geschlechtliche Leben mehr begünstigenden, die kalten einen dasselbe mehr unterdrückenden Einfluss. Haycraft hat an Tabellen über die Geburten in den acht grössten schottischen Städten gezeigt, wie mit der Temperatur die Zahlen der Conceptionen fallen und steigen. Besonders ist es hier der Frühling, der von Alters her als eine die geschlechtliche Lust steigernde Jahreszeit gilt. Der Ausdruck „Frühlingslust", „Frühlingstrieb" bedeutet auch im Volksmunde soviel wie geschlechtliche Lust. Queletet und Smith in Belgien haben berechnet, dass die meisten Geburten auf den Februar im Jahre fallen, demgemäss im April, Mai und Juni, also im Frühling am meisten sexueller Umgang gepflogen wird.

Von den Tieren ist allgemein bekannt, dass sie im Frühjahr ihre Begattungs-, ihre Brunstzeit haben. Kisch sagt in seinem Werke „Die Sterilität des Weibes" 1895 „der übereinstimmende Bau und die übereinstimmenden Funktionen der Genitalien des Menschen und der Säugetiere, die sich grösstenteils nur in einer bestimmten Periode fortzupflanzen pflegen, lassen den Schluss zu, dass auch beim Menschen der Geschlechtstrieb nur in einer bestimmten Jahreszeit geweckt wird, dass das Vorkommen dieser „physiologischen" Sitte beim Menschen noch bis jetzt, nachdem die Begattung das ganze Jahr hindurch sich vollzieht, nachdem also die Bedingungen, die zur Weckung des Geschlechtstriebes nötig sind, das ganze Jahr bestehen können, der Vererbung zuzuschreiben ist." Der Mensch würde demnach in seinem geschlechtlichen Leben gleichsam eine Art regelmässiger Periodizität beobachten können, derart, dass im Frühling der Geschlechtsbetrieb am höchsten anschwillt, um im Laufe des Jahres allmählich abzuschwellen und bei beginnendem Frühjahr wieder ein Ansteigen der Curve zu zeigen. Auch Wichmann macht schon die Angabe, dass Pollutionen und Nymphomanie im Frühjahr am stärksten seien.

Aus alledem lässt sich annehmen und schliessen, dass wenigstens bei uns in den Kulturstaaten und besonders auf dem Lande im Frühjahr und bei Beginn des Sommers infolge stärkeren geschlechtlichen Triebes wahrscheinlich auch stärker masturbiert wird, eine Annahme, die allerdings nur die gegebene Thatsache für sich hat, die aber, da ja Statistiken über die Onanie leider überhaupt noch nicht existieren, an sich nicht sich beweisen lässt, aber als notwendiges Analogon, resp. als notwendige Folge daraus schliessen lässt.

Im Grossen und Ganzen kann man sagen, dass der Geschlechtstrieb im heissen oder Tropenklima viel eher beginnt, aber auch viel eher erlöscht und viel heftiger ist als im gemässigten oder gar Polarklima. Dasselbe Verhalten zeigt ungefähr auch die Masturbation. Der Südländer ist infolge seines cholerisch-sanguinischen Temperaments bedeutend mehr zu geschlechtlichen Affektionen geneigt als der Nordländer, welcher mehr melancholisch-phlegmatischen Temperamentes ist und bezüglich des Geschlechtsgenusses und Geschlechtstriebes für gemässigter gelten muss. Im Norden erwacht der Geschlechtstrieb durchschnittlich später, ebenso wie auch die Reifung, die Pubertät, resp. die Menstruation viel später eintritt, sich aber auch weiter hinausdehnt als im Süden.

Hierauf, zum Teil auch auf die Änderung der Lebensweise, mag es zurückzuführen sein, dass bei den das gemässigte Klima bewohnenden Europäern beim Auswandern nach dem Süden, nach den Tropen eine Abnahme des Geschlechtstriebes konstatiert wird. Virchow giebt an, dass die Fruchtbarkeit der in den Tropengegenden sich akklimatisierenden europäischen Frauen allmählich abnehme.

VIII. Soziale Verhältnisse und Armut als ursächliches Moment für sexuelle Gebrechen.

Ich möchte hier nur jene Folgezustände unseres gesamten socialen Lebens herausnehmen, die es mit sich bringen, dass auch die sexuellen Gebrechen überhaupt, an erster Stelle die Prostitution, an zweiter die Geschlechtskrankheiten und Onanie, immer mehr Wurzel fassen und immer üppiger aufschiessen. —

Der infolge der fortwährend sich steigernden Bevölkerungszahl unserer Erde, besonders des zivilisierten Europa, immer heftiger und heisser entbrennende Kampf ums Dasein bringt es mit sich, dass die Erwerbsverhältnisse auf allen socialen Gebieten immer kläglicher und dürftiger werden. Handel und Gewerbe, Beamtentum und Kaufmannschaft, Proletariat und studierte Kreise, alle werden von diesen Zuständen erfasst und berührt, und infolgedessen der Erwerb immer mehr beschnitten. Insbesondere der sogenannte „Mittelstand“ ist es, der immer mehr und mehr in seiner volkswirtschaftlichen Lage bedrängt wird. Die wirtschaftlichen Verhältnisse in den unteren und mittleren Schichten der Bevölkerung erschweren dem Manne allmählich immer mehr das Heiraten, fortwährend wird das Alter der Heiratsmöglichkeit hinausgeschoben, sodass wir jetzt in gebildeten Klassen auf ganz ungeheuerliche Zustände angelangt sind. Denn welcher Studierte und Gebildete, er sei Arzt, Jurist, Philologe oder sonst etwas, vermag, wenn er selbst unvermögend ist, nach Vollendung seiner Studien und Anstellung, resp. Eintreten in die selbständige Praxis, zu heiraten und eine Familie standesgemäss zu ernähren? Wohl nur in Ausnahmefällen dürfte dies der Fall sein. Das Gros all' dieses studierten „Proletariats“ ist froh, wenn es allein sein Dasein leidlich fristet. Wir dürfen wohl nicht fehlgehen wenn wir für diese Leute die ca. Mitte der dreissiger Jahre als jene Grenze bezeichnen, wo es ihnen endlich vergönnt ist, zu heiraten. Leider lässt sich nicht mit hinausschieben in dieses Alter der sexuelle Trieb, er erwacht, unbekümmert um die Verhältnisse, bei Jedermann, ob arm ob reich, ob den untersten oder den höchsten Gesellschaftskreisen angehörend. Da nun aber gerade in diesem Lebensalter der Geschlechtstrieb am mächtigsten sich äussert, und die einzig richtige Befriedigung geschlechtlicher Triebe — nämlich die in der Ehe — zur Unmöglichkeit gehört, so giebt es nur noch zwei Auswege: sexuelle Enthaltsamkeit, oder — es muss der Mensch seinen sexuellen Trieb anderswo zu befriedigen suchen, und dies kann nur geschehen auf dem Wege der Prostitution oder — der Onanie. Bedenkt man nun aber, wie der Befriedigung des geschlechtlichen

Verkehrs durch Prostitution doch immerhin noch mannigfache Schwierigkeiten der verschiedensten Art sich entgegenstellen, wie die pecuniäre Lage, die sociale Lage und Stellung des Einzelnen, event. im kleinen Ort die schwierige Beschaffung des prostituierten Weibes, zuletzt das nicht sofortige Zurstellesein des letzteren u. a. m., andererseits der Onanie aber fast nie Schwierigkeiten im Wege stehen, so lernt man begreifen, wie die Ehelosigkeit unzählige Opfer der Onanie fordert, wie Abertausende von Menschen allein dadurch der Onanie sich ergeben, weil ihnen die nötige Erwerbsquelle zur Gründung einer Familie verschlossen ist, weil der harte Kampf ums Dasein ihnen nicht erlaubt, zu heiraten und in der Ehe die natürliche, einzig richtige Befriedigung ihres geschlechtlichen Bedürfnisses zu finden.

In den untersten Ständen hinterlassen alle mit der Armut einhergehenden unvermeidbaren Schädlichkeiten tiefe Spuren, die dem Kennerblick nicht verborgen bleiben. Nicht in letzter Linie wirken diese Faktoren auch in sexueller Hinsicht unhygienisch. Schon Beard hat in seiner sexuellen Neurasthenie in demselben Sinne die krankhaften Samenverluste aus ungünstigen sozialen Verhältnissen und Kummer erklärt.

Der Geschlechtstrieb erwacht bei uns schon in einem Zeitraume, wo den meisten jungen noch unerzogenen Leuten nicht eine derartige Einnahme zu Gebote steht, dass sie aus derselben alle Bedürfnisse zu befriedigen imstande wären. Ca. mit dem 16. Lebensjahre hat bei den Geschlechtern die Libido sexualis ihre Ausbildung erreicht. In den mittleren und oberen Ständen bieten sich den jungen Männern, da sie über genügende Baarmittel verfügen, Wege genug dar, die Libido sexualis in normale Bahnen zu lenken. Ganz anders aber ist dies bei den untersten Ständen, die oft keinen Lohn oder nur einen derartig geringen bekommen, dass sie, wie heftig dieser Trieb auch sein möge, deficiente pecunia normaliter denselben zu befriedigen nicht vermögen. Es bleiben ihnen nur zwei Wege hier — entweder völlig sexuelle Abstinenz oder Onanie. Zur ersteren fehlt meist, um nicht zu sagen, fast immer, die Willensenergie, ergo versinken sie oft eher in die Arme der Onanie, als in die der Prostitution. Ich habe schon unzählige Male unumwunden von derartigen jungen, den Cassen angehörenden Leuten, als ich ihnen auf den Zahn fühlte und die Onanie auf den Kopf zusagte, vernommen, dass sie nicht imstande gewesen seien, ihren Sexualtrieb zu unterdrücken, und da ihnen die Mittel ad coitum naturalem nicht zu Gebote standen, als einfachstem Mittel zur Onanie gegriffen. Zweimal wurde mir hier auch versichert, dass sie die Onanie dem Coitus naturalis vorzögen, schon aus dem Grunde, dass hier eine Ansteckung nicht möglich sei — es waren beides gebrannte Kinder, die das Feuer scheuten. —

In diesen Kreisen ist das Laster viel stärker verbreitet, als man gemeiniglich hin annimmt, und neurasthenische Symptome sind mir hier besonders der Masturbation verdächtig. Viele dieser jungen Leute werden für sexuell abstinent gehalten und sind doch nichts weniger als dies. Das führt mich auf die Frage der

IX. sexuellen Abstinenz als Ursache der Onanie.

Die Überschrift ist eigentlich eine Contradictio in adjecto, denn wenn Jemand onaniert, ist er ja eigentlich nicht sexuell abstinent. Unter Abstinenz wird hier natürlich allein verstanden: Enthaltsamkeit vom geschlechtlichen Verkehr mit dem anderen Geschlecht, vom Coitus naturalis.

Ein Zusammenhang zwischen sexueller Abstinenz und Onanie ist meines Wissens bisher noch nicht behauptet worden; dennoch gehört die sexuelle Abstinenz ebenfalls zu den begünstigenden Faktoren der Onanie, der aber eben deswegen nicht besonders mächtig, weil die wahre, fortwährende sexuelle Abstinenz etwas höchst Seltenes, ja bei geschlechtlich normal veranlagten Individuen vielleicht — leider — ganz unmöglich ist. Das Thema über sexuelle Enthaltsamkeit und seine Folgen wurde zuerst mit auf die Tagesordnung gesetzt durch das berühmt gewordene Lallemand'sche Werk: „Des pertes seminales“, Paris 1836, das die krankhaften Samenverluste und die sexuelle Neurasthenie als Folge der geschlechtlichen Enthaltsamkeit anführt. Der Streit, ob sexuelle Abstinenz überhaupt schadet, oder nicht, hat lange gewogt und noch heute stehen sich die Parteien gegenüber. Ich glaube, dass der Standpunkt, den Ribbing, Fürbringer, Eulenburg, Hegar, Forel u. a. einnehmen, der allein richtige ist, nämlich der der völligen Unschädlichkeit der sexuellen Abstinenz. „Keuschheit schadet weder der Seele, noch dem Körper“, sagt Ribbing. Für den Arzt ist dieser Standpunkt ein ungemein wichtiger, denn „wohl manchem

Collegen wird es passiert sein, dass sich Patienten ihm vorstellen mit den verschiedenartigsten Leiden, wie krankhafte Samenergüsse, Impotenz, Sterilität, neurasthenische Beschwerden, Leucorrhoë, ja selbst Hydrocele und allen nur möglichen und unmöglichen Leiden als deren Ursache die geschlechtliche Enthaltsamkeit angeschuldigt wird. Für den praktischen Arzt tritt da die Frage heran, was ist Wahres daran? Kann eine absolute Abstinenz in geschlechtlichen Dingen etwas Derartiges verschulden? So alt die Frage ist, eine so verschiedenartige Beantwortung hat sie im Laufe der Zeit gefunden. . . . Selbst der alte Prof. Bock trug seinen Schülern noch die Lehre vor, dass „die Enthaltung vom Beischlaf während der Jahre der Reife beim Manne stets, zumal bei kräftigen, lebhaften, gut lebenden und sich nicht sehr anstrengenden Personen unangenehme Folgen nach sich ziehe", wie unwillkürliche Samenentleerungen, später allmählich zunehmende Impotenz, Schmerz in den Hoden und Samensträngen, unruhigen Schlaf mit ermattenden Träumen, Kopfschmerzen, melancholische Gemütsstimmung. Bei Frauen sollten Bleichsucht, Hysterie, Gemütsstörungen, Krankheiten der Genitalien die Folge sein. Über diese Ansichten ist der Stab gebrochen worden. Wir wissen jetzt genau, dass ein Samenfluss, erworben durch Abstinenz, ein Nonsens ist, ebensowenig wie es eine Impotenz durch sexuelle Abstinenz giebt". (Rohleder, Die krankhaften Samenverluste, die Impotenz und die Sterilität des Mannes. Leipzig, 1895. S. 22 ff.)

Wohl giebt es aber eine Onanie durch sexuelle Abstinenz, doch, wohlgemerkt, nicht in dem Sinne, dass die Onanie eine natürliche Folge der Abstinenz sei, sie direkt veranlasse, sondern nur insofern, als infolge der — wie ich hier gleich sagen will — aufgezwungenen, nicht selbst erwählten Abstinenz beim übermässigen Geschlechtstriebe wegen fehlenden Objekts des anderen Geschlechts, in Ermangelung eines Natürlicheren, des Coitus, onaniert wird.

Ich stehe ganz auf dem Standpunkte v. Gyurkovechkys, welcher absolute Enthaltsamkeit „als äusserst selten und die sogenannten keuschen Männer mit sehr, sehr geringen Ausnahmen für Onanisten" hält. Leider müssen wir auch bekennen, dass bei unserem natürlichen, physiologisch-normalen Bau eine „Enthaltsamkeit für immer“, wie sie Malthus und in jüngster Zeit Tolstoi in seiner „Kreuzersonate“ predigen, für einen sexuell gesunden Menschen meist absolut unmöglich ist. Der starke Sexualtrieb ist eben ein Attribut des gesunden, normal veranlagten und völlig entwickelten Menschen, mit dem sehr wohl zu rechnen ist. Also nicht diese selbst erwählte sexuelle Abstinenz mache ich verantwortlich, sondern nur jene erzwungene Abstinenz vom Coitus, die eben, weil kein Individuum des anderen Geschlechts zur Befriedigung vorhanden ist, gepflogen werden muss. Aber wo herrschen, wird der Leser fragen, derartige Zustände? Überall dort, wo Individuen desselben Geschlechts in grösserer Anzahl wider Willen eingepfercht gehalten werden, also in Arbeitshäusern, Zuchthäusern und ähnlichen Anstalten, wie Gefängnissen, Korrektionsanstalten u. a. m. Die Individuen, die in diesen Häusern untergebracht sind, stehen 1. im geschlechtsreifen und meist noch zeugungsfähigen Alter, also in einer Lebenszeit, wo der Geschlechtstrieb in normaler Stärke noch vorhanden ist, und 2. sind es meist sittlich völlig verkommene Individuen, denen jegliches sittliches Schamgefühl, sowie Selbstbeherrschung abgeht, und 3. wirkt hier das Zusammenleben aller solcher aus der anständigen menschlichen Gesellschaft ausgestossenen Elemente gegenseitig verderbend. Der Geschlechtstrieb ist da, die Selbstbeherrschung mit Unterdrückung des Triebes fehlt meist ganz, die nur zu natürliche Folge dieser unwillkürlichen sexuellen Abstinenz vom Coitus ist die unnatürliche geschlechtliche Befriedigung, die Onanie und allerdings nicht zuguterletzt auch bei Aufenthalt mehrerer etc. Sträflinge in einer Zelle die — Paederastie. Daher sind alle diese Stätten Brutnester der Onanie und anderer unnatürlicher, sexueller Ausschweifungen. Ich weiss von einem Anstaltsarzt eines preussischen Zuchthauses, dass fast alle Insassen desselben, die im geschlechtsreifen Alter sich befinden, Onanisten sind. Betreffender College erzählt mir, dass bei der Entlassung viele dieser Leute gleichsam von einem wahren Brunstgefühl gepackt würden. Es sei vorgekommen, dass diese jungen Leute, eben aus dem Zuchthause entlassen, wegen Vergewaltigung, Notzüchtigung eines weiblichen Wesens bald wieder eingebracht worden seien. Ähnliche, diesen zu vergleichenden Zustände, nur in geringerem Grade, herrschen auch auf Schiffen. Auch hier befindet sich meist die gesamte männliche Bedienungsmannschaft und auch der grösste

Teil der Passagiere in einem Alter, wo der Geschlechtstrieb am stärksten ist und verfällt der Onanie.

Bei einem grossen Teil unserer Damenwelt ist die von dieser betriebene Onanie auf ungewollte sexuelle Abstinenz vom Coitus zurückzuführen. In unseren Kulturstaaten, wo Gesittung und Anstand Gesetz sind, wo die gesellschaftliche Stellung, die Sittlichkeit verlangt, sich von jeglichem geschlechtlichen Verkehr mit dem anderen Geschlecht fernzuhalten, bis es einmal in den sicheren Hafen der Ehe angelangt, wird durch diese erzwungene Abstinenz auch die Onanie grossgezüchtet. Denn wohl die Enthaltsamkeit vom geschlechtlichen Verkehr mit dem Manne kann dem jungen Mädchen, der jungen Witwe durch das Sittlichkeitsgesetz vorgeschrieben werden, aber nicht die Unterdrückung des Geschlechtstriebes; und dieser unterdrückte Trieb, der seine natürliche Befriedigung nicht haben kann, er hält sich schadlos an der Onanie. Nicht unerwähnt möchte ich hier lassen, dass in letzter Zeit auch die sozialdemokratische Lehre hier ganz entschieden schädlich gewirkt hat, und wohl noch immer weiter verderbend ihre Kreise zieht. Bebel hat in seinem bekannten Werke: „Die Frau und der Sozialismus“ die geschlechtliche Enthaltsamkeit als schädigend hingestellt und dieselbe als Lehre „von dem verderblichen Einfluss unterdrückter Naturtriebe“ bezeichnet. Echt sozialdemokratisch! Bedenkt man, dass das Bebelsche (Laien)werk gerade in den untersten Schichten der Bevölkerung eine ausserordentlich grosse Verbreitung gefunden hat, so wird man seinen Einfluss auf die Vita sexualis wohl ermessen können.

Auch lange Abwesenheit eines der beiden Gatten, das im Volke sogenannte „Strohwitwer“- oder „Strohwitwentum“, die Abwesenheit des Liebchens und ähnliche Zustände mögen ebenfalls aus ebengenanntem Grunde der auferlegten Abstinenz der Onanie nicht gerade hinderlich sein.

Dass auch

X. Unglückliche Ehe Causalmoment für Onanie.

werden kann, geht eigentlich schon aus dem eben Gesagten zur Genüge hervor. In einer unglücklichen Ehe, welche also nicht durch wahre Herzensneigung beherrscht wird, ist auch die physische Liebe nicht eine derartig heisse, wie in einem glücklichen Zusammenleben beider Ehegatten. Die Liebe ist mehr erzwungen, ohne gegenseitige Zuneigung und macht vor den Augen der Mitmenschen mehr den Eindruck einer Verpflichtung wie den eines gegenseitigen Bündnisses. Was Wunder, wenn da, sei es mit Recht oder Unrecht, ein oder beide Gatten gegenseitig eine Abneigung, eine Scheu vor geschlechtlichen Verkehr zeigen. Die Abneigung giebt sich kund in einer Kälte, einer Indifferenz, gleichsam einem Zustand von „Frigidität“, geringer geschlechtlicher Reizbarkeit und Appetitlosigkeit, die ihrerseits wieder ihren Ausdruck findet in dem Unvermögen oder wenigstens ungenügendem Beischlaf. Ein nicht geringer Teil der Impotentia psychica unserer jungen Männer beruht auf derartigen unglücklichen Convenienzehen, deren Grundlage meist in sozialer oder pecuniärer Lage der einen oder anderen Ehehälfte, nicht in wahrer Liebe beruht. Wie mancher Familienarzt, der Vertrauensmann in sexuellen und ähnlichen Dingen ist, und hinter die Koulissen der Ehe zu schauen Gelegenheit hat, könnte hiervon Beweise beibringen! Doch genug davon. Ein derartiges Verhältnis wird den beiden Ehegatten bald auf die Dauer zuwider, da es keinem der beiden Teile Befriedigung gewährt, sondern für gewöhnlich, besonders beim weiblichen Geschlecht, nur zu einem ungenügenden Spasmus während der Cohabitation führt. Der Mangel dieser ehelichen Harmonien führt allerdings meist zur — sagen wir — Selbsthilfe beiderseits, ein, resp. gar beide Teile suchen auf anderem Wege zu ihrem Ziele, leider meist im ausserehelichen Verkehr liegend, zu gelangen; manchmal, wenn auch seltener, so doch immerhin noch traurig genug, finden sie Trost in der Onanie. Sie gewährt in solchen Fällen den Betreffenden, besonders dem weiblichen Geschlecht, mehr Befriedigung als der erzwungene ungenügende Coitus. Auch insofern kann eine sonst glückliche Ehe zur Onanie führen, als infolge körperlicher Gebrechen, Krankheiten u. a. m. einer der beiden Gatten gleichsam ein Abscheu vor der geschlechtlichen Vereinigung hat, der während der Cohabitation hemmend in den normalen physiologischen Vorgang des gesamten Ablaufs aller Erscheinungen während des Coitus eingreift und so durch Behinderung irgend eines Momentes, sei es der Erektion, oder Ejaculation, oder des Spasmus den Coitus zu einem ungenügenden gestaltet. Ich kenne einen Herrn, der zeitweilig der Onanie verfällt, deshalb, weil seine sonst sehr liebenswürdige, noch ziemlich junge Gattin an einem Vorfall der Gebärmutter leidet und der den Coitus nicht vollzieht, wenn das Scheidenpessar darin liegt. Im Grossen und Ganzen sind diese Zustände aber selten, viel häufiger wird in solchen Fällen dem ausserehelichen Verkehr, meist unerlaubter Weise, gehuldigt, und nur nebenbei, seltener der Onanie.

Noch eines Momentes möchte ich hier bei Besprechung der E h e als Ursache der Onanie erwähnen. Es ist eine bekannte Thatsache, dass Ehemänner während der letzten Monate der Schwangerschaft ihrer Frauen, während des Wochenbettes, während Erkrankungen derselben und ähnlichen Situationen, wo sie sich ihren Frauen nicht nähern wollen oder auch wirklich nicht können, der Onanie anheimfallen. So erzählt Schröder van der Kolk von einem Prediger, der schon als Studiosus gegen die Onanie angekämpft habe, sich allein aus diesem Grunde frühzeitig verheiratete, 5 Kinder von seiner Gattin bekam und dennoch von der Onanie zu gewissen Zeiten sich nicht loszureissen vermochte. Ich denke hier immer an einen Fall, wo eine Frau, die an Gebärmutterkrebs unheilbar erkrankt war, während dieser ganzen Zeit (über 13 Monate) ihren Gatten grossmütig und edeldenkend bat, bei einem anderen weiblichen Geschöpf zu verkehren.

Nicht ganz unwichtig ist

XI. Die Furcht vor allzu grossem Kindersegen resp. vor Alimenten als aetiologisches Moment der Onanie.

Die Scheu vor übermässiger Vermehrung der Nachkommenschaft, vor Alimentationsklagen und Ansprüchen hat, teils aus selbstsüchtiger, teils aus sozial-ökonomischer, teils aus rein medizinischer Initiative entsprungen, von jeher den Anlass gegeben, Vorbeugungsmittel zu treffen, um eine Conception zu verhüten. Schon im grauen Altertum sehen wir im Solonschen Gesetzcodex die Erlaubnis zum Kindesmord ausgesprochen und Ende des vorigen Jahrhunderts ging von England von einem Pfarrer Thomas Robert Malthus in seinem Werke: „Essay on the principles of population" eine Lehre aus, die darin wurzelte, dass infolge der in geometrischer Progression erfolgenden Bevölkerung des Menschengeschlechts einst der Tag kommen würde, wo die Erde nicht mehr imstande sei, genügend Nahrungsstoffe für die Überfülle von Menschheit zu spenden. Die

Malthussche Lehre gipfelt in dem Predigen gewisser geschlechtlicher Enthaltsamkeit in der Ehe, gleichsam in einem verheirateten Coelibat. Da man sehr bald die Unmöglichkeit, Unhaltbarkeit und praktische Undurchführbarkeit des Malthusschen Vorschlags einsah, gingen Malthus Nachfolger, voran der mutige John Stuart Mill, weiter und schritten zur Anwendung von Praeventiv-, von Vorbeugungsmassregeln. James Mill, der berühmte Nationalökonom und Freund des Malthus, und Sir Francis Plage sprachen 1818 resp. 1822 entgegen Malthus sich für die Anwendung von anticonceptionellen Mitteln aus. So entstand eine Lehre von der Verhinderung der Conception durch Anwendung von die Befruchtung bekämpfenden Mitteln, der Neomalthusianismus. Derselbe hat allmählich mehr und mehr Boden gewonnen. England schritt voran. Dort hat sich ein neomalthusianistischer Bund gebildet, die „Malthusian League“, an deren Spitze ein hochangesehener Arzt, Dr. Drysdale steht, der noch heute als Redakteur eine eigens diesen Zwecken und Ideen dienende Zeitschrift, den „Malthusian“ herausgiebt. Holland ist diesem Beispiel gefolgt. In Amsterdam hat sich ein neomalthusianistischer Bund konstituirt, der „zu einer seiner Hauptaufgaben die Verbreitung der Kenntnis zweckmässiger und unschädlicher Methoden des Praeventivverkehrs gemacht. Unbemittelten Frauen wird die Unterweisung in Sprechstunden, welche im Hause des Amsterdamer Arbeitervereins zweimal wöchentlich von Frau Dr. Aletta H. Jacobs abgehalten werden, unentgeltlich erteilt. Im Jahre 1891 wurde diese Sprechstunde durchschnittlich von 80 Frauen in der Woche aufgesucht. Eben solche unentgeltliche ärztliche Sprechstunden wurden von Seiten des Bundes im Jahre 1892 auch in Rotterdam und Groningen eingerichtet. Der Bund zählt mehr als 400 Mitglieder, darunter 34 praktische Ärzte und 2 Professoren der medizinischen Facultät in Amsterdam“. (H. Ferdy, die künstliche Beschränkung der Kinderzahl als sitttiche Pflicht. 4. Auflage 1894.) Deutschland hat die ersten Anfänge gemacht durch Bildung einer dieselben Zwecke verfolgenden Vereinigung des „Harmonischen Vereins“ in Stuttgart.

Die Fälle nun, wo diese Mittel anzuraten, wo nicht, wo nur aus selbstsüchtiger Absicht eine Verhinderung der Conception angestrebt wird, zu unterscheiden, gehören ja nur einzig und allein dem Gebiete des Arztes an. Ich verweise diesbezüglich auf Rohleder,

„Vorlesungen über Sexualtrieb und Sexualleben". Doch müssen wir bekennen, dass infolge der erhöhten Ansprüche, welche die Existenz einer Familie in heutiger Zeit an den Ernährer, den Familienvater stellt, auch schon ein Teil des Volkes von selbst darauf gekommen ist, Vorbeugungsmassregeln beim geschlechtlichen ehelichen oder ausserehelichen Verkehr zu ergreifen, aber wir dürfen einschränkend wohl hinzufügen, nur ein kleiner Bruchteil. Der weitaus grössere Teil lebt trotz der enormen Verbreitung dieser Mittel, trotzdem eine gewisse Industrie sich der Anfertigung derselben bemächtigt hat und sie in den versteckten Annoncen tagtäglich in den Tagesblättern angekündigt hat, noch in Unkenntnis dieser Mittel. Besonders in den ärmeren und auch noch mittleren Bevölkerungsschichten sind sie unbekannt. Hier, wo Präventivverkehr also nicht bekannt, giebt es, wenn die Zahl der Kinder schon auf ein Erkleckliches gestiegen ist, und nur ungern das weitere Erscheinen von solchen gesehen wird, zwei bekannte Mittel:

1) Den Coitus interruptus und
2) Die Onanie.

In eben genannten Schichten hat in den Ehen der Coitus interruptus an Stelle der Präventivmassregeln eine ungeheure Verbreitung gefunden, viel weniger die Onanie. Letztere wird da meist noch von unverheirateten jungen Leuten getrieben, die dem — für sie wenigstens — unseligen Geschick einer Nachkommenschaft eben dadurch entgehen, dass sie sich überhaupt nicht in geschlechtlichen Verkehr mit dem anderen Geschlecht einlassen und anstatt dessen sich selbst befriedigen. Mir ist des öfteren von jungen Leuten versichert worden, dass sie sich viel eher der Onanie zuwenden, als der Gefahr aussetzen, Vater eines unehelichen Kindes zu werden.

In demselben Sinne wirkt

XII. Die Furcht vor Ansteckungen von geschlechtlichen Erkrankungen als Ursache der Onanie.

Besonders sind es junge Leute, die schon früher einmal, sei es gonorrhoisch oder luetisch, inficiert wurden, und damals viel gelitten, die zur Onanie übergehen. Ein junger Jurist, der vor einigen Jahren eine heftige Gonorrhoë mit sehr schmerzhafter Epididymitis gonorrhoica duplex acquiriert, gestand mir offen, aus Furcht, wieder einmal von einer Puella publica inficiert zu werden, und da er nicht glaube, dass das Condom genügend vor Ansteckung schütze, seit jener Zeit onaniert zu haben. Selbst das freundlichste Zureden, davon abzulassen und das Ausmalen eventueller hässlicher Folge-Zustände des Lasters vermochten nicht, den Betreffenden von seiner üblen Gewohnheit abzuhalten. Doch müssen wir sagen, dass eben genannte Momente, sowohl die Furcht vor Nachkommenschaft als auch die Furcht vor Ansteckung mit einem geschlechtlichen Leiden nur sehr gering wirkende Faktoren in der Ätiologie der Onanie sind. Im ersteren Falle wird meist der Präventivverkehr, oder bei Unkenntnis desselben der Coitus interruptus, in letzterem Falle ebenfalls meist irgend welche Vorsichtsmassregel, wie Desinfektion apud et post coitum, wie Waschungen mit Wasser, desinficierenden Flüssigkeiten und dergleichen gepflogen.

Zum Schlusse des Abschnittes „Ätiologie der Onanie“ möchte ich noch

XIII. Die Impotenz als Ätiologie der Onanie.

verantwortlich machen.

Impotenz und Onanie stehen in gegenseitiger Wechselbeziehung. Wie eine Anzahl Impotenzformen, besonders die nervöse und psychische Impotenz, Onanie zur Folge haben können, so kann die Onanie einige Formen von Impotenz, besonders die oben genannten verursachen, doch das ist sicher, Impotenz ist eine der seltensten Ursachen zur Onanie, daher ihre Besprechung hier zuletzt im Capitel der Ätiologie erfolgt.

Natürlich ist hier die Impotentia coeundi, die Beischlaftsunfähigkeit gemeint, und nicht die Impotentia generandi, die Zeugungsunfähigkeit, die Sterilität. Das Hauptsymptom dieser Begattungsunfähigkeit ist, wie ich a. a. O. gezeigt, eine Herabminderung, resp. völlige Aufhebung der Erektion und infolgedessen meist die Unmöglichkeit einer Immissio penis in vaginam. Von den Impotenzformen, welche noch am meisten zur Onanie führen, sind in erster Linie die nervöse Impotenz, dann aber auch die organische Impotenz, soweit überhaupt der Mangel resp. der Defekt oder Missbildungen der Genitalien eine Onanie erlaubt, dann die psychische Impotenz und einige Formen der auf Genitalpsychosen beruhenden Impotenz, wie die auf krankhaft gesteigertem Geschlechtstriebe beruhende zu nennen, während die Intoxicationsimpotenz, die Impotenz bei Gehirn- und Rückenmarksleiden, bei allgemeinen Constitutionskrankheiten oder gar die paralytische Impotenz, wo jegliche geschlechtliche Erregung, jegliche Erektion mangelt, wohl nie zur Onanie führen können.

Auch von dem Grade der Impotenz hängt es ab, ob onaniert wird oder nicht, besonders die temporäre, nur zeitweilige, und die relative Impotenz, wo das Cohabitationsvermögen von der Laune, Gemütsstimmung, Aufgelegtheit eines der beiden Teile zum Coitus abhängt, sind es, die zur Onanie führen. Aber wieso vermag die Impotenz zur Onanie zu führen? Wir müssen hier in Betracht ziehen, welchen hervorragenden Einfluss die Impotenz auf die Psyche des Betreffenden ausübt. Der Geschlechtstrieb beherrscht für gewisse Momente, für gewisse Stunden all' unser Denken und Fühlen, all unser Sein. In solchen Augenblicken vermag nur ein völlig gelingender Coitus dem Menschen die höchste Genugthuung, die schönste Befriedigung zu gewähren, während hingegen Enttäuschung und Verzweiflung über das fortwährende Misslingen des Coitus den Unglücklichen zur deprimierten Gemütsstimmung, zur Enttäuschung, ja zur Verzweiflung führen muss. Nur mit Zittern und mit Zagen geht der Impotente an den Beischlaf, der, wie er schon vorher weiss, ihm keinen Genuss, sondern nur Enttäuschung und Reue über das Misslingen bringt. So kommt der Impotente in einen namenlos unglückseligen Zustand, und in seiner Verzweiflung, da ihm das Nichtgelingen des Coitus nicht nur keine Befriedigung bringt, sondern ihn nur immer wieder seine völlige geschlechtliche Unfähigkeit zurückruft, greift er zum letzten Mittel, das ihm für die natürlichen Freuden noch Ersatz bieten kann — zur Onanie. Und wahrlich, wer den furchtbaren Zustand der Impotenz kennt, der allem anderen Glück des Menschen hohnlachend, den davon Betroffenen seelisch vernichtet, wer da weiss, wie ausserdem noch die tiefste Verachtung und der herbe Spott oft der gemeinsten Dirne — gar nicht zu sprechen von der Gattin — ihn niederschmettert, ich meine, wer diesen qualvollen Zustand, diese innere seelische Zerrissenheit eines derart Unglücklichen je beobachtet, wollte der etwa über denselben zu Gericht sitzen, wenn er der Onanie verfällt? Ich glaube nimmermehr, hier ist die Onanie verzeihlich! Auch andere Autoren erkennen dies an. Curschmann sagt: „Selbst bei Impotenz kann die Onanie noch möglich sein und Mancher, der durch natürlichen Beischlaf in der Ehe von seiner Gewohnheit sich loszumachen suchte, wird, da er dort nicht reussierte, derselben wieder in die Arme geliefert. Die Macht der Gewohnheit ist in dieser Beziehung für manche Individuen ganz unbezwingbar.“ Forscht man bei vielen Impotenten genannter Gattung in zarter Weise weiter, so wird man des öfteren die Bestätigung finden, dass sie Onanisten sind, eben weil ihnen der natürliche geschlechtliche Verkehr mit seinen Freuden versagt ist, und dürfen wir mit derartigen impotenten Onanisten wohl nie so rechten wie mit den anderen, die, obwohl im geschlechtlichen Vollgenuss, trotzdem nebenbei dem scheusslichen Laster huldigen. So sagt Reti loc. cit.: „Wem die Kraft oder das Vermögen zum geschlechtlichen Verkehr fehlt, der ist oder wird notwendigerweise Onanist.“

XIV. Religiöse Gründe.

Moraglia in Turin hat in einem Artikel: „Die Onanie beim normalen Weib und bei den Prostituierten“ (Zeitschrift für Criminalanthropologie I, 6) noch als religiöse Ursachen für Onanie allzu eindringliches Fragen des Beichtvaters, mystische Lektüre, Lektüre gewisser religiöser Bücher etc. angeführt. Wir müssen diesem Autor, da wir hierin keine Erfahrung haben, die Verantwortlichkeit dafür überlassen. In Deutschland hat die Frage aktuelles Interesse erhalten durch die bekannte sensationelle Grassmannsche Broschüre: „Auszüge aus der Moraltheologie des Heiligen Dr. Alphonsus Maria de Liguori.“

II. Pathologie der Onanie.

Pathologie, d. h. krankhafte Befunde bei der Onanie! — es wird wohl manchem Arzte ein Lächeln beim Lesen dieser Zeilen über die Lippen gleiten, und nicht mit Unrecht, denn von eigentlichen pathologischen Befunden sensu stricto kann bei der Onanie wie etwa bei anderen Krankheiten eo ipso naturgemäss nicht die Rede sein, eine eigentliche Pathologie der Onanie existiert nicht und wird auch nie existieren. Auch ich will natürlich keine neuen, unmöglich an der Leiche gefundenen Thatsachen vorlegen, sondern ich möchte in diesem Abschnitte, — zum Teil auch nur aus historischem Interesse — darauf hinweisen, wie man schon früher gewisse Teile des Körpers, des Centralnervensystems als Sitz für geschlechtliche Ausschweifungen jeglicher Art, für pathologische Zustände des Geschlechtssinnes verantwortlich machte. In diesem Sinne wolle man den Ausdruck Pathologie verstehen. Die eigentlichen pathologischen Befunde, d. h. die wahrhaften Krankheiten, die auf Onanie zurückgeführt werden, werde ich bei den „Folgen der Onanie" besprechen.

Der letzte Autor, der meines Wissens eine Trennung von pathologischen" Betrachtungen und Folgezuständen der Onanie gemacht hat, war Mauriac, der in seinem citierten Aufsatz unter dem Abschnitt: „Considérations pathologiques" eine kurze Zusammenstellung all der diesbezüglichen Thatsachen und die Gallsche Lehre einer Kritik unterwarf.

Der erste Arzt, der überhaupt die Onanie und ihre Folgeerscheinungen in den Bereich seines Studiums zog, war Hippokrates, der Vater der Medizin. Schon ca. 2000 Jahre vor uns, (380 vor Christi) entwarf dieser Autor ein für die damalige Zeit sehr gutes Bild von unserem Laster und seinen Folgen, als deren hauptsächlichste er die Rückenmarkschwindsucht annahm. Er meinte, dass vom Rückenmark alle geschlechtlichen Reizungen ausgehen, dass also Rückenmark und Geschlechtstrieb in innigem Connex miteinander stehen, dass also eine falsche Bildung des Rückenmarks und seine Thätigkeit die Ursache geschlechtlicher Ausschweifungen sei. Diese Lehre erhielt sich bis hinein ins 17. ja 18. Jahrhundert. Willis, ein Arzt des 17. Jahrhunderts sucht noch den Sitz geschlechtlicher Reizungen und Excesse im Rückenmark. Da brach sich immer mehr und mehr die Lehre Bahn, dass im Gehirn für bestimmte Thätigkeiten bestimmte Anordnungen der verschiedenen Hirnmassen vorhanden seien. In weiterer Ausbildung dieser Thatsachen ging man soweit, zu behaupten, dass an einzelne hervorragende Portionen des Gehirns bestimmte gute oder schlechte Eigenschaften, eine vorwiegende Fähigkeit für bestimmte Fertigkeiten gebunden sei, kurz, es entstand die sogenannte Schädellehre, Cranioscopie oder Phrenologie von Gall. (Ihre ersten Ursprünge lassen sich zurückverfolgen bis ins 13. Jahrhundert, denn um diese Zeit fertigte schon Bischof Albert von Regensburg die erste phrenologische Büste.) Die Gallsche Lehre beruht in der Hauptsache auf folgenden Grundsätzen: Die Stärke der geistigen Veranlagung ist durch die Grösse, das Gewicht des Gehirnorganes bestimmt, und dies ist schon von aussen erkennbar durch die starke Hervorragung und Entwicklung gewisser Schädelteile. Die Gallsche Lehre ist also die Erkennung geistiger Veranlagung, der Tugenden und Laster eines Menschen aus der Schädelgestalt. Gall stellte für jeden einzelnen Gehirnteil eine bestimmte Funktion auf. „Je vollkommener nun ein solcher Gehirnteil entwickelt ist, desto vollkommener sollten die untersten Schädelpartien sein, äusserlich kenntlich durch deutliches Hervorspringen derselben. Dass diese Lehre eine falsche sein muss, ergiebt sich schon daraus, dass die Oberfläche des Gehirns fast nie genau der äusseren Schädelfläche entspricht. Es ist nun nicht zu verwundern, dass der strengen Lokalisation der Hirnteile in diesem System entsprechend auch unser Geschlechtstrieb eine bestimmte Stelle im Gehirn haben musste. In das Kleinhirn verlegt nun Gall mit seinen Schülern den Geschlechtssinn „Amativeness“, d. h. nach ihm ist das Kleinhirn Sitz des geschlechtlichen Instinkts der Tiere, Sitz der Geschlechtsliebe des Menschen. Er behauptet, dass ein Zusammenhang, ein Zuzammenwirken zwischen dem Kleinhirn und den Geschlechtsorganen statthabe. Nach Spurzheim und anderen Ausbauern der Gallschen Lehre sollte man sogar vermögen, die Stärke des Geschlechtstriebes an der Ausdehnung des Kleinhirns zu messen. Die Beurteilung hierzu gab der Abstand der beiden Processus mastoidei. Georg Combe gab in seinem „A system of phrenologie“ ohne jeglichen weiteren Versuch eines Beweises als genaueren Sitz des Geschlechtstriebes die Mitte des Kleinhirns an. Ja, Spurzheim gab z. B. jungen Leuten, bei denen das Cerebellum nach seiner Lehre stark entwickelt, d. h. die Entfernung der beiden Processus mastoidei eine ziemlich grosse war, sogar den Rat, infolge des stark entwickelten Geschlechtstriebes nicht einen Beruf zu wählen, der zur Keuschheit zwinge. (Cölibat der katholischen Priester etc.)

Allmählich, im Laufe der Zeit, mit besserer Kenntnis der einzelnen Gehirnteile und ihrer Funktionen wurde auch diese Lehre erschüttert. Heutigen Tages wird dem Kleinhirn jeglicher Zusammenhang mit dem Geschlechtsorgan, jegliche Beeinflussung des Letzteren durch dasselbe abgesprochen. Über die gesamte Phrenologie ist längst der Stab gebrochen worden, denn nicht nur, dass ca. 20 % sämtlicher Gehirnwindungen von den Phrenologen überhaupt gar nicht in Betracht gezogen worden sind, dass die am Grund der Schädelkapsel liegenden Gehirnteile danach ohne jeglichen Zweck wären für die höheren geistigen Funktionen und nur den anormalen Funktionen vorständen, auch die Erscheinungen bei Gehirnkrankheiten haben längst diese Lehre als Irrlehre erkennen lassen. Kein naturwissenschaftlich gebildeter Mann würde sich heutigen Tages hierzu bekennen wollen. Wie beurteilen z. B. die Anhänger dieser Lehre das Kleinhirn und seine Entwickelung am Lebenden? Nach der Breite und Stärke der Nackenentwickelung. Es erinnert dies unwillkürlich an den jetzt „in Mode gekommenen Allerweltswunderdoktor“ Schäfer Ast, der aus den Nackenhaaren (!) Krankheiten zu erkennen den breiten Schichten des Volkes — und mit welchem Erfolge ist bekannt — vorspiegelt. Und diese unwillkürliche äussere Abschätzung und Beurteilung der Stärke des Nackens bildete die Grundlage, nach welcher ein Mann geschlechtlich hochgradig erregbar, stark ausgeprägten Geschlechtssinn hatte oder nicht. Wie diese Lehre praktisch gehandhabt wurde, möge an einigen Beispielen gezeigt werden.

Bei einem 13jährigen, heftig onanierenden Knaben fand man bei der Sektion eine Vereiterung zweier Drittel des Kleinhirns, die hier natürlich die Ursache der heftigen Onanie gewesen u. s. f.

Welche Stilblüten an Unmöglichem und Sinnlosem in weiterer Entwickelung dieser Gallschen Phrenologie veröffentlicht wurden, mögen folgende Fälle beweisen, die Dr. Chauffard von Avignon anno 1827 beobachtet haben will. Bei einer Revision stellte sich ihm ein Pater vor, von starker kräftiger Figur, mit der Angabe, von einer Krankheit ergriffen worden zu sein, dessen Namen er jedoch nicht zu nennen wage. Trotzdem es strenge Winterszeit — Dezember — und heftig kalt war, geriet bei der Entkleidung dessen Glied gleich in Erektion. Mit verwirrtem, schamrotem Gesicht versuchte er seinen Priapismus hinter dem Rücken Anderer zu verbergen, bis endlich eine Ejaculation denselben auslöste. Er erzählte, von fortwährenden Erektionen gequält zu sein, welche oft von Samenergiessungen gefolgt seien und siehe, sein Hals war dick, sein Nacken kurz, die Hinterteile des Kopfes sehr entwickelt, besonders die Gegend des Kleinhirns ausserordentlich stark ausgeprägt und prominierend, also sogar krankhafte Samenverluste sollten nach diesem Autor die Folge einer allzustarken Entwickelung des Kleinhirns sein.

Derselbe Autor berichtet weiter von einem 53jährigen friedliebenden Mann, welcher durch einen Fall auf die Bettkante mit dem Nacken völlig umgewandelt wurde. Er wurde infolge dieses Falles (!) von einer heftigen Satyriasis und grosser Geilheit befallen, sodass er seine Frau bis aufs äusserste verfolgte und dem weiblichen Geschlecht gefährlich wurde. Er verfiel einem erotischen Delirium durch die Weigerung seiner Frau und wurde eines Tages so gereizt, dass er in Krämpfe verfiel, einen plötzlich heftigen Schmerz in der Scheitelgegend verspürte!

Selbst Deslandes kann sich in seinem bedeutenden Werke nicht von dem Irrtume völlig frei machen, dass Kleinhirn und Geschlechtssphäre in jener Beziehung zu einander stehen. So giebt er selbst an, eine sehr beträchtliche Entwickelung des Hinterteils des Schädels bei einem 8jährigen Knaben beobachtet zu haben, der seit mehreren Jahren masturbierte und dessen Glied sich in einem fast beständigen Priapismus befand, also auch Deslandes bezieht die Onanie direkt auf eine allzustarke Entwickelung des Kleinhirns, meinend, dass Erstere die Folge der Letzteren sei.

In seiner Anatomie comparée du cerveau, tome II pag. 611 ff. publiziert Serres folgende Fälle:

Ein junges Mädchen, welches sich schon sehr früh dem Geschlechtsgenuss hingab, masturbierte nebenbei noch ausserordentlich stark, um die infolge der Jugend unvollständig befriedigenden täglichen Cohabitationen mit den Männern zu ersetzen. Es verfiel der Nymphomanie. Selbst das Brennen der Clitoris war erfolglos. Sie starb, und bei der Sektion fanden sich eine chronische Induration des mittleren Lappens des Kleinhirns, sowie kleine zerstreute, kallöse, schwielige Herde in demselben.

In der Nouveau biblioth. méd., Sept. 1827 findet sich folgender Fall veröffentlicht. Ein junger 19jähriger Mensch hatte sich von Jugend an der Onanie mit solcher Heftigkeit hingegeben, dass weder mechanische Mittel, noch Scarifikationen der Eichel, noch irgend welche schmerzhafte Manipulationen ihm sein Laster verleiden konnten. Er starb im Krankenhause an vollständigem Marasmus. Bei der Sektion des Individuums, das öfter epileptiforme Anfälle gehabt hatte, zeigte sich im Kleinhirn ein ca. nussgrosser Tumor im Stadium der beginnenden Erweichung.

Auch die Hydrocephalen sollen nach Gall stark den geschlechtlichen Freuden zuneigen.

Ich habe diese Beispiele angeführt um zu zeigen, auf welchen pathologischen Thatsachen die Gallsche Lehre basiert. Dieselben liessen sich noch um ein Bedeutendes vermehren, aber ich glaube, die eben Angeführten zeigen selbst dem Laien, dass sie nicht nur absolut nichts für die Richtigkeit dieser Lehre beweisen, sondern dass sie gleichsam an den Haaren herbeigezogen sind. Die etwa zufälligen pathologischen Befunde des Kleinhirn werden wohl oder übel für alle sexuellen Abnormitäten verantwortlich gemacht. Eine zufällig stark hervorspringende Nacken- oder Hinterkopfpartie genügt zur Erklärung einer Satyriasis, der Onanie etc.!

Die während des Lebens begangene Onanie resp. die geschlechtlichen Ausschweifungen waren bei diesen Fällen nur etwas völlig Nebensächliches, nur ganz zufällig mit jenen Gehirnaffektionen Zusammentreffendes. Wenn wirklich Onanie und ausserordentlich starke Nackenbildung miteinander einhergehen sollten, müssten da nicht alle Menschen mit einem mehr oder weniger ausgeprägten Stiernacken einherlaufen?

Doch genug davon! Ich glaube, es bedarf keines weiteren Beweises, um die Unwissenschaftlichkeit, die völlige Charlantanerie derartiger Lehren darzuthun und man muss sich verwundern, wenn selbst Mauriac in einer derartigen wissenschaftlichen Encyclopädie wie im Dictionnaire de médecine im Jahre 1877 noch sagt: „Man muss zugeben, dass eine imposante Menge von Beweisen zu ihren Gunsten spricht“. Es ist dies eben völlig unverständlich. Spurzheim, Carus, Noël und andere, besonders aber der Erstere bekannten sich zu eifrigen Jüngern der Irrlehre und erst der neueren und neuesten Zeit mit ihren Forschungen, die auch Licht in die Funktionen der einzelnen Hirnteile brachten, war es vorbehalten, das Unhaltbare dieser Lehre klarzulegen. Bischoff, Hyrtl u. a. versetzten ihr den Todesstoss.

Einer der ersten Beobachter, der dieser Lehre entgegenstand, war Combatte. Serres nahm auf Grund von sieben Beobachtungen an, dass der mittlere Lappen des Kleinhirns der eigentliche Beherrscher der Genitalfunktionen sei, zumal da auch d'Andral bei Haemorrhagien in den seitlichen Lappen des Kleinhirns niemals Erektionen oder sonst welche Erscheinungen von Seiten des Genitale beobachtet hatte und in dreizehn Fällen von Erweichungen der seitlichen Lappen nichts derartiges beobachtet worden war. Doch bald widerlegte Vetrigani auch diese Ansicht. Er zeigte, dass in vielen Fällen von circumscripten auf den mittleren Kleinhirnlappen beschränkten Erweichungen sich keine Erektion darbot.

Im weiteren Laufe der Zeit kam man, ausgehend von der Beobachtung, dass bei Laesionen des oberen Teils des Rückenmarks sich oft Priapismus einstellte, zu der Ansicht, dass nicht das Kleinhirn, sondern das Rückenmark und zwar der obere Teil desselben Sitz des Geschlechtssinnes sei. Wie wir früher sahen, war dies schon die Ansicht der alten Ärzte, eines Hippocrates, Galen, Willis u. A., die allerdings soweit gingen, aus einem fehlerhaften Bau dieses Organes alle Excesse, geschlechtlichen Verirrungen und als Folge derselben die Tabes dorsalis ableiten zu wollen. Die Erektion ist eine der häufigsten Erscheinungen bei Verletzungen des Rückenmarkes, besonders des Cervicalmarks, bei Arbeitern, Maurern etc., die infolge eines Falles von einem hohen Gerüst einen Bruch der Halswirbelsäule, eine Erschütterung des Rückenmarks und andere derartige Laesionen davongetragen, oft vorkommend. Auch bei Laesionen des Dorsal- und selbst Lumbalmarkes, kann man bisweilen, wenn auch weniger oft, Priapismus i. e. längere Zeit anhaltende Erektionen des Gliedes beobachten. Doch auch bei einfacher Compression des Markes ist ein Priapismus nichts Seltenes. Die Compression kommt meist durch den Bluterguss unter die Dura mater zustande. Dann findet man ferner beim Tode durch Erhängen oft Erektionen, sogar mit Ejaculationen, vor, die ebenfalls nur durch Compression der Cervicalmarkes durch den Strick erklärt werden können infolge der Blutstauung in den Meningealgefässen. Bei Erhängten findet man daher oft an der Kleidung die Spuren einer frischen Ejaculation. Seltener hat eine solche statt bei Brüchen der Wirbelsäule und der dadurch bedingten Laesion des Halsmarks. So erzählt Jolly einen Fall, wo infolge eines Pistolenschusses in die rechte Schläfe eine Verletzung des zweiten und dritten Cervicalwirbels und hierdurch ein Bluterguss in die Häute stattfand und eine frische Ejaculation an den Kleidern des Betreffenden gefunden wurde.

Es ist die Frage aufgeworfen worden, ob beim weiblichen Geschlecht bei den geschilderten traumatischen Laesionen des Rückenmarks der Erektion resp. dem Priapismus des Mannes ähnliche, analoge Erscheinungen vorkommen. Normaliter entspricht der Erektio penis des Mannes während der sexuellen Wollust, sei es beim Coitus oder der Onanie, eine analoge Erscheinung beim weiblichen Geschlecht. Hier tritt infolge der geschlechtlichen Irritation ein momentanes Herabsinken des Uterus, eine Eröffnung des Muttermundes ein. Die Muttermundslippen werden länger, der Muttermund rundet sich ab, wird weicher, dem Finger zugänglicher wie dies bei hochgradig geschlechtlich erregbaren Frauen während der manuellen Exploration dem Arzte während der Untersuchung des öfteren vorkommt. Es tritt also gleichsam eine Erektion des unteren Uterinsegments ein, welche etwa der Erektion des Penis entspricht. Aber diese Erektion dient, ebenfalls wie die männliche, auch einer Ejaculation. Im gegebenen Momente des höchsten Wollustparoxysmus, sei es nun während des Coitus oder während der Onanie, findet beim Weibe ein Austritt einer, an Menge geringen, alkalisch reagierenden Schleimmasse aus dem Orificium externum uteri statt, also ebenfalls eine Ejaculation, hier von Uterinschleim, dort von Sperma. Genau ist also der Vorgang im Prinzip beim männlichen wie beim weiblichen Geschlechte derselbe: Geschlechtliche Erregung, Erektion und Ejaculation. Ob nun aber auch im pathologischen Zustande, bei traumatischen Laesionen des Rückenmarks, beim Erhängen etwas derartiges bei Frauen stattfindet, darüber vermag ich keine Antwort zu geben, wenigstens habe ich nirgends in der Litteratur darüber eine Angabe gefunden, wie mir auch selbst darüber keine Erfahrung zur Seite steht. Doch ist wohl anzunehmen, dass auch beim weiblichen Geschlecht in derartigen Situationen obiger Vorgang sich abspielt, er mag nur deshalb nicht beobachtet worden sein, weil eben die innere Lage der weiblichen Genitalien nicht eine derartige offene Beobachtung gestattet wie dies beim männlichen Geschlecht der Fall ist.

Bis auf die Jetztzeit fortgesetzte pathologische Studien am

Krankenbett und Sektionstisch einerseits und physiologische Studien der Vivisektion andererseits haben folgende Thatsachen als sichere, wissenschaftliche Grundlage ergeben:

Das Kleinhirn hat mit der Geschlechtssphäre, sowohl beim Menschen als Tier absolut nichts zu thun. Es ist Sitz des Locomotionszentrums. Zerstörungen des Kleinhirns haben Ataxie zur Folge, aber keine Störungen irgend welcher Art der normalen geschlechtlichen Thätigkeit.

Das Rückenmark steht mit den Geschlechtsorganen in unmittelbarem Connex. Hier im Rückenmark liegen alle jene Centren, welche den Geschlechtsorganen und ihrer Thätigkeit vorstehen. So finden wir hier ein Centrum für den Geburtsakt, ein Centrum für das Harnlassen (das Centrum vesico-spinale) und was für uns wichtig, ein Centrum genito-spinale d. i. das Centrum für die Ejaculation des Samens, dessen centripetale Bahn der Nervus dorsalis penis, dessen centrifugale Bahn die Nervi perinei bilden, dessen Muskel der Musculus bulbo-cavernosus ist. Dieses Erektionszentrum liegt nach Goltz im Lendenteile des Rückenmarks, ungefähr in der Gegend des 4. Lendenwirbels. Mit diesem Centrum steht das Gehirn in Verbindung, wie sich schon aus der durch psychische Zustände veranlassten Erektion ergiebt. Ségalas, Budge, Eckhard u. a. haben auch gefunden, dass auf Reizungen der Pedunculi cerebri, des Halsmarkes Erektion eintritt. Auf letzterer, der Reizung des Halsmarkes beruht wahrscheinlich auch die Erektion bei Strangulierten.

Der Vorgang bei der Onanie ist also folgender: Durch periphere Reizungen, wie Reizungen der Glans durch das wiederholte Überstreichen mit dem Praeputium und all dem anderen onanistischen Kitzel wird, meist in Verbindung mit psychischen Erregungen, Gedankenunzucht und Ähnlichem, reflektorisch erst eine Erregung des Centrum genito-spinale erzeugt und dies führt erst zur Erektion des Penis. Dieses Centrum genito-spinale soll nach Fürbringer nicht nur der Entleerung des Spermas, sondern auch der Produktion der anderen Genitalsekrete vorstehen.

Doch sei dem, wie ihm wolle. Sicher ist, dass das Goltz'sche Centrum einen wichtigen, unverkennbaren Einfluss auf alle jene Akte hat, welche sich auf die Genitalfunktionen beziehen, mithin auch auf die Masturbation. Wie lebhaft auch die Fantasie der Onanisten arbeiten mag, wie heiss auch die Begierde des Menschen nach geschlechtlicher Vereinigung sein mag, sie vermögen nicht direkt die Genitalorgane zu reizen, in den erotischen Zustand zu versetzen, sondern es ist unbedingt die Vermittelung des Centrum genito-spinale dazu nötig.

Fragen wir uns nun, inwiefern pathologische Zustände, Erkrankungen des Rückenmarks Einfluss auf die Geschlechtssphäre und auch auf die Onanie haben, so haben wir gesehen, wie traumatische Läsionen des Rückenmarks reizend, anregend zur Erektion und hierdurch zur Ejaculation wirken. Aber umgekehrt vermögen Erkrankungen des Marks lähmend, vernichtend auf die geschlechtliche Funktion und hierbei auf die Onanie zu wirken. In erster Linie sehen wir hier die Tabes dorsalis, deren schwächender Einfluss auf die Genitalsphäre jedem Arzte wohlbekannt ist. Man weiss, dass diese Krankheit oft Grundursache für die Samenverluste, meist Pollutionen, seltener Sperrmatorrhoën bildet. Hand in Hand mit diesen Pollutionen geht hier eine Verringerung der Potenz, jedoch meist in den fortgeschritteneren Stadien der Krankheit, seltener in den Anfangsstadien. In den späteren Stadien der Tabes gehört Abnahme — in den Anfangsstadien Zunahme — der Geschlechtsfunktionen mit zu den Regelmässigkeiten des Krankheitsbildes. Incontinentia urinae, Spermatorrhoë, allmählich immer stärker werdende Anaphrodisie sind die Folgen der durch die Tabes verursachten Leitungsunterbrechung vom Gehirn zum Lendenmark, zum Centrum genito-spinale, die Abnahme der Potenz, event. der Onanie im Gefolge haben muss. Selbst die heftigsten peripheren onanistischen Maassnahmen, wie Reizungen der Glans, Einführung reizender Körper in die Harnröhre und ähnliches vermögen nicht mehr eine Erektion resp. Ejaculation zu stande zu bringen. Es ist daher nichts seltenes, Tabetiker, die früher hochgradige Masturbanten waren, von ihrem Laster ablassen zu sehen. Die Tabes ist also Ursache der abnehmenden Masturbation, nicht aber Masturbation Ursache der beginnenden Tabes! wie Hippocrates und all das Gros seiner Schüler bis auf die neuere Zeit hinein meinte. Sehr richtig sagt Hösslin im Müllerschen Handbuche der Neurasthenie: „Zu allen Zeiten wurde der schädliche Einfluss der Onanie auf das

Nervensystem hervorgehoben, vielleicht aber die Bedeutung für die Entstehung von Hirn- und Rückenmarksleiden wesentlich überschätzt. Früher hielt man Vieles für Rückenmarksleiden, was man heute als Neurasthenie kennt."

Noch erwähnen möchte ich hierbei eine Angabe, welche Trousseau macht, er meint, dass besonders Tabetiker die Fähigkeit hätten, die in ihrer Art einzige Fähigkeit, den Coitus in kurzen Zeiträumen sehr oft hintereinander vollziehen zu können. Aber daraus den Schluss ziehen zu wollen, wie es Trousseau, Mauriac u. A. thun, dass bei Individuen, die derartig hochgradig dem Geschlechtsgenuss ergeben sind, das Rückenmark schon erkrankt ist, halte ich für ganz falsch. Ja, Mauriac fügt hinzu, man glaube nur, dass es genau so ist bei den Meisten, die sich der Onanie ergeben. „Die Ursache der widernatürlichen Exzesse liegt in erster Linie im Rückenmark," sagt er. Es ist dies also ein Rückgang zum hippokratischen Standpunkt! Derartige Anschauungen am Ende des 19. Jahrhunderts von einem Manne wie Mauriac, im grossen Dictionnaire de médecine! Wenn alle Jene, die hochgradigem Geschlechtsgenuss ergeben sind, und zu wiederholten Malen pro die — und zwar längere Zeit hindurch fortgesetzt — coitieren oder onanieren, rückenmarkskrank sein sollten, müssten da viele Menschen Tabetiker sein! Das Schreckgespenst Lallemands, Tissots etc.: Tabes und progressive Paralyse als Folge übermässiger natürlicher wie widernatürlicher geschlechtlicher Ausschweifungen, ist längst abgethan. Rückenmarkserkrankung als Folge übermässiger geschlechtlicher Anstrengung ist ein Unding. Tabes kann wohl Folge geschlechtlicher **Erkrankung,** aber nie geschlechtlicher **Überreizung** sein. Ebenso falsch ist auch der Standpunkt Mauriacs, dass die Ursachen derartiger Ausschweifungen ihren Sitz im Rückenmark haben. Wenn alle Jene, die in ihrer Jugend Onanie resp. übermässigen Coitus trieben, rückenmarkskrank wären, würde dies die Sektion ergeben, und ein gesundes, irgendwie zu geschlechtlichen Ausschweifungen disponierendes Rückenmark giebt es nicht. Die Ursache aller geschlechtlichen Ausschweifungen, sei es nun Onanie oder übermässiger Coitus, liegt einzig und allein in dem heftigen Geschlechstriebe, verbunden mit einem der früher unter „Ätiologie“ genannten ätiologischen Momente, wie falsche Erziehung, sittliche Unreife, Willensschwäche, mangelnde Charakterfestigkeit zur Bekämpfung dieser Triebe, Krankheit u. a. m.

Nur insofern könnte man höchstens ein erkranktes Rückenmark event. als geschlechtlich reizend anerkennen, als Tabetiker erfahrungsgemäss, besonders im ataktischen Stadium, oft grösseren geschlechtlichen Trieb haben und dadurch mehr zur Onanie resp. zum Coitus angefeuert werden. Hieraus folgert für den ärztlichen Praktiker folgende wichtige Regel: Bei einem Patienten, der bis dato normales geschlechtliches Bedürfnis hatte und dann plötzlich ohne Grund ein hochgradig gesteigertes sexuelles Bedürfnis zeigt, soll stets auf Tabes dorsalis (und auch Diabetes) untersucht werden!

Dass also Genitalorgane und Rückenmark durch Nervenverbindungsbahnen in innigem Connex stehen, soll damit nicht geleugnet werden, es ist im Gegenteil schon früher derselbe auseinandergesetzt worden. Hieraus aber den Schluss ziehen zu wollen, und ganz allgemein sagen zu wollen, dass Rückenmark und Geschlechtsorgane in gegenseitigem Abhängigkeitsverhältnisse stehen, derart, dass sie bald Ursache, bald Schlusseffekt darstellen, also eine Rückenmarksaffektion notwendigerweise auch eine sexuelle Beeinträchtigung irgend welcher Art im Gefolge haben müsste und umgekehrt, ist ganz verfehlt.

Fassen wir kurz das Resumé dieser „pathologischen“ Thatsachen zusammen, so ergiebt sich: „Die Onanie beruht ebenso wie jede geschlechtliche Ausschweifung auf einem heftigen Geschlechtstriebe, dem der willensschwache Körper nicht kräftig Widerstand zu leisten vermag und so dem Laster verfällt, **nicht** aber auf einer abnormen Bildung des Rückenmarks. Das Kleinhirn hat mit dem Geschlechtstriebe nichts zu thun, sondern die Beaufsichtigung und Leitung aller geschlechtlichen Funktionen hängt ab von einem Punkte im Rückenmark, und zwar besonders im Lendenmark, dem Centrum genitospinale von Budge, das mit der Grosshirnrinde in Verbindung steht.

III. Folgen der Onanie

werde ich besprechen als

I. Folgen für das betreffende Individuum selbst, individuelle Folgen,

II. Folgen für die Familie und die gesamte menschliche Gesellschaft, sociale Folgen.

I. Individuelle Folgen der Onanie.

Aus dem Früheren geht zur Genüge hervor, dass ein derartiges Laster, das mit einer solchen Heftigkeit und meist so beständig ausgeübt wird wie die Onanie, für den gesamten Organismus wie für die einzelnen Organe desselben nicht ohne Folgen sein kann. Dennoch ist die Frage, ob die Onanie überhaupt schlimme Folgen habe und welche? eine ungemein verschieden beantwortete, sodass sie Cohn mit als „sicher die umstrittenste im ganzen Gebiete" bezeichnet. „Wie oft — und wie verschieden! — ist diese Frage aber auch im Laufe der Zeit von den Ärzten beantwortet worden. Der Erste, der dieser Frage, in welchem Lichte, werden wir gleich sehen, wissenschaftlich näher trat, war der Franzose Tissot in seinem berühmt gewordenen Werke: „De l'onanisme", 1760, und dann besonders Lallemand in „Des pertes seminales", Paris 1836. Wohl selten hat ein wissenschaftliches Werk, das sexuelle Dinge behandelt, mehr Aufsehen erregt und mehr Staub aufgewirbelt als dieses Werk, das von den Ärzten und Laien damaliger Zeit verschlungen ward und für längere Zeit als Richtschnur in diesen Dingen galt. Nach diesem Autor sind die Folgen der Onanie ganz fürchterliche. Gehirn- und Rückenmarkskrankheiten, wie Tabes dorsalis, progressive Paralyse, Dementia paralytica etc., sind meist die unabwendbaren späteren Folgen der früheren Onanie. Die Schundlitteratur über dieses Laster (sowie über andere geschlechtliche Erkrankungen) ist im Laufe der Zeit auf Legion angewachsen, und nirgends herrschen heutzutage sowohl unter Aerzten als auch Laien so widersprechende Ansichten als hierüber. Die Wahrheit ist und bleibt, dass Jahre lang hintereinander betriebene Masturbation im Laufe der Zeit eine Schwächung des gesamten Nervensystems im Gefolge hat, jedoch nie derartige böse Übel zeitigen kann, wie sie Lallemand oder Tissot beschreiben. Auch hier spielt natürlich die Widerstandsfähigkeit, die gesamte Körperkonstitution eine grosse Rolle. Am wenigsten widerstandsfähig ist das Nervensystem. Eine allgemeine Neurasthenie und geistige Schädigung, bestehend in wenigstens zeitweiser merklicher Schwächung des Gedächtnisses und Unvermögen zu andauernder geistiger Arbeit, Energielosigkeit, deprimierter Gemütsstimmung, die selbst bis zur Melancholie führen kann, sind die gewöhnlichen Folgen wohl selbst bei geringer oder mittelmässiger Onanie. Auch hier giebt es natürlich „rühmliche“ Ausnahmen. So erzählt Curschmann von einem jungen, geistreichen Schriftsteller, der, obgleich er 11 Jahre hindurch intensiv dem hässlichen Laster gehuldigt, dennoch körperlich und geistig frisch blieb und bedeutende litterarische Erfolge aufzuweisen hatte. Ich selbst kenne einen jungen, jetzt ca. 36jährigen Offizier, der in den untersten Klassen auf dem Gymnasium, dann in der Cadettenschule und als junger Leutnant trotz sehr starken natürlichen Verkehrs heftig onanierte; er selbst schätzt, dass er Jahre hindurch zwei- bis selbst dreimal täglich onanierte und ausser den Freuden in venere auch denen in Baccho stark zugesagt hat. Ja, obgleich derselbe nicht von besonders kräftiger Konstitution ist, so ist er doch völlig schadlos über all’ diese Klippen hinweggeschritten und heute ein geistig und körperlich tüchtiger, pflichttreuer Offizier. Die Disposition und wahrscheinlich auch die Heredität spielen eben eine grosse Rolle hierbei und sicher ist, dass hereditär neurasthenisch Belastete viel eher den oben genannten Folgen unterliegen als Andere. Doch sind Fälle, wie die oben citierten, seltene Ausnahmen. In der Regel hinterlässt die Onanie Schädigungen, seien sie dauernder oder nur vorübergehender Art, wenn auch nicht derartige, wie man nach den Lallemandschen Schilderungen erwarten dürfte.

Man fragt sich dabei unwillkürlich, wie es kommt, dass die Onanie, die im Grunde genommen, wenigstens in ihrem Schlusseffekt, doch völlig mit dem Coitus naturalis übereinstimmt, derartig schwere Folgen nach sich ziehen kann. Die bedeutendsten Neuropathologen und Forscher wie Curschmann, Fürbringer u. A. meinen, dass die Onanie deshalb so schädlich wirke, weil sie so früh beginnt und übermässig betrieben wird. Sicher ist dies wohl der Hauptgrund für die Schädlichkeit des Lasters. Eben dadurch, dass das Laster zu jeder Zeit und ohne ein Individuum des anderen Geschlechts betrieben werden kann, wird es oft betrieben. Dann ist aber das Wichtigste die Rückwirkung dieser hochgradigen Erregung auf das gesamte Nervensystem, die um so gefährlicher wirkt, weil die Onanie eben öfter als der Coitus naturalis aus oben angeführtem Grunde betrieben wird. Es gerät dadurch das Nervensystem gleichsam in einen Zustand dauernder Erregung. Die Gemütsdepression, dann die Reue, gleichsam der moralische Kater, der dem Akte folgt, ist meines Erachtens bei der Masturbation entschieden schlimmer als beim regelrechten Coitus. Das Letzterer aber mehr schädlich sein soll, als die Masturbation selbst, wie Löwenfeld meint, möchte ich stark bezweifeln. Der grösste Teil der Onanisten gehört eben zu jenem leichtlebigen Volke, das trotz der jedesmaligen, kurz nach dem Akte erfolgenden körperlichen und geistigen Depression bald darauf ohne Gewissensbisse und unbekümmert um die Schädigungen, die es seinem Nervensystem auferlegt, tagtäglich weiter seine Selbstbefriedigung vornimmt. Ja, ich möchte behaupten, dass ein Teil von Masturbanten bloss aus alter Gewohnheit, ohne jegliche sexuelle Aufregung, ohne Anstoss von aussen hierzu, seinem Laster fröhnt. Nur bei tiefer angelegten Naturen, bei wohlerzogenen Charakteren, bei an und für sich schon hypochondrisch gestimmten Naturen treten bald Scrupel und Gewissensbisse zu Tage.“ (Rohleder, Die krankhaften Samenverluste etc. Seite 18 bis 20.)

Dem gegenüber meint Erb, dass beim Onanisten neben den gefährlicheren Wirkungen des Lasters auch das Bewusstsein, eine Gemeinheit zu begehen, in Betracht gezogen werden müsste, und Löwenfeld meint, dass „der beständige Kampf zwischen dem übermässigen Triebe und der sittlichen Pflicht besonders angreifend und erschöpfend auf das Nervensystem wirke“ und gerade das

Nervensystem durch die Gewissensbisse und Scrupel weit mehr Schädigung als direkt durch masturbatorische Vorgänge erfahre. Soweit meine Erfahrungen reichen, bin ich der Ansicht, dass nur bei einem geringen Prozentsatz von Onanisten das Laster einen derartigen tiefen Eindruck auf das seelische Befinden des Einzelnen zurücklasse, dass bei weitem bei der grössten Mehrzahl der Onanisten der deprimierende Eindruck, den die Onanie hinterlasse, nur ein kurzer, momentaner, bald vorübergehender ist, und ohne Seelenkämpfe bei neu erwachender Libido, die Onanie wieder vorgenommen wird. Übermässiger Geschlechtsgenuss wirkt sicher ebenfalls schädigend sowohl auf das Nervensystem, als auch auf den übrigen Gesamtorganismus, aber eben dadurch, dass die Onanie fast zu jeder Zeit, jedenfalls viel öfter betrieben werden kann als der Coitus, übt sie bedeutend schädlichere Rückwirkungen auf das Centralnervensystem aus. Also im Vergleich zur natürlichen Geschlechtsbefriedigung wirkt die Onanie viel schädlicher, als erstere.“ (Rohleder, loc. cit.)

In welcher Weise nun die Onanie spezifisch schädlich wirkt, welche Systeme besonders von den schädlichen Folgen betroffen werden, diese Frage zu beantworten haben schon die alten Ärzte versucht, immer und immer wieder wurden die Folgen der Onanie Studium hervorragender Ärzte. Was Wunder daher, dass auch im Laufe der Zeit eine so verschiedenartige, oft ganz entgegengesetzte Beurteilung unseres Lasters sich herausstellte. Gab es doch Ärzte, die von einer fortwährenden Reizung der Genitalien alle nur denkbaren und undenkbaren Krankheiten, acute wie chronische Zustände, mit höchstem Fieber einhergehende wie fieberlose Erkrankungen als Folgen der Onanie ansahen. Actius sagt, Tetrab. III, serm. III c. 34, dass Excesse im Geschlechtsgenuss: Magerkeit, Schwächung des gesamten Körpers, bleiche Gesichtsfarbe, tiefliegende Augen u. s. w. mit sich führten. Lommius, Commentarii, Amsterdam 1761, meint, dass allzu ofte Samenverluste eine Menge Übel, wie Apoplexie, Lethargie (schlafähnlicher Zustand), Epilepsie, allgemeines Zittern des ganzen Körpers, Paralysen, Krämpfe, ja sogar Erblindungen (!) und die schmerzhaftesten Gichtanfälle unwiderruflich hervorbringen müssen. Was hat die Lektüre derartiger Werke bewirkt? Nicht nur, dass im Publikum damaliger Zeit derartigen unbezeichenbaren Übertreibungen Glauben geschenkt wurde, sondern dass selbst ein Teil der Ärzte damaliger Zeit, vielleicht der grösste, derartige Folgezustände des Lasters für möglich hielten und alle Krankheitszustände als Folge desselben annahmen. Aber wie auf jede Zeit der Übertreibung und Überhebung eine Zeit der Ernüchterung folgt, — man denke nur an unsere Tuberculinzeit, auf die Zeiten des „Hosiannah" folgte das „Kreuziget ihn" — so auch hier. Es dauerte nicht lange, so wurden von einem anderen Teil der Ärzte nicht allein Zweifel an die Auslegungen derartiger Schriftsteller gelegt, sondern man verfiel ins Gegenteil, und so kam es, dass die Onanie allmählich als ein unschädliches Übel von den Laien als auch von den Ärzten angesehen wurde, ja selbst als physiologische Notwendigkeit (Ellis). Erst der neueren und neuesten Zeit, in der man der Einwirkung der geschlechtlichen Thätigkeit auf den Gesamtorganismus wie auf die einzelnen Organe ein entsprechendes wissenschaftliches Studium zu teil werden liess, war es vorbehalten, auch hier die Spreu von dem Weizen zu sondern und den goldenen Mittelweg in der Beurteilung der Schädlichkeiten der Masturbation einzuschlagen, der der wahrhaft allein richtige ist, zu zeigen, wie die Onanie entschieden schädlich wirkt, wie sie aber nicht derartig verderbliche Wirkungen entfaltet wie die oben geschilderten. Treffend sagt H. Fournier: „Die Natur spricht hier laut genug, man verunstaltet, entstellt durch Übertreibungen das Gemälde, welches sie (die Onanie) uns bietet, und anstatt der Sache zu dienen, schwächt man nur die Lehre ab, die sie giebt." Ich werde bestrebt sein, eine sachgemässe Schilderung der Beeinflussung der einzelnen Organe des Körpers durch die Onanie zu geben.

Was die spezifischen Wirkungen der Onanie anbetrifft, so sind diese natürlich abhängig von der Heftigkeit, mit der masturbiert wird, von dem Alter des Onanierenden, dem Geschlecht, Temperament, der Widerstandsfähigkeit, besonders der Widerstandsfähigkeit des Nervensystems und noch so manchen mehr oder weniger beeinflussenden Nebenumständen. Ein wichtiger Punkt für die Beurteilung der Folgen der Onanie ist auch der:

Hat der Verlust des Spermas allein schon schädigende Rückwirkung auf den menschlichen Organismus?

Mehrere Forscher, und darunter die bedeutendsten wie Curschmann, Fürbringer u. A. haben die Behauptung aufgestellt, dass der materielle Verlust des Spermas an und für sich nicht von grosser Bedeutung, von grosser Schwächung ist, gegenüber den anderen schädigenden Momenten der Onanie doch ganz ohne Belang sein dürfte. Es hat Lode im Artikel: Zahlen und Regenerationsverhältnisse der Spermatozoiden," Pflügers Archiv L 1891, aus 24 Condominhalten die durchschnittliche Menge des Ejaculats auf noch nicht ganz $3^1/_2$ ccm. berechnet (bei 2—300 Millionen Spermatozoen). Dies stimmt mit den Angaben anderer Autoren ungefähr überein. So fand Mantegazza, der bekannte italienische Physiolog, die durchschnittliche Menge des bei einer Cohabitation ejakulierten Spermas bei einem 30jährigen Manne zwischen 0,75—6 ccm. Ja, Ultzmann schätzt das durchschnittliche Quantum sogar auf 10—15 ccm. Berechnet man nun durchschnittlich den Verlust des Spermas pro Ejakulation auf nur 3—5 ccm., so macht dies doch schon bei täglich mehrmaliger und durch Jahre hindurch fortgesetzter Onanie — daneben noch der übliche Coitus naturalis — einen hübschen Fonds von konzentriertem Körpereiweiss aus, — es besteht chemisch aus Eiweisskörpern, Lecithin, Peptonen etc. — dessen fortgesetzter Verlust für den Körper wohl nicht ganz ohne Bedeutung sein dürfte. Warum, wie Fürbringer meint, die Spermamenge beim Coitus eher grösser sein soll als bei Onanie, verstehe ich nicht. Dass bei in Schranken gehaltener Onanie, dasselbe ist bei in normalen Zwischenräumen vollführtem Coitus der Fall, der Spermaverlust für den Körper ganz gleichgiltig ist, ist allerdings sicher. Bedenkt man aber, dass die Onanie eben zu jeder Zeit ausgeführt werden kann, und dass sie eben dadurch auch viel öfter als letzterer ausgeführt wird und dadurch schädlich wirkt, dass bei lange Zeit anhaltender Onanie, gleichsam als Beweis hierfür, eine immermehr zunehmende Verdünnung, Verflüssigung des Spermas eintritt, die lebenden Spermatozoen an Zahl und Kraft immer mehr abnehmen, also gleichsam ein zeitweiliger Erschöpfungszustand in der Regenerationsfähigkeit der Sperma produzierenden Keimzellen eintritt, die sogenannte Oligozoospermia e abusu sexuali vel e onania, wie ich sie loc. cit. früher genannt habe, so glaube ich, zeigt dieses Symptom schon, dass man doch annehmen muss, dass der Verlust des Spermas als einer eiweissreichen Masse dem Körper nicht ganz gleichgiltig sein kann, wenn er natürlich auch nicht im Verhältnis steht zu den anderen Schädigungen, die die Onanie den einzelnen Organen auferlegt, wie etwa dem Nervensystem. Ein strikter Beweis für oder gegen diese Angabe lässt sich schwer erbringen. Selbst der als Beweis für die Unschädlichkeit des Verlustes des Spermas als solchen für den Organismus erbrachte Fall Fourniers, wo ein junger masturbierender Mann sich im Momente der Ejaculation die Harnröhre am hintersten Teile compromierte und so den Ausfluss des Spermas vermied, so dass selbst der darauf gelassene Urin völlig frei davon war und wo dennoch, trotz dieser Vorsichtsmassregel, die üblen Folgen der Onanie auftraten, beweist als solcher gar nichts. Auf die Häufigkeit und Heftigkeit der onanistischen Anfälle kommt es an, und ob die üblen Wirkungen nicht schon eher oder in stärkeren Masse in diesem Falle eingetreten wären, wenn betreffender Masturbant die Ausspritzung des Spermas hätte vor sich gehen lassen, bleibt ebenfalls dahin gestellt. Dieser Punkt wird sich also nie entscheiden lassen, er wird stets subjektiv beurteilt werden und nie eine rein objektive Beurteilung zulassen. Vellir stimmt Roubaud in dieser meiner Ansicht bei und meint, dass die plötzliche Mattigkeit und Schwäche, welche sich des Menschen nach dem Coitus bemächtige, teilweise der Spermaabgabe zuzusprechen sei, weil das Weib, wie energisch es auch beim Akte mitgewirkt haben möge, nur eine vorübergehende Müdigkeit empfinde, welche weit geringer sei als die des Mannes und ihr daher früher eine Wiederholung des Coitus erlaubt.

Man kann sagen, dass fast alle Organsysteme unseres Körpers mehr oder weniger durch die Onanie in Mitleidenschaft gezogen werden; auf alle übt sie ihren verderblichen Einfluss aus, sowohl auf die geistigen wie körperlichen Fähigkeiten und Organe des menschlichen Körpers. Vorerst stellt sich uns die Frage entgegen:

Wirkt die Onanie schädlicher als der in gleichem Masse betriebene Coitus naturalis?

Diese Frage ist, wie vorher kurz gestreift, ebenfalls schon Gegenstand lebhaftester Diskussionen gewesen. Nicht uninteressant dürfte es dem Leser sein, bevor ich meine Erfahrungen und Deduktionen aus eigener Praxis bezüglich dieser Frage niederlege, einmal die Urteile unserer besten Neurologen und Schriftsteller bezüglich dieses Themas anzuführen.

Curschmann und Fürbringer sind der Meinung, dass Onanie und natürlicher Geschlechtsgenuss bezüglich des Schlussaktes völlig gleiche Akte sind, denn die hochgradige Erregung sei bei beiden dieselbe. Ferner ist nach beiden Autoren, wie auch schon erwähnt, der Verlust des Spermas als solcher dem Körper nicht schädlich. Die hochgradige Erregung des gesamten centralen wie peripheren Nervensystems kann aber nur dann unschädlich sein, wenn beide Akte, Onanie wie Coitus, in den Grenzen der Mässigkeit ausgeübt werden, und in diesem Sinne, durch allzugrosse Häufigkeit wirken beide, Onanie wie Coitus, schädigend. In normalen Grenzen ausgeführte Onanie ist hiernach unschädlich. Derselben Ansicht stimmt Erb bei. Er sagt: „Der Effekt auf das Nervensystem muss doch für den Mann wesentlich derselbe sein, ob die Erregung in der Vagina oder irgend wo selbst ausgeführt wird. Die nervöse Erschütterung bei der Ausspritzung bleibt dieselbe, eher dürfte anzunehmen sein, dass beim Gebrauch eines Weibes die nervöse Aufregung noch grösser ist.“ Dennoch meine ich, entgegen all' diesen Autoren, dass wohl ein grosser Unterschied bestehe zwischen gleich oft ausgeführter Onanie und ebensolchem Beischlaf, und wie ich unten zeigen werde, deshalb, weil bei der Onanie die Überschreitung der Fantasie, die geistige Arbeit eine viel grössere und besonders für das Nervensystem viel schädigender ist als beim Beischlaf. Dies ist die Ansicht der Autoren über die mässige Onanie resp. den mässigen Beischlaf. Doch wie verhält sich die Sache bei Excessen in beiden? Was wohl ist nun Excess in der Geschlechtssphäre? „Wo fängt das Übermass an“? fragt Cohn hier sehr richtig. Ich habe schon früher darauf hingewiesen, dass hier eine strenge Scheidung, wo die Grenze der Norm aufhört und das Übermass anfängt, überhaupt nicht gezogen werden kann und individuell sehr verschieden ist. Von der Körperkonstitution, der Lebensweise, dem Alter, Geschlecht, Individualität, Klima und anderen mehr oder weniger bestimmenden Umständen hängt dies ab. So sagt Erb: „Während für den einen das Lutherische „Die Woche zwier“ schon das Übermass des Erreichbaren bedeutet, kann der andere ungestraft das 4—6—10fache davon leisten. Es scheint das in angeborenen Verschiedenheiten der geschlechtlichen

Kraft zu beruhen, wie man das auch bei Tieren, den Zuchthengsten u. s. w. sieht." Um nur einige Beispiele anzuführen, wie selbst hochgradige Onanie von manchen Personen ohne jegliche Schädigung resp. mit nur unbedeutender vertragen wird, davon giebt Curschmann sein bekanntes Beispiel eines jungen, geistvollen, schönwissenschaftlichen Schriftstellers, das ich schon oben erwähnt. Auch Fürbringer erzählt von einem Dozenten in mittleren Jahren, der ganz Ähnliches gestand und den selbst die Ehe nicht vor zahlreichen Rückfällen bewahrte, der seine robuste Körperkonstitution ungeschwächt erhalten und im Unterricht und wissenschaftlichen Forschungen eine seltene Leistungsfähigkeit bekundet," ferner von einem 30jährigen Kaufmann, der eingestand, jahrelang fast täglich, nicht selten 3—4 × pro die onaniert zu haben — die höchste Fürbringer bekannte Leistung — und zwar Andeutungen von Defaecationspermatorrhoe und Cerebralneurasthenie (benommenen Kopf und Gedankenschwäche) davongetragen hatte, indessen nach seiner ganzen Erscheinung eine nichts weniger als ruinierte Konstitution bekundete. Cohn sagt: „Von so manchem Freunde, mit welchem ich zusammen studierte und der jetzt in seinem Fach Bedeutendes leistet, habe ich Bekenntnisse über wilde Onanie in der Jugend erhalten; aber das waren alles auch kräftige widerstandsfähige Naturen." Die Disposition und wahrscheinlich auch die Heredität, spielen eben eine grosse Rolle hierbei und sicher ist, dass hereditär neurasthenisch Belastete viel eher den oben genannten Folgen der Onanie unterliegen als Andere. Immerhin sind Fälle, wie die oben citierten, seltene Ausnahmen und die Regel lautet: Je mehr sexuelle Excesse, sei es im Coitus oder in der Onanie, begangen werden, um so schlimmer sind die Folgen.

Besonders schädlich wirkt die Onanie nach genannten Autoren durch 2 Gründe:

1. Dadurch, dass sie zu früh beginnt,

2. Dadurch, dass sie zu jeder Zeit ausgeübt werden kann und infolgedessen auch übermässig betrieben wird. Auch ich bin dieser Ansicht, nur möchte ich diesen zwei Gründen noch vier weitere beifügen und diese 6 Ursachen, weshalb ich die Onanie als bei weitem schädlicher erachte als den Beischlaf, ihrer Schwere und Wichtigkeit nach nun kurz erörtern.

Ziehen wir einen kurzen Vergleich zwischen beiden Akten,

dem des natürlichen Coitus und dem der Masturbation. Beim Coitus wird die Fantasie hauptsächlich erregt durch die Person des anderen Geschlechts, mit dem die Begattung vollzogen werden soll. Hier ist also der Fantasie gleichsam etwas Greifbares, Fleischliches, schon Vorhandenes geboten. Körperliche Bewegungen, Griffe, gegenseitige Berührung, Entkleidung, Anblick gewisser Körperteile, Küsse u. s. w. arbeiten hier als von aussen erregende Momente mit. Die Fantasie hat also beim natürlichen Coitus wenig oder gar nicht zu arbeiten, durch erregende Eindrücke obengenannter Art von aussen wird die Reizung der Genitalien binnen kurzer Zeit hervorgerufen. Es kommt ferner noch als sehr wichtiges Moment hinzu, dass die Reibungen und natürlichen Bewegungen des von selbst erigierten Penis in der Scheide, an den Schleimhautfalten der Scheidenschleimhaut als weitere mechanische Erregungen von selbst, ohne jegliche Zuhülfenahme der Fantasie anreizen und bis zum höchsten Orgasmus, bis zur Ejakulation fortgesetzt sexuell erregend wirken. Wie ganz anders bei der Masturbation. Hier fehlt das natürliche, dem anderen Geschlecht angehörende Objekt. Alle die erregenden natürlichen Gegenstände zur Anreizung der Geschlechtsorgane fallen weg, sie müssen ersetzt werden. Wodurch? Durch manuelle Reibungen der Genitalien und, da besonders bei länger betriebener Onanie die Reizungsfähigkeit der Genitalien schon etwas hierdurch abgestumpft ist, in erster Linie durch Erhitzung der Fantasie. Dem Gehirn, dem gesamten Centralnervensystem wird durch diese kolossale Arbeit der Fantasie (man bedenke das kindliche sich noch entwickelnde Gehirn) eine ungeheure Anstrengung zugemutet, eine Überbürdung zugewiesen. Es findet hierbei ein bedeutend grösserer Verbrauch von Nervenmaterie statt, der auf die Dauer, bei fortwährender Wiederholung mehr oder weniger von schädlichem Einflusse sein muss.

Die Frage: Wirkt die Onanie schädlicher als der in gleichem Maasse betriebene Coitus? ist daher mit **ja** zu beantworten, weil

1. die Arbeit der Fantasie und dadurch die dem gesamten Centralnervensystem auferlegte Arbeit bei der Onanie bedeutend grösser ist als beim Coitus, sie dadurch schädlicher wirken muss und die Rückwirkung auf den Gesamtorganismus mehr erschöpfend sein muss.

Die in Grenzen gehaltene Onanie muss hierdurch geistig schon verderblich wirken, muss von vielmehr erschöpfendem Einfluss für das Gehirn sein als der Coitus, selbst wenn es noch nicht bis zur Ejakulation gekommen sein sollte.

2. Wirkt die Onanie deshalb schädlicher als der Coitus, weil sie viel öfter als dieser ausgeübt wird.

Ist allein der Geschlechtstrieb vorhanden, so sind alle Bedingungen zur Onanie gegeben. Ja, selbst diese Bedingung braucht nicht einmal gegeben zu sein. Während also der dem natürlichen Geschlechtsgenuss sich Hingebende nur zu geeigneten Zeiten seinem Geschlechtstriebe willfahren kann, begünstigt jeder Moment die Onanie. Die Gelegenheit dazu ist fortwährend vorhanden und jeder erregende Eindruck wird leider nur zu oft selbst ohne Erektion des Gliedes durch Onanie befriedigt. Cohn spricht von Fällen, wo 4—6 mal an einem Tage von 15 bis 18 jährigen Schülern onaniert wurde. Treffend sagt Curschmann: „Dadurch, dass der Onanist von äusseren Verhältnissen ganz unabhängig auf seine eigene Willenskraft angewiesen ist, die rasch mehr und mehr erlahmt ergiebt sich ohne weiteres, dass er auch weit schwerer von seinen Gewohnheiten ablassen kann als der in venere vera Excitierende, der mit fremden Faktoren sehr zu rechnen hat."

3. Wirkt die Onanie dadurch schädlicher als der Beischlaf, weil sie schon viel früher, schon in der Kindheit beginnt.

Wir haben bei Besprechung der „Onanie in den einzelnen Lebensabschnitten" gesehen, wie schon in der frühesten Kindheit manchmal, und in der späteren Schulzeit meist fast von allen Kindern masturbiert wird. Und gerade in dieser frühen Jugendzeit, wo Geist und Körper noch in der Entwickelung sind, die Folgen des Lasters, die heftigen nervösen Erschütterungen um so tiefer greifend sind, wird der Coitus wohl noch nie, oder in ganz abnorm seltenen Ausnahmefällen geübt.

Diese beiden Momente, die allzugrosse Häufigkeit und der übermässig frühe Beginn des Lasters sind wohl die beiden Hauptschädlichkeiten.

4. Wirkt die Onanie dadurch schädlicher als der Beischlaf, dass sie den Charakter verdirbt,

„dadurch, dass sie die physiologischen Beziehungen zum anderen

Geschlecht und damit eine der wichtigsten Quellen zur Bethätigung der Kräfte im Individuum und sozialen Dasein an der Wurzel untergräbt, also ein Sieg der Gewohnheitsanomalie über die Charakterfestigkeit." (Fürbringer.) Der Onanist weiss, dass er eine Gemeinheit begeht oder wenigstens eine niedrige Handlung thut. Dennoch thut er sie, es wird also gewohnheitsmässig der Entschluss zu einer derartigen niedrigen Handlung immer leichter, der Wille immer mehr und mehr geschwächt.

5. Wirkt die Onanie dadurch schädlicher als der Coitus, als derselben ein — wenn auch kurzer — Zustand von innerer Selbstunzufriedenheit, von Reue folgt.

Erb meint, dass gerade der „beständige Kampf zwischen dem übermässigen Triebe und der sittlichen Pflicht besonders angreifend und erschöpfend auf das Nervensystem" wirke und die meisten unserer Onanisten zu Sexualneurasthenikern mache, Momente, die dem Coitus nicht oder wohl kaum in dem Grade eigen sind wie der Onanie. Griesinger sagt: „Jener Kampf gegen einen Trieb, der schon übermächtig geworden, jenes stete Unterliegen, jener verborgen gehaltene Zwiespalt zwischen Scham, Reue, gutem Vorsatz und zwischen dem gebieterischen Reiz ist nach nicht wenigen Geständnissen von Onanisten unbedingt wichtiger als das somatische Moment." Die Gemütsdepression nach besiegtem sittlichen Pflichtgefühl, die Reue, die moralische Zerknirschung nach Unterlegensein in dem Kampfe, sie sind bei der Masturbation meines Erachtens entschieden schlimmer als nach einem regelrechten Coitus und wenn, wie ich stets betone, beim grössten Teile der Onanisten diese psychische Depression post actum nicht lange anhalten mag, so hinterlässt sie doch bei jedem Akte eine, wenn auch momentane, erschöpfende Wirkung auf das Nervensystem des Sünders, die im Laufe der Zeit sich summierend nicht zu unterschätzen sein dürfte.

Zuletzt wirkt

6. die nach der Onanie eintretende allgemeine Erschöpfung ganz entschieden ungünstiger wie die nach dem Coitus sich einstellende Ermattung.

Es ist viel hin und her gestritten worden, ob der der Ejaculation folgende Ermüdungszustand bei der Onanie ein grösserer ist als bei der Cohabitation. Es haben manche Autoren behauptet, dass unter physiologischen Bedingungen die dem Coitus folgende Erschlaffung eine kaum nennenswerte und recht behagliche sei. Nur bei Cohn finde ich die Angabe, dass „dem physiologischen Akte ein beträchtlicher Grad von Abspannung folgt.“ Ich glaube auf Grund mehrfacher ärztlicher Erfahrungen behaupten zu dürfen, dass von sexuell vollständig normalen aber nervösen Personen diese Erschlaffung als nichts weniger denn angenehm, sondern recht unangenehm, psychisch deprimierend hingestellt wurde. Doch sei dem wie ihm wolle. Sicher ist, dass bei unnatürlichen Samenverlusten wie krankhaften Pollutionen, Onanie, Spermatorrhoën die meisten Kranken angeben, dass eine starke Niedergeschlagenheit, Mattigkeit und Schwäche nach dem Spermaverluste sich einstelle, grösser als nach einem natürlichen Coitus, was wohl naturgemäss als ein allmählich abklingender Ermüdungszustand der Nerven anzusehen ist. Auch von Kraft-Ebing meint, dass die erschöpfende Wirkung auf das Nervensystem nach Onanie eine unverhältnismässig grössere ist als die des physiologischen Coitus, weil durch die Onanie „eine inadaequate Reizung gegeben ist.“ Vielleicht wirkt hier auch etwas der Spermaverlust als solcher mit. Wenigstens soll das weibliche Geschlecht sich ebenso wie nach einem Coitus, so auch nach der Onanie nie so angegriffen fühlen wie das männliche.

Aus alledem ergiebt sich, dass die Onanie im Vergleich mit dem natürlichen Geschlechtsakte eine bei weitem grössere Schädlichkeit für den Körper darstellt, obgleich bei beiden der Endeffekt als solcher — Verlust des Spermas — der gleiche ist. Es geht aber daraus auch hervor, dass selbst mässige Grade von Masturbation auch bei geschlechtsreifen Individuen viel eher nachteilig wirken müssen, als mässige Grade von Coitus naturalis, besonders die geistige Kraft des Onanisten viel mehr Schaden erleiden muss. Dass ferner aber übermässiger natürlicher geschlechtlicher Verkehr auch schadet wie die Onanie, wer wollte daran zweifeln? Denn „bei jedem Coitus tritt, besonders kurz vor und bei der Ejakulation, ein Zustand höchster Aufregung des gesamten Nervensystems ein. Folgen nun diese Erregungen in kurzen Intervallen, womöglich täglich mehrere Male, wie es beim Abusus sexualis der Fall ist, so gerät dadurch das gesamte Nervensystem, besonders aber die Centren, in einen Zustand mehr dauernder Erregung, in eine dauernde Cerebrospinalirritation, sodass schon geringe Reizungen genügen können, um eine Erektion mit darauffolgender Ejakulation auszulösen." (Rohleder, loc. cit. Seite 22.)

Von allen Faktoren aber ist der am meisten unbestimm- und unberechenbare die sogenannte Disposition, denn während oftmals ein starker gesunder Mann mit völlig intaktem Nervensystem in kurzer Zeit durch heftige Onanie zu einem elenden, schlaffen Menschen, zu einem Schattenbild seines früheren kräftigen Ichs herabsinkt, sehen wir ein andermal selbst einen Schwächling bei starker Onanie sich leidlich über Bord halten, sein leidliches Aussehen bewahren und mit relativ sehr geringen Schäden davonkommen, wie früher angeführte Beispiele zeigen.

Je nach der Widerstandsfähigkeit der einzelnen Systeme, ihren mehr oder weniger innigen Beziehungen zur Onanie sind auch die Erscheinungen der Folgen der Onanie an den einzelnen Organen ganz verschieden. Bei manchen, besonders Kindern, wird das Centralnervensystem hart betroffen. Es zeigen sich heftige Schmerzen, Krämpfe, Convulsionen, Hysterie, selbst Epilepsie, als Folge der Onanie. Bei anderen Individuen sind besonders die Brusteingeweide betroffen, Beklemmungen, Herzpalpitationen, Atemnot und dergl. stellen sich ein. Bei den nächsten wieder sind die Unterleibsorgane afficiert, es stellen sich Magendarmkatarrhe, Dyspepsien, Durchfälle ein. Bei einer anderen Gruppe ist es besonders das Auge, das stark geschädigt wird, Photophobien, Bindehautkatarrhe, Lidkrämpfe u. a. Erscheinungen zeigen sich. Kurz, die Onanie bietet in ihren Folgeerscheinungen ein ungeheuer buntes Bild, eine Mannigfaltigkeit, wie sie grösser wohl kaum eine andere Erscheinung, die Syphilis ausgenommen, im Gefolge haben kann. Diese ungeheure Mannigfaltigkeit ist es, die uns gebietet, die Folgen der Onanie nicht zusammen, in einem Gruppenbilde zur Erscheinung zu bringen, sondern nach den einzelnen Organen gesondert zu besprechen, und zwar nach folgenden Gruppen:

Folgen der Onanie

1. für das Nervensystem;
2. für die Sinnesorgane;
3. für die Psyche, für die geistigen Fähigkeiten;
4. für die Verdauungsorgane;

5. für die Respirations- und Circulationsorgane;
6. für das Muskelsystem;
7. für die Genitalorgane;
8. für die Potentia sexualis und die Cohabitation.
9. Allgemeinerkrankungen infolge der Onanie und allgemeiner Verlauf derselben in ihren Folgen.

1. Folgen der Onanie für das Nervensystem.

Alle Organe unseres Körpers werden durch das Nervensystem zu einem harmonischen, zusammenhängenden und geregelt zusammenwirkenden Ganzen verbunden. Allein durch Vermittelung unseres Nervensystems vollziehen sich in jedem Augenblick unsere geistigen Fähigkeiten. Vom Nervensystem sind alle Empfindungen und Bewegungen, alle Sinnes- und geistigen Thätigkeiten abhängig. Es ist ferner das Nervensystem in seinem ganzen Bau, sowohl das centrale (Gehirn und Rückenmark) wie periphere Nervensystem das feinst gebaute, höchst organisierte. Jeglicher Eindruck von ausserhalb wie innerhalb des Körpers wird durch das Nervensystem dem Gehirn übermittelt. Was Wunder daher, wenn ein Laster mit so heftigen Attaquen wie die Onanie, auf das gesamte Nervensystem auch von höchst schädlichen Folgen für dasselbe begleitet ist. Bei dem innigen Connex, in welchem Geschlechtsorgane und Centralnervensystem, besonders Rückenmark, stehen, ist nur zu natürlich, dass in erster Linie von allen Organen das gesamte Nervensystem durch die Onanie geschädigt werden muss. Und so sehen wir auch, wie dieses vor allen Dingen es ist, welches am meisten von allen körperlichen Organsystemen durch unser Laster zu leiden hat, wie hier am ersten die schwersten Störungen sich geltend machen durch jenen Zustand, den unsere heutige medizinische Wissenschaft nach dem berühmten Neurologen Beard mit dem Namen der „sexuellen Neurasthenie“ belegt hat.

Schon im grauen Altertume war der Einfluss der Onanie auf die Nerven bekannte Thatsache, wenigstens erhellt dies aus Manchem. So steht im jüdischen Gesetzbuche, dem Talmud, dass Derjenige, der sich der Onanie ergebe, sich so sein Hirn ausdörre, dass man behauptete, dieses Organ in der Schädelkapsel wackeln zu hören.

Das Bild aber, das die Onanisten infolge der Schädigung ihres Nervensystems uns darbieten, ist ein so wechselvolles, vielgestaltiges und individuell so verschiedenes, dass eine einheitliche Schilderung desselben ein Unding wäre.

„Man versteht unter sexueller Neurasthenie, sexueller Nervenerschöpfung jene Form der Nervenschwäche, welche, durch sexuelle Schädigungen hervorgerufen, sich in funktionellen Störungen der Genitalien äussert. Letztere können die alleinigen Symptome der Neurasthenie sein, meist jedoch sind noch andere Krankheitssymptome in grösserer Anzahl vertreten."

Die Schilderung des Bildes der Neurasthenia sexualis entnehme ich meinem a. a. O. citierten Werke Seite 32—34: „Diese Krankheit bietet ein so ungemein vielseitiges Bild dar, dass eine genaue Schilderung derselben den Rahmen und Zweck des Buches überschreiten würde. Bei der Wichtigkeit der Krankheit aber, die bei ihrer weiten Verbreitung wohl jedem Arzt zu Gesicht kommt, ist ein wenigstens etwas genaueres Eingehen auf dieselbe notwendig.

Der berühmte Psychiater v. Krafft-Ebing (Wien) hat die sexuelle Neurasthenie in 3 Stadien geteilt, deren

1. das der genitalen lokalen Neurose ist, bestehend in gehäuften, vermehrten Pollutionen und verfrühten Ejakulationen.

Das II. Stadium ist die Lendenmarksneurose. Symptome derselben sind Neuralgien des Plexus lumbo-sacralis, vermehrte Nachtpollutionen, Tagespollutionen, merkbare Abnahme der Potenz.

Das III. Stadium stellt ein Fortschreiten der neurasthenischen Symptome bis zur allgemeinen Neurasthenie, der Neurasthenia cerebro-spinalis. dar. Die speziellen sexuellen Erscheinungen sind: Spermatorrhoë, zeitweiliger Aspermatismus d. h. ein Zustand, in dem überhaupt kein Sperma nach aussen gefördert wird.

Es stellt dieses Krafft-Ebingsche Schema, wie natürlich, nicht eine unabweisbare Notwendigkeit dar, nach welcher nun alle sexuellen Neurasthenien verlaufen müssen, sondern nur einen in vielen Fällen beobachteten Entwickelungsgang, der indess von zahlreichen, ganz anders verlaufenden Fällen begleitet ist. Überhaupt können sexuelle Excesse allgemein cerebrospinale Neurasthenie nach sich ziehen, ohne die geringsten funktionellen Störungen der männlichen Genitalien. Ja, ich erachte, dass letzteres sehr häufig der Fall sein muss. Wenn man bedenkt, wie geschlechtliche Excesse, sei es nun in Form der Onanie, oder des übermässigen geschlechtlichen Verkehrs, heutzutage verbreitet sind, so muss man eingestehen, dass die mit genitalen Funktionsstörungen den Arzt konsultierenden Patienten doch nur einen ausserordentlich kleinen Bruchteil im Verhältnis zur Gesamtsumme der „geschlechtlich Ausschweifenden" ausmachen können. Die Erklärung dieser Thatsache ist eben wieder gegeben in der verschiedenen Resistenzfähigkeit der Einzelnen, insbesondere des Centralnervensystems derselben gegen schädigende Einflüsse von aussen.

Von vornherein kann man sagen, dass praeter propter die verschiedenen Arten der sexuellen Excesse verschiedene neurasthenische Folgen haben und zwar derart, dass die Onanie mehr die Cerebralneurasthenie, der übermässige Coitus mehr die Spinalneurasthenie verursacht, während der Coitus interruptus mehr die Impotentia psychica nach sich zieht. Natürlich gelten diese Gesetze nur im Grossen und Ganzen.

Betrachten wir das Gesamtbild der sexuellen Neurasthenie nach folgenden Gruppen:

1. Die cerebralen Erscheinungen der sexuellen N.: Die sexuelle Cerebrasthenie.

2. Die spinalen Erscheinungen der s. N.: Die sexuelle Myelasthenie.

1. Die Erscheinungen der sexuellen Cerebrasthenie sind heftige Kopfschmerzen, Druck und Eingenommensein des Kopfes, welche an einer freien Entfaltung der geistigen Thätigkeit hindern. Der Druck und Schmerz sitzt bald in der Stirn, bald im Hinterkopf. Mit dem heftigen Kopfdruck verbindet sich oft die Unfähigkeit zu regelmässiger geistiger Arbeit. Die Kranken sind dadurch gehemmt, dem Berufe zu obliegen. Sie vermögen nicht mehr anhaltend zu schreiben und zu lesen, dazu treten dann Schlaflosigkeit, hypochondrische Vorstellungen, event. Angstgefühle, erhöhte Reizbarkeit, vor allem aber werden von den Kranken selbst am drückendsten empfunden und — ein Punkt, den ich besonders betonen möchte — hauptsächlich in der Sprechstunde geklagt, die geistige Erschlaffung und Energielosigkeit. Die

Kranken sind beim besten Willen nicht im stande, auch nur kurze Zeit hindurch ihre Gedanken zu konzentrieren, den guten Willen haben sie wohl, aber das Vollbringen fehlt ihnen, dazu tritt Gedächtnisschwäche. Auch Störungen von seiten der Sinnesorgane können sich einstellen. Manche Patienten klagen über subjektive Empfindungen des Drucks, vermehrte Lichtempfindlichkeit. Es ist klar, dass ein derartiger Zustand eine Unzufriedenheit mit sich selbst schaffen muss. Die geängstigten Patienten suchen die Einsamkeit, entfliehen dem Umgang ihrer Bekannten, und werden dadurch, sowie durch das Verschlingen der leider Gottes so zahlreichen, sexuelle Dinge betreffenden Schundlitteratur, in der „Rückenmarkserkrankung“, „Gehirnerweichung“, „progressives Irresein“ etc. als Folgen der Krankheit dargestellt werden, der Hypochondrie und Melancholie in die Arme getrieben.“

2. „Die spinalen Erscheinungen der s. N., die Myelasthenia sexualis kommt meist mit der Cerebrasthenie combiniert vor, ebenso wie auch letztere selten allein auftritt, sondern meist combiniert mit der spinalen Form. Die Kranken klagen über Schwäche und leichte Ermüdbarkeit beim Gehen, Schmerzen im Kreuz und Rücken, event. auch in den Extremitäten. Neben den Schmerzen sind häufig Klagen über Parästhesien in genannten Teilen, ein Gefühl von Kribbeln, Kälte, Taubsein, besonders in den Beinen, ein Gefühl der Schwere in den oberen und unteren Extremitäten. „Mir liegts wie Blei in den Gliedern“ und Ähnliches sind oft gehörte Äusserungen der Patienten. Auch Neuralgien, lancinierende Schmerzen, ähnlich denen der Tabes, werden geklagt. Diesen subjektiven Schilderungen stehen auch objektive Befunde des Arztes zur Seite, so findet man oft das unter dem Namen der Irritatio spinalis bekannte Symptom i. e. eine Druckempfindlichkeit der Wirbel an bestimmten, beschränkten Stellen, ein gewisser Tremor in den Extremitäten, fibrilläre Zuckungen, besonders in den Fingern. Von ganz besonderer Wichtigkeit — auch für die Diagnose — ist ein fast konstanter, hochgradig gesteigerter Patellarreflex; bei leisem Beklopfen schnellt die Extremität hoch empor, selbst in einen kurz dauernden Klonus kann der Reflex übergehen. Hierauf wolle der Arzt immer achten. Die Sensibilität ist immer normal, hingegen findet man oft vasomotorische Störungen, abnormes Kältegefühl, Blässe der Hände, geringe Neigung zu Schweissen etc.

Ich habe vorher erwähnt, dass onanistische Excesse, im Gegensatz zu solchen in coitu, mehr die Cerebrasthenie verschulden. Löwenfeld meint, dass diejenigen Onanisten, welche dauernd sich mehr geistig anzustrengen durch den Beruf gezwungen sind, oder Reue und Scrupel über ihr Laster sich machen, mehr an Cerebrasthenie, Gehirnerschöpfung leiden, hingegen die mehr körperlichen Arbeiten ausgesetzten Onanisten mehr zur Myelasthenie, zur Rückenmarkserschöpfung geneigt sind. Hösslin erklärt die Neurasthenie nach Onanie auf folgende zweierlei Weise:

1. Durch direkte Überreizung und Ermüdung für die Centren der geschlechtlichen Thätigkeit.

2. Auf psychischem Wege dadurch, dass der Onanist beständig über die Schädlichkeit seines Lasters grübelt, das ihm fortwährend Angst und Sorge macht, infolgedessen funktionelle Störungen des Nervensystems auftreten. Lebensüberdruss, hypochondrische Gemütsstimmung und Verzagtheit sind nach ihm die Hauptcharakteristika eines durch Onanie zum Sexualneurastheniker Gewordenen.

Die Fantasie dieser Leute, ihr ganzes Leben und Weben ist beständig von geschlechtlichen Vorstellungen erfüllt, ferner ist das ganze Vorstellungsleben derselben ausgefüllt mit Gedanken über die etwa vorhandenen geschlechtlichen Störungen, daher die Zerstreutheit dieser Leute. Sehr richtig sagt Hösslin weiter, dass hiermit Angst und bei vielen verheirateten Männern dieser Kategorie das Schamgefühl vor der Frau und die Furcht, durch ungenügende eheliche Leistungsfähigkeit Grund zur Untreue zu geben, etwas ungemein seelisch Aufreibendes, Niederschmetterndes und psychisch Deprimierendes für das gesamte Nervensystem im Gefolge habe.

Am meisten gefährdet sind aber die jungen Onanisten, bei denen eine neuropathische Disposition von Seiten der Eltern schon vorhanden. Schüler, Gymnasiasten und andere, Studien beflissene junge Leute sind oft aus ihrer Laufbahn, allein durch die Onanie mit darauffolgender Cerebrasthenie und ihren Folgen geworfen worden, und vermochten nicht, sich wieder aufzuraffen, sondern unterlagen den auf sie hereinbrechenden neurasthenischen Beschwerden. Von einem „jüngeren Mann, der seine frische und kernige Natur aus bestem Stamme in wenig Jahren durch wüste

Onanie zu einem kläglichen Schattenbilde des früheren Ichs geschändet," erzählt Fürbringer.

Es ist viel hin und her gestritten worden, ob die Onanie beim männlichen oder weiblichen Geschlecht stärkere sexuelle Neurasthenie nach sich zieht. Ich meine, es wird dies im Grossen und Ganzen bei beiden Geschlechtern sich ziemlich gleich bleiben, denn es ist nicht einzusehen, warum beim männlichen Geschlecht die Onanie weniger heftigere Folgen bezüglich der Neurasthenie entwickeln sollte, als beim weiblichen, wenn anders nicht die durchschnittlich grössere Widerstandsfähigkeit und kräftigere Körperkonstitution des männlichen Geschlechts in Betracht kommt. Hösslin macht die Angabe, die man im Grossen und Ganzen wohl gelten lassen kann, dass die Männer durch die Überreizung und Erschöpfung verhältnismässig weniger getroffen würden, als die Frauen, weil jene in der Übergangszeit der Pubertät und den darauffolgenden Jahren mehr dem natürlichen geschlechtlichen Verkehr sich hinneigten und seltener in reiferen Jahren onanierten als die Frauen, die

1. seltener aufgeklärt würden als die Männer (dieser Punkt dürfte wohl nur sehr bedingte Giltigkeit haben) und weil

2. wenigstens für die den besseren Kreisen angehörenden jungen Mädchen ein Ersatz durch den normalen geschlechtlichen Verkehr unmöglich sei, sodass sie bis ins höhere Alter hinein onanierten. Dass aber die endlich aufhörende Erektions- und Ejakulationsfähigkeit beim Manne der Onanie „einen natürlichen Riegel vorschiebt," ist leider nicht immer der Fall, denn die Onanie wird nicht beeinflusst durch die Erektions- und Ejakulationsfähigkeit, sondern durch den Geschlechtstrieb, und dass Greise selbst durch denselben noch bisweilen zur Onanie verführt werden, ist früher erörtert worden.

So ist der Einfluss der Onanie auf das Nervensystem ein ganz gewaltiger und sehr schwere Störungen des gesamten Nervensystems sind die Folgen desselben, dass aber selbst Tädium vitae mit folgendem Suicidium öfters den Abschluss, den Schlussakt der unheilvollen Tragödie darstellen soll, erachte ich für übertrieben.

2. Die Folgen der Onanie auf die Sinnesorgane.

Von den Sinnesorganen wird besonders das Auge durch die Onanie hart betroffen, doch auch von Seiten des Ohres, des Geruches, der Sprache stellen sich bisweilen Störungen ein.

a) Die Folgen der Onanie für das Auge sind schon sehr frühzeitig erkannt und einem eingehenden Studium unterworfen worden. Rognetta, von Swieten, Tissot u. A. erwähnen derselben. Besonders Cohn in Breslau war es, der schon vor 16 Jahren, im Jahre 1882, in seinem Aufsatze: Augenerkrankungen bei Masturbanten im „Archiv für Augenheilkunde" Band IX, S. 198—272 und dann in seinem Lehrbuch der Hygiene des Auges, Wien 1892, S. 550 ff. auf den Zusammenhang der Onanie und gewisser Augenleiden hinwies. Er teilt eine Reihe von Beobachtungen mit, welche das Vorkommen von Photopieen, subjektiven Lichterscheinungen bei jugendlichen, der Onanie ergebenen Personen, Jünglingen und Mädchen, ergaben und wo dieselben bei Aufhören der Masturbation verschwanden. Auch Fitzgerald in den Transaktions of the ophthalm. society 1882/83, dann der bekannte Düsseldorfer Augenarzt Mooren (Gesichtsstörungen und Uterinleiden, Archiv für Augenheilkunde Bd. X 1882 Ergänzungsheft) Power (ophthalm. Review 1887 p. 365) Hutchinson (Ophthalm. Hosp. Rep. Bd. 8,1) Daniel B. D. Beaver (Archiv of. ophthalm. XV, p. 163, 1886) Galezowski und andere Augenärzte haben ähnliche Beobachtungen und Erfahrungen niedergelegt. Ich lasse hier die klassische Schilderung Cohns loc. cit. folgen, da sie wohl das beste, was hierüber geschrieben, bietet. Er sagt wörtlich: „Hauptsächlich handelte es sich um subjektive Lichterscheinungen, Photopieen, über welche eine Anzahl meiner Kranken, welche eingeständlich stark onanierten, klagten.

Die Augen werden in jeder Beziehung gesund befunden: Pupille, Sehschärfe, Spannung, Raumsinn, Lichtsinn, Farbensinn, lichtbrechende Medien, Sehnerv und Netzhaut sind völlig normal. Trotzdem werden die Kranken von Lichterscheinungen geplagt, die entweder in einer Blendung bestehen, wie von einer beleuchteten und bewegten Fensterscheibe oder wie von einer glänzenden Wasserfläche, oder in einem Flimmern, das bald als Erscheinung von hellen Sternen, hellen Rädchen, hellen Strahlen, hellen Kreisen, hellen Pünktchen oder als Schneeflocken oder flackernde Luftbewegung geschildert wird. Fast immer betraf die Erscheinung beide Augen. Mitunter führten diese Photopieen zu wirklichen Photophobieen, zu Lichtscheu, sodass die Augen zusammengepresst werden mussten, zumal wenn der Betreffende schnellem Wechsel von Dunkel und Hell ausgesetzt wurde. Oft waren die Lichterscheinungen so störend, dass das Lesen nach längerer oder kürzerer Zeit unterbrochen werden musste. Mooren erzählt, dass eine amerikanische Dame, welche von frühester Jugend an onanierte, sogar nicht den Glanz eines fremden Auges zu ertragen vermochte. Im Dunkeln hörten die Erscheinungen meist auf, ebenso bei Schluss der Augen. Die Dauer der Photopieen schwankte zwischen 4 Wochen und mehreren Jahren, in einem Falle wurde sie der Kranke seit 20 Jahren nicht mehr los. Meist waren die Kranken blass und zart. Über Kreuzschmerz wurde öfters zugleich geklagt; niemals aber wurden Rückenmarksschwindsucht oder deren Vorboten gefunden. Dagegen klagte der grösste Teil über die Erscheinungen der Neurasthenie, besonders über Schlaflosigkeit und starke Pollutionen.

Sämtliche Kranke standen zwischen 15 und 30 Jahren, die meisten waren 22 bis 25 Jahre alt. Alle haben eingeständlich jahrelang und meist täglich mehrmals Onanie getrieben; die Mehrzahl gestand 5—7 Jahre, manche 10 Jahre, einer sogar 23 Jahre zu. Zwei Männer konnten selbst in der Ehe die Masturbation nicht lassen. Bei einer Anzahl erwies sich das Aufgeben der Masturbation und mässige Vollziehung eines natürlichen Beischlafs als vollkommenes Heilmittel. Ja in einem Falle traten nach erneuerten häufigen Geschlechtserregungen ohne Befriedigung die Erscheinungen von neuem wieder auf.

Vermutlich wird die Ursache des Reizes im Hirn zu suchen sein, da die Sehnerven selbst gesund erscheinen. —

Auch der trockene Bindehautkatarrh, welcher in Brennen und Drücken im Auge mit geringer Rötung der Schleimhaut, aber ohne jede Secretion besteht, kommt meinen Erfahrungen nach besonders gern bei onanierenden Mädchen oder alten Jungfern vor und ist gar nicht zu beseitigen, da sie die Gewohnheit der Masturbation nicht lassen. Ähnliches sah ich bei einem 24jährigen Kaufmann, der seit seinem 15. Jahre täglich, mitunter viermal täglich onanierte. Er erklärte offen, er fühlte sich wie ein Morphinist, er müsse trotz aller guten Vorsätze immer wieder in seinen Fehler zurückfallen, weil er ohne diese Manipulation sich schlapp und elend befinde.

Ferner haben Förster, Landesberg und ich einfache

katarrhalische Entzündugen der Bindehaut und sogenannten Bläschenkatarrh der Bindehaut, die ja sonst immer sicher und leicht in jugendlichem Alter zu heilen sind, allen Behandlungsweisen trotzen sehen bei jugendlichen Personen, die eingeständlich stark masturbierten.

Auch Fälle von Lidkrampf und Rötung des Sehnerven werden auf Onanie bezogen und Mooren beobachtete ausser Empfindlichkeit gegen Licht auch Accomodationsschwäche bei Weibern, welche in unmässiger Weise der Onanie ergeben waren. Foerster wies ferner auf die Möglichkeit des Auftretens von Grünem Staar und von Basedowscher Krankheit (in jugendlichem Alter) von zu frühzeitigen geschlechtlichen Extravaganzen hin. Hutschinson fand als Ursache von Blutungen im Innern des Auges übermässige Masturbation; doch mögen wohl hier schon brüchige Blutgefässe geplatzt sein.

Hauptsächlich aber müssen immer die beschriebenen Lichterscheinungen den Verdacht erregen, dass es sich um arge Masturbation handelt."

Das Merkwürdige und für die Onanie Charakteristische ist eben, dass bei all diesen Augenerkrankungen allein Aufgeben der Onanie sich als vollkommenes Heilmittel ergiebt.

Die Sensibilitätsstörungen, voran die Überempfindlichkeit gegen Licht, die Photopieen und Photophobien, die Amblyopie, der Blepharospasmus, die Asthenopien, Schmerzempfindungen im Bulbus, oft verbunden mit einer Erweiterung und Unbeweglichkeit der Pupille sind bei objektiv vollständig intaktem Augenbefunde und bei Personen, die ihrem Alter, Konstitution u. s. w. nach der Onanie huldigen könnten, stets verdächtig und der erfahrene Arzt wird in diesen Fällen Verdacht zu schöpfen und auf Onanie zu fahnden nicht unterlassen. Nach Fürbringer soll der Tremor der Lider beim Schluss der Augen diagnostisch eine ganz ähnliche Bedeutung haben wie der erhöhte Patellarreflex. Auch Friedrich Hoffmann erzählt loc. cit. folgende charakteristische Beispiele: Bei einem jungen Mann, der seit dem 15. Jahre onanierte, hatte sich eine starke Schwäche eingestellt. Mit 28 Jahren bekam er bei der Lektüre Betäubung, Schwindelgefühle gleichwie bei der Trunkenheit, welche ihn verhinderten, längere Zeit zu lesen. Die Pupillen waren weit geöffnet und die Augenlider sehr schwer.

Derselbe Autor giebt an, mehrere Individuen gesehen zu haben, bei denen die Amaurosis durch die geschlechtliche Verirrung der Onanie herbeigeführt worden sei, eine Angabe, die sich allerdings nirgends weiter findet und natürlich zu weit geht, obgleich auch noch andere der genannten älteren Autoren dies bestätigen. Mit Recht weist Mauriac hier darauf hin, dass diese Fälle in die Zeit vor der Entdeckung des Augenspiegels fallen und dass Sehstörungen, die man in damaliger Zeit der Onanie zugesprochen, bei den heutigen Hilfsmitteln der Augenheilkunde wie der Anwendung des Augenspiegels, der Prüfung der Accomodationsfähigkeit des Auges u. s. w. auf andere, natürliche Gründe zurückgeführt werden würden.

b) Die Folgen der Onanie für das Gehör

sind bei weitem geringer als die für den Gesichtssinn. Unbedeutendere, geringere Ausbeute ergiebt hier die wissenschaftliche Fachlitteratur. Jedoch sind sicher verbürgte Fälle, wo heftige Onanie auch dem Gehörssinn schädlich war, niedergelegt. So macht schon Bonnafont in seinem Traité pratique des maladies des oreilles et de l'audition, 2ᵉ édition, Paris 1873, die Angabe, dass bei Onanisten Ohrenklingen und Ohrenschmerzen, Stechen im Ohr ohne jede anatomische Grundlage zu finden und der Otolog Weber-Liel hat in der Monatsschrift für Ohrenheilkunde, Band XVII, 9, 1883, darauf hingewiesen, dass Onanie, ja selbst heftige Cohabitation, besonders beim weiblichen Geschlecht einen ungünstigen Einfluss auf das Gehörsorgan auszuüben vermöge. Mittelohreiterungen verlaufen daher bei Onanisten in ungemein schleppender Weise. Charakteristische Begleitsymptome sind regelmässig eine Schmerzhaftigkeit der Wirbelsäule im Bereich der letzten Brustwirbel und der ersten Lendenwirbel. Die locale Behandlung ist vollkommen wirkungslos, bevor das ursächliche Moment nicht eine Abstellung erfahren. Weber-Liel geht soweit, sehr reizbare und schwache, mit fortschreitender Schwerhörigkeit behaftete Damen vom Eingehen der Ehe dringend abzuraten, da die Cohabitationen dann erst recht ihren üblen Einfluss auf das Gehör geltend machten. Auch hier ist, wie bei den Augenleiden charakteristisch, dass alle die subjektiven Gehörsstörungen, wie Ohrensausen, Hyperaesthesia acustica, Schmerzen, Druckempfindungen im Gehörgang etc. ohne jegliche anatomische Grundlage bestehen.

c) Auch von Folgen der Onanie für den Geruchssinn hat man gesprochen. Die Beziehungen zwischen Geschlechtssinn und Geruchssinn sind immer noch nicht völlig geklärte. Zippe, Jäger, Ploss, Hesche, Laykock u. A. haben darüber berichtet. Cloquet 1826 und neuerdings Alb. Hagen (1901) haben diesbezügliche Werke, sexuelle Osphresiologien, geschrieben. Erwähnen möchte ich nur, dass z. B. Makenzie (Journal of medical science 1884. Apr.) der Menstruation u. a. a. O. selbst der Masturbation einen Einfluss auf bestehende Nasalleiden, Verschlimmerungen zuerkennt.

3. Die Folgen der Onanie für die Psyche, für die geistigen Fähigkeiten.

Da die Onanie für das Centralnervensystem von so unangenehmen Folgen begleitet sein kann, so ist einleuchtend, dass auch die dem Centralnervensystem entspringenden geistigen Fähigkeiten, das ganze Seelenleben des Menschen durch die Onanie schwere Schädigungen erleiden kann. Ein ungeheures Gebiet, ein Gebiet von ungeahnter Tragweite hat sich hier in jüngster Zeit dem Forscher aufgethan, die psychischen Störungen durch die sexuellen Ausschweifungen, die psychischen Abnormitäten auf sexuellem Gebiete, die sogenannte Psychopathia sexualis, die besonders durch Forscher wie v. Krafft-Ebing, Moll u. a. den Ärzten zur Kenntnis gelangt ist. Jede längere Zeit fortgesetzte Onanie birgt für die intellektuellen Fähigkeiten des betreffenden Individuums mehr oder weniger schwere Störungen in sich. Gerade die Cerebrasthenie der Sexualneurastheniker hat fast stets Schädigungen für die höheren geistigen Fähigkeiten der Onanisten im Gefolge. Betrachten wir den kurzen Vorgang der Seelenthätigkeit bei einem masturbatorischen Vorgange: Während der Erektion steigert sich die Erregung des gesamten Nervensystems allmählich immer mehr und mehr, immer höher und höher, bis sie mit den beginnenden Ejakulationen den höchsten Punkt aller moralischen und physischen Exaltationen erreicht hat. Eine Beschleunigung der Blutcirkulation, infolgedessen allgemein vermehrtes Wärmegefühl des Körpers tritt ein, eine momentane Congestion, eine Wallung des Blutes nach dem Kopfe, sodass es selbst bis zum vollständigen momentanen Verluste des Verstandes, der geistigen Fähigkeiten kommt. Die Augen sind starr, resp. schliessen sich, selbst bis zu Convulsionen, bis zu Krämpfen, kurz, bis zu einem erotischen Delirium kann es kommen. Durch eine derartige Erschütterung des gesamten Nervensystems tritt als Endreaktion ein ganz ausserordentlicher Erschöpfungszustand des Gehirns ein. Eine allgemeine Schwäche und Ermüdbarkeit ergreift den Körper, die zum Schlaf hintreiben. Es ist klar, dass durch einen derartigen Vorgang unsere ganze Vorstellungs- und Willenssphäre auf das Heftigste angegriffen, erschüttert wird. Folgen nun solche Akte des öfteren Tags über aufeinander und Monate und Jahre lang fortgesetzt, so muss unser geistiges Denkvermögen entschieden, je nach der Widerstandsfähigkeit des geistigen Organs der betreffenden onanierenden Person mehr oder weniger, geschädigt werden. Die fortwährende heftige psychische Alteration während der Onanie wird daher auch für die geistigen Funktionen von mehr oder weniger grossem Schaden begleitet sein. „Ich fühle," schreibt ein Onanist an Tissot, „dass das Gefühl bei mir bedenklich erloschen, die Einbildungskraft beträchtlich geschwächt, die Daseinsfreude unendlich weniger lebhaft ist. Alles, was sich in der Gegenwart zuträgt, scheint mir fast ein Traum. Ich habe mehr Mühe, etwas zu begreifen, weniger Geist gegenwärtig und fühle mich von Tag zu Tag dahinsiechen."

Schon bei der Cerebrasthenie sahen wir, wie Öde im Gehirn, Gedächtnisschwäche, psychische Verstimmung sich einstellen. Der Kopfdruck, das Eingenommensein des Kopfes nimmt zu, eine Unfähigkeit zu jeglicher methodisch geistigen Arbeit stellt sich ein. Die Schwächung des Nervensystems zieht wohl oder übel eine beträchtliche Schwächung des Gedächtnisses nach sich, selbst das Auffassen der leichtesten Dinge ist mit Schwierigkeiten verknüpft, sodass die Patienten oft nicht im stande sind, selbst einer leichten Lektüre, wie Zeitungslektüre, auch nur für kurze Zeit ununterbrochen zu folgen. Kaum eine Minute lang vermögen sie ihre Gedanken zu konzentrieren, bei der leichtesten Romanlektüre schweifen ihre Gedanken ab ins erotische Gebiet hinüber. Zu diesem Unvermögen, anhaltend geistig zu arbeiten, gesellen sich noch subjektive Druckempfindungen im Auge, die sogenannte neurasthenische Asthenopie.

So kommt es, dass die Patienten manchmal genötigt sind, ihren Beruf einzustellen. Die Erfüllung ihrer Berufsthäigkeit ist ihnen, sei es im Comptoir, sei es in der Schule, sei es im Geschäft, zur

Unmöglichkeit geworden. Dieser Zustand hat wieder rückwirkend psychisch gefährliche Wirkungen. Der Gemütszustand der Patienten ist ein niedergedrückter. Sie schrecken vor jeder Schwierigkeit zurück, sind unbeständig, flatterhaft, hin- und herschwankend, meist zerstreut, in Gesellschaft verblüfft, verwirrt, wohl weil sie meinen, dass man ihnen ihr Laster ansieht. Daher fliehen sie die Gesellschaft und suchen die Einsamkeit. Unruhe, Furchtsamkeit, Träumerei beschleicht sie. Tritt nun gar noch neurasthenische Schlaflosigkeit hinzu, so befinden sich die Kranken in einem wahrhaft bejammernswerten Zustande. Den Tag über sind sie zu jeglicher ernsteren Thätigkeit untauglich. Diese geistige Arbeitsunfähigkeit führt wohl oder übel zur melancholischen Verstimmung. In dieser deprimierten Gemütsverstimmung grübeln die Patienten über ihr trauriges Geschick nach. Es schweben ihnen ihre Jugendsünden vor Augen und des Nachts im Bett quälen sie diese Gedanken. Gerade diese Gewissensbisse, die Selbstanschuldigungen sind es, die besonders hereditär psychisch belastete Individuen zu namenlos und unaussprechlich unglückselige Menschen zu stempeln vermögen. Ein erquickender, erfrischender Schlaf flieht ihre Augen, sie werden Hypochonder und so bilden sich eine Reihe von Anomalien, krankhaften Zuständen der Vorstellungs- und Gefühlssphäre, Angst- und Zwangszustände, Melancholie und Hypochondrie, sowie eine Reihe anderer Übergangsstadien von der Cerebrasthenie zur Psychose aus. Bei jüngeren Individuen muss man daher bei melancholisch-hypochondrischen Zuständen, besonders wenn man keine Erklärung für dieselben finden kann, an Onanie als Ursache denken. Aber Irresein ist durch Onanie noch nie direkt erzeugt worden. Curschmann meint sehr richtig, dass die sexuellen Excesse höchstens als Anstoss zur Entwickelung des längst im Körper schlummernden Keimes zur Geisteskrankheit verantwortlich gemacht werden könnten. Es spielt auch hier wieder die psychische Disposition, die event. hereditäre Belastung eine grosse Rolle. Während der eine Onanist mit grösster Kaltblütigkeit ohne jegliche Gewissensscrupel die etwa sich einstellende Gedächtnisschwäche, allgemeine Schwächung seiner geistigen Fähigkeiten hinnimmt, kann der andere der tiefsten Melancholie, die jegliche Freude am Lebensdasein untergräbt, verfallen.

Von Autoren, die Onanie als direkte Ursache geistiger Erkrankungen betrachten, möchte ich hier nur Guislain, Ellinger,

Hagenbach u. A. nennen. So sagt Guislain, drei- oder viermal die Onanie als Ursache von Geisteskrankheiten vermutet zu haben. Ellinger will sogar dreiundsechzigmal Onanie als Ursache von Geisteskranken gefunden haben. Auch Flemming, Friedreich, Morel u. a. Autoren sind der Ansicht, dass Onanie allein Geisteskrankheit verschulde. Esquirol meint sogar, dass das häufigere Vorkommen von Geisteskrankheiten in den besseren Ständen in der Onanie seinen eigentlichen Grund habe. Er sagt wörtlich: „Die Masturbation, diese Geissel der Menschheit, ist häufiger, wie man glaubt, die Ursache des Wahnsinns, vorzüglich bei den Reichen.“ Hagenbach rechnete bei 800 Geisteskranken neunundsechzigmal Onanie als Ursache und darunter Fälle, wo die Onanie einzig und allein die Ursache sein sollte.

Aber wie oft auch die Onanie als Ursache des wirklichen Irreseins angeschuldigt sein mag, sicherlich nie mit Recht. Die Onanie ist in solchen Fällen vielmehr nur Symptom der bestehenden Psychose, in anderen Fällen nur Gelegenheitsmoment für geistige Erkrankungen, deren Grundlage in erblicher Belastung, neuropathischer Konstitution, vorangegangenen Nervenkrankheiten u. a. zu suchen ist. In den Fällen, die anscheinend sicher zum Irresein führten, wirkte sie wahrscheinlich nur begünstigend für den Ausbruch der geistigen Störung, indem sie das Centralnervensystem reizte, eine neuropathische Konstitution schaffte und auf Grund dieser den Boden zur psychischen Störung ebnete, dazu praedisponierte. Die Praedisposition, welche die Onanie schafft, besteht hauptsächlich in Rückenmarks- und Genitalneurose, wie Tremor, Spinalirritation, Hyperaesthesie, neuralgischen Beschwerden, Innervationsstörungen u. a. m., dann aber auch in geringen psychischen Störungen, wie hypochondrischer Verstimmung, leichter Erregbarkeit, mangelndem Vertrauen auf die eigene Kraft etc. Vor allem aber sind es die Gemütsaffekte, Reue, Gewissensbisse, die so ungemein schädlich auf das Centralnervensystem und geistige Leben des Einzelnen wirken.

Was nun die Irrsinnsformen anbetrifft, die der Onanie zur Last gelegt werden, oder wie man, wie ich meine, richtiger sagen muss, neben der Onanie einhergehen, so vermögen auch diejenigen Autoren, die Onanie als wirkliches ätiologisches Moment für Irrsinn anerkannt wissen wollen, wie Ellinger, Griesinger u. a., keine bestimmten spezifischen Charakteristica für die onanistische Psychose anzugeben.

Die von ihnen namhaft gemachten Gehörshallucinationen, religiöser Beigeschmack der Delirien, grosse Gemütserschöpfung, Massenhaftigkeit von Sinnestäuschungen, baldiger Übergang in Paranoia, Unheilbarkeit, bieten an und für sich nichts Charakteristisches dar, da sie auch bei anderen Irrseinsformen sich finden.

Auch einer der bedeutendsten englischen Irrenärzte, Dr. Skae, war der Meinung, dass es ein eigentliches, scharf abgegrenztes „onanistisches Irresein", charakterisiert durch eine Reihe Symptome wie scheuer Blick, körperliche Schwäche, verschlagenes Wesen, Furchtsamkeit, selbst Mordtrieb u. a. gebe, dass allmählich in Dementia übergehe.

Ein anderer englischer Irrenarzt, Spitzka, stellt eine besondere Irreseinsform durch Onanie auf, die sogenannte „masturbatic insanity", die durch grosse Veränderlichkeit charakterisert sein soll. Es sollen Schlafsucht und Verwirrtheit abwechseln mit Lebhaftigkeit und Unklarheit. Mit Zunahme der Masturbation trete auch Verschlechterung, mit dem Aufhören derselben Besserung der geistigen Störung ein. Die typische Krankheit beginnt zwischen dem 13. bis 20. Jahre. Bei Kindern unter 13 Jahren sei die geistige Störung selten, es handelt sich dann meist um einfachen Blödsinn, zuweilen von epileptiformen Anfällen und heftiger Aufregung unterbrochen. Körperlich zeige sich Abmagerung, Kälte und Blässe der Haut, Cyanose der Hände und Füsse. Im allgemeinen sei der Zustand als Unruhe—Blödsinn, „agitaded—dementia" zu benennen. Unruhe, Scheu, ängstliches furchtsames Wesen, Mangel an Moral haften den Patienten an. Für gewöhnlich gehe die Krankheit in unheilbaren Blödsinn über. Sehr schwer sei die Unterscheidung von der Hebephrenie, die ebenfalls bei Onanisten häufig vorkomme. Bei dieser seien die Kranken weniger unstät, weniger scheu und neigten mehr zum Planmachen als die an masturbatic insanity leidenden Patienten.

Wie verschieden auch die Ansichten vieler heutigen Psychiater hierüber sein mögen, die vortrefflichen Kenner unseres Gebietes, Männer wie v. Krafft-Ebing bekennen sich zu der Ansicht, dass eine onanistische Psychose sui generis nicht existiert, die Onanie wohl aber Melancholie, Hypochondrie, ja, bei hereditärer Beanlagung auch Hystorie und Epilopsie hervorbringen kann, oder, um wohl richtiger zu sagen, den im Körper ruhenden Krankheitskeim zum Ausbruch zu bringen vermag. Selbst Idiotie ist als Folgezustand der Onanie bezeichnet worden; ebenfalls mit Unrecht. Denn der Beweis dafür, dass wirklich die Onanie die allein verschuldende Ursache sei, ist noch nicht erbracht. Nach dem heutigen Stande der psychiatrischen Wissenschaft ist die Idiotie als Ursache der Masturbation anzusehen, aber nicht umgekehrt die Masturbation als Ursache der Idiotie.

Was die Epilepsie, jene funktionelle Neurose, deren Hauptsymptome in anfallsweise auftretenden bewussten Störungen besteht, anbetrifft, so ist bekannt, dass die eigentliche Ursache derselben noch völlig unbekannt ist und alle Ursachen, die man dafür hat verantwortlich machen wollen, als Gelegenheitsursachen, resp. prädisponierende Momente gelten. Zu diesen gehört auch die Onanie. Zweifellos muss eine hereditäre Belastung vorliegen, wenn anders die Onanie überhaupt die im Körper gleichsam schlummernde Krankheit auslösen soll. Wohl ist aber die hereditäre Belastung nicht in dem Sinne zu verstehen, dass Ascendenten des Kranken an wahrer Epilepsie gelitten haben müssten, sondern nur insofern als eine allgemein nervöse Disposition vererbt ist, auf Grund welcher durch die heftige nervöse und psychische Erschütterung des Central- und peripheren Nervensystems ein epileptischer Anfall ausgelöst wird. Die Onanie ist also nur die veranlassende, nicht die eigentlich erzeugende Ursache der Epilepsie, ebensowenig wie auch andere geschlechtliche Excesse, Gemütsaffekte etc. Epilepsie verursachen. Die alten Schriftsteller nannten nicht ganz mit Unrecht den Coitus eine vorübergehende Epilepsie und Tissot, Haller, Hoffmann etc. haben Fälle beschrieben, wo ein wahrhaft epileptischer Anfall kurz nach jedem onanistischen Akte folgte. So beschreibt Zimmermann einen Fall, wo ein 23jähriger junger Mensch nach heftiger Masturbation und ebenso auch nach Nachtpollutionen der Epilepsie verfiel. Als Betreffender auf das Laster verzichtete, waren die epileptischen Anfälle verschwunden, um beim Rückfalle in dasselbe wieder zu kommen. Einen gleichen Fall mit Ausgang in Heilung nach Aufhören der Onanie beschreibt Morel (Maladies mentales Seite 176—177), wo ein junger Mann nach Aufhören der Onanie nicht nur nicht mehr der Epilepsie anheimfiel, sondern sogar auch die geistigen Fähigkeiten sich allmählich wieder besserten, eine vollständige Heilung eintrat, sodass derselbe seine Pflichten wieder vollständig erfüllen und eine ehrenhafte Stellung einnehmen konnte. Auch bei Tieren, z. B. Hunden sind epileptische Krämpfe nach Begattung gesehen worden. (Menard u. a.) Noch erwähnen möchte ich, dass sogar eine Art Tetanus als durch Onanie ausgelöst Boerhave beobachtet haben will.

Was vom Zusammenhang zwischen Epilepsie und Onanie gesagt wurde, hat auch Geltung für die Beziehungen zwischen Hysterie und Onanie. Auch hier kann letztere nur Causa disponens, nicht Causa vera sein. Die Hysterie, die sich als eine Störung der unmittelbar mit den psychischen Vorgängen verbundenen Hirnthätigkeit, also im weiteren Sinne des Wortes als eine Psychose darstellt, hat eine ebenso dunkle Ätiologie wie die Epilepsie. Man weiss, dass eine heftige psychische Erregung unmittelbar die Hysterie heraufzubeschwören vermag, mag dieselbe psychische Alteration nun eine einmalige oder längere Zeit hindurch anhaltende, von neuem wiederkehrende sein. Heftige onanistische Reizungen, die ja auch sehr heftige psychische und physische Erregungen darstellen, vermögen nun gleichsam das Centralnervensystem aus dem Normalzustand, aus seinem normalen Gleichgewicht zu bringen, besonders wenn starke hereditäre, nervöse Belastung vorliegt. Die ererbte Konstitution des Nervensystems ist auch hier wieder Conditio sine qua non, denn Alles, was wie die Onanie, den Körper schwächt, die gesamte Konstitution schädigt, muss notwendigerweise auch die Widerstandsfähigkeit des gesamten Nervensystems herabsetzen. Kommt nun hierzu noch eine verkehrte Erziehung, welche durch geistige Überanstrengung schädigt, die nötige Energie nicht heranbildet, so ist der Boden geebnet, auf dem die psychische Alteration infolge der Onanie die Hysterie zur stillen Reifung kommen und üppig gedeihen lassen kann. Dass überhaupt die Vorgänge des geschlechtlichen Lebens für die Entwickelung der Hysterie nicht ohne Belang sind, ist eine tagtäglich durch die Praxis bewiesene Beobachtung. Zweifellos hängen, besonders beim weiblichen Geschlechte, Hysterie und Genitalaffekte eng zusammen. Nach Nymphomanie und ähnlichen geschlechtlichen Exzessen sind schon des öfteren hysterische Anfälle beobachtet worden, und ebenso nach Onanie. Tissot, Fodéré u. a. Autoren haben genügend Beispiele hierfür niedergelegt. Doch nur insofern darf man ihnen beipflichten, als, wie gesagt, die Onanie nur auslösendes, nicht erzeugendes Moment für die Hysterie ist.

Schwere Psychosen wie Irrsein, Dementia paralytica u. a. sind nun und nimmer Folgen der Onanie. Fürbringer sagt, das ihm „noch nicht ein Fall begegnet ist, in welchem Irrsein als wahrscheinliche Folge von Masturbation oder masslosem Geschlechtsverkehr an sich auszusprechen“ sei und erklärt sich ausser stande, zu bejahen, dass aus der sexuellen Neurasthenie sich eine Psychopathie schweren Charakters entwickeln könne, nur Griesinger und Ellinger meinen von besseren Autoren, dass Onanie eine wichtige und häufige Ursache des Irrsinns ist.

Fassen wir kurz das Resumé dieser Auseinandersetzungen zusammen, so lautet dies ungefähr folgendermassen: Nach Übereinstimmung der bedeutendsten Forscher ist die Onanie wohl im stande, den geistigen Fähigkeiten durch Schwächung des Gedächtnisses, der geistigen Kraft, durch Gedankenlosigkeit etc., schwer zu schaden, sie ist ferner im stande, leichtere Psychosen, wie Grübelsucht, Melancholie, Hypochondrie, Hysterie, Neigung zum Mysticismus und exaltierter Schwärmerei etc. bei hereditär nervös belasteten Individuen zu erzeugen, vermag aber nimmermehr zu schweren Psychosen wie Paranoia, Paralyse, Suicidium u. a. zu führen. Prozentuarisch gerechnet ergab die Statistik der Irrenanstalten Schwedens, dass bei 3,7 %, die der Englands, dass bei 1,1 %—1,4 % aller Insassen die Erkrankung auf Onanie beruhte.

Onanie und Nymphomanie resp. Satyriasis.

Ebenso wie derartige psychisch - sexuelle Perversitäten wie Nymphomanie und Satyriasis Ursache der Onanie sein können, ebenso kann auch umgekehrt die Onanie Ursache, oder richtiger gesagt, Causa disponens der genannten Genitalpsychosen sein. Ein solcher Zustand ist der krankhaft gesteigerte Geschlechtstrieb. Es ist, wie überhaupt auf dem Gebiete der geschlechtlichen Kraft, sehr schwer, die physiologischen Grenzen zwischen Normalem und Übermässigem zu bestimmen, da individuell dieselben sehr verschieden sind. Als Satyriasis resp. Nymphomanie bezeichnet man jenen akuten psycho-sexuellen Erkrankungszustand des Mannes resp. des

Weibes, bei welchem die monotonsten, gleichgiltigsten Vorstellungen, die abstraktesten Dinge und Begriffe ein hochgradiges Wollustgefühl hervorrufen, das um jeden Preis zu befriedigen gesucht wird, daher derartige Patienten in ihrer sexuellen Erregung, die sich bis zu Hallucinationen, zum hallucinatorischen Delirium bis zu einer wahren Brunst mit Angstgefühlen steigern kann, der allgemeinen Sittlichkeit oft hochgefährlich werden. Man kann mit Deslandes die Onanie als in Satyriasis resp. Nymphomanie übergegangen wohl dann bezeichnen, wenn die Sünder nicht mehr die nötigen geistigen Kräfte besitzen, ihr Geheimnis zu bewahren, wenn ihnen das ihrem tagtäglichen Laster zu Fröhnen sô in Fleisch und Blut übergegangen ist, sie sich so tief in die Sphäre ihrer schmutzigen Gedankenwelt eingelebt haben, dass ihnen jegliches Gefühl für Recht und Schicklichkeit, für Anstand und sittliche Würde verloren gegangen ist, und sie bei jeglicher Gelegenheit sich alles Schamhaftigkeitsgefühls entäussernd, überall, auch bei Anwesenheit weiterer Personen, ihrem lasterhaften Treiben sich hingeben. Wie hier in falscher Erziehung schon von Jugend auf gesündigt werden kann, beweist der von Deslandes (pag. 268) citierte Fall, wo bei einem jungen Mädchen, noch Kinde, weder Liebkosungen oder Bitten, noch Drohungen oder selbst härteste körperliche Züchtigungen das Laster verhindern konnten, das überall, in Gesellschaft, bei Tisch, beim Anblick eines gefälligen Gegenstandes hervortrat. Alles, was um das Kind herum vorging, war nicht im stande, dasselbe davon abzubringen. Durch fortgesetzte Drohungen und Züchtigungen gelang es, das arme Kind soweit zu bringen, dass es in Anwesenheit der Eltern vom Laster abliess, um in der Einsamkeit demselben desto mehr zu fröhnen. Selbst die Ehe war nicht im stande, Heilung herbeizuführen. Die Frau starb, indem sie onanierte.

Die Onanie wirkt hier als Zwischenglied, als Vermittelungsglied, die perverse psychische Veranlagung wird hier durch die Onanie zum Ausbruch gebracht. Es wird der im Körper schlummernde Keim der sexuellen Perversität durch die masturbatorischen Machinationen erregt und so im Laufe der Zeit die Genitalpsychose herbeigeführt.

Einen Fall von Stehlsucht, Kleptomanie, der ebenfalls auf Onanie zurückgeführt wird, möchte ich der Kuriosität wegen erwähnen. Er wird veröffentlicht von Dr. Zippe in der Wiener medizinischen Zeitschrift 1878, 28. Es handelte sich um einen 32jährigen, seit dem 19. Jahre stark onanierenden Bäckergesellen. Beim Anblick eines hübschen, jungen Mädchens wurde er aufgeregt, bekam Herzklopfen und drängte sich bei gleichzeitiger Erektion des Gliedes und lebhaftem Impetus coeundi an die betreffende Person heran, um seine Aufregung mit der Entwendung von derem Taschentuch und Anderem zu befriedigen!

Nur anhangsweise, weniger um ihrer praktischen Bedeutung willen, als vielmehr vom psychologischen Standpunkt aus, um zu zeigen, wie weit die Onanie ihre Sünder in der geistigen Verirrung zu bringen vermag, möchte ich hier kurz beschreiben die

Verstümmelungen der Genitalien als Folgezustand von Onanie.

Infolge der bisweilen im weiteren Verlaufe des Lasters eintretenden Anaesthesie der Genitalien schreiten die Masturbanten zu den unsinnigsten und widerlichsten, Abscheu erregendsten und ekelhaftesten Handlungen. Statt vieler Beschreibungen diene ein Fall von Chopart, in seinem Werke über die Krankheiten der Harnröhre veröffentlicht.

Ein junger Bursche hatte im Alter von 15 Jahren schon solche Fortschritte in dem Laster gemacht, dass selbst bei einer bis 8 mal pro die vorgenommenen Reizung der Genitalien die Ejakulation versagte. Er schritt daher zur Einführung eines ca. 6 Zoll langen Stabes in die Harnröhre. Als auch dieses Mittel nach ungefähr 6 Jahren versagte, begann er mit Einschneidungen in die Glans penis, in der Richtung der Urethra, welche Operationen ihm unter höchstem Wollustgefühl profuse Ejakulationen verschafften. Durch fortwährende Einschnitte kam es im Laufe der Zeit soweit, dass sogar die ganze Harnröhre bis zum Os pubis in 2 Teile gespalten war! Jetzt blieb zur Befriedigung des Lasters nichts weiter übrig als die Einführung des Stabes in den hinteren Teil der Urethra, der eines Tages seinen Händen entschlüpfte und erst vom Chirurgen wieder hervorgeholt werden musste.

Dass Verletzungen der Harnröhre und Harnröhren-Schleimhaut, der Blase, des Perineums, bei Frauen der Vagina, des Cervix und selbst des Uterus infolge von onanistischen Einbringens reizender Instrumente in genannte Geschlechtsteile vorkommen, ist eine erfahrenen Ärzten, besonders Chirurgen bekannte Thatsache. Ganz besonders aber auch für den praktischen Arzt wichtig ist die bei Knaben oft vorkommende Paraphimose infolge der Onanie, sodass erst der Arzt gerufen werden muss, um die hinter dem Sulcus coronarius glandis eingeklemmte und oedematös angeschwollene

Vorhaut zu reponieren, eine Operation, die, wenn ohne Narkose vorgenommen, infolge ihrer Schmerzhaftigkeit oft das Gute nach sich zieht, dass die jugendlichen Masturbanten für eine gewisse Zeit wenigstens vom onanistischen Treiben abzulassen pflegen.

4. Die Folgen der Onanie für die Verdauungsorgane.

Die Onanie hat vermittelst der sexuellen Neurasthenie des öfteren auch Störungen der Verdauungsorgane im Gefolge, jedoch sind dieselben bei weitem nicht so häufig wie die nervösen oder geistigen Störungen. Das bekannteste Verdauungsleiden der sexuellen Neurasthenie ist die sogenannte nervöse Dyspepsie, die besonders in letzter Zeit unter den Neurasthenikern stark über Hand genommen hat. Die Kranken klagen hierbei über nach den Mahlzeiten hin und wieder auftretendes Druckgefühl und Schmerzen in der Magengegend, wozu oft noch Aufstossen, zuweilen sogar Erbrechen, besonders nach psychischen Aufregungen kommt. Appetitlosigkeit, Speichelfluss, belegte Zunge stellen sich ein. Seltener finden sich nervöse Cardialgien oder zeitweise Erbrechen mit cardialgischen Anfällen, peristaltische Unruhe des Magens und Darms, aufgetriebener Leib, unregelmässiger, meist erschwerter Stuhlgang etc. Bei genauer Untersuchung ergiebt sich, dass diese Leiden von gewissen nervösen, besonders psychischen Zuständen, Erregungen, von einzelnen, besonders heftigen onanistischen Anfällen u. a. abhängig sind. Mögen auch manchmal hierbei wirkliche Erkrankungen der Magennerven, fehlerhafte Innervation des Magens und Darmkanals vorliegen, meist jedoch sind es central erregte krankhafte Nervenreizungen, welche sich vorzugsweise im Gebiete der Magen- resp. Darmfunktionen abspielen. Hierfür spricht auch, dass die daran leidenden Patienten für gewöhnlich eine Menge anderer Erscheinungen und Symptome der sexuellen Neurose gleichzeitig mit darbieten, wie Kopfschmerz, Kopfdruck, psychische Verstimmung, Unmöglichkeit der Gedankenkonzentration, Störungen von Seiten der Sinnesorgane, Geschlechtsfunktionen u. a. m.; andererseits die Thatsache, dass nach heftiger psychischer Affektion, nach Onanie ein Verschlimmerung des Leidens eintritt. Von der Stimmung, resp. Verstimmung des Patienten hängt zum grossen Teil der Zustand ab. Während so z. B. oft nach Aufnahme von geringen Mengen ganz leicht verdaulicher Speisen, wie wenigen Löffeln Suppe, einigen Schlucken

Bouillon, über Magendrücken geklagt wird, wird ein ander Mal ein Diner mit mehreren Speisen und Gängen schwerst verdaulicher Art ohne jegliche Beschwerden vertragen. Wichtig ist hierbei, dass selbst eine subtile objektive Untersuchung des Unterleibes absolut negatives Resultat ergiebt, Symptome, welche mit Sicherheit auf ein schweres Magen- oder Darmleiden hindeuten, fehlen gänzlich. Ein Übelstand schwerster Art liegt bei derartigen, meist den besseren Ständen angehörenden Patienten auch darin, dass des öfteren der Appetitlosigkeit durch reizende Speisen, wie sehr scharf Gewürztes und Gesalzenes, Saures und ähnliche Speisen wie Sardellen, Caviar, durch alkoholische Flüssigkeiten wie Cognac, Wein und Anderem nachgeholfen wird und zur nervösen Magenverstimmung oft noch ein organischer Magenkatarrh mit Gewalt in Scene gesetzt wird. —

Bei besonders in der Entwickelung stehenden jungen Leuten beiderlei Geschlechts, wo infolge des gesteigerten Umsatzes im Organismus ein gesteigertes Nahrungsbedürfnis vorhanden ist, sehen wir oft bei gleichzeitig betriebener Onanie — und in diesem Alter wird der Onanie ja von den allermeisten Menschen gefröhnt — dieses Nahrungsbedürfnis fast eher noch gesteigert als gemindert. Es scheint, als wenn im Beginn die schwindenden physischen und moralischen Kräfte durch erhöhte Nahrungsaufnahme von Seiten des Körpers ersetzt werden sollten. Doch bei fortgesetzter übermässiger Ausübung des Lasters tritt nur zu bald der Umschwung ein, es stellen sich Ernährungsstörungen ein, die Patienten magern ab, werden blass, ja selbst eine nervöse Kachexie kann eintreten. Abspannung, Mattigkeit, Magenbeklemmung, Meteorismus, selbst Magenkrämpfe und Erbrechen stellen sich ein nach den Mahlzeiten, während die Reizbarkeit der Digestionsorgane zunimmt. Verstopfung, Diarrhoën und andere Erscheinungen wechseln mit einander ab. Besonders das weibliche Geschlecht soll zu heftigen Magenkrämpfen und Koliken disponieren. Einen Fall von hochgradiger nervöser Diarrhoë sicher onanistischen Ursprungs hatte Verfasser Gelegenheit zu beobachten. Eine in den 20er Jahren stehende, im Sommer besuchsweise hier in Leipzig sich aufhaltende Dame klagte über heftige, nur des Nachts, sowie sie einige Zeit im Bett lag, auftretende Diarrhoë. Sie musste in jeder Nacht zu dieser Zeit 5—6 mal zu Stuhle gehen. Die Patientin ist körperlich etwas zart und schwächlich, doch sonst gesund, nur nervös, wahrscheinlich sexuell-neurasthenisch. Sie ist seit 1896 Witwe. Seit dieser Zeit, seit dem Tode ihres Gatten datierten die Durchfälle. Nachdem ich bezüglich der Ätiologie wochenlang im Dunkeln getappt, — ein organisches Darmleiden war völlig ausgeschlossen, — kam ich infolge der Angabe, dass das Leiden mit dem Witwentume begonnen, auf die Ätiologie: Nervöse Diarrhoë auf onanistischer Grundlage. Bei längerem, zarten Nachforschen wurde dieser Verdacht immer mehr und mehr bestätigt und endlich das Laster offen zugegeben. Ich riet der Dame, nach Möglichkeit bald wieder in die Ehe einzutreten. Seit einigen Monaten ist dieselbe wieder verheiratet und hat mir die Mitteilung zugehen lassen, dass sie jetzt im normalen Ehegenuss, nachdem sie dem Laster Valet gesagt, das Leiden völlig verloren habe.

In derartigen Fällen ist wohl stets eine Rückwirkung des gesamten sexuell-neurasthenischen Zustandes auf den Digestionstraktus anzunehmen. Peyer hat eine Anzahl von Magenneurosen, welche in ätiologischem Zusammenhange mit funktionellen Genitalstörungen, resp. sexueller Neurasthenie, standen, veröffentlicht. Hofmann erzählt von einem Manne, der nach jeder Masturbation von Diarrhoë befallen wurde, und Fournier von einem jungen Menschen, der nach solcher sogar heftige Koliken, gefolgt von profuser Diarrhoë und begleitet von unerträglichem Tenesmus erlitt. Ruhe, schleimige Getränke, fleischreiche Nahrung und geringe Quantitäten von Rotwein zerstreuten bald diese unangenehmen Folgen.

Im Grossen und Ganzen sind die Verdauungstörungen bei Onanisten nicht so selten, wenn auch die Ansicht Fourniers, der da meint, dass bei der grössten Mehrheit der Onanierenden diese Verdauungstörungen sich einstellen, sicher übertrieben ist. Der gröste Teil der infolge Onanie an Neurasthenia sexualis leidenden Patienten laboriert an Störungen der Geistes- und Sinnesthätigkeiten, der Cerebrasthenie, und nur der geringere Teil an Verdauungsstörungen. Trotz alledem wird ein geringer Teil der Störungen der Verdauungsorgane bei Kindern und jugendlichen Individuen, wohl auch im vorgeschritteneren Alter, deren Ätiologie dem Arzte in tiefstes Dunkel gehüllt zu sein scheint, nicht in letzter Linie in der Onanie seinen Ursprung haben und nur deshalb nie erkannt werden, weil darauf hin gewöhnlich nicht gefahndet wird.

Oft zeigen sich Folgen für die geistigen und digestiven Organe gleichzeitig.

So bittet auch eine 25jährige Dame um Rat, weil sie „an Neurasthenie, viel Herzklopfen, einer grossen Erregbarkeit, Magenbeschwerden, und häufigen, fast täglichen Kopfschmerzen und einem chronischen Darmkatarrh“ leidet, sie habe nämlich „seit ihrer Kindheit soviel sie weiss, vom 7. Jahre an, an Onanie gelitten, und damit sich ihre sonst sehr glückliche Jugend verbittert. Es passiere ihr aller paar Monate doch noch einmal, dass sie dem Laster verfiel, namentlich nach grossen Aufregungen.

Die Angst, „ob sie wohl ganz gesund und kräftig werden könne, wenn sie sich nicht verheirate, und wenn sie heirate, ob sie dann verpflichtet sei, wegen eventueller Folgen etwas von ihrem Leiden zu sagen,“ trieb sie zur Einholung ärztlichen Rates.

5. Folgen der Onanie für die Respirations- und Circulationsorgane.

Dass Respirationsorgane, besonders Kehlkopf und Genitalfunktionen in gewissem Zusammenhange stehen müssen, ist den meisten Erwachsenen aus eigener Erfahrung bekannt aus dem plötzlichen Umschlag der Stimme während der Pubertätsjahre, der sich entweder in einem Stimmwechsel zum Tieferen, oder in einer Stimmschwächung, Heiserkeit, trockenem Klange geltend macht. Ein vollständiger Verlust der Stimme, eine sogenannte Aphonie, gehört wohl zu den grössten Seltenheiten. Bekannt ist auch die aus dem Altertum bis in die Neuzeit hineinreichende Sitte oder vielmehr Unsitte, gottbegnadete Sänger und Knaben zur Erhaltung ihrer Stimme zu verstümmeln durch Exstirpation der Hoden, die sogenannte Castration, eine Unsitte, die sich im Chor der italienischen Kirchenknaben bis auf die Jetztzeit hinein erhalten haben soll, wobei man von der Erfahrungsthatsache ausging, dass Frauen, denen man die Eierstöcke aus irgendwelchem Grunde herausgenommen hatte, einen Umschlag in ihrer Stimme erfuhren, dieselbe bekamen einen rauhen, mehr männlichen Charakter, während bei den Männern nach Entfernung der Zeugungsorgane die Stimme einen mehr weiblichen, weicheren hellen Klang und Charakter annahm. Vielleicht auch, dass der Umschlag der Stimme während der Pubertätszeit mit auf die weite Verbreitung der Onanie in diesem Lebensalter auf Rechnung zu setzen ist.

Der Einfluss der Onanie auf unser eigentliches Respirationsorgan, auf die Lunge, ist entschieden ein ausserordentlich geringer und was darüber geschrieben worden ist, entstammt einer Zeit, die auf objektive Erforschung und Behandlung unseres Themas wenig Anspruch machen darf. So z. B. der Fall Platers (observat. lib. I p. 174), wo ein im vorgerückten Alter noch einmal heiratender Mann bei jedesmaligem Zusammentreffen mit seiner Frau, sowie bei sexuellen Erregungen per se ipsa, von heftigen Erstickungsanfällen befallen wurde. Er starb bei einem ungestümen Coitusversuch. Ob der Mann aber lungen- oder herzleidend gewesen, was wohl sichere Ursache dieser apnoëtischen Zustände war, darüber schweigt Plater. Doch auch neuere Schriftsteller sind der Ansicht von einer ausserordentlichen Schwächung der Lunge durch die Onanie. So schreibt Fournier 1893 noch, dass Onanisten zahlreich an unvollständiger Entwickelung des Thorax, beschleunigter und erschwerter Respiration bei leichtester Arbeit, chronischen Katarrhen, schweren Affektionen der Lunge leiden und endlich an Phthise sterben sollen. Ja dieser Autor ist so überzeugt von seiner, wissenschaftlicher Grundlage entbehrenden Ansicht, dass er ausruft: „Es würde überflüssig sein, hinsichtlich dieser Behauptung weitere Beobachtungen anzuführen. Wo ist der Arzt, der nicht mehrere Beispiele dieser organischen (!) Affektion, hervorgerufen durch allzuvielen Gebrauch der Geschlechtsorgane, beobachtet hätte?“ Selbst Ribbing schreibt noch 1896, dass Lungen und Herzkrankheiten die Folge von Onanie sein sollen. Ich muss gestehen, weder bei den besten Autoren derartige Leiden als direkte Folge der Onanie, resp. sexuellen Neurasthenie angesprochen gefunden zu haben, noch selbst etwas derartiges beobachtet zu haben. Zwar schreiben Autoren wie Peyer von asthmatischen Zuständen infolge übermässigen geschlechtlichen Genusses, geradezu von einem Asthma sexuale, in diesen Fällen ist aber doch wohl nur die sexuelle Neurasthenie insofern von Einfluss auf die Atmungsorgane gewesen, als eine schon in ihren Anfängen bestehende Phthisis pulmonum resp. Asthma bronchiale und derartige Leiden durch die Schwächung, welche der Körper infolge der Onanie und deren Folge, der sexuellen Neurasthenie erfährt, indirekt beeinflusst, verschlimmert werden. War doch bei Peyers 11 Fällen von Asthma sexuale fast überall sexuelle Neurasthenie vorhanden. Eine direkte Beeinflussung der Respirationsorgane infolge der Onanie existiert meiner Ansicht nach **nicht**.

Von bedeutend schlimmerer Seite zeigt sich der Einfluss der Onanie auf die Circulationsorgane. Auch schädigt dieselbe besonders durch Vermittelung der sexuellen Neurasthenie. Um den Einfluss der Onanie auf die Herzthätigkeit verstehen zu können, vergegenwärtige man sich nur einmal die Erscheinungen, wie sie während eines natürlichen Beischlafes vor sich gehen. Die Erregung schwillt lawinenartig immer mehr und mehr, die Circulation wird beschleunigt. Heftiges Pochen in der Herzgegend macht sich fühlbar, das Herz verdoppelt in diesem Zustande geschlechtlicher Verzückung — wie ich diesen Augenblick der höchsten geschlechtlichen Erregung beim Coitus resp. der Onanie nennen möchte, — seine Schlagzahl, und es sind des öfteren schon bei Personen, die an wahren Herzklappenfehlern litten, Herzschläge bei geschlechtlichen Akten vorgekommen. Die unmässig beschleunigte Herzaktion durch nervöse Vermittelung, die übermässige Anstrengung und Anforderung, die ans Herz gestellt werden, erklären denn auch den plötzlichen Tod nach einem oder während des Coitus, resp. während der Masturbation. Es wäre vielleicht hierbei die Frage aufzuwerfen, ob nicht etwa sehr stark betriebene Onanie bei vorhandener Prädisposition, wie Arteriosclerose eine Begünstigung zur Apoplexie resp. Entstehung eines Aneurysma abgeben könnte. Einen Fall, wo ein unbedeutendes Aortenaneurysma durch heftigen Coitus mit einem jungen Mädchen den Tod eines jungen Mannes herbeiführte, erzählt Richerand in seiner Nosographie et therap. chirurgic. Paris 1821. G. Bachus (Archiv. f. klin. Mediz.) hat 6 Fälle von Krankengeschichten mitgeteilt, welche beweisen, dass die Erregungszustände des Herzens bei Onanie allmählich zur Vergrösserungen des Organs, zu Hypertrophie, bisweilen mit gleichzeitiger Dilatation führen.

So bilden sich denn im Laufe der Zeit die als Neurosen des Herzens in der Pathologie bekannten Zustände aus, also Stenocardie, Palpitatio cordis und Tachycardie, Schmerzattaquen in der Herzgegend, verbunden mit einem gewissen Beklemmungsgefühl, der sogenannten Präcordialangst, eine verstärkte Herzaktion, besonders nach psychischer Aufregung, nach anregenden Getränken, dann eine anfallsweise hochgradig gesteigerte Herzfrequenz ohne jegliche Veranlassung, das sind die Erscheinungen von Seiten des Herzens, mit kurzen Worten ein Cor nervosum. Dass diese Herzerscheinungen durch abnorme nervöse Einflüsse bedingt sind, ergiebt sich einerseits aus dem Fehlen jeglicher pathologischen Erscheinungen bei der objektiven Untersuchung des Herzens, andererseits aber auch hauptsächlich aus der Erfahrungsthatsache, dass alle Onanisten, welche an Herzneurosen leiden, gleichzeitig auch an anderen nervösen Erkrankungen leiden, Sexualneurastheniker sind. Nur möge der Arzt hierbei berücksichtigen, dass auch ein organisches Vitium cordis vorliegen kann und stets eine spezielle Untersuchung des Herzens vorausgehen muss. Auch von

6. Folgen der Onanie für das Muskelsystem

hat man zu sprechen gewagt und Paralysen, selbst Paraplegien hat man als Folgezustände der Onanie angesehen. Auch hier gilt, was ich von den Erkrankungen der Respirationsorgane als Folgezustände der Onanie gesagt habe, es sind Übertreibungen. Ein älterer französischer Autor, Bourbon, hat im Jahre 1857 in einer Dissertation, betitelt „de l'influence du coit et de l'onanisme dans la station sur la production des paralysies", Paris, den Einfluss der Onanie auf das Muskelsystem zum Gegenstand eingehender Studien gemacht und kommt dabei zu besagtem Resultate, und zwar auf folgendem Wege: Direkt sollen durch die leichten Congestionen, die allmählich wachsen und mehr an Umfang gewinnen, Gehirn und besonders Rückenmark betroffen werden und eine partielle Erschütterung des Gehirns und Rückenmarks verursachen, die ihrerseits zu Paraplegien führt. Dies ist unmöglich und noch nie hat einer der besten Autoren Lähmungen, Kontrakturen und Derartiges nach Onanie direkt oder indirekt gefunden.

Die Wirkung, die allein die Onanie auf das gesamte Muskelsystem ausübt, bezieht sich einzig und allein auf eine allgemeine Schwächung. Es tritt nach jeder Masturbation neben der geistigen eine leichte körperliche Ermüdung ein, die bei starker Onanie natürlich summierend einen Schwächezustand im Muskelsystem herbeiführen muss, daher die allgemeine Mattigkeit, die Unsicherheit im Gehen, die leichte Ermüdbarkeit und Schmerzen in den Extremitäten beim längeren Laufen u. a. m., daher auch die häufigen Klagen der Onanisten über Schwere in den Gliedmaassen, welche Klagen im Verein mit anderen Symptomen ein Punkt von diagnostischer Bedeutung sind.

Bei den

7. Folgen der Onanie für die Genitalien

sind von vornherein 2 Gruppen zu unterscheiden

1. organische } Störungen.
2. funktionelle }

1. Um mit den organischen Störungen als den unwichtigeren zu beginnen, so geht eine alte Sage, dass die Genitalien der Onanisten, sowohl männlichen wie weiblichen, zu einer ungeheuren Grösse, zu ganz monströsen Dimensionen sich entwickeln sollen, gleichsam durch eine Art Arbeitshypertrophie eine besonders starke Entwickelung erfahren. Bei den Knaben und Männern sollen hauptsächlich Penis und Scrotum, bei den Mädchen und Frauen die kleinen und grossen Schamlippen, besonders aber die Clitoris eine ungeheure Grösse annehmen. Infolge der habituellen, fast permanenten Congestionen bei sehr frequenter Onanie sollen an diesen Organen Strukturveränderungen vor sich gehen. Es trifft dies noch eher zu bei den weiblichen Genitalien. Die von Parent-Duchatelet erwähnten Fälle von Prostituierten, die eine Clitorislänge von sage 8 cm und Fingerstärke aufzuweisen hatten, habe ich früher schon erwähnt. Die Clitoris ist hier stark angeschwollen, rotblau, das Präputium in Falten verlängert, und es ähnelt die Clitoris mehr der Form eines Penis. Es sind verschiedene Fälle in der Litteratur niedergelegt, wo mit derartig ungestümer Clitoris behaftete Frauen und Mädchen während ihres Lebens als Zwitter, resp. Personen des anderen Geschlechts angesehen wurden. Die Schamlippen sind verlängert, verdickt, sehr voluminös, dabei aber schlaff, herabhängend, das weinhefen Rosa hat sich mehr in Graubraun verwandelt. Der meatus urethrae externus ist mehr offen, ja Professor Martineau vom Hospital de Lourcine meint, dass die Erweiterung selbst bis zum Blasenhalse sich fortsetze, selbst der Sphincter vesicae oft dilatiert sei, daher die Incontinentia urinae bisweilen bei kleinen Mädchen und jungen Frauen vorkomme.

Wenn nun auch nicht geleugnet werden soll, dass derartige excessive Wucherungen der Genitalien bei Onanisten vorkommen mögen, so ist hiermit einerseits noch nicht gesagt, dass sie wirklich auf Onanie zurückzuführen sind und zweitens sind sie ganz ausserordentlich selten. Für gewöhnlich ist zwischen den Genitalien des Onanisten und denen des Nichtonanisten kein Unterschied bezüglich der Grösse. Würden auch, wenn derartige Vergrösserungen die Regel wären, bei der ungeheuren Verbreitung der Onanie nicht fast alle Menschen mehr oder weniger vergrösserte Genitalien aufweisen müssen?

Bisweilen werden reizende und juckende Ausschläge, Ekzeme durch hochgradige Masturbation, durch das Reiben und Kratzen der Genitalien mit den Händen und Fingernägeln hervorgebracht, Doch sind sie mässig selten und nur bei ganz heftigem Kratzen während der Onanie, besonders bei Mädchen und Frauen, zu konstatieren. Auch besonders starke Sekretion im Vorhautsacke, klöppelartige Verdickung der Glans penis, übermässige Grösse von Eichel und Hoden und dergleichen sind am grünen Tische künstlich zurecht konstruierte, aber nicht in praxi gesehene Folgen von Onanie.

Überhaupt sind die Folgen der Onanie für die äusseren Genitalien je nach der Art der Masturbation ganz verschiedene. So leuchtet ein, dass eine Onanie, die gewöhnlich mit den Händen betrieben wird, die sogenannte Manuelisation, für die äusseren Geschlechtsorgane von ganz anderen Folgon begleitet sein muss als die durch gegenseitiges Reiben der Oberschenkel, oder durch Einführen von Fremdkörpern in die Scheide oder der sogenannte Sapphismus.

Bei jener Form, die durch Einführen von Instrumenten, wie Büchsen u. a. mehr oder weniger der Form eines Penis ähnlichen Körpern bewerkstelligt wird, findet sich oft, schon bei jüngeren Mädchen, eine hartnäckige Leucorrhoë. Die Scheide lässt den Finger leicht ein und nach Tardieu ist sogar die Kopulation bei denselben möglich, ohne dass der Hymen einreisst.

Bei Masturbation durch Aneinanderreiben der Schenkel sieht man das Präputium im Verhältnis zur Grösse der Clitoris nur gering entwickelt, nicht so verlängert und faltenreich wie bei der Onanie mit der Hand. Die Clitoris ist hart, von keulenförmiger Verlängerung. Zwei der Martineau'schen Mädchen standen nicht an, ihm zu zeigen, wie sie die Masturbation, der sie täglich öfters sich überliessen, durch Aneinanderdrücken und -Reiben der Schenkel ausübten. Die Schamlippen haben in diesen

Fällen gewöhnlich keine Veränderung hinsichtlich ihres Aussehens erfahren.

Bezüglich des Einflusses der Masturbation auf die inneren weiblichen Genitalien, besonders den Cervix und Uterus und seine Adnexa lässt sich wohl sagen, dass derselbe kein besonders hervorragender sein kann. Wenn auch keine genauer detaillierten Aufschlüsse und Unterlagen hierüber vorliegen, so ergiebt dies doch schon der Umstand, dass, obwohl der grösste Teil der Kinder weiblichen Geschlechts und der jungen unverheirateten Mädchen in ihrem Leben onanierten, bei denselben Erkrankungen des Uterus und seiner Anhänge verhältnismässig selten sind und diese letzteren eigentlich erst Krankheiten der Ehefrauen, besonders durch Gonorrhoë des Mannes verschuldete sind. Wenn aber einmal Uteruserkrankungen irgend welcher Art vorhanden sind, dann ist wohl sicher, dass noch dazu bestehende Masturbation dadurch, dass sie einen fortwährenden Reizzustand herbeiführt, auf die Dauer und die Ausdehnung des krankhaften Prozesses einen entschieden ungünstigen Einfluss ausüben muss. Über die Veränderungen, die der Sapphismus i. e. die Onanie per linguam alterius hervorbringt, berichtet Martineau Folgendes: Der Sapphismus soll nicht bloss unter den Prostituierten, sondern auch unter den Frauen aller Gesellschaftsklassen (?) sehr häufig sein. Leider seien die Folgezustände an den Genitalien sehr schwer zu beurteilen, weil er gewöhnlich mit der Manuelisation, der Onanie mit der Hand, gemeinsam betrieben werde, es sei denn, dass man in die Räume gehe, wo die Frauen geschlechtlich für sich leben müssen, in die orientalischen Harems. Besonders soll er chronische Metritis und deren Recidiva verursachen und auch an den äusseren Genitalien Veränderungen, wie starke Entwickelung der Glans praeputii u. a. hervorrufen.

Eine weitere, nicht unwichtige Folge der Onanie ist bei beiden Geschlechtern ferner eine Beschleunigung des Pubertätseintrittes. Die Kinder werden geschlechtlich zu früh reif, auch dem natürlichen geschlechtlichen Verkehr zu früh überwiesen. Diese Symptome, das sehr zeitige Erwachen des natürlichen Geschlechtssinnes, bei Knaben die verfrühten Ejakulationen resp. Erektionen werden im Verein mit anderen Symptomen dem kundigen Arzte bei Verdacht auf Onanie für die Diagnose nicht unwichtige Fingerzeige abgeben.

2. Die funktionellen Störungen der Genitalien und Harnorgane

beruhen ebenfalls auf sexueller Neurasthenie; auf Grund dieser entwickeln sich erst die genito-lokalen funktionellen Störungen. Wir unterscheiden 2 Gruppen

a) die eigentlichen Genital- und Blasenneurosen,
b) die funktionellen Störungen.

a) Die Neurosen.

Von Seiten der Harnorgane wird besonders die Blase betroffen, es entstehen die nervösen Blasenleiden, die Cystoneurosen, bestehend in Schmerzen in der Schambeingegend, besonders während oder nach dem Urinieren, in vermehrtem Harndrang, Nachträufeln beim Urinieren, wobei der Urin völlig normales Aussehen und normale Zusammensetzung hat. Wahrscheinlich beruht dieses Leiden auf einer abnormen Innervation des Sphincter vesicae, event. auf einer nervösen übermässigen Reizbarkeit des Detrusor vesicae. Hämaturie selbst Retentio urinae will man nach Onanie beobachtet haben. Leroy d'Etiolles erzählt von einem solchen Falle bei einem jungen Manne. Ganz besonders aber ist zu erwähnen hier die Incontinentia urinae. Dieses grässliche, selbst bis in die zwanziger Jahre hinein sich erstreckende Leiden, hauptsächlich bei jungen Mädchen, beruht sehr häufig auf Onanie und leider nur die wenigsten Ärzte denken an solche als Ursache derselben, resp. wissen etwas davon, daher es auch jeglicher Therapie oft spottet. Einen derartigen, sehr illustrativen Fall beobachtete ich bei einem jungen, ca. 12jährigen Mädchen, bei dem alle Mittel, selbst die heftigsten Schläge nichts genützt hatten, fast jede Nacht liess das Kind Urin unter sich. Das Äussere des Kindes, der gesamte Habitus, das scheue, hysterisch-melancholische Gebahren, sowie gewisse andere Nebenumstände liessen mich Onanie vermuten, und ich ersuchte den Vater, diesbezüglich nachzuforschen, ohne dass das Kind etwas merke. Da zeigte sich, dass dasselbe kurz vor Schlafengehen sich auf den Abort begab, wo der Vater es in flagranti ertappte, dem es unter Weinen das Laster eingestand. Ich ergriff, so weit es in meiner Macht lag, die nötigen Gegenmassregeln und der Vater gestand mir freudestrahlend, dass das

Mädchen jetzt wöchentlich höchstens 1 mal den Urin unter sich gehen lasse, so weit aber vollständig wiederhergestellt sei.

Auch Genitalneurosen, bestehend in heftigen Neuralgien im Gebiete der Hoden und Nebenhoden, viel seltener der Harnröhre treten manchmal auf. Verfasser hatte einen Studenten in Behandlung, der infolge früherer Onanie an ganz ausserordentlich heftigen, neuralgischen, den Nebenhoden, Vas deferens bis in die Bauchhöhle entlang laufenden Schmerzen leidet, neben anderweitigen Störungen der sexuellen Neurasthenie. Hier wirkte besonders der faradische Strom am meisten. Mehrere Male habe ich auch heftige Hyperästhesie der Eichel gefunden. Einer meiner Patienten hatte ein so hochgradig hyperästhetisches Integumentum glandis, dass er die Vorhaut stets nur deshalb über der Eichel trug, weil angeblich die geringste Berührung der der Vorhaut entkleideten Eichel mit der Kleidung ihm unerträglich war. Der sogenannte „Hodentanz", unwillkürliche Cremasterzuckungen, welche besonders bei Spermatorrhoëe auf onanistischer Grundlage vorkommen sollen, ist entschieden sehr selten. Bisweilen wird er als diagnostisches Hilfsmittel zur Onanie mit angegeben. Interessant würde auch sein, einmal nachzuforschen, ob nicht vielleicht Prostatahypertrophie und Onanie in gewissem Zusammenhange miteinanderstehen.

Ganz besonders häufig sind aber

b) Die funktionellen Störungen der Genitalien

beim Manne: Die krankhaften Samenverluste und die Impotenz, beim Weibe: Der Vaginismus und die Sterilität

Folgen der Onanie.

Die krankhaften Samenverluste sind ein ziemlich häufiges Nachspiel früher stark betriebener Onanie. „Wie bekannt, hat jedes gesunde männliche Individuum in zeugungsfähigen Jahren bei geschlechtlicher Abstinenz, also wenn weder Coitus noch Onanie betrieben wird, zeitweilige, quasi periodische Nachterektionen, welche unter erotischen Träumen mit geringen Ejakulationen endigen; man nennt diese Samenentleerungen Pollutionen. Dieselben kommen im gesunden Zustande, wohlgemerkt nur während des Schlafes in der Nacht d. h. im willenlosen Zustande in ungefähr ein- bis vierwöchentlichen Intervallen. Eine genauere Zahlenangabe nun, wann diese Pollutionen physiologisch, wann pathologisch, ist ganz unmöglich. Wir können nur sagen, eine Pollution ist noch physiologisch, wenn sie in gewissen, ungefähr ein- bis vierwöchigen Intervallen im Schlafe d. h. im willenlosen Zustande unter Erektion des Penis und unter wollüstigen Träumen erfolgt. Daraus geht hervor, dass jede im bewussten, wachen Zustande erfolgende Pollution als krankhaft bezeichnet werden muss.“ (Rohleder loc. cit.) Eine der Hauptursachen ist neben sexuellen Excessen die Onanie. Auf Grund der sexuellen Neurasthenie bilden sich die Samenverluste im Laufe der Zeit bei den Onanisten allmählich aus und können zweierlei Art sein, entweder

1. Krankhafte Pollutionen, d. h. zeitweise, unter Erektion des Gliedes und meist unter wollüstigen, geschlechtlichen Empfindungen vor sich gehende Ejakulationen des Spermas, nur öfter als in der Norm auftretend,

2. Spermatorrhoën, atonische Samenabgänge, bei welchen, im Gegensatz zur Pollution ohne Erektion, bei erschlafftem Gliede und ohne jegliche wollüstige geschlechtliche Empfindung ein Austritt von Sperma aus der Harnröhre stattfindet. Sie treten hauptsächlich bei der Stuhlentleerung, resp. beim Urinieren auf, daher Defäcations- resp. Mixtionsspermatorrhoë genannt. „Was das Verhältnis beider anbetrifft, so ist wohl mit gröster Sicherheit zu behaupten, dass die krankhaften d. h. zu oft auftretenden Pollutionen vor der Spermatorrhoë in praxi entschieden überwiegen, ganz abgesehen davon, dass wegen krankhafter (auch Tages-) Pollutionen die Patienten entschieden seltener den Arzt konsultieren als wegen einer beim Stuhlgang oder Urinieren erfolgenden Spermatorhoë. Letztere hat für den Laien meiner Erfahrung nach ein viel gefährlicheres Exterieur, vielleicht daher rührend, dass an die normal erfolgenden Pollutionen als etwas Gefahrloses der Laie viel eher gewöhnt ist als an einen beim Stuhlgang erfolgenden Samenabgang. Bei der Mixtionsspermatorrhoë erfolgt der Abfluss des Spermas meist nach der Urinentleerung, jedoch noch vor der Excretion des Kotes. Ganz abnorm selten kommt das Sperma vor dem Urin geflossen. Als auslösende Momente genügt ein Stoss, angestrengtes Gehen, körperliche Überarbeitung, ja selbst das Berühren der Genitalien, wovon mancher Militärarzt wohl eine kleine Episode bei Gelegenheit der „Stellung“ zu erzählen weiss.

Bei Beginn des Leidens stellt das ejakulierte Sperma, ebenso wie bei Beginn des übermässigen natürlichen Coitus und des Onanierens noch ein dickes, trübes, gequollenes, galatinöses Secret mit specifischem Spermageruch dar, von Milliarden von Spermatozoen belebt, mit vielen Prostatakörnern durchsetzt, beim Eintrocknen die bekannten Böttcherschen Prostatakrystalle zeigend. Trifft man bei der mikroskopischen Untersuchung völlig bewegungslose Spermatozoen an, so hat man es mit Ergüssen des in den Samenblasen aufgestapelten Inhalts zu thun, nur so ist derselbe diagnosticierbar. Allmählich, mit Fortschreiten des Leidens, in manchen Fällen schon mit Beginn, besonders dann, wenn Onanie die Ursache der Pollution ist, tritt eine Verflüssigung des Spermas ein, es wird dünnflüssig, klar, die Spermatozoen und die Prostata-Körner nehmen ab, desgleichen auch die Böttcherschen Krystalle, und mit ihnen auch der spezifische Spermageruch. Nicht allein die Menge, auch die Art der Spermatozoen ist charakteristisch. Man begegnet eben, je länger und heftiger das Leiden besteht, destomehr unfertigen Elementen von Samenfäden, sei es, dass Kopf vom Schwanz getrennt ist, sei es, dass noch Bildungsreste dem Halse, resp. Kopfe anhaften, sei es, dass die Beweglichkeit derselben herabgesetzt ist.“ Die Krankheit selbst ist, da sie mit neurasthenischen Erscheinungen mehr oder weniger in direktem Zusammenhange steht, meist eine Krankheit der höheren und mittleren geistig, aber auch geschlechtlich infolge der socialen Stellung mehr thätigen Gesellschaftsklassen, und ist bei diesen, wo auch die Onanie überwiegt, mehr anzutreffen als in den unteren Bevölkerungsschichten. Ganz naturgemäss treffen wir sie meist bei Männern im zeugungsfähigen Alter, besonders in der ersten Hälfte der zwanziger Jahre, jedoch auch darüber und darunter gehört sie nicht zu den Seltenheiten.

Die Impotenz des Mannes ist ebenfalls Folge der Onanie. „Unter Impotenz schlechthin versteht man das Unvermögen, den Beischlaf mit dem anderen Geschlecht normaliter auszuüben, d. h. das Unvermögen, den natürlichen Coitus durch Immissio penis in vaginam zu vollziehen, die Impotentia coeundi. Unter den verschiedenen Formen der Impotenz sind es nun besonders zwei, die durch frühere Onanie verschuldet sind: Die nervöse Impotenz und die psychische Impotenz.

Die nervöse Impotenz ist die wichtigste aller Impotenzformen überhaupt, weil sie die häufigste, auch dem praktischen Arzt zu Gesicht kommende ist. „Es gehört heutzutage keineswegs zu den Seltenheiten, dass neurasthenische, besonders sexuell neurasthenische Herren neben all' dem Heer von neurasthenischen Beschwerden auch mit der Klage von — oft nur zeitweiliger — Impotenz heranrücken. Die nervöse Impotenz ist ebenso gut wie die Schwäche, die Schlaflosigkeit, das Herzklopfen, der Kopfdruck, die krankhaften Samenverluste etc. ein Symptom der Neurasthenie, natürlich hauptsächlich der sexuellen Neurasthenie. Das Bild der letzteren ist ja ein ausserordentlich vielseitiges und wechselvolles und beide, sowohl die krankhaften Samenverluste als auch die nervöse Impotenz, als auch beide zusammen, können Symptome derselben sein.

v. Gyurkovechky meint, dass Onanie nur Samenfluss, übermässiger Coitus nur Impotenz im Gefolge habe. Das ist falsch. Der Praktiker merke sich, dass beide Laster beide Krankheiten, sowohl getrennt für sich, als auch zusammen im Gefolge haben können, also Onanie, als auch übermässiger Coitus, als jahrelang betriebener Coitus interruptus kann sowohl Samenfluss, als Impotenz, als beides zur Folge haben. Warum sich bei dem einen Patienten die krankhaften Samenverluste, beim anderen die Impotenz einstellt, das ist eine Frage, die noch keine Beantwortung gefunden und wohl so leicht keine finden wird. Wenn beide Krankheiten die Folge sind, leiden die Patienten gewöhnlich erst an krankhaften Samenverlusten, denen später die Impotenz folgt. Überhaupt bemerkenswert ist, dass bei der sexuellen Neurasthenie die Impotenz entschieden häufiger auftritt als die krankhaften Samenverluste.“ (Rohleder, Loc. cit.) Fürbringer macht die Angabe, dass ca. 30 % der an nervöser Impotenz Leidenden der Onanie gehuldigt haben.

„Hinsichtlich der Dauer und des Grades kann man folgende Formen der Impotenz unterscheiden

1) absolute,
2) relative,
3) temporäre Impotenz.

Unter absoluter Impotenz versteht man das Unvermögen, unter keinen Umständen, selbst unter den günstigsten Bedingungen von Seiten beider Geschlechter, den Begattungsakt ausführen zu können, sie ist kaum je Folge der Onanie, während relative

Impotenz dann vorhanden ist, wenn das Cohabitationsvermögen unter gewissen, von der Laune, der Gemütsstimmung, der Aufgelegtheit zum Coitus von Seiten des einen oder anderen Teils etc. abhängigen und ähnlichen Bedingungen versagt. Von einer temporären Impotenz spricht man dann, wenn dieselbe zeitweilig nur für kurze Zeit ohne jeglichen weiteren Grund auftritt, um bald darauf wieder der vollen Potenz zu weichen. So machte einer meiner Patienten, inmitten der 40er Jahre stehend, Vater mehrerer Kinder, der an nervöser Dyspepsie und Herzneurosen leidet, die Angabe, dass er in gewissen Zeitabschnitten, periodenweise ca. 8—14 Tage lang seiner Frau gegenüber völlig impotent sei.

Das Hauptsymptom der Impotenz ist eine Herabminderung, resp. eine völlige Aufhebung der Erektion, jener zum Zustandekommen der Potentia coeundi wichtigsten Vorbedingung. „Meist zeigt sich die Impotenz in der Weise, dass kurz vor der Immissio penis in vaginam eine plötzliche Erschlaffung des Gliedes eintritt. Es kann diese Erschlaffung, was aber das Seltenere, auch kurz nach der Einführung stattfinden. Das Wichtigste und gleichsam als Frühstadium der nervösen Impotenz zu betrachten ist dabei der Zustand, bei welchem bei oder kurz vor Beginn des Aktes die Ejakulationen verfrüht d. h. während resp. noch vor der Einführung anstatt längere Zeit nach der Einführung des Penis in die Vagina stattfinden, sogenannte praecipitierte Ejakulationen, Ejaculationes praecoces. Es sind diese, wie v. Krafft-Ebing gezeigt, meist das „Frühstadium“ der nervösen Impotenz der Sexualneurastheniker.

a) Die nervöse Impotenz durch praecipitierte Ejakulationen.

b) Die nervöse Impotenz durch Störung der Ejakulationsfähigkeit.

a) Die nervöse Impotenz durch praecipitierte Ejakulationen

ist ziemlich verbreitet und eine der häufigsten Impotenzformen überhaupt. Der Vorgang dabei ist eben besprochen worden. Die Libido sexualis und der Orgasmus sind völlig normal, ebenso auch meist die Erektion, doch kann diese auch bedeutend vermindert sein.

b) Die nervöse Impotenz durch Störungen der Erektionsfähigkeit

ist die häufigste aller Impotenzformen überhaupt und daher für die Praxis auch am wichtigsten. Sie zeigt sich dadurch, dass bei verringertem Geschlechtstrieb und Orgasmus auch eine Herabsetzung der Erektionsfähigkeit eingetreten ist, das Glied kann überhaupt nicht vollständig erigiert werden, oder wenn überhaupt, nur auf Secunden. Die Ejakulation kann dabei verfrüht oder verspätet, die Spermamenge normal oder gering sein. Es zeigt also diese Form eine gewisse Annäherung an die physiologische Impotentia senilis, insofern als im späteren Alter ja auch ein allmähliches Erlöschen aller Geschlechtsfunktionen eintritt, also eine Herabsetzung der Erektion, der Libido, des Orgasmus und der Ejakulation, genau wie bei dieser Form der Impotenz.

Die

psychische Impotenz

ist entschieden viel seltener als die nervöse Impotenz die Folge onanistischer Ausschweifungen; bei weitem häufiger ist sie dem Jahre lang ausgeübten Coitus interruptus gefolgt. „Diese Form, Hochzeitsnachtsimpotenz oder Flitterwochenimpotenz, wie ich sie, um sie gleich von vornherein zu charakterisieren, nennen möchte, ist eine Form der Impotenz, die hauptsächlich in der ersten Zeit nach der Verheiratung zum Vorschein kommt, und kaum kann Derjenige, der nie einen derartigen Patienten gesehen, sich ein Bild von der deprimierten verzweifelten Gemütsstimmung derjenigen jungen Ehemänner machen, die in der Hochzeitsnacht so total Fiasko gemacht und ihrer Frau gegenüher sich unsterblich blamiert haben“ (Rohleder, loc. cit.). Eine ganz vorzügliche Schilderung des Seelen-Zustandes eines derartigen Impotenten giebt Réti. Ich stehe daher nicht an, diese wörtlich hier meinen Lesern wiederzugeben. Er sagt: „„Wenn es bei zweien sich liebenden Menschen zur Ehe gekommen ist, wenn das Weib, vom Charakter, von der Gestalt, Schönheit und Liebenswürdigkeit ihres angetrauten Gatten bezaubert, hingerissen, alles um sich her vergessend, sich ganz dem geliebten Manne hingeben will und wenn in solch' entscheidungsschweren, grossen Momenten, von denen die Fantasie der Braut nur unbestimmte, verhüllte Ahnungen besitzt, der Mann sich seiner Schwäche, seines Unvermögens bewusst wird, wenn trotz der Glühhitze der zu bethätigenden Liebeslust keine Erektion eintritt, und die Braut erstaunt und verblüfft die Kraftlosigkeit des Herrn der Schöpfung erkennt, der gleich einem armen Sünder den Blick beschämt niederschlagen muss, so liest der Mann in jeder Miene des Weibes den unbegrenzten Spott, die tiefe Verachtung, und wenn letzteres auch nicht der Fall ist, wenn das Weib in seiner Unschuld die Impotenz nicht ermessen kann, der Mann fühlt sich vernichtet, gebrochen!"" —

„Der Ärger, die innere Zerknirschung, die Furcht vor weiterem Misslingen und weiterer Blamage ihrer verlangenden Ehegattin gegenüber stimmen diese Patienten wirklich zu den bedauernswertesten Menschen, umsomehr, als sie vor ihrer Verheiratung bezüglich ihrer Potenz absolut normal leistungsfähig waren und auch nach ihrer Verheiratung oft mit den kräftigsten Erektionen beglückt sind, nur gerade in dem Momente, wo sie dieselbe sehnsüchtig herbeiwünschen, fehlen sie ihnen. Oft sind es verlobte junge Männer, die während ihres Bräutigamsstandes schon von dem unheimlichen Gedanken erfasst werden, dass sie ihrer künftigen Gattin gegenüber nicht reüssieren werden. Woran liegt dies? Es giebt nur eine psychische Erklärung: Das mangelnde Vertrauen auf die eigene sexuelle Leistungsfähigkeit ist der Grund. Das lebhafte Interesse, all' das Sinnen und Denken an die Voluptas während der geschlechtlichen Aufregung ruft eine derartige Steigerung der Libido sexualis hervor, dass der Reflexverlauf gestört wird, meist derart, dass kurz vor der Immisio penis in vaginam die Erektion plötzlich nachlässt und eine Erschlaffung des Gliedes eintritt oder gleich nach der Einführung dieser Vorgang sich abspielt, ein Vorgang, der, nebenbei gesagt, wenn auch nicht zu den Regelmässigkeiten, so doch zu den Häufigkeiten bei Ausübung des ersten Coitus zählen dürfte, was ich mir dadurch erkläre, dass der grösste Teil Derjenigen, die zum ersten Male coitieren, vorher sicher onaniert hat und nur mit Zaudern und Misstrauen des Gelingens zum ersten Male an den Begattungsakt herangeht. Es ist also der Coitus primus in diesem Falle ebenfalls gleichsam eine psychische Impotenz, die aber meist im weiteren sexuellen Verkehr von selbst schwindet." (Rohleder, loc. cit.) Ich erachte die psychische Impotenz kurz nach der Verheiratung als eine Folge von in erster Linie langjährig betriebenem Coitus interruptus und erst in zweiter Linie von Onanie. Junge Männer, die Jahre lang der Onanie sich hingegeben haben, besonders wenn sie während dieser Zeit nie dem natürlichen geschlechtlichen Verkehr zusprachen (ein Zustand, der besonders in kleinen Orten und auf dem Lande, wo die äusseren socialen Verhältnisse, die gegenseitige Kenntnis Aller, das Fehlen der Bordelle u. a. den natürlichen ausserehelichen Verkehr ausserordentlich erschweren, ja selbst ganz unmöglich machen, sehr häufig ist und wo infolgedessen auch der Onanie von zeugungsfähigen jungen Leuten stark gefröhnt wird), verlieren infolge dieser Jahre lang betriebene Onanie allmählich das Selbstvertrauen auf die eigene Potenz. Sie sind so sehr von dem Gedanken des etwaigen Misslingens des ungewöhnten Beischlafs gepackt, dass diese trübseligen Gedanken sie nie verlassen bis zu der Stunde, wo sie den Beischlaf mit ihrer jungen, ihnen eben angetrauten Gattin vollziehen sollen, und dann im gegebenen Moment die Angst psychisch eine Hemmung des Reflexablaufs hervorruft. (Rohleder, loc. cit.)

Man kann im Allgemeinen wohl sagen, dass die Onanie ohne erhebliche Schädigung der Potenz einherzugehen pflegt, hingegen leichtere Störungen der Potenz ziemlich häufig sind, dass die nervöse Impotenz in den späteren Stadien der Onanie als Folgezustand bisweilen sich einstellt. So findet man, dass ein grosser Teil der „Gewohnheitsonanisten", d. h. aller Derjenigen, denen die Selbstschändung zur tagtäglichen Gewohnheit geworden, mehr oder weniger Störungen bezüglich der Potentia coeundi davonträgt, bestehend in einer relativen oder temporären psychischen oder nervösen Impotenz. Besonders zeigt sich die Abschwächung der Potenz in jenem Zeitalter, wo die betreffenden jungen Leute von der Onanie allmählich sich abwenden, um einem natürlichen geschlechtlichen Verkehr sich hinzugeben". Hier treten sehr oft bei den ersten Cohabitationsversuchen verfrühte Ejakulationen ein. Doch ist dieser Zustand meist nur ein vorübergehender und schwindet bei geregeltem natürlichen geschlechtlichen Verkehr und Ablassen des Lasters sehr bald. Noch betonen möchte ich hier, dass mit dieser relativen oder temporären Impotenz keineswegs auch ein relatives oder temporäres Zeugungsunvermögen vorliegt. Gerade bei der psychischen und nervösen Impotenz kann das Zeugungsvermögen vorhanden sein, wie Fürbringer in einem schlagenden Falle bewiesen hat. Der Satz von v. Gyurkovechky's „ohne Potenz keine Zeugung" ist entschieden falsch, denn nicht die Erektion, sondern die Ejakulation eines gesunden, befruchtungsfähigen Spermas ist Hauptsache der Potentia generandi, eine Bedingung, die bei den infolge früherer Onanie zeitweise Impotenten wohl meist erfüllt wird.

Während die funktionellen Störungen der männlichen Genitalien, krankhafte Samenverluste und Impotenz schon seit langer Zeit folgerichtig auf Onanie zurückgeführt worden sind, hat man wohl bis in die neueste Zeit hinein nicht daran gedacht, dass auch weiblicherseits etwas Derartiges der Fall sein könnte. Wenn man auch nicht von funktionellen Störungen der Genitalien des Weibes in dem Sinne wie beim Manne sprechen kann, so sind es doch zwei Funktionsstörungen, die beim weiblichen Geschlechte, wenn allerdings auch selten, als Folge der Onanie zu bezeichnen sind, 1. der Vaginismus, 2. die Sterilität.

Dass Vaginismus bei Frauen auch Ursache der Onanie sein kann, haben wir früher gesehen, desgleichen kann umgekehrt die Onanie auch als Ursache des Vaginismus gelten. Dieser Zustand, eine derartig hochgradige Hyperaesthesie des Hymens und Scheideneinganges, welche durch unwillkürliche heftige Contraktionen des Constrictor cunni eine Cohabitation zur Umöglichkeit macht, hat wohl meist seinen Grund in neurasthenischer resp. hysterischer Veranlagung seitens der Frau. Durch eine Hyperaesthesia nervi pudendi gerät genannter Muskel bei leisester Berührung in heftige krampfhafte Zusammenziehungen. Hierzu kommt oft noch das Ungeschick, mit welchem von Seiten des Mannes die Cohabitationsversuche gemacht werden, seine Unkenntnis bezüglich anatomischer Verhältnisse der äusseren weiblichen Genitalien. Doch in seltenen Fällen ist auch die Jahre lang vorhergegangene Onanie die Ursache. Einen derartigen, sehr interessanten Fall aus seiner Praxis erzählt Kisch: „Die Sterilität des Weibes", 2. Auflage, 1895, Seite 188, wo eine junge, mit einem Lebemanne verheiratete Frau in der Hochzeitsnacht bei der Cohabitation grässlich schmerzhaftem Vaginismus verfiel und jede weitere Annäherung unmöglich machte, sodass es zur Scheidung kam. Ein Jahr später verheiratete die Dame sich wieder und dasselbe Drama spielte sich ab. Bei der Untersuchung fand Kisch die deutlichsten Symptome des Vaginismus und als ätiologisches Moment die von der Frau eingestandene, vor der Ehe Jahre lang vorgenommene Reizung des Introitus vaginae durch die Onanie. Auch ich kenne die Gattin eines Eisenbahnbeamten, die früher an jetzt geheiltem Vaginismus litt und früher heftiger Onanie ergeben war. Der Mann selbst, dem sie die frühere Onanie eingestanden, meint, dass seit Aufhören der Onanie der Vaginismus allmählich verschwunden sei.

Bezüglich der Sterilität als Folgezustand von Onanie sind die Ansichten sehr geteilt. Eine genaue Untersuchung zwischen dem Zusammenhang beider fehlt zur Zeit noch. Wenn überhaupt Masturbation für gewisse Formen von Sterilität der Frau verantwortlich gemacht werden kann, so wahrscheinlich nur indirekt. Die Onanie vermag die zur Sterilität vorhandene Disposition der Frau nur zu begünstigen, nicht direkt Sterilität zu erzeugen. Man nimmt dabei an, das die Onanie eine mangelhafte Entwickelung des Uterus und seiner Adnexa verschulde. So fand Aran bei einer der Masturbation ergebenen jungen Frau den Uterus und seine Adnexa nur sehr spärlich entwickelt, und Campbell: „A case of sterility“, med. chir. Journal Liverpool 1882 berichtet von einer masturbierenden Frau, die niemals menstruiert gewesen war, und bei der Untersuchung neben unentwickelten Genitalien ein Dermoidovarialkystom hatte. Ja, Chapman bezeichnet die Masturbation als direkte Ursache der Sterilität. Dass des öfteren ein Zusammenhang zwischen excessivem Geschlechtstrieb, mag er sich äussern in Onanie, Nymphomanie etc. und mangelhaften Genitalien des Weibes besteht, ist sicher. Daraus aber zu schliessen, dass diese Zustände direkt Sterilität verursachen könnten, ist zu weit gegangen. Die rudimentäre Entwickelung der Genitalorgane ist an und für sich schon des öfteren Sterilität bedingend, resp. Sterilität begünstigend; kommt nun bei derartiger Disposition noch Onanie dazu, so ist indirekt durch dieselbe leicht Sterilität zu erzeugen. Nach Koblanck (Berliner Klin. Wochenschrift 1899) ist die Onanie ist die Ursache der Amenorrhoë. Er hat bei vielen Frauen, wo jegliches ätiologische Moment für diesen Zustand fehlt, Masturbation als solches gefunden. Der Verdacht wurde von den Kranken bestätigt. Nach Aufhören der Masturbation trat auch Menstruation ein.

Olshausen hält einen Zusammenhang zwischen Masturbation und Menstruationsanomalien nicht für wahrscheinlich. Ferner bringt Koblanck die Masturbation auch in gewissen ätiologischen Zusammenhang mit der Eklampsie. In 19 Fällen von Eklampsie wurde Onanie in der Schwangerschaft nachgewiesen und es lässt sich nicht leugnen, dass die Masturbation dann, wenn auch nicht als direkt verursachendes, so doch als die im Geheimen ruhende Eklampsie auslösendes Moment anzusehen ist.

Folgen der Onanie für die Cohabitation.

Dass bei völlig geschlechtlich und auch sonst gesunden Individuen die Ejakulation nicht von irgend welcher Erschlaffung und Ermattung gefolgt ist, ist eine allbekannte Thatsache. Destomehr glaube ich aber hier wieder registrieren zu müssen, dass bei sexuell Gesunden, aber hochgradig Nervösen der Coitus gewöhnlich von mehr oder weniger grosser Schlaffheit anstatt Erfrischung gefolgt ist. Es ist einleuchtend, dass dies umsomehr der Fall ist bei der sexuellen Neurasthenie, die auf Onanie beruht. Bei den meisten Spermatorrhoikern, nach krankhaften Samenergüssen, nach Onanie macht sich post ejaculationem eine hochgradige Ermattung und Verstimmung geltend. Eben dies ist der Fall bei der Cohabitation bei Gewohnheitsonanisten. Es übermannt dieselbe danach eine allgemeine Müdigkeit und geistige Öde, die stunden- bis $^1/_2$tagelang andauert, die um so grösser ist, je mehr und heftiger kurz vorher onaniert worden ist. Das alte „Omne animal post coitum triste“ hat wenigstens für diese Leute entschieden seine Berechtigung.

Ausserdem werden, wie schon Tissot angiebt, Gewohnheitsonanisten oft für die Freuden des Coitus abgestumpft. Die Folgen des Onanismus für die Cohabitation zeigen sich am reinsten in jenen Fällen, wo nach plötzlicher Unterbrechung des ständig geübten Normalcoitus unnatürliche Befriedigung durch Masturbation vorgenommen wird, und dann später wieder Ausübung des Beischlafes. Loimann-Franzensbad schildert 2 solcher Fälle in den „Therapeutischen Monatsheften“ 1890, S. 195, wo ursprünglich vollkommene, normale geschlechtliche Befriedigung per coitum naturalem stattfand und erst durch den Tod der Ehegatten die Frauen zur Masturbation getrieben wurden; die dann bei einer Wiederverheiratung durch den Coitus keine Befriedigung mehr empfanden. Er nimmt an, dass durch die sehr häufigen unnatürlichen Reizungen beim Masturbieren die Anspruchsfähigkeit des das weibliche Wollustgefühl auslösenden Centrums bedeutend alteriert worden. Lacker und Torggler haben Fälle beschrieben, wo vollkommene sexuelle Befriedigung des Weibes nur per Onanie, nicht durch Coitus stattfand. Ersterer fasst sie auf als Perversion des Geschlechtstriebes, deren Grund abnorme Verteilung der das Wolllustgefühl vermittelnden Nervenfasern (nur zur Clitoris, nicht zur Vagina) sei. Letzterer glaubt die Ursache nicht in einer Anomalie der anatomischen Grundlage, sondern in durch sexuellen Missbrauch erworbenen, anatomischen Ursachen begründet. v. Krafft-Ebing meint, dass die „Onanie nach Umständen das Verlangen nach dem anderen Geschlecht auf den Nullpunkt sinken lässt, sodass Masturbation jeglicher naturgemässen Befriedigung vorgezogen wird,“ andererseits ist dieser Autor auch der Meinung, dass die Masturbation den Grund abgeben könne zur conträren Sexualempfindung. Er giebt z. B. in seiner „Psychopathia sexualis“, 9. Aufl., S. 309, unter Beobachtung 130 „Durch Masturbation erworbene conträre Sexualempfindung“ den Fall eines 29jährigen Herrn, der meint, durch ein homosexuelles Individuum zur mutuellen Onanie, und so von der naturgemässen Geschlechtsbefriedigung abgelenkt worden zu sein. Es gelang v. Krafft-Ebing, den Patienten durch Suggestion soweit zu heilen, dass er normalen Coitus mit leidlichem Genuss ausführte.

Moll glaubt nicht, dass die (mutuelle) Onanie zur Homosexualität führen kann, und meint sehr richtig, dass, wenn aus den Kreisen, die mutueller Onanie huldigen, einige Wenige hervorgehen, damit bei der grossen Verbreitung der Onanie noch kein Beweis für den Zusammenhang beider erbracht ist. Die grösseren französischen Monographien über Masturbation von Garnier, Fournier, Rozier, Pouillet u. A. erwähnen ebenfalls nichts, doch scheint es mir nicht ausgeschlossen, dass jahrelang hindurch fortgesetzter mutueller Verkehr, besonders in den Jünglingsjahren wohl prädisponierend, umstimmend für die Homosexualität wirken kann.

9. Allgemeinschädigungen des Organismus infolge der Onanie und Allgemeinverlauf der Onanie in ihren Folgen.

Wenn die Onanie von solch' zerstörendem Einflusse auf die

einzelnen Organe unseres Körpers sein kann, und oft mehrere Organe zu gleicher Zeit oder nacheinander von den üblen Folgen der Onanie befallen werden, so ist klar, dass eine Rückwirkung auf den Gesamtorganismus nicht ausbleiben kann, eine Rückwirkung, die sich besonders in einer allgemeinen Schwächung, beträchtlichen Ernährungsstörung, Ermattung, Erschlaffung und Prostration des Betreffenden zeigt und die um so eher eintritt, je häufiger und heftiger und länger die Masturbation gewährt hat. Ich glaube sicher, dass ein grosser Teil unserer schwächlichen Jugend, unserer bleichsüchtigen jungen Mädchenwelt zum Teil, natürlich nicht allein, die Hinfälligkeit, ihre schwache Körperkonstitution nicht in letzter Linie heftiger Onanie verdankt und eben weil dieser Punkt, die Onanie, in ihren Folgen zu wenig zum Gegenstand besonderer Studien gemacht worden ist, erscheint eine allgemeine Schwächung des Körpers infolge von Onanie den meisten Ärzten auch übertrieben. Man halte sich nur vor Augen einen an Chlorosis, Phthisis, Diabetes, Nephritis, allgemeinen Schwächezustand nach schweren internen Erkrankungen u. s. w. leidenden Patienten, der in seinem leidenden Zustande täglich noch mehrere Male onaniert. Soll hier die Onanie die allgemeine Kachexie nicht entschieden begünstigen?, den Kräfteverfall des Patienten nicht beschleunigen? Selbst bei einem robusten, kräftigen Menschen muss durch jahrelange heftige Onanie Schaden angerichtet werden, es muss das Laster im Laufe der Jahre zu einer Schädigung der Gesamtkonstitution, und sei sie auch noch so gering, führen. Die oben angeführten Fälle, wo jahrelang betriebene Onanie absolut keine Schädigung hervorrief, werden verschwindende Ausnahmen sein und bleiben. „Semper aliquid haeret“, etwas bleibt immer hängen. Besonders sind es die nervösen Störungen von seiten der Verdauungsorgane, welche — durch Vermittelung der sexuellen Neurasthenie — die allgemeine Kräfteconsumption der Onanisten verschulden.

Die Beweglichkeit, das Laufen, Gehen, besonders die Muskelkräfte erleiden eine Einbusse. Ein grosser Teil unserer männlichen Jugend während der Entwickelungszeit, der bleich und hager, mit tiefliegenden, umränderten Augen, müdem Gesichtsausdruck und Blick, schlotternden Knieen, unfähig zu jeder starken Anstrengung einherschleicht, zu kräftigenden Bewegungen wie Turnen, Schwimmen unfähig ist und bei dem man bei der Untersuchung absolut keinen

Anhaltspunkt für diese allgemeine Prostration finden kann, verdankt diesen leidenden Zustand geschlechtlichen Ausschweifungen während der Zeit der Pubertät, sei dies nun übermässigem natürlichem geschlechtlichem Verkehr, oder unnatürlichem, dem Laster der Onanie. Hierzu kommt bei den Onanisten bisweilen noch eine hartnäckige Schlaflosigkeit, der Schlaf flieht sie, und wenn aus Übermüdung die Augen ihnen zufallen, so ist dieser Schlaf doch oberflächlich. Bei leiser Berührung oder leisem Geräusch fahren diese meist nervösen Patienten erschreckt auf; quälende schwere Träume belästigen und beunruhigen sie während des Schlafes und machen denselben zu einem nichts weniger als stärkenden und erquickenden. So magern die Patienten allmählich ab und zeigen eine Schwächung und Abspannung des ganzen Körpers, ihrer physischen und intellektuellen Fähigkeiten. In diesem Stadium erwacht gewöhnlich die Vernunft, die Patienten sehen jetzt gewöhnlich selbst ein, worauf sie ihren Kräfteverfall zurückzuschieben haben und spotten der unkundigen Ärzte, die alles Mögliche, Magenkatarrh, Bleichsucht, Blutarmut, Nervosität, zu schnelles Wachstum etc. diagnosticieren und an das Grundübel nie gedacht haben. Es erwacht das Selbstbewusstsein, sie schämen sich ihrer selbst, werden uneinig mit sich selbst, der Zustand früherer körperlicher strotzender Gesundheit, das, was sie sein könnten, und was sie durch ihr Laster geworden, steht ihnen vor Augen. Sie werden hierdurch hypochondrisch, ziehen sich in die Einsamkeit zurück, werden aller Freuden des Lebensdaseins unhold, verfallen der Melancholie und bieten ein Bild innerster Zerfahrenheit und Selbstunzufriedenheit. Der Wille ist da, aber die Energie fehlt ihnen.

Ich möchte am Schlusse dieses Kapitels, „Folgen der Onanie“ noch ein Bild entwerfen von dem

Allgemeinverlauf der Onanie in ihren Folgen, ihrer fortschreitenden Entwickelung.

Nehmen wir an, dass ein Individuum zur Zeit, wo es sich dem Laster zu ergeben beginnt, von strotzender körperlicher wie geistiger Gesundheit sei, frei von konstitutionellen Leiden, sei es erblicher, sei es erworbener Art, inmitten günstiger äusserer hygienischer Bedingungen lebe. Ein nicht zu unterschätzender Punkt ist dabei der Zeitabschnitt, in welchem mit der Onanie begonnen wird. Dass zur Zeit der Entwickelung sexuelle Ausschweifungen besonders schädlich auf den Organismus einwirken müssen, weil in dieser Zeit das Wachstum aller körperlichen, geistigen und seelischen Organe und Kräfte vor sich geht, habe ich früher erwähnt. Hier muss viel eher und leichter eine Erschöpfung all' dieser Kräfte eintreten als im späteren Alter, wo diese Organe viel grössere Widerstandsfähigkeit besitzen. Wir dürfen wohl im Grossen und Ganzen nicht fehl greifen, wenn wir annehmen, dass der grösste Teil der Menschheit seine sexuelle Thätigkeit mit der Masturbation und zwar schon in jugendlichen Jahren beginnt, nicht erst nach vollendeter körperlicher Reife, nach der Pubertät, um erst im Mannes- resp. Frauenalter, wo die Resistenzfähigkeit des Gesamtorganismus und seiner einzelnen Organe eine bedeutend höhere ist als in der Jugend, überzugehen zu geregeltem, normalen natürlichen sexuellen Verkehr. — In dem allgemeinen Verlauf der Onanie in ihren Folgen möchte ich, gleichsam als Marksteine, folgende drei Stadien unterscheiden:

1. Das Stadium der physischen und psychischen Verstimmung, des Wechsels der gesamten Physiognomie.

2. Das Stadium der inneren, besonders der nervösen Erkrankungen.

3. Das Stadium der leichteren Psychosen.

Dass diese 3 Stadien nicht ein völlig streng abgeschlossenes Schema darstellen, nach welchem nun jeder Fall von Onanie verläuft, ist klar, es soll nur zeigen, wie im Allgemeinen bei den meisten Menschen die Onanie in ihrem Verlauf allmählich fortschreitet.

Im I. Stadium, dem Stadium der physischen und psychischen Verstimmung beobachten wir, wie allmählich infolge der Onanie das gesunde frische Colorit der jugendlichen Haut verschwindet, der Teint mehr eine blasse, bleiche, fahle Farbe annimmt. Die Augen verlieren ihren Glanz und ihr Feuer, ein schlaffer, müder Gesichtsausdruck tritt an dessen statt, ja selbst stumpfsinnig blöde schweifen die mit einem lividen Ringe umränderten, tiefliegenden Augen bisweilen einher, die Gesichtszüge erschlaffen, kurz, ein langweiliges abgespanntes Exterieur, das man wohl am besten mit dem Ausdruck „abgelebt" bezeichnen möchte.

Hierzu tritt eine schlaffe Haltung des Körpers, gleichsam ein Hinwelken, Schlaffwerden der gesamten Figur, eine Körperschwäche und geringere Leistungsfähigkeit der Muskulatur, so dass grössere Leistungen und körperliche Anstrengungen zur Unmöglichkeit werden. Zu dieser „physischen Verstimmung", wie ich den Zustand nennen möchte, tritt hinzu die „psychische Verstimmung". Die Geistesfähigkeiten nehmen ab, es stellt sich Gedächtnisschwäche ein, die stetig zunimmt; eine früher nicht gekannte Zerstreutheit in allem Thun und Handeln und Misstrauen in die eigenen Kräfte macht sich geltend. Die Sünder werden mürrisch, trotzig, leicht aufgeregt, reizbar, verstimmt, ziehen sich aus jeglicher Gesellschaft zurück, lieben die Einsamkeit und suchen daher nach Möglichkeit einsame Orte auf. Der Hang zum Tiefsinnigen bricht immer mehr und mehr durch. Dieser allmähliche unerklärliche Wechsel in der Stimmung des Patienten, verbunden mit dem Umschwung im gesamten äusseren Wesen, dieser unerklärliche Wechsel in der gesamten Physiognomie sollte jedem Vater und jeder Mutter bekannt und als der Onanie verdächtig sein. Besonders aber der Arzt sollte beim Fehlen ätiologischer Momente für diesen Zustand an Onanie denken, denn jetzt, in diesem ersten Stadium sind die Folgen, die durch die Onanie gesetzt werden, noch leichte, und bei geeigneter Therapie wieder ausgleichbar. Hier kann ferner durch richtiges Eingreifen ein weiteres Einreissen, eine Verschlimmerung des Lasters und hiermit eine sexuelle Neurasthenie, Melancholie, Spermatorrhoë etc. verhindert werden, ja die Sünder können in diesem Stadium noch auf den früheren Gesundheitsstand vor dem Laster zurückgebracht werden. Bedenken wir nun, dass in diesem Zeitalter fast alle Menschen der Onanie ergeben sind, so giebt es, meine ich, keine grössere Sorge für alle Erzieher, als genau auf die genannten Symptome im ersten Stadium zu achten und lieber einmal ungerechtfertigt den Verdacht auf Onanie zu hegen, als hier etwas zu versäumen.

Wird in diesem Stadium dem Laster, wie es ja leider jetzt noch allgemein der Fall ist, nicht Einhalt gethan, so schreitet es weiter fort, die Folgen der Onanie treten ein ins II. Stadium der inneren Erkrankungen, des Centralnervensystems.

Zur allgemeinen Schwächung des Muskelsystems tritt hier besonders eine Erschütterung des gesamten Nervensystems: Eine beständige nervöse Unruhe, Schwindel, Erscheinungen von Nebel vor den Augen, unruhiger Schlaf, Schlaflosigkeit resp. Schlafsucht, aufregende, quälende und schwächende Träume bilden gewöhnlich den Übergang aus dem I. ins II. Stadium, das in der Hauptsache charakterisiert ist durch die neurasthenischen Erscheinungen von seiten der Nervencentralorgane, der Brustorgane etc. Allmählich stellen sich von Seiten des Herzens Unregelmässigkeiten ein. Bei der geringsten physischen oder psychischen Aufregung tritt Herzklopfen, erhöhte Herzthätigkeit ein, dazu wird die Atmung unregelmässig, ängstlich, beschleunigt, bei jeglichem Fehlen pathologischer, abnormer Zustände von seiten der Respirationsorgane, der Circulationsorgane, nur vermöge einer Störung der Herz- und Lungennerven infolge der onanistischen Reizung. Befindet sich das Individuum noch im Stadium körperlicher Entwickelung, so tritt bald Chlorose resp. Anämie auf, die vielleicht ebenfalls durch nervöse Störungen resp. Affektionen irgendwelcher Art der blutbildendeu Organe mit bedingt sind. Hierauf wird die Verdauung beeinträchtigt. Verdauungsstörungen und Blutarmut gehen Hand in Hand. Der Appetit verringert sich, eine Lüsternheit nach allen möglichen und unmöglichen Speisen tritt ein, die selbst bis zum Gefühl von Heisshunger sich steigern kann. Dyspepsien, ja auch heftige Cardialgien quälen die armen Sünder. Furcht vor Verschlimmerung des zeitweiligen Zustandes, Gewissensbisse, Verzagtheit, traurige, trübe Gedankenstimmung, zunehmende Gedächtnisschwäche, für den objektiven Beschauer Abnahme der Intelligenz, getrübte Urteilskraft und eine Menge anderer Symptome vervollständigen das Bild eines durch Onanie zum Sexualneurastheniker gewordenen Menschen.

Besonders ungünstig auf das psychische Befinden der Onanisten wirken die funktionellen Genitalstörungen derselben, die krankhaften Samenverluste und die Impotenz beim Manne, der Vaginismus und die Ovarialgien bei der Frau.

Im ersten Stadium der Krankheit sind die Funktionsleistungen der Genitalien gewöhnlich noch völlig normal, weder das Begattungsvermögen hat gelitten, noch zeigen sich übermässige Spermaabgänge. Doch allmählich, im Stadium des Lasters, treten bei einem grossen Teil der Onanisten Störungen ein, entweder derart, dass die Erektion eine verzögerte ist, nur mit Aufbietung aller Fantasie eine die Begattung ermöglichende Steifung des Gliedes eintritt, oder infolge einer krankhaften Hyperästhesie kommt es zu einer verfrühten Ejakulation. Besonders diese letzteren sind meiner Erfahrung nach bei Onanisten keineswegs so selten, wie man gemeiniglich wohl noch anzunehmen geneigt ist. Bei der geringsten geschlechtlichen Erregung kommt es zur heftigen Erektion, die oft auch von Ejakulation begleitet ist. Ja, es kann soweit gehen, dass ein wollüstiger Gedanke allein, ohne jegliche Berührung des Gliedes, der Genitalien, sei es mit oder ohne Steifung des Gliedes, einen heftigen Samenerguss hervorruft, ein Vorgang, der um so lästiger und betrübender für den Patienten ist, als oft in anständigster und bester Gesellschaft eine derartige Ejaculatio seminis so schnell erfolgt, dass der Betreffende nicht mehr im stande ist, sich schnell genug der Gesellschaft zu entziehen.

Diese unwillkürlichen Samenergüsse, die anfangs des Nachts auftretend, allmählich auch am Tage sich einstellen und dann besonders das Misslingen des Beischlafs, die Impotenz sind es, die hochgradig destruierend auf das psychische Befinden des Patienten wirken, ihn zum Hypochonder resp. Melancholiker machen. Bisweilen sind diese funktionellen Störungen des Genitale verbunden mit heftigen lancinierenden Schmerzen, ähnlich denen der Tabetiker, mit Neuralgien im Gebiete der Genitalien, der Oberschenkel und Lendenwirbelgegend. Es beruhen natürlich alle diese Erscheinungen auf Innervationsstörungen der gesamten Genitalgegend, Innervationsstörungen, die mit zum Bilde der sexuellen Neurasthenie gehören, das manchmal durch Störungen der Harnorgane, Incontinentia oder Retentio urinae, durch Schmerzen, Schneiden beim Wasserlassen vervollständigt wird.

Ist schon in der Kindheit mit der Onanie begonnen worden, so treten die genannten Erscheinungen des 2. Stadiums in der Pubertätszeit, in den Jünglings- resp. Jungfrauenjahren oder Mannesjahren auf.

Diese zwei Stadien sind es gewöhnlich, die, natürlich in ungeheurer Variabilität, je nach der Stärke der voraufgegangenen Onanie und der Widerstandsfähigkeit der einzelnen Organismen, angetroffen werden. Regel ist, dass diese oder jene der beschriebenen Folgen — beim einen nur eine oder wenige, beim andern mehrere — sich einstellen. In diesem zweiten Stadium findet die Onanie aber meist ihren Abschluss, sei es, dass der betreffende Onanist in jene Jahre gekommen ist, wo der Mensch von selbst mehr dem natürlichen geschlechtlichen Verkekr sich zuwendet, sei es, dass endlich das Erwachen der Vernunft den Sieg über die Gewohnheit davonträgt, und das Laster, wenn auch noch nicht ganz gelassen, so doch entschieden eingeschränkt wird, sei es endlich, dass der Kräftezustand, das physische Befinden des Patienten energisch betriebene Onanie von selbst verbietet.

Doch manchmal, aber wohl nur in einem geringen Procentsatze aller Fälle, namentlich bei denjenigen, wo eine hereditäre geistige Belastung, eine neuropathische Konstitution vorhanden ist, machen die Folgeerscheinungen der Onanie auch hier keinen Halt, sondern treten ein in das 3. Stadium, das Stadium der leichteren Psychosen.

Die sexuelle Cerebrasthenie mit ihren Folgezuständen, ihrer Schwächung aller geistigen Fähigkeiten, macht es erklärlich, wie selbst leichtere Psychosen bei nervösen, hereditär belasteten Menschen als Schluss- und Endeffekt der Onanie auftreten können. Das allmähliche Hinschwinden der edelsten menschlichen Thättigkeit, der Geistesthätigkeit, die allmählich immer mehr und mehr zunehmende Gedächtnisschwäche, das fortwährende Eingenommensein des Kopfes, die geistige Öde und Leere, die Schlaflosigkeit, die Verachtung, Scham und Schande vor sich selbst, seiner moralischen Schwäche, dazu der körperliche Zustand, die allgemeine Schwächung und Ermüdung des Körpers, dies alles im kräftigsten Jünglings- oder Mannesalter, Abscheu vor allen anständigen Vergnügungen, Langeweile, Furcht vor weiterem Fortschreiten des Prozesses, Gleichgiltigkeit gegen Alles, was um ihn vorgeht, dann noch die Gewissensbisse, diesen furchtbaren Zustand, der natürlich nur bei neuropathischer Veranlagung denkbar ist, durch eigene Schuld veranlasst zu haben, man vergegenwärtige sich dies und man wird leicht begreifen, dass es zur Melancholie und Hypochondrie, bei hysterisch-epileptischer Disposition auch zur Hysterie und selbst Epilepsie kommen muss. In diesem Endstadium hat die seelische Erschütterung, das Drama, seinen Schlussakt erreicht. Weitere schwere Psychosen als durch Onanie erzeugt, sind von wissenschaftlicher Forschung schon längst als in das Bereich der Übertreibung verwiesen worden.

Folgen der Onanie für die Moral und für den Charakter.

Hier zeigt sich der üble Einfluss des Lasters besonders in der

Kindheit, wo die ganze geistige Entwickelung, alle geistigen Eigenschaften noch im Werden begriffen sind.

Unter Moral verstehen wir den Inbegriff aller sittlichen Prinzipien und ihre Beobachtung und Bethätigung im Leben. Eine moralische Erziehung verlangt daher in erster Linie Angewöhnung des Gefühls für Rechtes und Gutes, für Aufrichtigkeit und Wahrheitsliebe. Der Onanist aber wird gerade durch sein Laster, von dem er wohl weiss, dass es gegen Recht und Anstand ist, zur Verheimlichung und zur Lüge getrieben. Die Lügenhaftigkeit ist hier verbunden mit Heuchelei, welche der Feigheit und der Furcht entstammt, sein Laster den Eltern und Erziehern zu beichten, und hierdurch wieder wird dem Leichtsinn und Egoismus Vorschub geleistet. Kurz, die Anerziehung des moralischen Gefühls für Gutes und Böses, die Erweckung des Ehrgefühls und der sittlichen Kraft wird durch das Laster vereitelt, es wird schon dem Kinde durch dasselbe ein moralischer Defekt für die ganze weitere Zukunft mitgegeben, der sich oft später bitter rächt und, wie ich von einem Falle weiss, sogar soweit führte, dass den Eltern von dem jungen Manne Vorwürfe gemacht wurden, dass sie ihn nicht über diesen Punkt aufgeklärt, ihn so dem Laster hätten verfallen und dadurch am eigenen Körper Schaden nehmen lassen. Einen fürchterlicheren Mahnruf an die Eltern als diese Anklage des eigenen Kindes, gegen das Laster einzuschreiten, glaube ich, kann es nicht geben.

Aber ebenso wie die Moral, verdirbt die Onanie auch den Charakter. Durch eine mangelnde moralische Erziehung wird dem gesamten Handeln und Wollen des Onanisten eine Eigentümlichkeit aufgeprägt. Dadurch, dass der Onanist in jener schmutzigen geschlechtlichen Sphäre seine Gedanken verweilen lässt, durch die schlüpfrigen Vorstellungen, die hierzu erforderlich sind, wird dem Hirn eine gewisse Art und Weise zu denken und zu fühlen angewöhnt. Er äussert seine Gefühle und Handlungen nach einer bestimmten Richtung hin, die vorherrschend wird. Andererseits wird aber dadurch, dass der Onanist nur gar zu leicht dieser Ideensphäre verfällt, die Willenskraft desselben geschwächt, es fehlt demselben die Ausdauer bei einer ernsten Beschäftigung, er wird wankelmütig, flatterhaft, nicht charakterfest. Sein ganzes Sein konzentriert sich auf geschlechtliche Dinge, er ist kaum fähig, andere Gedanken zu fassen. Und dadurch, dass er sich jeder augenblicklichen, auf sexuelle Dinge gerichteten Stimmung blindlings hingiebt, lernt er nicht, seinen Willen der Vernunft unterzuordnen, wird so zu einem ganz willkürlich handelnden, charakterlosen, inhumanen Menschen, dessen edle Regungen und Triebe unterdrückt und beherrscht werden von dem einen Gedanken der sexuellen Thätigkeit.

„Nichts ist so geeignet,“ sagt v. Krafft-Ebing, „die Quelle edler idealer Gefühlsregungen, die aus einer normal sich entwickelnden geschlechtlichen Empfindung ganz von selbst ergeben, ja nach Umständen ganz versiegen zu machen, als im frühen Alter betriebene Onanie. Dieser Defekt beeinflusst die Moral, die Ethik, den Charakter.“

Sociale Folgen der Onanie.

Bei der gewaltigen Verbreitung, und bei dem Einflusse, welchen die Onanie auf den Einzelnen in all ihren Folgen auszuüben vermag, darf es nicht Wunder nehmen, wenn man behauptet hat, dass der Einfluss der Onanie sich nicht nur bis auf das einzelne, dem Laster sich hingebende Individuum, sondern auch bis auf die Familie, ja auf die gesamte menschliche Gesellschaft erstreckt, denn das einzelne Individuum lebt in unserem sozialen Staate nicht für sich, sondern es lebt als Glied der Familie, des Staates, der gesamten menschlichen Gesellschaft, und Folgen, die sich auf dieses eine Glied erstrecken, müssen sich mehr oder weniger fühlbar machen auf das gesamte Gemeinwesen, welchem dieses Glied angehört, in erster Linie also auf die betreffende Familie, in zweiter auf die gesamte menschliche Gesellschaft. Welche Gefahren können uns da von der Onanie drohen? Diese Gefahren sind bisher bei weitem überschätzt worden. Die Folgen der Onanie bedrohen sicherlich am herbsten das betreffende Individuum selbst, seine Konstitution, seinen gesamten Organismus, Folgen, die nicht ansteckend wirken. Die direkten Gefahren, welche der Familie und der menschlichen Gesellschaft drohen, sind die der Ansteckung und Verbreitung, über die ich schon genugsam gesprochen und der Vererbung. Die Gefahren der Verbreitung und Ansteckung in Pensionaten, die Onanieepidemien haben wir schon im Capitel „Verbreitung der Onanie“ besprochen. Aber auch in Familien kommen derartige Fälle vor.

Ich habe vor kurzem in einer Familie einen Fall erlebt, wo ein 11jähriger, geistig recht geweckter Knabe, der das Realgymnasium besucht, seine beiden Brüder und eine Schwester ansteckt, welche 4 Geschwister über 3 Jahre lang sowohl Auto- und mutuelle Onanie trieben, ehe sie von der sorgenlosen Mutter (der Vater ist Kaufmann und viel verreist) entdeckt wurden.

Die hereditäre Gefahr der Masturbation ist gering. Das Laster setzt eine sexuelle oder allgemeine Neurasthenie, die hereditär zu einem geringen Procentsatz in der erblichen Belastung neurasthenischer Individuen ihren Ausdruck finden dürfte. Wohl ist in der Anamnese oft Neurasthenie der Eltern zu finden, leider aber nicht die Ursache derselben. Dass aber die sociale Gefahr hier bis zur Degenerescenz der Individuen führen sollte, etwa wie die Syphilis, ist, eben weil die Masturbation direkt keine Psychosen erzeugt, ausgeschlossen.

Die indirekten Gefahren der Onanisten für die nächste und weitere Umgebung sind sehr zurücktretend. Der schon genannte Johann Peter Frank betrachtet in seinem Buche: „System der medizinischen Polizey 1780“ die Onanisten als Menschen, die der menschlichen Gesellschaft nur zur Last leben, von welchen sie keine Vorteile zu ziehen vermag, und welche in gewisser Beziehung sogar zu fürchten sind. Er fordert die Regierungen auf, eine grössere Beachtung denselben angedeihen zu lassen. Natürlich ist diese Ansicht eine stark übertriebene, denn so gefährlich sind die Onanisten der Allgemeinheit und dem allgemeinen Wohl doch nicht.

Tissot meint, dass die Onanie gegen die Freuden des Coitus naturalis abstumpfe, gleichgiltig mache. Er sagt: „Ein Symptom ist beiden Geschlechtern (i. e. bei der Masturbation) gemeinsam und häufiger findet es sich bei den Frauen, nämlich die Gleichgiltigkeit, welche das schändliche Getriebe der Masturbation auf die natürlichen Freuden der Liebe zurücklässt, selbst wenn die heisse Liebesglut noch nicht erloschen, eine Gleichgiltigkeit, welche nicht allein viel Junggesellen schafft, sondern sich sogar bis zum Ehebett erstreckt und so die wahren Quellen der Glückseligkeit zerstört.“ Tissot ist also der Meinung, dass die Onanie sogar dahin führen könne, die unverheirateten Männer vom Heiraten abzuhalten, sie zu ewigen Junggesellen zu machen und die ehelichen Freuden zu zerstören, allein durch die Gleichgiltigkeit, welche sie am ehelichen Genuss erzeuge.

Ich möchte bezweifeln, dass im Allgemeinen der onanistische Genuss wirklich jemals so befriedigt hat, wie der wahre natürliche Geschlechtsgenuss, momentan, sobald als die Ejakulation und damit der Vollgenuss des Körpers eintritt, ja, aber für längere Zeit entschieden nicht. Das eben ist der Unterschied zwischen natürlichem Geschlechtsverkehr und Onanie, dass nach ersterem der Körper wirklich ein Gefühl der Befriedigung hat, nach der Onanie aber nur ein Gefühl der Erschöpfung und unangenehmen Ermattung. Die Natur weist überall hin auf den natürlichen Verkehr zwischen beiden Geschlechtern, die Vereinigung beider Geschlechter entspringt einem natürlichen gegenseitigen Bedürfnis, die Onanie hingegen ist etwas Widernatürliches, die nur dadurch, dass sie den Einzelnen als Glied der Gesamtheit sowohl körperlich als geistig direkt schädigt, indirekt auch die Gesamtheit selbst schädigt. Sicher würden wir wohl noch eine stärkere, kräftigere und energievollere Jugend, eine ausdauerndere Militärmannschaft haben, unsere gesamte Volkskraft würde eine grössere und mächtigere sein, wenn die Onanie nicht existierte, resp. unsere Jugend ihr nicht fröhnte. Insofern bringt die Onanie indirekt der Familie, der gesamten menschlichen Gesellschaft eine grosse Folge von Gefahren und wirklichen Schädlichkeiten, die sich umsoweniger übersehen lassen, als das Laster im Geheimen wütet und ein Überblick über das sociale Elend, wenn man so sagen darf, das durch die Onanie in die Welt gesetzt ist, sich noch noch nicht thun lässt, eben weil Sammelforschungen, Statistiken über die Onanie und ihre Verbreitung als Grundlage hierfür noch nicht existieren. So kann Burdach mit Recht die Onanie als ein „Verbrechen gegen die Art“ bezeichnen, und nur so lässt es sich verstehen, wenn Reveillé Parise (Revue médicale) ausruft: „Nach meinem Dafürhalten haben weder die Pest, noch der Krieg, noch die Pocken, noch eine Menge ähnlicher Übel so unglückselige Folgen für die Menschlichkeit, wie die traurige Angewöhnung der Masturbation, sie ist das zerstörende, vernichtende Element der gesamten zivilisierten Menschheit. Sie ist dies umsomehr, als sie fortwährend betrieben wird und allmählich die Bevölkerungsschichten durchsetzt“, und so ruft Schmuckler erst kürzlich aus: „Ich kann nicht umhin, darauf hinzuweisen, dass die Ausbreitung der Onanie eine beängstigende sociale Erscheinung ist,“ sie ist, wie Mantegazza sagt, „ein Charakteristicum der europäischen Moral.“

IV. Diagnose

(Zeichen der Onanie).

Die Zeichen der Onanie, die Symptome, aus welchen man bei Patienten auf von ihnen zur Zeit oder früher betriebene Onanie zu schliessen vermag, liegen keineswegs so einfach auf der Hand, als wie dies bei den meisten Krankheiten der Fall ist. Nur bei ganz kleinen Kindern, die noch keine Vorsichtsmassregel zur Verbergung des Lasters ergreifen, ist dasselbe deutlich zu erkennen. Die Diagnose der Onanie ist daher auch nicht leicht, wie man vielleicht erwarten sollte. Sie bietet dem gewissenhaft forschenden Arzt mancherlei Schwierigkeiten, ja, es wird ihm oft eine sichere Diagnosestellung zur Unmöglichkeit. Es liegt dies einerseits daran, dass, was die Kinder anbetrifft, die Eltern und Erzieher meist keine Ahnung von dem Laster ihrer Pfleglinge haben, da diese demselben im Geheimen fröhnen, um eine Entdeckung zu verhüten, andererseits sind die Leute von der Unschädlichkeit ihres Lasters bisweilen so vollständig überzeugt, dass ihnen gar nicht der Gedanke ankommt, es könnten irgendwelche Beschwerden auf die Onanie zurückgeführt werden. Der Hauptgrund der Schwierigkeit der Diagnose ist aber der, dass über Krankheiten und Zustände, die die Vita sexualis berühren, aus falschem Schamgefühl bis über die Puppen gelogen wird. Selten, jedenfalls in der geringeren Anzahl der Fälle, wird dem Arzt auf Befragen reiner Wein eingeschenkt. Der bekannte französische Syphilidolog Ricord liess über der Thüre zum Eingange seines Krankensaales für Geschlechtskranke die Überschrift anbringen: „Hier wird gelogen." Man könnte die Überschrift auch für den grössten Teil der Onanisten gebrauchen, denn es gehören die Onanisten und geschlechtlich Erkrankten mit zu denen, von welchen der Arzt am meisten belogen wird. Es kommt dies eben von dem falschen Schamgefühl, welches dem grössten Teile der Geschlechtskranken und geschlechtlich Ausschweifenden anhaftet. Dies ist es, welches sie zum Lügner stempelt. Es empfiehlt sich daher auch hier oft, auf den Busch zu schlagen und dem Patienten ins Gesicht zu sagen, früher onaniert resp. Excesse in venere begangen zu haben, denn selbst bei den wahrheitsliebendsten Patienten, die der Arzt persönlich genau kennt und von denen er glaubt, nie belogen zu werden, sei er vorsichtig. In punkto „Geschlechtliche Excesse“, seien sie welcher Art sie wollen, kann der Arzt nie misstrauisch genug sein. Daher frage er auch, wenn er begründeten Verdacht auf Onanie hat, nicht: Haben Sie onaniert? oder Onanieren Sie? etc., sondern: Wie lange haben Sie onaniert? Wie oft haben Sie onaniert? etc., oder sage ihm gleich ins Gesicht: Sie haben onaniert in Ihrer Jugend. Der verblüffte Patient wird dann meist, nicht immer, sein geheimes Laster eingestehen und weiter offen dem Arzte beichten. Auch bezüglich des anderen Punktes sei der Arzt vorsichtig genug. Er stosse sich nie an das Alter des Patienten, denn „Es giebt kein Alter, welches man vom Verdacht der Onanie absolut ausnehmen könnte. „Die Masturbation ist von der ersten Kindheit bis zum Greisenalter möglich“, sagt Deslandes. Nur eine gewisse Wahrscheinlichkeit giebt das Alter. Bei einem im kräftigen Mannesalter oder gar im Greisenalter stehenden Manne wird man wohl viel weniger leicht Verdacht auf Onanie haben, als bei einem jungen, in der Schulzeit oder in der Entwickelung befindlichen Kinde. In dieser Zeit sollte jeder Arzt, der nur einigermassen eingeweiht ist in die erschreckende Häufigkeit der Onanie in dieser Lebensperiode, bei körperlichen Störungen irgendwelcher Art, deren Ätiologie ihm nicht klar ist, auf Onanie Verdacht haben. Die erfahrensten Kinderärzte und Pädagogen stimmen dieser Ansicht bei und wir haben gesehen, dass weitaus der grösste Teil aller Menschen, mindestens 95 %, in seinem Leben je onaniert und von diesen der grösste Teil in der Zeit der Entwickelung, vom ca. 10. bis 20. Lebensjahre. Ja, einige Ärzte gehen sogar soweit, jeden Menschen in dieser Entwickelungszeit als Onanisten zu betrachten, vom praktischen Standpunkt aus wohl entschieden das Richtigste. So sagt Fürbringer: „Man beruhige sich nicht bei dem so häufig abgelegten Geständnis der „„Verirrungen in früherer Lebensperiode““. Oft genug lockt ein subtiles Vorgehen dem Examen das Bekenntnis heraus, dass noch gegenwärtig heillos masturbiert wird, selbst von bejahrten Männern, die man der Unnatur nimmer fähig erachtet. Sogar auf dem platten Lande schleicht das Laster unter Kinderchen der zur schwersten Arbeit gezwungenen Bauern heimlich umher. Andererseits treibe man die Skepsis nicht zu weit und erinnere sich der Fälle einer wenig motivierten Selbstbeschuldigung.“ Der praktische Arzt stütze sich überhaupt bei der Diagnose der Onanie in erster Linie auf den objektiven Krankheitsbefund und in zweiter Linie erst auf die subjektive Anamnese.

Welches sind die objektiven Erscheinungen der Onanie im Allgemeinen, welche die Diagnose des Lasters ermöglichen?

Man erinnere sich dessen, dass die Hauptschädigung, die die Onanie dem Organismus auferlegt, die des Centralnervensystems ist, die Cerebrasthenie. Die meisten Onanisten sind daher Neurastheniker, speziell Sexualneurastheniker. Die Symptome der sexuellen Neurasthenie finden wir daher auch bei den Onanisten. Der Onanist ist in erster Linie nervös und besonders Cerebralneurastheniker. Die Patienten klagen über Unlust und Unvermögen zu ernster, andauernder geistiger Arbeit oder sich stark bemerkbar machender Gedankenschwäche, zeigen eine geistige Energielosigkeit, welche auf den Entwickelungsgang des Betreffenden oft von einschneidender Bedeutung war. Hierzu kommt das Gefühl des Kopfdruckes, das Eingenommensein des Kopfes, in Verbindung mit der sich einstellenden Gedächtnisschwäche und Zerstreutheit. Diese objektiven Angaben bei melancholisch hypochondrischer Gemütsstimmung, verbunden mit der Haltlosigkeit im Charakter, dem energielosen, schlaffen Wesen sowohl in geistiger wie körperlicher Haltung, dem scheuen Gebahren beim Arzte, der event. Lügenhaftigkeit geben im Zusammenhange mit dem äusseren Aussehen dem Onanisten ein gewisses Gepräge, aus dem der erfahrene Praktiker oft per distance, wie bei der Krebskachexie, die Diagnose stellt. „Manchen blassen und elenden Opfern des Lasters sieht man das böse Gewissen auf den ersten Blick an,“ sagt Fürbringer. Man findet ferner in abwechselnder Mannigfaltigkeit all die früher beschriebenen Erscheinungen der Neurasthenie. Von Seiten der

Sinnesorgane Photopsie, Pupillenerweiterung, Krampf der Lider, selbst Asthenopie, Hyperästhesie acustica, heftige Kopfschmerzen, geistige Leere, besonders nach jedem onanistischen Akte, dann erhöhte nervöse Reizbarkeit. Die geringsten Geräusche können die Patienten zur Verzweiflung bringen; Ruhelosigkeit, Furcht vor drohendem Unglück, Platzfurcht u. a. m. Von Seiten des Herzens und der Verdauungsorgane finden sich Herzneurosen, nervöses Herzklopfen, Unregelmässigkeit des Pulses bei leichtester Erregung verbunden mit Störungen von seiten der Digestionsorgane, abwechselnd mit Pausen vollständig normaler Funktionierung des Letzteren. Andere meist unsichere Symptome, welche auf Onanie deuten, sind Unsicherheit und Schwäche im Gehen, leichte Ermüdung, Schmerzen in den Extremitäten, bleiches Aussehen, Steigerung der Patellarreflexe; doch treten sie alle gegen die oben genannten Symptome zurück. Nur in exceptionell seltenen Fällen mögen die Genitalorgane vergrössert sein, gewöhnlich ist zwischen den Genitalien des Onanisten und denen des Nichtonanisten kein Unterschied bezüglich der Grösse. Vielleicht etwas mehr diagnostischen Wert hat der sogenannte Hodentanz, Orchichorie, bestehend in unwillkürlichen Cremasterzuckungen, doch ist auch er selten. Ebenso selten ist eine Verdickung der Glans penis. Diese letztere, sowie das Präputium werden, wie auch Fürbringer meint, viel eher trocken als feucht befunden. Bezüglich der Harnröhrenschleimhaut lässt sich ein von Ultzmann und Grünfeld behaupteter Unterschied wie Entzündung durch die fortwährende Reizung der Onanie, nicht konstatieren.

Einige Ärzte wollen auch besonders schlaffes und stark hängendes Scrotum als der Onanie verdächtig halten, doch ist es ebensowenig wie die partiellen Schweisse an den Genitalien für Onanie charakteristisch. Hingegen findet man bei den Frauen die Scheide häufig ziemlich erweitert und ziemlich gross, die Schamlippen, besonders die Clitoris vergrössert und etwas sehr reizbar. Besonders für charakteristisch und im höchsten Grade der Onanie verdächtig aber halte ich bei kleinen Mädchen Verlust resp. Durchbohrung des Hymens, ein Punkt, der meines Erachtens bisher noch viel zu wenig Berücksichtigung gefunden hat.

Hier möchte ich noch eines Punktes gedenken, der für unsere Diagnose wichtig ist: „Es wird dann und wann dem Arzt über

16*

Feuchtwerden der Genitalien geklagt von seiten der Frauen, nur weiss meist der Arzt dieses Feuchtwerden nicht zu deuten oder hält es für unbedeutend. Es sind dies die bei dem weiblichen Geschlecht — meist auch nächtlich — auftretenden Pollutionen. v. Krafft-Ebing erklärt dieselbe durch einen peristaltischen Contractionsvorgang der Muskelfasern der Tuben und des Uterus, wodurch der Tubar- und Uterinschleim ausgepresst wird, während hingegen Kisch annimmt, dass die Ejakulationen in erster Linie und zwar vorzugsweise die Bartholinische Drüse betreffen, welche, vom Contrictor cunni zusammengedrückt, ihr Sekret ergiesst, dann sich aber auch auf den Cervicalschleim bezieht." Doch fast jeder keusche Jüngling, resp. keusche Mann ist den Pollutionen unterlegen, eine keusche Jungfrau nie! Pollutionen kommen beim weiblichen Geschlecht nur dann vor, wenn früher geschlechtlicher Umgang vorhanden war, der durch irgend welche Momente Unterbrechung gefunden hat, also besonders bei Witwen, Strohwitwen etc., hieraus folgt, eine keusche Jungfrau kann keine Pollutionen haben, klagt sie über solche, so ist sie dringend geschlechtlicher Reizung verdächtig, die eine solche hervorzurufen im stande sind, der Onanie, ja sie ist wohl sicher Onanistin." (Rohleder, vita sexualis.)

Doch sind alle diese Symptome weniger wichtig, das wichtigste für die Diagnose ist die Cerebrasthenie, das Wesen des Onanisten, sein Benehmen, sein geistiges Verhalten.

Bezüglich der Kinder studiere man, wenn möglich, einige Zeit vorher die Physiognomie und Psyche derselben, wie überhaupt ja der mit den ganzen familiären Verhältnissen vertraute Hausarzt, der die Angehörigen und ihre einzelnen individuellen Charaktere genau kennt, viel eher das vorhandene Laster ergründen und diagnosticieren wird als der zufällig zugezogene Spezialist oder der der Familie bisher unbekannte Arzt. Gewöhnlich ist an den Onanisten bezüglich des Äusseren, der gesamten Physiognomie Obiges zu bemerken.

Also kurz zusammengefasst, ist die Anleitung zur Erkennung der Onanie bei Verdacht auf dieselbe folgende:

Der Arzt stütze sich vor allen Dingen auf etwaige

a) subjektive Symptome und suche nach denselben, am sichersten sind hierbei die oben zur Genüge aufgeführten unzähligen Klagen und Symptome der Cerebrasthenie, in Verbindnng mit Klagen über die Sinnesorgane, über Verdauungs- und Circulationsstörungen Abschwächung des Cremasterreflexes, Einrisse am Praeputium, Verletzungen der Vulva und Clitoris etc. Gesellen sich hierzu noch

b) ein gewisses, leicht bemerkbares, unerklärliches Wesen und Benehmen, scheues Gebahren, verstockter Gesichtsausdruck, der leicht zu erkennen und beobachten, aber schwer zu beschreiben, Hang zur Traurigkeit und Einsamkeit, unmotivierte Schweigsamkeit und Insichzurückgezogenheit, bleiches, blasses, müdes, abgespanntes Aussehen, Mattigkeit des ganzen Körpers, leichte Ermüdbarkeit bei geringsten körperlich-schweren Beschäftigungen, Missmut und Niedergeschlagenheit, ohne dass hierfür irgendwelche krankhaften körperlichen Befunde zu konstatieren sind, dann ist die Onanie höchst wahrscheinlich.

Wie aber soll man volle Bestätigung hierfür finden?

Würde man nicht manchem Kinde und selbst manchem den Kinderschuhen entwachsenen Menschen hiermit Unrecht thun? Würden nicht viele Eltern dem Arzte ob dieser ihnen ungenügend begründeten Vermutung, welche ihrem Liebling angethan wird, grollen? Ja, wie oft geschieht dies in der That nicht!

Hat man aus oben genannten Symptomen begründeten Verdacht auf Onanie, so gebe man den Angehörigen Anleitung zur stillen, dem Betreffenden gänzlich unbemerkbaren Beobachtung. Die Eltern oder Erzieher beobachten nun ohne direktes Befragen das ganze Benehmen und Wesen des der Selbstbefleckung Verdächtigen, ob er gern für sich an einsamen Orten weilt, nach diesem Verweilen eine besondere Abspannung und Ermüdung an ihm bemerkbar ist, ob er bei vorsichtigen Fragen und Anspielungen ans Laster befangen, verlegen wird und kontrolliere im Geheimen stets die gesamte Wäsche des Kindes, fürs erste Hemden, Unterhosen, Beinkleider und Betten! Auch die tägliche Untersuchung der Betten am Morgen ist wichtig. Bei kleineren

Knaben, wo normale Nachtpollutionen völlig ausgeschlossen sind, geben sie genügenden Anhalt für die Diagnose. Bei grösseren Kindern sind nur Flecken in der Leibwäsche massgebend, und zwar Flecken im Taghemd, da Flecken in der Bettwäsche sowie im Nachthemd event. von einer derartigen Nachtpollution herrühren, und andererseits Tagespollutionen bei Schulkindern wohl kaum schon vorkommen dürften. Ein Wechseln von Tageshemd und Nachthemd ist zur sicheren Diagnose unbedingt erforderlich, ganz abgesehen davon, dass schon die Gesetze der Reinlichkeit, der geordneten Hautpflege einen derartigen Wechsel verlangen.

Wichtig ist ferner auch der von Cohn erwähnte Punkt, dass gewiegte Knaben, um einer event. Untersuchung des Hemds auf Samenflecke vorzubeugen, das Sperma in die Taschentücher und wie ich noch hinzufügen möchte, selbst nicht einmal diese, auf Papier fliessen lassen, das dann einfach weggeworfen wird.

Haben die Eltern aber wirklich Samenflecke an genannten Kleidungsstücken gefunden, so schärfe man ihnen ein, schon um nicht etwa dieselben mit anderen Flecken verwechselnd das Kind ungerechtfertigter Weise zu beschuldigen, sie dem Arzte zu zeigen!

Woran erkennt nun der Arzt die Samenflecke als solche?

Dieselben sind letzterem hinreichend bekannt. Sie sind meist schon makroskopisch als solche zu erkennen, daran, dass sie gewöhnlich etwas steifer sind als die Umgebung des Leinens, dann daran, dass sie dunkler, mehr grauer gefärbt erscheinen. Besonders der Rand eines derartigen Fleckes sticht scharf ab gegen seine Umgebung. Nur beiläufig möchte ich hier erwähnen, dass event. die Farbe des Fleckes nicht verleiten darf, da Utzmann in pathologischen Fällen rotes, rotbraunes, braungelbes, weissrotes, selbst violettes und grasgrünes Sperma gesehen hat im Gegensatz zum grauweissen Ton in normalen Verhältnissen. Dann beachte man auch den Sitz des Fleckes im Hemd oder Kleidungsstücke, entsprechend der Gegend der Genitalien. Das Sicherste aber zur Erkennung, und alles Zweifels erhaben ist die mikroskopische Untersuchung eines derartigen Fleckes.

Zu diesem Zweck schabe man ein wenig vom Flecken ab, lege

den Staub auf ein Deckgläschen, bedecke denselben mit etwas Aqua destillata oder noch besser 0,6% physiologischer Kochsalzlösung, lege dasselbe auf einen Objektträger und mikroskopiere, — eine starke Trockenlinse genügt — und man wird neben körnigem Detritus eine Menge von mehr oder weniger zerstörten Samenelementen, Köpfe, Schwänze etc. von Samenfäden beobachten, womit der Beweis unumstösslich fest und sicher erbracht ist.

Den Angehörigen selbst ist das allein ganz Sichere zur Diagnose nur die Ertappung auf frischer That.

Dass bei einer Vaginaluntersuchung zufällig gefundene Fremdkörper in der Scheide eines weiblichen Individuums natürlich ganz unumstössliche Beweise für Onanie sind, bedarf wohl keiner weiteren Erläuterung.

Ist nun überhaupt die Diagnose auf Onanie gestellt, so ist damit noch nicht Alles gethan, denn jetzt ist noch für die Prognose und besonders für die Therapie das Wichtigste, die Grundursache, die eigentliche Ätiologie des Lasters zu eruieren, was sowohl Sache des Arztes, als der Eltern ist. Der Arzt hat jedes Kind und jeden Erwachsenen, bei dem Onanie konstatiert worden ist, zu untersuchen!

Dieser Hauptsatz wird leider nie oder nur zu oberflächlich befolgt, weil man mit der Eruierung der Onanie und einigen nötigen Ratschlägen schon das Notwendige gethan zu haben glaubt. Eine ärztliche Untersuchung ist erforderlich, um ein event. Leiden, sei es äusserlicher Natur, eine Hauterkrankung, oder ein allgemeines Leiden, welches die Ursache zum Laster abgeben könnte, oder wenigstens mit dazu beitragen könnte, zu erkennen, und danach therapeutische Massnahmen zu treffen. Ferner hat der Arzt auch auf die äusseren und socialen Verhältnisse, die Erziehung des Kindes Rücksicht zu nehmen. Die Eltern, Erzieher oder sonstigen Angehörigen, und seien es Gatte oder Gattin, hingegen haben die Pflicht, den betreffenden Onanisten nach jeder Hinsicht hin in seinem Thun und Treiben, seinem Umgang mit Anderen zu beobachten und etwaige, auf das Laster bezügliche Beobachtungen dem Arzte mitzuteilen, denn nur so, durch eine möglichst gründliche Eruierung aller jener Momente, welche mit dem Laster in Beziehung stehen und stehen könnten, kann eine nutzbringende Therapie eingeleitet werden. Sicherlich lassen sich viele Misserfolge bezüglich des allerdings sehr schwierigen therapeutischen Eingreifens bei der Onanie nur so erklären. Es muss hier zugegeben werden, dass in einem nicht geringen Prozentsatz aller Fälle ausser der in der Erziehung vernachlässigten Willenskräftigung absolut kein ätiologisches Moment zu eruieren ist, dass allein auf Grund dieser der den Menschen überwältigende Geschlechtstrieb es nur gar zu leicht zur Onanie kommen lässt, dass die Kinder, noch ehe sie denken können, allein dem Naturtrieb folgend, unbewusst dem Laster verfallen.

Die

V. Prognose

(Vorhersage der Onanie)

ist je nach der dem Laster zu Grunde liegenden Ursache eine sehr verschiedene. Es ist eben ungemein wichtig, bei der Diagnose schon die Grundursache zur Onanie erforschen zu suchen, weil nur so eine richtige Prognose und was das Wichtigste, eine gründliche Therapie resp. Prophylaxe des Lasters statthaben kann. Denn dass z. B. die Prognose einer auf Hauterkrankung der Genitalorgane beruhenden Onanie eine andere, viel leichtere ist als die der auf krankhaft gesteigertem Geschlechtstrieb z. B. Satyriasis oder Nymphomanie beruhenden Onanie oder des auf Geisteskrankheit beruhenden Lasters ist leicht fassbar. Die Prognose der Masturbation ist demnach abhängig von der Grundursache. Am günstigsten ist dieselbe bei denjenigen Formen, die auf Erkrankung des Körpers und besonders auf Erkrankung der Haut beruhen. Schwerer sind schon jene Fälle, die auf innerer Erkrankung wie Phthisis, Diabetes etc., oder gar nervösen Störungen wie Hysterie, Epilepsie etc. begründet sind. Am ungünstigsten sind aber alle jene Formen zu beurteilen, welche auf falscher Erziehung irgend welcher Art, Temperament und Willensschwäche beruhen, wobei man leider sagen muss, dass dies gerade die Hauptursachen der Onanie überhaupt sind und jene Formen leider viel seltener sind. Denn bei den meisten Onanisten ist Willens- und Charakterschwäche mit die Grundlage des Lasters. Im Grossen und Ganzen lässt sich sagen, dass leider die Prognose keine besonders günstige ist, da nur zu oft Rückfälle ins alte Laster zu verzeichnen sind, und schon ein sehr willensstarker Charakter dazu gehört, für immer das einmal ausgebrochene Laster so zu unterdrücken, dass man nicht einmal wieder demselben in die Hände falle. Die Prognose ist aber, ausser von der Art der Grundursache, noch abhängig von der Dauer des Bestehens. Je länger schon onaniert wurde, desto tiefer hat sich die sündhafte Begierde nach dem Laster natürlich im Menschen eingewurzelt, desto ungünstiger ist naturgemäss die Aussicht auf völliges Ablassen vom Laster. Ferner kommt der Körperzustand der Sünder, das Alter derselben, in welchem die Onanie begonnen, die Dauer und die Häufigkeit derselben in Betracht. Denn je kräftiger die gesamte Konstitution und je älter der Betreffende bei Beginn der Onanie, ferner je seltener und geringer die Samenverluste waren, um so günstiger die Prognose.

Von vornherein ganz aussichtslos bezüglich gänzlichem oder wenigstens teilweisem Ablassens vom Laster sind alle jene Fälle, welche auf perversem Geschlechtstrieb mit Geisteskrankheiten beruhen, nicht viel weniger hoffnungsvoll sind jene Fälle, wo schwere Hirn- und Rückenmarkskrankheiten oder konstitutionelle Leiden das Übel veranlassen. Ich meine ferner, dass bei jüngeren Kindern, zumal in unserer jetzigen Zeit, wo in der Erziehung ja vor der Vollpfropfung mit gelehrtem unverdaulichem Wissenskram die Willens- und Charakterbildung noch völlig vernachlässigt wird, weitaus die Mehrzahl der Fälle nicht, resp. nur in geringem Masse besserungsfähig sind, und dass in der Hauptsache nur bei den älteren mit etwas mehr Vernunft und Willensenergie ausgestatteten Kindern und Personen im gereiften Lebensalter bedeutend mehr ausgerichtet werden kann.

Zum Teil deckt sich die Prognose unseres Lasters mit der der Neurasthenie als des am häufigsten der Onanie gefolgten Zustandes. Man kann sagen, dass im ersten Stadium derselben, wo sich die Neurasthenie besonders in physischer und psychischer Verstimmung, in einem Wechsel der gesamten Physiognomie äussert, eine vollständige Restitutio ad integrum möglich ist und meist auch erreicht wird, während im 2. Stadium, dem der inneren, besonders der neurasthenischen Erkrankungen, eine vollständige Sanatio schon meist ausgeschlossen ist und irgendwelche Störungen des Nervensystems beim jetzigen Ablassen von der Onanie als dauernde Zustände des Lasters zurückbleiben. Dasselbe gilt vom 3. Stadium, dem der leichteren Psychosen, die für gewöhnlich auch wohl der Besserung fähig sind, aber wohl nie in die schweren Formen von Psychosen übergehen.

Aus alle dem ergiebt sich für den Praktiker der allgemeine, höchst wichtige Schlusssatz: Bezüglich der Heilung resp. Besserung als auch der Dauer des Lasters stelle der Arzt die Prognose vorsichtig!

VI. Therapie der Onanie
(Behandlung).

Auch für die Therapie ist es, ebenso wie für die Diagnose und Prognose unseres Lasters, von Bedeutung, nach Möglichkeit in jedem einzelnen Falle die ätiologischen Momente, welche das Laster heraufbeschworen haben oder beim Ausbruch desselben mitgewirkt haben könnten, zu erkunden. Nur so kann eine wirkliche und allein richtige Behandlungsweise der ohnehin therapeutisch nicht besonders günstig liegenden lasterhaften Unsitte stattfinden. Die so verschiedene Ätiologie unseres Lasters macht es aber auch jedem Arzte wiederum klar, dass die Behandlungsweise der Onanisten nach der vorliegenden Ätiologie eine ebenso verschiedene sein muss, in erster Linie aber eine kausale, viel weniger, jedoch nicht absolut ausgeschlossen, eine symptomatische sein wird, was besonders dann, wenn absolut kein ätiologisches Moment für das Laster zu ergründen ist, der Fall sein wird, besonders bei ganz kleinen Kindern, wo nur einem Naturtrieb folgend, instinktmässig dem Laster gefröhnt wird

Da aber die Onanie nicht eine Krankheit sensu stricto ist, sondern eine, durch irgend welche Momente veranlasste und begünstigte lasterhafte Angewöhnung, so ist hier auch nicht viel durch eine eigentliche spezifische Behandlung, sondern mehr durch V o r b e u g u n g der Unart zu leisten, a l s o p r o p h y l a k t i s c h. Die Behandlung der Onanie ist daher in erster Linie eine prophylaktische. Mit Recht sagt F o u r n i e r, dass die Therapie der Onanie nach 2 Richtungen hin anzugreifen sei, in erster Linie alle nur möglichen Mittel anzuwenden seien, um dem Ausbruch des Übels zuvorzukommen, dass in zweiter Linie das Laster resp. die Veränderungen, welche dasselbe im menschlichen Organismus schon gezeitigt habe, zu heilen seien, die eigentliche Therapie.

Das Wichtigste aber ist die

Prophylaxe.

Erster Grundsatz irgend welcher Therapie ist hier: Möglichste Verhütung des Ausbruchs des Lasters. Hierzu gehört: Strengste Beobachtung und Beaufsichtigung jedes Kindes auf diesen Punkt hin schon von zartester Jugend an! Nur so wird es möglich sein, eine segensreiche Prophylaxe der Onanie ins Werk setzen zu können. Es sollte daher allen Eltern durch ärztliche Raterteilung Belehrung und Anleitung gegeben werden, diesbezüglich ihre Kinder in steter Aufmerksamkeit zu halten!

Das Ziel der heutigen medizinischen Wissenschaft geht ja immer mehr und mehr darauf aus, die Prophylaxe in allen Fächern der Medizin genügend zu würdigen, in den Vordergrund zu rücken, da man erkannt hat, dass es viel leichter ist, Krankheiten zu verhüten als Krankheiten zu heilen, und dass die ärztliche Thätigkeit sich nicht bloss beschränken soll auf die Bekämpfung der gerade vorliegenden Krankheiten, sondern vor allen Dingen auf die Verhütung des Ausbruchs der Krankheiten überhaupt. Die Hygiene ist der Zweig der Medizin, der darauf hinarbeitet, und dessen Grundsätze immer mehr und mehr auch in das Volk übergehen. Was die Prophylaxe, wenn sie richtig insceniert wird, zu leisten vermag, das hat wohl Jeder einsehen gelernt beim letzten Auftreten der Cholera in Hamburg und Neapel. Warum sollte nicht bei unserem Gebrechen die Verhütung desselben in den Vordergrund gerückt werden? Sie muss es umsomehr, als das einmal ausgebrochene Laster selbst mit seinen Folgen viel schwieriger zu heilen ist, ja oft überhaupt nicht heilbar ist. Berücksichtigt man die Folgen des Lasters für Körper, Geist und Seele, die allgemeine Verbreitung desselben in der Jugend, wie Willensbildung, Gemüt, Moral und Charakter all' dieser jugendlichen Sünder dadurch beeinflusst wird und hiermit der Gesamtheit der Menschen ein unberechenbarer Schaden an Leib und Seele zugefügt wird, dann — glaube ich, wird man mir zustimmen, dass der Prophylaxe der Onanie die grösste Aufmerksamkeit gewidmet werden sollte, und dies nicht allein privatim, von seiten der Eltern und nächsten Anverwandten, sondern auch behördlicherseits und staatlicherseits von seiten der Schulen, sowohl der höheren Schulen als auch Privatschulen und Volksschulen. Die Prophylaxe der Onanie hat meines Erachtens vielleicht eine nicht minder grosse Bedeutung als die Prophylaxe der Syphilis. Wie hier der Staat durch das Prostitutionswesen, durch Kassen, Internierung der erkrankten Frauenzimmer in öffentlichen Krankenhäusern etc. Abhilfe nach Möglichkeit zu schaffen sucht, so sollte er es auch thun gegen die Onanie, durch Vermittlung der Schulbehörden jeglicher Art. Die Prophylaxe der Onanie bei Erwachsenen wird ja stets eine private sein und bleiben, den Angehörigen und dem Arzt überlassen werden müssen. Umsomehr sollte daher die Prophylaxe der Onanie in den Schuljahren gehandhabt werden, in den Jahren, wo ausserdem am allermeisten und verheerendsten das Laster wirkt, wo der grösste Teil der Menschheit demselben anheimfällt. Es wird in den folgenden Zeilen meine Aufgabe sein, gerade diese Punkte der Prophylaxe der Onanie in den Schulen und in den Schuljahren gehörig zu würdigen und ins rechte Licht zu setzen.

Eine richtige Prophylaxe gegen unser Laster kann daher meines Erachtens nach am besten durch folgende Mittel erzielt werden.

I. Durch eine vernunftgemässe, richtige Erziehung und zwar

a) durch eine richtige häusliche Erziehung.

b) „ „ „ öffentliche Erziehung.

Die vernünftige Erziehung ist das wichtigste aller prophylaktischen Mittel, welche uns gegen die Onanie zu Gebote stehen. Sowohl die private häusliche, als auch die öffentliche Erziehung der Kinder in Schulen und Lehranstalten jeglicher Art vermag in erster Linie am meisten gegen das Übel auszurichten, während die anderen Mittel zur Verhütung des Lasters an Wichtigkeit gegen die Erziehung weit zurücktreten, es sind:

II. richtige Ernährung,

III. richtige Bekleidung,

IV. vernunftgemässe Beschäftigung und Abhärtung,

V. Ausbildung eines willenstarken Charakters.

Ia) Die Prophylaxe der Onanie durch **häusliche** Erziehung.

Es ist klar, dass hier die Hauptrolle nicht dem Arzte, sondern den Eltern, resp. den Stellvertretern derselben zufällt. Leider stossen wir hier auf unüberwindliche Schwierigkeiten, gelegen in den socialen Verhältnissen der unteren und zum Teil auch mittleren Bevölkerungsschichten. Hier in diesen, sich aus Fabrikarbeitern, Maurern, Handwerkern und verwandten arbeitenden Klassen, dem sogenannten „Proletariat“, zusammensetzenden Bevölkerungsschichten ist an eine geordnete, vernunftgemässe Erziehung im Hause infolge der pekuniären Lage nicht die Rede. Der Mann ist genötigt, Tags über fern ab von der häuslichen Wohnung auf Erwerb auszugehen. Die Kinderzahl ist in diesen Kreisen für gewöhnlich eine grosse, der schmale Verdienst des Mannes reicht nicht aus, um das Nötigste für die Ernährung und den Unterhalt der Familie schaffen zu können. Daher ist oft auch die Frau genötigt, dem Erwerbe ausser dem Hause nachzugehen. Die Folge hiervon ist, dass die Kinder sich selbst allein zu Hause oder mit anderen Kindern überlassen bleiben müssen, sie jeglichen körperlich und geistig, moralisch und sittlich bildenden Einflüssen Erwachsener entzogen sind und in diesem Zustande bis zur Aufnahme in die Schule heranwachsen, die dann leider meist nicht mehr imstande ist, allen Unarten und Ungezogenheiten des Kindes entgegenzutreten, die bis zu diesem Zeitpunkte fehlende Charakter- und Willenserziehung des Elternhauses zu ersetzen. Da hier die Hindernisse in den mangelhaften pekuniären, sozialen Verhältnissen liegen, wird in diesen Kreisen die Prophylaxe der Onanie wohl auch stets in den Windeln liegen bleiben, überhaupt von einer Prophylaxe unseres Lasters kaum zu sprechen sein. Nur durch besseren Unterricht der Eltern, der Mädchen jener Stände in Haushaltungsschulen, der Knaben in Fortbildungsschulen, durch Vorträge von gemeinnützigen Vereinen, durch vernünftige Belehrung und Unterweisung etc. wird geringe Besserung hier erreicht werden und hier sollte sowohl staatlicherseits als auch von privater Seite den Eltern jener Kinder nach Möglichkeit Aufklärung gegeben werden, vom Arzte, dessen Autorität in diesen Fällen wohl noch das meiste auszuüben vermag und dessen Anordnungen, soweit sie überhaupt möglich sind, noch am ehesten befolgt werden. Wer, wie der Kassenarzt in grösseren Industriestädten, Gelegenheit hat, tiefer hineinzuschauen in die familiären Verhältnisse, wie sie uns in jenen Kreisen entgegentreten, zu sehen, wie die Entwickelung und Erziehung der armen Geschöpfe bis zu den Schuljahren eine vollständig vernachlässigte ist, wird gern mit gutem Rat den Eltern gegenüber bereit sein, wenn meist allerdings auch das rechte Verständnis hierfür fehlt, ja vielleicht selbst Missachtung und höhnisches Achselzucken über diesbezüglichen ärztlichen Rat der Dank sein sollte. Bedeutend günstiger liegen die Verhältnisse bezüglich der Prophylaxe unseres Lasters bei den mittleren und höheren Gesellschaftsklassen.

Von der Wiege bis zu jenem Lebensabschnitte, wo das Kind eintritt in die Gemeinschaft der Erwachsenen, bei den Mädchen oft noch lange — manchmal denselben nur zu lange — unterliegt das Kind der elterlichen häuslichen Erziehung, Beaufsichtigung und Beeinflussung. Diese fortwährende lange Kette von Einflüssen und Eindrücken sittlicher und veredelnder Art, denen das Kind von jenem Momente an, wo die ersten Spuren geistiger Thätigkeit sich zeigen, bis zu seinem Austritt aus dem Elternhause unterliegt, sie bildet die häusliche Erziehung, jenen höchst wichtigen Faktor, der oft das ganze Lebensglück und Geschick des Einzelnen bestimmt, der von einschneidendster Bedeutung für die ganze körperliche wie geistige, moralische wie sittliche Entwickelung wird. Eine regelrecht geleitete, vernünftige Erziehung, eine genaue Kenntnis und Befolgung derselben würde daher das Glück der Menschheit, ein unendlicher Fortschritt in der Verbesserung, Veredelung und Vervollkommnung des gesamten Menschengeschlechts bedeuten, ein Fortschritt, der aber leider zur Zeit noch sehr problematisch ist, da wohl die wenigsten Eltern auch nur mit den notwendigsten Grundsätzen einer naturgemässen, weisen Erziehung vertraut sind. Bei Reich und Arm, in Palast und Hütte können wir tagtäglich die haarsträubendsten Erziehungsfehler beobachten, die natürlich im späteren Leben oft bitterböse sich rächen. Woran liegt dies? Einfach daran, dass wohl die allerwenigsten jungen Leute beim Eingehen der Ehe auch nur eine blasse Ahnung von dem Erziehungsgeschäft der Kinder haben, dass sie glauben, dass Kindererziehen eine ganz selbstverständliche Sache sei, resp. gar sich für „Erzieher von Gottes Gnaden“ halten, andererseits aber von den im menschlichen Körper herrschenden Naturgesetzen absolut nicht oder nur höchst mangelhaft unterrichtet sind und die grössten Böcke dagegen schiessen, die meisten Menschen daher nicht erzogen, sondern verzogen werden.

Durch diese falsche Erziehung wird auch auf sexuellem Gebiete schon bei jüngeren Kindern viel geschadet, und um sexuelle Gebrechen infolge falscher Erziehung zu verhüten, ist daher nötig, dass von zarter Jugend auf das Kind bezüglich sexueller Unarten in steter, stiller Beobachtung gehalten wird. Man muss bei der ungeahnten, weiten Verbreitung des Lasters schon in früher Jugend sich fragen, wie es möglich ist, dass wohl in den allermeisten Familien die Eltern nichts dagegen thun, ja, meist gar keine Ahnung haben, resp. nicht haben wollen, dass ihre Kinder Onanisten sind. Das Erste, was daher den Eltern eingeprägt werden sollte, ist, zur Zeit der erwachenden Geschlechtslust und schon vorher ihre Kinder streng zu beobachten, wie im Kapitel „Diagnose“ genügend erörtert ist.

a) Die häusliche Prophylaxe der Onanie in den ersten Lebensjahren

ist natürlich eine äusserst beschränkte, geringe. Die Erziehung gründet sich hier auf das Gesetz der Gewöhnung und Nachahmung. Durch konsequentes Zeigen dessen, das sich das Kind angewöhnen soll, wird dies demselben nach und nach zur anderen Natur, geht ihm in Fleisch und Blut über.

Was die körperliche Erziehung anbetrifft, so ist hier besonders zu beachten die Reinlichkeit. Unreinlichkeit ist zu vermeiden, weil solche an den Genitalien vielleicht instinktmässig, durch Reizungen, zu sexuellen Unarten verleiten könnte. Jedenfalls ist bei Säuglingen, die onanieren, bezüglich dieses Punktes genaue Untersuchung anzustellen. Auch bezüglich der Bewegungen ist Vorsicht anzuraten, weil gar zu viel Tragen und Umherschleppen, Wiegen und Bischen des Kindes als Beruhigungsmittel schädlich wirken könnte, wie auch das „Lutschen“ und „Ludeln“ dem Kinde nicht angewöhnt werden sollte, da es, wie früher erwähnt, manchmal in nahe Verwandtschaft mit onanistischen Trieben zu setzen ist.

Bezüglich der geistigen Erziehung in den ersten Lebensjahren ist Alles, was eine Hinlenkung auf die Genitalien zur Folge haben könnte, zu vermeiden. Man verbiete daher dem Wartepersonal des Kindes strenge das Berühren der Genitalien, wie Streichen zum Zwecke der Beruhigung, wie es öfter von Kindermädchen geschieht. Die Gewöhnung an das Gute ist die Hauptmacht bei der Erziehung des Kindes, die durch den Nachahmungstrieb desselben unterstützt wird. Wenn daher bei einem Kinde im Alter von ca. $^1/_2$ bis 1 Jahr durch Spielen an seinen Genitalien die Aufmerksamkeit auf dieselben hingelenkt wird, so ist infolge des Nachahmungstriebes und durch die Gewöhnung in kurzer Zeit ein Spielen mit den eigenen Genitalien beim Kinde sicher zu beobachten. Denn der Tastsinn in Verbindung mit dem Gesichtssinn sind die am frühzeitigsten ausgeprägten Sinnesorgane. Durch diese Sinnes- und Empfindungsorgane wird die Hirnthätigkeit angeregt, durch das Spielen an den Genitalien demnach das Gefühl, die Hirnthätigkeit nach dieser Richtung hin zuerst bethätigt.

Ebenso sind Verstopfungen, Wundsein, Ausschläge an den Genitalien, die durch den Reizzustand zu Manipulationen an denselben anregen, zu vermeiden resp. schon vorhandene zu bekämpfen.

Bedeutend mehr Wichtigkeit hat

b) Die häusliche Prophylaxe der Onanie im Kindesalter bis zur Schulzeit,

weil hier die Onanie, wenn auch noch nicht häufig, doch durchaus nicht zu den Seltenheiten zählt. Hier in diesem Alter wird der Grundstein gelegt nicht allein für die körperliche, noch viel mehr für die geistige, besonders aber für die moralische und sittliche Ausbildung. Nicht mit Unrecht hat man von seiten der Pädagogen einmal den Satz aufgestellt, dass ein Kind, welches während des Schulbesuchs, also nach dem 6. Jahre geschlagen werden muss, ein verzogenes sei, denn sehr oft beschränkt sich die Erziehung in diesem Lebensalter bloss auf die Ernährung und Kleidung, die weitere Erziehung wird dem Zufall, dem Geschick überlassen, das Dienstmädchen übernimmt die Führung, die Erziehung von seiten der Eltern besteht in einer Verzärtelung und Verziehung des Kindes.

α) Die körperliche Erziehung muss hier den Ausbruch der Masturbation zu verhindern suchen

1. Durch genügende Reinlichkeit.

Wie viele unserer vornehmen Mütter halten es unter ihrer Würde, das Kind selbst zu reinigen und überlassen dies einfach den Dienstboten, die bei der Reinigung desselben z. B. post defaecationem oft durchaus nicht im Sinne strengster Reinlichkeit verfahren. Das Kind muss nach jeder Entleerung peinlichst rein gewaschen und nicht bloss mit einer schmutzigen Windel abgewischt werden. Wenn es grösser ist, muss darauf geachtet werden, dass es dies selbst besorge, damit nicht durch die zurückbleibenden Kotreste in Verbindung mit Urin und Schweiss bei grosser Hitze ein Intertrigo hervorgerufen werde, der durch Jucken zur Onanie verführe.

Falsche Ausdrücke, unpassende Redensarten bei Hinweis und Anleitung zur Besorgung natürlicher Bedürfnisse sind zu vermeiden. Fournier sagt, dass man sich niemals, selbst in Gegenwart der jüngsten Kinder, irgendwelche Gespräche erlauben dürfe, welche den Geist auf Dinge hinlenken könnten, deren Kenntnis ihnen erst viel später zu teil werden darf. „Ein Lächeln, ein Blick mit den Augen, eine unbesonnene Geberde sagt den Kindern Alles, was man ihnen verschweigen sollte." (Rousseau, Emile Bd. IV.) Ganz besonders gefährlich ist das Verrichten der Bedürfnisse gemeinsam mit andern Kindern oder gar mit solchen des anderen Geschlechts. Hierdurch werden die Kinder gegenseitig auf ihre Genitalien aufmerksam gemacht. Bei Vornahme eines Bedürfnisses, darauf muss im Elternhause strenge gesehen werden, darf kein anderes Kind zugegen sein. Die Kinder müssen angewiesen werden, allein, nicht in Gesellschaft anderer, züchtig ihre Bedürnisse zu verrichten. Ferner sollten, wie schon früher bemerkt, die Eltern darauf sehen, dass bei körperlichen Züchtigungen nicht die Nates (das Hinterteil) als geeigneter Ort dazu auserwählt werden, weil hierdurch leicht geschlechtliche Erregungen ausgelöst werden, die zu Manipulationen an den Genitalien führen. Mir ist mehrfach versichert worden, dass Züchtigungen auf den Podex (vorzüglich die mit dem Rohrstocke) direkt zur Onanie führten.

2. Ist die Bewegungsthätigkeit des Kindes zu regeln.

Allzulang anhaltende, einförmige, sehr anstrengende Bewegungen, ebenso dauerndes Aufsitzen sind zu vermeiden. Besonders achte man darauf, dass das Sitzen mit übereinandergeschlagenen Beinen nicht geduldet werde, damit nicht eine Reibung der Genitalien an den Schenkelflächen stattfinde.

3. Der Schlaf des Kindes sei ein dem Alter entsprechender, genügender. Sofort nach dem Erwachen hat das Kind aufzustehen.

Wachend im Bett liegen zu bleiben ist nicht zu dulden, denn man vergesse nie: Ein grosser Teil unserer Jugend onaniert des Morgens nach dem Erwachen unter der Bettdecke, da die Bettwärme erregend wirkt. Wenn irgend möglich aber sollte vermieden werden das Zusammenschlafen mehrerer Kinder, denn wenn in diesem Alter mutuelle Onanie getrieben wird und die Kinder überhaupt auf mutuelle Onanie gebracht werden, dann geschieht es im Bett durch Zusammenschlafen. Noch richtiger ist es, wenn event. die Eltern je ein Kind zu sich mit ins Bett nehmen, als wenn die Kinder zusammenschlafen. Das natürlich das Gehirn als Organ der geistigen Thätigkeit auch in diesen Jahren durch fortwährende Verarbeitung von Eindrücken von Seiten der Sinnes- und Empfindungsnerven, durch fortwährendes Gereiztsein und daraus folgende Thätigkeit stark angestrengt wird und der genügenden Ruhe bedarf, dem Kinde deshalb nichts an seiner Schlafzeit gekürzt werden soll, ist klar. Nur das Wachliegen im Bett ist zu bekämpfen.

β) Die geistige Erziehung hat sich in dieser Zeit vorzüglich auf die Ausbildung des Verstandes, der Sinnesorgane zu beschränken. Trotz alledem ist diese, so einfach wie dies scheint, von eminenter Tragweite. Es beginnt in diesem Alter die geistige Erziehung damit, dass es im Gehirn durch Vorführen von Naturgegenständen und anderen Eindrücken von aussen zur Vorstellung und dadurch zum Denken, zum Gedächtnis kommt. Daher sollen dem Kinde Eindrücke irgend welcher erregenden geschlechtlichen Art erspart bleiben. Nur durch richtige Sinneseindrücke kann das Gemüts- und Verstandesleben des Kindes in die richtigen Bahnen geleitet werden. Das ganze Thun und Handeln des Kindes, die Unschuld desselben ist ja dasjenige, was uns bei Kindern so sympathisch berührt und anzieht. Die Achtung vor dieser kindlichen Unschuld seitens der ganzen Umgebung ist der beste Schutz und Schirm für sie. Wie oft sagt hier ein Blick, eine unanständige Geberde oder Handlung dem Kinde mehr als es wissen sollte! Unser Grossstadtleben hat unter seinen Schattenseiten nicht als unbedenklichste die, dass Furcht und Achtung vor dem kindlichen Gemüt, vor der Sittenreinheit des Kindes weit mehr mit Füssen getreten werden als dies gemeiniglich auf dem platten Lande und in kleinen Städten der Fall ist. Es werden in dem ersteren dem Kinde Anblicke zu teil, die ihm ganz entschieden erspart bleiben sollten, Anblicke von Zuständen, die ihm schon in so zartem Alter die Geheimnisse des geschlechtlichen Verkehrs erschliessen. Man muss es den „Vereinen zur Hebung der öffentlichen Sittlichkeit“ nachrühmen, dass sie hier schon manche edle That vollbracht haben, möge ihnen ein reicher Erfolg in allen grösseren Städten zu teil werden. Auch die Kleinkinderbewahranstalten und Kindergärtnereien haben hier entschieden sehr segensreich bisher gewirkt. Möge aber auch ein Jeder von uns mitwirken an der Veredelung unserer Jugend nach dieser Seite hin. Denn nur gar zu oft kommt man in die Lage, hier, und sei es auch nur durch guten Rat, mitzuwirken, sicher aber der Arzt, der Kassenpraxis hat, der da weiss, wie in den unteren Ständen durch Thaten und Worte alle sittlichen Gefühle im Kinde mit Füssen getreten werden, wie das Kind Scenen mit ansehen und anhören muss, die eines Erwachsenen Ohr beleidigen. Ohne sich irgendwelchem „Gefühlsdusel“ hinzugeben, die Wahrheit bleibt bestehen, dass hier noch eine starke Verrohung unseres Volkslebens vorhanden ist und auf Abhilfe nach Möglichkeit zu sehen, Jedermanns Pflicht ist. Bei den oberen Ständen beginnt hierfür der Unterricht viel zu früh. Der noch vor dem Beginn des Schulunterrichts zeitweilig den Kindern der „Gesellschaftsklassen“ erteilte Privatunterricht ist die Ursache, warum bei diesen Kindern so häufig Blutarmut und Nervosität angetroffen wird, auf Grund welcher Nervosität später so leicht das Übel ausbricht.

γ) Die moralische und Gemütserziehung im Elternhause gipfelt darin, dem Kinde das Gute Thun und Unrecht Lassen einzuimpfen, es soll das Gute um seiner selbst willen, nicht aus Belohnung thun, in der Erweckung des Ehrgefühls und Selbstvertrauens liegt die sittliche Kraft, der ganze moralische Halt des Kindes und des späteren Menschen. Die Selbstachtung lässt sich nicht mit Worten predigen, sondern muss durch naturgemässe Entfaltung des sittlichen Lebens erweckt, durch Übung und Beispiele anerzogen werden.

c) Die häusliche Prophylaxe der Onanie im Schulalter.

Es ist hier natürlich unmöglich, einzugehen auf alle jene Fehler und Sünden, die bei der Erziehung im Elternhause gemacht werden, und die eventuell den Anlass zur Onanie geben könnten. Nur will ich eine kurze, allgemeine Prophyaxe der Onanie in der häuslichen Erziehung während der Schuljahre geben.

Hauptgrundsatz der körperlichen Erziehung soll in dieser Zeit sein, zwischen Knaben und Mädchen keinen Unterschied zu machen, eine Rücksicht auf später eintretende geschlechtliche Thätigkeit darf überhaupt jetzt noch nicht genommen werden, dem ein Hinweis auf den sexuellen Unterschied beider Geschlechter führt das Kind auf (sexuelle) Gebiete, zu dessen richtiger Beurteilung ihm noch die nötige sittliche Reife fehlt. Mädchen wie Knaben sollen daher in gleicher Weise gehörigen Bewegungen im Freien unterworfen werden, die ihrem Körper und ihrem Alter angepasst sind. Gerade die weibliche Jugend bedarf des Turnens noch weit mehr, als es bisher gepflogen worden ist. Besonders Freiübungen und Hängeübungen sind für Mädchen zur Kräftigung passende Bewegungen. Max Wolf sagt in seinem schon citierten Werke als Kenner dieser Zustände: „In dem Turnen der Mädchen, im Schwimmen, Fechten, Reiten und Rudern haben wir ein Mittel, welches als ein, wenn auch schwaches Korrektiv immerhin sehr wertvoll ist, allein eine allgemeine Einführung der körperlichen Übungen, welche, von diesem Standpunkte betrachtet, für Mädchen von grösserer Wichtigkeit sind als für Knaben, scheitert bei uns an den Vorurteilen der Frauen selbst! Die Heilsamkeit der Leibesübungen hat für Knaben stets ausser Frage gestanden, aber die Überzeugung, dass solche Übungen auch für das heranwachsende weibliche Geschlecht von grösster Wichtigkeit sind, bricht sich nur langsam Bahn. Nur die Engländerinnen haben hierin längst einen Vorsprung vor unseren Mädchen. Obwohl das Mädchenturnen und Schwimmen gegenwärtig auch bei uns schon mehr als das früher der Fall war betrieben wird, hegen doch noch immer gar viele ängstliche Mütter die Befürchtung, dass bei solchen Übungen die Körperformen ihrer Töchter zu robust werden, wodurch die „mädchenhafte“ Erscheinung Einbusse erleiden könnte. Dieselben Mütter nehmen indess gewöhnlich keinen Anstand, ihre Töchter die gesundheitswidrigste Kleidung: enge Taillen und Ärmel, steifes Schnürleib und dergleichen tragen zu lassen. Auch Bewegung und Abhärtung in freier Luft wird den Mädchen im Allgemeinen in ungenügendem Maasse zuteil und was dadurch an Gesundheit verfehlt wird, kann später durch keine Badekuren, keine Medikamente, und was an natürlicher Jugendfrische verloren geht, durch keine kosmetischen Mittel wieder eingebracht werden.“

Eine möglichst lang geübte Kinderstubendisziplin kann sowohl für Kinder männlichen wie weiblichen Geschlechts nur von Vorteil sein, um nicht eine zu frühe Geschlechtsreife im Kinde zu erzeugen. Ist dennoch die Periode während der Schulzeit eingetreten, so mache die Mutter die Tochter mit kurzen Worten auf die regelmässig alle 4 Wochen eintretende Menstruationserscheinung aufmerksam. Goldene Worte giebt hier Max Wolf den Müttern mit auf den Weg. Es sei mir gestattet, dieselben hier wiederzugeben. Er sagt: „Einer ganz besonders sorgfältigen Überwachung bedürfen Mädchen — hauptsächlich schwächliche — in den für sie so wichtigen und zugleich auch gefährlichen Entwickelungsjahren. Die grösste Aufmerksamkeit muss die Mutter der Entwickelung der geschlechtlichen Sphäre angedeihen lassen, weil diese bei der Mehrzahl der zu Krankheiten disponierten Mädchen abnorm früh und vielfach mit besonderer Stärke auftritt. Schon gesunde Mädchen, die in grossen Städten leben, entwickeln sich um etwa ein Jahr früher als Landmädchen, und je grösser die Stadt ist, um so früher erfolgt die Entwickelung. Dieser Abschnitt des Lebens ist der wichtigste für das weitere Gedeihen und auch den grössten Gefahren ausgesetzt. Mit dem Auftreten sexueller Entwickelungsvorgänge eröffnet sich dem Mädchen eine neue Welt der Ideale, es stellt sich eine unklare, sehnsüchtige, sentimentale Stimmung, absonderliche Gelüste ein. Dieses unklare, unbewusste Liebessehnen der ersten Jugend hat einen romantischen, idealisierenden Zug, es verklärt den Gegenstand der Liebe bis zur Apotheose, es ist zuerst platonischer Natur und wendet sich gern Gestalten der Poesie, der Geschichte zu. Mit Erwachen der Sinnlichkeit läuft es Gefahr, seine idealisierende Macht auf lebende Personen anderen Geschlechts zu übertragen, die körperlich, geistig und sozial nichts weniger als hervorragend sind. Daraus können, wenn diese Triebe unbewacht bleiben, Mesalliancen, Fehltritte entstehen, mit der ganzen Tragik der leidenschaftlichen Liebe, die in Konflikt gerät mit den Satzungen der Sitte und Herkunft und zuweilen einen düsteren Abschluss findet.

Diese Lebensperiode ist es, in der die jungen Mädchen Verirrungen des Naturtriebes, geheimen Sünden anheimfallen, die unter den Mädchen nicht weniger verbreitet sind als unter den in die Pubertätsjahre eintretenden jungen Männern. Wie soll man nun dieser Gefahr begegnen? Leicht ist diese Aufgabe gewiss selbst für eine verständige und sorgsame Mutter nicht. Sie muss vor allen Dingen ihre ganze Autorität aufbieten und zugleich das volle Vertrauen ihres Kindes zu erlangen bestrebt sein, sie muss ihren Umgang und Lektüre überwachen und für harmlose Zerstreuung und Ablenkung der Gedanken auf erhabene Dinge sorgen. Eine viel ventilierte Frage ist die, ob man junge Mädchen über gewisse Dinge und den daraus entstehenden Schaden für ihre Gesundheit aufklären soll oder nicht. Da unsere „höheren Töchter" sich leider nicht immer über harmlose Dinge unterhalten, vielmehr nur zu früh sich gegenseitig über sexuelle Geheimnisse aufklären, so ist allerdings eine Indiskretion nicht zu besorgen, immerhin ist es aber peinlich für eine Mutter — und sie ist ja die Einzige, die es thun könnte — sexuelle Verhältnisse mit einer kaum den Kinderschuhen entwachsenen Tochter besprechen zu müssen. Wo aber Verdacht oder gar Gewissheit physisch und moralisch schädigender Gewohnheiten besteht, wäre es geradezu unverantwortlich, darüber zu schweigen. Die Aufklärung erfolgt sonst zu spät und in höchst ungeeigneter Weise, z. B. durch gewisse, populär-medizinische Schriften, die in den Schulen von Hand zu Hand zirkulieren und mehr Schreck und Schaden verbreiten als Nutzen stiften. Die Zeichen sind jeder Mutter bekannt; hier gilt es dann, in schonender Weise die junge Sünderin aufzuklären und mit Hilfe eines soliden Arztes den Schaden gut zu machen".

Es erwächst aus alledem dem „soliden" d. h. dem gewissenhaften Arzte die Pflicht, während der Zeit der zu erwartenden Periode die Mütter anzuhalten, die Mädchen bezüglich schädlicher, onanistischer Triebe unbemerkt doch streng zu beobachten; denn Menstruation und geschlechtliche Erregung stehen in innigem Connex. Dies beweist die Entwickelung der gesamten Genitalien, der Brüste etc. zur Zeit der herannahenden Menstruation.

Diese Lebensperiode, die herannahende Menstruation und die falsche Erziehung in derselben erzeugt ferner den Boden für später auftretende Nervosität, Hysterie und Hypochondrie. Alle Muskelübungen wie Schwimmen, Schlittschuhlaufen, Fechten und andere gymnastische Turnübungen sind hiergegen die beste Prophylaxe, hingegen sind Reiten und Tanzen einzuschränken resp. überhaupt nicht zu gestatten, da sie gerade Veranlassung zur Onanie geben können. Dasselbe gilt vom Nähmaschinennähen, wenn überhaupt die soziale Lage der Familie ein Unterlassen desselben gestattet.

Es ist nötig, dass das Benehmen des Kindes sowohl für sich allein als auch mit anderen Kindern und Spielgenossen einer steten stillen Kontrolle unterliegt, weil erfahrungsgemäss nicht selten Zusammenkünfte mit anderen Kindern desselben Geschlechts behufs Vornahme mutueller Onanie stattfinden. Man vermeide Alles, was die Sinnlichkeit und Fantasie anregen könnte, sei im Verkehr mit Erwachsenen beim Dabeisein eines Kindes höchst vorsichtig. Auch der Verkehr der Dienstboten unterliege einer steten Aufsicht. Man verbiete den Dienstboten aufs strengste, mit den Kindern über sexuelle Dinge zu sprechen. Man besuche ferner in Begleitung von Kindern nie Tanzlokalitäten oder überhaupt in einem etwas anrüchigen Rufe stehende Etablissements. Doppelt gefährlich, weil durch Wort und Bild auf schlüpfrige, verführerische Gebiete bringend, wirken oft Ballette, Operetten, Schauspiele neufranzösischer Schule von zweifelhaftem Rufe. Romanlesen bedenklichster Leihbibliothekenmakulatur, Lesen von zotenhaften Possen etc. vervollständigen oft dieses verführerische Material. Alle diese Dinge seien streng verpönt.

Ein sehr wichtiger Punkt ist ferner eine gute Regelung der Hautthätigkeit durch Waschen, Baden und Abreibungen in Grenzen der Norm. Es ist hier freudigerweise anzuerkennen, dass durch vernunftmässige Abhärtung, besonders in den mittleren Kreisen der Bevölkerung, entschieden eine Stählung und Stärkung unserer Schuljugend, auch durch Belehrung von Seiten der Schule aus, aber auch durch vernünftige Eltern angestrebt wird.

Das Nähere über Hydrotherapie wolle man später in der „Allgemeinbehandlung der Onanie“ nachlesen.

Mit dieser Abhärtung bezüglich des Waschens und Badens gehe eine allmählich leichtere Bekleidung in gewissen Grenzen einher, natürlich der individuellen Disposition, der verschiedenen Beschäftigung, den verschiedenen klimatischen Bedingungen etc. angemessen. Nur so, durch eine s y s t e m a t i s c h e Anwendung der

Hydrotherapie, in Verbindung mit den anderen therapeutischen Faktoren wie Gymnastik, Klimatotherapie u. s. w. wird dem Organismus die körperliche Kräftigung verliehen, dem Laster entgegenzuarbeiten.

Ib. Die Prophylaxe der Onanie durch **öffentliche** Erziehung

kann im Säuglings- und ersten Kindesalter natürlich nur eine verschwindend geringe sein, sie kann nur in Frage kommen in den

a) Kleinkinderbewahranstalten und Krippen.

Es sind dies Stätten, wo unser Laster nur selten, und dann dem kindlichen Gemüt unbewusst, vorkommt. Hier könnte dem Übel dadurch vorgebeugt werden, dass das in solchen Anstalten angestellte Personal kurz darauf hingewiesen würde, auch darauf zu achten, um bei etwaigem sich-Zeigen des Lasters bei einem Kinde dem Arzte der Anstalt sofort Mitteilung zu machen. Die Hauptregel ist hier, Alles abzuhalten, was eine Hinlenkung auf die Genitalien zur Folge haben könnte, also Herumtragen, Schaukeln, Einbischen des Kindes, dann Unreinlichkeiten desselben, besonders an den Genitalien, Intertrigo, Ekzem etc., die der Grund zu Reizzuständen daselbst sein könnten, zu vermeiden. Das Berühren und Manipulieren an den kindlichen Genitalien werde bei Strafe der sofortigen Entlassung dem gesamten Wartepersonal verboten. Was überhaupt derartige Anstalten für Wohlthaten für die Kinder einer Fabrikbevölkerung sind, welch' segensreichen Einfluss auf die körperliche, sittliche und geistige Heranbildung und Entwickelung durch frühzeitige Gewöhnung an Ordnung und Reinlichkeit sie auszuüben vermögen, das haben die Kleinkinderschulen wohl überhaupt gezeigt. Ich erinnere nur an die Salles d'aysle in Mühlhausen i. Elsass. (Schall: „Das Arbeiterquartier in Mühlhausen im Elsass." Berlin, Friedrich Kortkampf u. A. m.) Hier entfaltet sich für den wohlhabenden Menschenfreund noch ein Feld grosser Wirksamkeit.

b) Die öffentliche Erziehung im 2. Kindesalter, vom ca. dritten Lebensjahre bis zum Schulbeginn, gewinnt für die Prophylaxe unseres Lasters schon mehr Bedeutung, weil in dieser Zeit die Masturbation durchaus nicht zu den so grossen Seltenheiten gehört.

Eine öffentliche Erziehung findet in diesem Lebensalter hauptsächlich statt in den Kinderschulen d. i. den *Kindergärten* und *Spielschulen*.

Der eigentliche Zweck derartiger Institute ist ja, in der geistigen Entwickelung des Kindes den Übergang vom Spielen zum Lernen, aus der Wohnstube in die Schulstube unmerkbar, allmählich zu vermitteln, das Kind spielend durch Gebrauch seiner Sinne, durch leichte Sinnesübungen wie Bewegungsspiele an eine geordnete Thätigkeit zu gewöhnen.

In erster Linie haben daher Kindergarten wie Spielschule auf die geistige Entwickelung des Kindes, in zweiter Linie auf die körperliche Pflege, die Gesundheit desselben zu achten. Dies erfordert aber Kenntnis der einschlägigen pädagogischen wie hygienischen Thatsachen. Die Kindergartenerziehung hat daher für die gesamte Entwickelung und Ausbildung unserer jüngeren Generationen denselben Wert, wie die öffentliche Schule für grössere Kinder, sollte demnach auch dieselbe Berechtigung haben, d. h. es wäre erste Forderung zu einer erspriesslichen, gedeihlichen Entwickelung und Ausbildung unserer Jugend schon in frühester Kindheit, dass *der Kindergarten der Volksschule gleichstände*. Die Kindergärten müssen staatlich eingerichtete und beaufsichtigte Institute sein gleichwie die Volksschulen, mit denselben Pflichten und Rechten, und *der Besuch derselben sollte, wie heute der Schulbesuch, obligatorisch werden. Mit jeder Volksschule sollte, nach Vorschlag Bocks, ein Kindergarten verbunden sein*. Die Kindergärtnerinnen *sollten seminaristisch gebildete Lehrerinnen* sein, die der Oberaufsicht eines Direktors, der ein gebildeter Pädagoge von Fach sein müsste, unterstellt sind, welch' Letzterer wiederum in Verbindung mit einem Schularzte die Heranbildung der Kinder überwachen müsste. In derartigen Musteranstalten würden unsere kommenden Generationen herangebildet werden zu edlen thatkräftigen und willensstarken Charakteren, würde ihnen die Grundlage mitgegeben zu weiterer sittlicher und moralischer Vervollkommnung für die fernere Ausbildung, auf welcher sie fussend den Anfechtungen unsittlicher Art im Leben zu widerstehen vermöchten.

Diese Volkskindergärten würden — im Verein mit den Volksschulen — nicht allein Musteranstalten und Vorbildungsinstitute für die künftige Schulzeit sein, sie könnten auch gleichzeitig Bildungsanstalten für die weibliche, der Schulzeit entwachsene Jugend sein, Seminare für künftige Mütter und Erzieherinnen, die hier die Grundprinzipien und Grundzüge einer wahren, auf die physiologischen Gesetze der Kinderhygiene gegründeten Erziehung praktisch lernen könnten, um selbst einst wahre Erzieherinnen ihrer eigenen Kinder zu sein, die vertraut sind mit der Gesundheitspflege des Kindes und im Stande sind, ein besseres, gesünderes und sittlicheres, im Kampf um Dasein gewappneteres Geschlecht als das heutige zu erziehen.

Doch ist dies bisher leider nur ein Traum, eine douce rêverie aus — sit venia verbo — dem Zukunftsstaat. Die Anerkennung und Verwirklichung dieser Ideen wird kommenden Geschlechtern vorbehalten bleiben.

Es ist bekannt, dass gerade in diesem Kindergartenalter der Nachahmungstrieb des Kindes ein ausserordentlich grosser ist, dass hier Hysterie, selbst Epilepsie und andere anormale Zustände geradezu ansteckend, zu wahren Epidemien führend, gewirkt haben. Ein desto schärferes Auge müssen daher die Kindergärtnerinnen auf das Gebahren ihrer Pfleglinge haben und eine stete, unbemerkte Kontrolle bezüglich Masturbation sollte hier mit auf der Tagesordnung stehen. „Es ist die heiligste Pflicht und Schuldigkeit jedes Kinderarztes, Personen, welche sich mit Kindererziehung beschäftigen, häufiger an die Möglichkeit des Entstehens von Onanie durch erwähnte ursächliche Momente zu erinnern“ (Schmuckler). Geschlechtliche Unarten irgend welcher Art, Tändeleien und Spielereien mit den Genitalien auch schuldloser, nicht masturbatorischer Art sind in diesem Alter nichts Seltenes. Dass aber derartige Ungezogenheiten den ersten Anstoss zur Onanie geben können, wer wollte dies bezweifeln? Man zeige dem Kinde gegenüber eine stete Konsequenz, nicht eine launenhafte, schwankende Haltung, gewöhne die Kinder an eine unbemerkte Verrichtung ihrer körperlichen Bedürfnisse allein, nicht im Beisein der anderen Spielgenossen.

Das Hauptprinzip im Kindergarten ist abwechselnd Spielen mit Beschäftigung. Durch Bewegungsspiele soll das Kind zum richtigen Gebrauch seiner Sinnesorgane erzogen werden, denn die auf Anschauungsunterricht basierende Geistesthätigkeit muss zwischen Spielen und Ausruhen abwechseln, um nicht eine Überlastung des kindlichen Gehirns hervorzurufen. Der Unterricht im Kindergarten soll Anschauungs-, nicht Verstandesunterricht sein, in Form von Spielunterricht. Diesterweg sagt: „Das Kind soll im Kindergarten dadurch zur Schule vorbereitet werden, als es genau sehen und scharf hören, genau aufmerken und seine Fantasie beherrschen, wahrnehmen, beobachten, sich äusserlich ruhig verhalten lernt.“ In diesen Worten liegt der ganze Inbegriff der geistigen Erziehung im Kindergarten. Ferner sollen die Vorsteherinnen eines Kindergartens peinlichst auf Reinlichkeit am Körper und der Kleidung des Kindes achten. Nicht nur für das körperliche Gedeihen, auch für die ästhetisch-sittliche Entwickelung des Kindes ist Reinlichkeit von höchster Bedeutung.

Der Hauptpunkt der Prophylaxe der Onanie im Kindesalter liegt aber in der Heranbildung eines sittlichen und moralischen Charakters, eines thatkräftigen, starken, nicht wankelmütigen Willens. Wie dies geschieht, werde ich später zeigen.

c) Der Prophylaxe der Onanie im Schulalter fällt überhaupt wohl die grösste Bedeutung zu. **Sie ist der Brennpunkt der gesamten Prophylaxe der Onanie.** Nicht mit Unrecht hat Cohn auf dem 8. internationalen hygienischen Kongress in Budapest 1894 die These aufgestellt: „Was kann die **Schule** gegen die Masturbation der Kinder thun?“, weil er wohl wusste, dass hier die Onanie am schlimmsten haust, die Prophylaxe durch die Schule die am besten zu handhabende ist, mit der auch am meisten erreicht wird.

Ich will nicht zurückgreifen auf die geradezu vernichtenden Zahlen der Häufigkeit und Verbreitung der Masturbation im Kindesalter, nicht zurückgreifen auf die Heftigkeit, mit welcher in dieser Zeit onaniert wird und wie blitzschnell sie hier um sich greift, um die Wichtigkeit einer öffentlichen Prophylaxe von Seiten der Schule hier darzuthun. Jeder, der meinen Ausführungen bis hierher gefolgt ist, wird mir beipflichten, wenn ich sage, dass eine Bekämpfung der Onanie im Schulalter nicht nur allein angebracht und nützlich, sondern zur unabweisbaren Notwendigkeit und Forderung geworden ist, wenn anders überhaupt eine Hebung unserer gesamten Moral erwartet werden soll, dass hier zu allererst eingesetzt werden muss, wenn die Onanie überhaupt bekämpft werden soll, dass andererseits den Schulbehörden es zur unumgänglichen Pflicht wird, zur Bekämpfung der Onanie in den Schulen einmal etwas zu thun. Erst dadurch, dass staatlicherseits durch Eingreifen hier etwas gethan wird, werden den Eltern die Augen geöffnet, so dass auch sie im Laufe der Zeit allmählich sich ebenfalls anschicken, mit beizutragen zur Steuerung und Bekämpfung des Übels bei der häuslichen Erziehung.

Die erste Forderung ist hier, den Schulbesuch mit dem 7. Lebensjahre beginnen zu lassen, wie schon besprochen, eine Forderung, deren Richtigkeit zum Teil schon jetzt anerkannt worden und im Laufe kommender Jahrzehnte sicher noch einmal nachgegeben wird.

Des weiteren ist hier prophylaktisch einzugreifen gegen allzulanges Sitzen in schlechter, falscher Haltung während der Schulstunden (s. Gelegenheitsursachen in und ausser der Schule). Es ist nötig, dass beide Hände der Schüler auf den Bänken aufliegen. So sagt Prof. Schiller: „Die Hauptquelle geschlechtlicher Verirrungen wird verstopft, wenn unerbittlich und mit der grössten Konsequenz die Forderung durchgeführt wird, dass die Hände auf dem Tische sind und die Schüler den Lehrer ansehen. Berührungen der Genitalien oder überhaupt der Genitalgegend, die Manipulationen der Hände in den Hosentaschen sollten niemals geduldet, sondern sogar bestraft werden. Es sollten ferner die Vorderbretter der Schulbänke durchbrochen sein, damit dem Lehrer eine fortwährende Kontrolle der Schüler bezüglich ihrer Unterkörper gestattet ist.“

Fournier verlangt sogar, dass das Klassenzimmer derart eingerichtet sein soll, dass der Lehrer seine Schüler vom Kopf bis zu den Füssen beobachten könne.

Bei unserer weiblichen Jugend wird hierdurch gesündigt, dass das Mädchen, anstatt es noch in der Entwicklungszeit, bis zum 15. bis 16. Lebensjahre mehr zur häuslichen als zur geistigen Beschäftigung heranzuziehen, mit Privatstunden für Französisch, Englisch, Italienisch, mit ebensolchen für Klavierspielen, Singen, Malen, Zeichnen etc. gequält wird, hierzu kommt noch die Mitwirkung schlüpfriger Romanlektüre, unpassender Unterhaltung, Besuch von Tanzstunden etc. Ein Zustandekommen vorreifer Gedanken und Gefühle muss notwendigerweise die Folge einer derartigen Erziehung sein, „die physische und sittliche Entartung“ folgen ihr auf den Füssen, was um so bedauerlicher, als doch die moralische Frau als Ausbauer und Pfleger des Familienlebens der ureigenste, sicherste Grundpfeiler eines gesamten, gesunden Staatslebens ist. „Die Gattin, in deren Hand das wichtigste aller Ämter, das der Familienvorsteherin, ruht, die Mutter, deren Leitung und Beispiel das heranwachsende Geschlecht im empfänglichsten Lebensalter anvertraut ist, auf dessen Entwickelung sie in leiblicher, geistiger und sittlicher Hinsicht einen weit über die Kindheit hinausgehenden Einfluss ausübt, ist indirekt die Hüterin der kostbarsten Nationalgüter, die eigentliche Stütze der Gesellschaft. Dieser erhabenen Pflicht kann sie aber nur im Vollbesitz ihrer leiblichen und moralischen Gesundheit genügen, ... sie hat das Recht, eine bessere Vorbereitung und Ausrüstung zu verlangen als die, welche ihr heute gewährt wird. Das Haus und die Schule muss sich den veränderten socialen Anforderungen anpassen und die physische und sittliche Erziehung der Frauen nach anderen Prinzipien leiten als jetzt.“ (Max Wolf.)

Dass durch die jetzige Erziehung unsere heutige weibliche Jugend ganz und gar nicht zu ihrem späteren Berufe herangebildet wird, wird jeder Einsichtige da wohl ermessen können. Nicht genug zu betonen ist daher, die Mädchen zur Verhütung sittlicher Degeneration und sexueller Frühreife der Kinderstubendisziplin zu unterwerfen, vom gesellschaftlichen Leben und Treiben moderner Kultur sie abzuhalten so lange als möglich. Cohn hat mit Recht betont, dass die Überwachung der geschlechtlichen Thätigkeit in der Jugend schon mit zur Erziehung gehört, sie ist eine der wichtigsten, aber auch schwierigsten Aufgaben der gesamten Erziehung. Er fordert daher (ich halte mich im Folgenden an die Cohnsche Broschüre: „Was kann die Schule gegen die Masturbation der Kinder thun“) folgende treffliche Thesen:

1. „Eine beständige Aufsicht der Lehrer während des Unterrichts und während der Pausen inbezug darauf, dass die Schüler nicht Auto- und mutuelle Onanie treiben.“ So einfach und selbstverständlich diese Forderung klingt, so wenig ist sie es. Denn abgesehen von einigen wenigen Lehrern, die Kenntnis der einschlägigen Verhältnisse und Verständnis hierfür haben dürften, möchte wohl von den meisten

Lehrern, seien es Gymnasial- oder Elementarlehrer, dieser Punkt in ihrer Schulthätigkeit überhaupt noch nicht Berücksichtigung gefunden haben. Es beruht dies eben auf der Unlust der Lehrer bezüglich dieser Gebiete, sie wollen nicht daran rütteln. Wenn Cohn diese Forderung an die Lehrer stellt, so wäre doch vorher erste Bedingung, die Lehrer vor ihrem Eintritt in die praktische Schulthätigkeit und ihre Vorgesetzten mit der Notwendigkeit eines diesbezügl. Einschreitens vertraut zu machen, ihnen in kurzen Zügen Kenntnis von der Verbreitung der Onanie, sowie eine Anleitung zur Erkennung und Bekämpfung derselben bei ihren Schülern zu geben. Meiner Ansicht nach dürfte hierzu ganz besonders der Schularzt geeignet sein. Es sollte jedem Lehrer, gleich welcher Art, vor Beginn seiner Schulthätigkeit eine längere Konferenz mit dem betreffenden Schularzt — soweit diese überhaupt eingeführt sind, — zur Pflicht gemacht werden. Dieser hätte dem Lehrer ein Bild zu entwerfen von dem Standpunkte der geschlechtlichen Unarten in der Schule und ihrem zweckmässigen Entgegentreten. $^1/_4$jährliche kurze Berichterstattung von Seiten der Lehrer an den Schularzt über den Stand der Onanie, sowie den allgemeinen Gesundheitszustand der Schüler müsste gefordert werden. Der Schularzt wiederum hätte die Pflicht, den Bericht mit eigener Begutachtung und Anbahnung von Vorschlägen zur event. Bekämpfung behördlicherseits zur weiteren Beförderung einzureichen. Nur so könnten die unleidlichen jetzigen Zustände aus der Welt geschafft werden, Zustände, über die der bekannte Psychiater von Krafft-Ebing das Klagelied anstimmt: „In vielen Schulen und Pensionaten wird Unzucht geradezu gezüchtet. Wenn nur der Lehrstoff absorbiert wird, das ist die Hauptsache. Dass dabei mancher Schüler an Leib und Seele verdirbt, kommt nicht in Betracht.“ Bezüglich der Beaufsichtigung fordern Schiller und Cohn sogar eine solche während der Pausen. Meistenteils wird dieselbe mit einiger Konsequenz sicherlich sich durchführen lassen. Dass aber Fälle vorkommen mögen, wo auch während der Pausen seitens der Lehrer bis ins Detail, wie zum Beispiel bei Besuch der Aborte, Beaufsichtigung nicht möglich ist, ist klar. Im Grossen und Ganzen aber ist die Forderung der Beaufsichtigung der Schüler auch in den Zwischenzeiten nur gerechtfertigt, „damit sie nicht das Gefühl der unbeobachteten Sicherheit erhalten“, denn gerade die

Pausen sind es, in denen die mutuelle Onanie getrieben wird, während in den Unterrichtsstunden wohl mehr der Autoonanie gehuldigt wird. Das Beste ist wohl, dass man bei günstigem Wetter alle Schüler während der Pausen in den Schulhof oder Schulgarten ins Freie schickt, weil hier eine viel genügendere Beaufsichtigung stattfinden kann, als in den einzelnen Klassenzimmern. Denn dass von den Schülern zur Sicherheit einzelne Vorposten vor die Thür gestelllt werden, um beim Anblick irgend eines Lehrers zu signalisieren, den Mitschülern die Ankunft desselben mitzuteilen, dürfte ebenso bekannt sein. Schiller verwirft sogar den unbeaufsichtigten Arrest und die Ansammlung von einer kleineren Anzahl von Schülern im Klassenzimmer vor Beginn des Unterrichts.

Was soll geschehen, wenn die Onanie in der Schule entdeckt ist? Ich bin der Ansicht, dass die Onanie in den allermeisten Fällen überhaupt nicht entdeckt wird, eben weil bezüglich derselben keine Kontrolle und Beaufsichtigung waltet. Ich erinnere mich aus meiner eigenen Schulzeit nicht eines Falles von Aufdeckung in den mir bekannten Gymnasien, obgleich in allen onaniert wurde, während Cohn, meint, dass — meist erst nach Monaten — zufällig der Direktor davon erfahre. Ist die Onanie in der Schule einmal entdeckt, so meine ich, soll mit unerbittlicher Strenge dagegen eingeschritten werden, erbarmungslos sollen, ohne Rücksicht auf die Eltern, die Schüler, wenigstens die Hauptschuldigen, die Anstifter entlassen werden, soll ihnen ein Vermerk ins Abgangszeugnis geschrieben werden, damit ihre weitere Aufnahme mit Schwierigkeiten verknüpft ist, denn gerade dies ist ein ausgezeichnetes Schreckmittel bei Gymnasiasten und wirkt bei weitem mehr als alle Carcerstrafen. Wenn derartige Schüler überhaupt in keiner öffentlichen Anstalt mehr aufgenommen werden sollten, so würde wohl weniger den Schülern, als den armen unglücklichen Eltern hiermit geschadet werden. Bei jüngeren Schülern sind ausser Carcerstrafen empfindliche körperliche Züchtigungen angebracht, die vom Lehrer in Gegenwart des Vaters oder Stellvertreters desselben oder Familienarztes vorgenommen werden sollten, um dadurch das Schamgefühl des Kindes zu wecken. Grösseren Kindern sollten Ermahnungen und Drohungen, aber ebenfalls in Gegenwart des Lehrers oder Hausarztes von Seiten des Vaters, resp. auch umgekehrt, erteilt werden. Ganz besonders aber möchte ich hier eine, eine gewisse Zeit lang geübte Verachtung und Geringschätzung dem Sünder gegenüber angebracht wissen, um dadurch das Sittlichkeitsgefühl für Moral und Anstand im Kinde wachzurufen. Dass beim Ausbruch des Übels bei mehreren Kindern durch den Vater, oder, weil mehr Gewicht habend, durch den Hausarzt eine Aufklärung statthaben soll, ist natürlich.

Cohn ermahnt die Lehrer noch, ihren Unterricht und ihren Vortrag so anregend und interessant als möglich zu gestalten, weil erfahrenermassen gerade besonders die langweiligen Unterrichtsstunden diejenigen sind, in denen Onanie getrieben wird, denn je anregender und interessanter der Lehrer seinen Unterricht zu gestalten vermag, desto weniger werden den Kindern sexuelle Gedanken beikommen.

Die 2. der Cohn'schen Forderungen ist:

„Der Lehrer muss die Schüler von der Schädlichkeit der Autoonanie und der mutuellen Onanie in Kenntnis setzen.

Man wird zugeben, dass dieser Punkt von ungeheurer Wichtigkeit, aber auch höchst kritisch und kitzlich ist. Cohn sagt darüber selbst: „Diese Frage betrifft aber, wie ich gern bekenne, eines der schwersten Probleme der Jugenderziehung überhaupt. Die meisten Pädagogen wollen nichts von Vorbeugungen wissen 1. weil sie der ganzen schmutzigen Sache am liebsten aus dem Wege gehen und 2. weil sie fürchten, dass die Kinder, die bisher geschlechtlich unschuldig waren, durch eine Warnung erst recht auf das Laster hingewiesen werden würden.

Der erste Einwand ist gewiss nicht stichhaltig. Findet der Erzieher nichts Schmutziges darin, seine Schüler vor Beschmutzungen des Körpers durch Urin und Stuhlgang, vor Beschmutzung von Wänden und Mauern zu warnen, so darf ihn auch das Schmutzige der Onanie nicht zurückschrecken. . . .

Ich gebe sehr gern zu, angenehm ist es für den Lehrer nicht, mit Kindern über diese Frage zu sprechen. Auch für den Vater ist es nicht angenehm, mit einem Sohne über Onanie zu reden. Viele Väter, die nicht Ärzte sind, bringen es überhaupt nicht über sich; sie vermuten oft mit Recht, dass ihre Kinder onanieren, aber drücken lieber ein Auge zu, als dass sie die Söhne warnen möchten.

Aber ich frage: Ist es dem Vater vielleicht angenehmer, wenn der Sohn eines Tages nach Hause kommt und ihm mitteilt, dass einige Mitschüler, die ihm mutuelle Onanie beigebracht haben, von der Schule fortgejagt worden seien? Ich frage: Ist der Schaden grösser, der entsteht, wenn in einer bestimmten, noch näher zu besprechenden Form den Kindern eine verhütende Warnung erteilt wird, oder ist der Schaden grösser, wenn durch Mangel an Warnungen eine Zahl von Schülern der unbegrenzten Onanie entgegentreibt? Dass ich hier zwischen zwei Übeln zu wählen habe, bestreite ich keineswegs; aber da ich wählen muss, wähle ich das kleinere und das ist meiner Überzeugung nach die prophylaktische Warnung. Es ist hier wie mit der Warnung vor der Syphilis, wie viele Tausende würden für ihr ganzes Leben frei von der Syphilis bleiben, wenn sie die Gefahren derselben in der Jugend nur ahnen würden!

Ich betrachte die Warnung für das kleinere Übel; denn in Wirklichkeit liegt ja die Sache so: Fast jeder Knabe onaniert, der eine mehr, der andere weniger. Schon die unvermeidlichen Berührungen der Geschlechtsteile beim Wasserlassen und beim Stuhlgang zeigen den meisten Kindern, dass ein gewisses Wollustgefühl durch Reibung erzeugt wird. Ich gehe sogar infolge zahlreicher Mittheilungen soweit, zu behaupten, dass kein Knabe, der älter als 10 Jahre ist, existiert, der diese Thatsache nicht kennt. Aber selbst wenn er in dem Alter noch völlig unschuldig ist und nichts von dieser Thatsache ahnt, so erfährt er sie über kurz oder lang, zufällig instinktiv oder durch Mitteilung von seinen Mitschülern. Es ist daher gewiss klüger, das Feuer zu dämpfen, wenn die ersten Funken zu glimmen beginnen, als erst dann, wenn das Haus in lichten Flammen steht".

Cohn ist hiernach der Ansicht, dass die Kinder prophylaktisch vor der Onanie gewarnt werden sollen. Bezüglich des Alters, in welchem diese Warnungen stattfinden sollen, meint dieser Autor, dass, „da bei Knaben vor der Pubertät die Onanie noch nicht so schlimmen Schaden anrichten kann wie später, wo Samenfluss mit ihr verbunden ist, so würde die einfache kurze Warnung in den Klassen, in denen 10jährige Kinder sitzen, genügen. Dagegen würde eine etwas motiviertere Darstellung wohl angezeigt sein in den Klassen, die 13- und 14jährige Schüler enthalten, also in den oberen Klassen der Volksschulen und in den Tertien der Gymnasien, denn diese sind die allergefährlichsten.“

Meiner Ansicht nach ist dies bei weitem übers Ziel hinausgeschossen, denn obgleich die Onanie schon in der Schulzeit eine leider sehr verbreitete ist, so doch nicht eine derartige, dass, zumal auf dem platten Lande, in den Dorfschulen fast jedes Kind bis zu 10 Jahren dem Laster unterworfen wäre. Für die Gymnasien und in den höheren Schulen mag die Warnung der Schüler in den Tertien und überhaupt in jenen Klassen erfolgen, wo 13—14jährige Schüler sitzen. Für Elementarschulen und Volksschulen aber ist eine prophylaktische Warnung in den Klassen, wo selbst 10jährige Kinder sitzen, nicht nur verfrüht, sondern könnte hier vielleicht sogar ungewollt einmal erst auf die Thätigkeit der Genitalorgane, auf das Geschlechtsleben hinleiten, denn man bedenke, dass die 10jährigen Volksschulkinder bei weitem noch nicht die genügende Verstandesbildung erlangt haben, um eine derartige Warnung voll zu verstehen, wenn sie, was hier auch noch vorkommen dürfte, von der Onanie überhaupt noch nichts wissen.

Ich stehe daher auf dem Stnndpunkte: „Es sind prophylaktisch die Lehrer von Seiten der zuständigen Direktoren resp. von Seiten des Schularztes zu einer möglichst scharfen Beobachtung der Kinder bezüglich der Onanie zu verpflichten, und ist denselben eine Belehrung und Anweisung zu dieser prophylaktischen Überwachung zu geben. Zeigt sich in dem Benehmen eines oder mehrerer Schüler irgend etwas, was den Verdacht auf Onanie in dem Lehrer erwecken könnte, so hat dieser unverzüglich dem Direktor resp. dem Schularzte Anzeige zu machen, — welch' letzterer kein volles Stimmrecht in den Schulratsversammlungen zu haben braucht, wie Schmuckler will — damit eine weitere, unbemerkte Beobachtung der betreffenden, wo möglich zur Beobachtung isolierten Schüler statthaben soll. Hat diese nun aber zur Evidenz erwiesen, dass Onanie vorliegt, ist dieselbe sicher konstatiert, aber nicht eher, so soll dagegen eingeschritten werden, und zwar neben der Bestrafung auch durch Belehrung.

Wollte man von vornherein die Kinder prophylaktisch belehren, so meine ich, müssten ebenso wie die 10jährigen, auch die 6jährigen eben zur Schule gebrachten belehrt werden, denn auch in diesem Alter ist die Onanie etwas bisweilen Vorkommendes. Ein sittlich verkommenes Kind dieses Alters kann ebensogut seine gleichalterigen Klassengenossen resp. -Genossinnen mit dem Laster anstecken wie ein 12jähriges. Würde hier nicht durch prophylaktische Belehrungen bei den sittlich natürlich doch noch völlig unreifen Kindern manchmal die Onanie nicht erst heraufbeschworen werden? Und noch ein anderer Punkt müsste hier berücksichtigt werden. Kinder von 10 Jahren und noch älter sind, besonders auf dem platten Lande, in kleineren Städten, oft der Obhut junger, eben erst aus dem Seminar entlassener Lehrer im Alter von 20 Jahren und nur wenig darüber unterstellt. Muss man da nicht die Frage aufwerfen: Sind die ca. 20jährigen jungen Lehrer sämtlich sittlich reif genug, den Kindern derartige Aufklärungen mit nötiger Energie und Autorität zu geben? Ein Punkt, der des öfteren wohl in Frage gezogen werden dürfte! Allen älteren Elementar- und Volksschullehrern, sowie überhaupt allen Gymnasiallehrern (denn die akademisch gebildeten Lehrer kommen vermöge ihrer längeren Laufbahn und Ausbildung schon nicht so früh in die Praxis wie die Volksschullehrer) kann diese Unterweisung der Kinder, wenn nötig, entschieden anvertraut werden.

Doch wie soll diese prophylaktische Belehrung der Kinder nach sicher konstatiertem Laster geschehen?

Gewiss ist dies der schwierigste und kritischste Punkt der ganzen Prophylaxe der Onanie durch die Schule, weil hier offen, sans phrase, unreifen Kindern gegenüber von geschlechtlichen Dingen gesprochen werden muss und doch — koste es, was es wolle — es muss in diesem Falle geschehen, es ist ein notwendiges, unabweisbares Übel: Direktor Bach sagt darüber: „Vor der ganzen Klasse von solchen Dingen zu reden, bringt der Lehrer schon um der keuschen Seelen willen, die er nicht verletzen und aufregen möchte, nicht so leicht über das Herz. Und wer versteht darin den richtigen Ton zu treffen? Wie der Arzt kann und soll der Lehrer darüber nicht sprechen. Soll er nun in den Ton sittlicher Entrüstung verfallen und die Hölle an die Wand malen? Wie die

Erfahrung lehrt, wird die Wirkung oft geradezu eine verfehlte und entgegengesetzte. Wirklich wirkungsvoll lässt sich über die Selbstbefleckung doch nur unter 4 Augen reden," und erzählt dann eine von Cohn gemachte Mitteilung, wo ein beliebter Lehrer von seinen Pensionären erfahren hatte, dass der grösste Teil der Secundaner stark onaniere. Da plötzlich hielt der Lehrer eines Tages ganz unerwartet statt einer französischen Stunde einen einstündigen Vortrag über Onanie. Ohne zu übertreiben, schilderte er die schlimmen geistigen wie körperlichen Folgezustände der Onanie, sprach von der Schwierigkeit, dem Triebe hierzu völlig zu widerstehen und ermahnte zur Mässigung dieser Triebe und Beherrschung derselben. Dieser Vortrag war von vortrefflicher Wirkung, die Onanie verminderte sich. Allerdings meint Bach: „Der von Cohn erwähnte Mann, seiner Zeit ein tüchtiger wissenschaftlicher Lehrer und in Berlin und Darmstadt gebildeter Turnlehrer, jetzt preussischer Geheimer Schulrat, war ein erfahrener, umsichtiger und gewandter Pädagoge, welcher diese Frage studiert hatte und das freie und doch massvolle Wort vor der ganzen Klasse aussprechen konnte. Aber wie viel Lehrer werden imstande sein, es ihm gleich zu thun! Das angeführte Beispiel zeigt gerade, welche Vorsicht, welche Vorkenntnis, welch pädagogischer Takt nötig ist, um die Sache richtig anzugreifen und nichts zu verderben. Wir können also nur einem durchaus erfahrenen und sattelfesten Lehrer raten, nach sorgfältiger Prüfung aller Umstände den hier eingeschlagenen Weg zu beschreiten. Sehr thöricht aber würden Lehrer und Erzieher sein, wenn sie das Übel überhaupt leugnen und ignorieren wollten, es ist und bleibt ein Faktor, mit welchem der Pädagoge zu rechnen hat." So sind auch andere hervorragende Ärzte, Kinderärzte und Pädagogen wie Moll, Baginsky, Bach, Puschmann u. a. entschieden der Ansicht, dass den Schülern gegenüber eine prophylaktische Belehrung statthaben soll.

Ist also irgendwo in einer Schule, sei es nun Volks-, Armen- oder Bürgerschule, Gymnasium oder Pensionat, Kadettenschule oder höhere Töchterschule die Onanie ausgebrochen und ist sie wirklich entdeckt worden, so soll — und wenn die Zahl der Schuldigen nicht allzugross, womöglich unter 4 Augen — von Seiten des Direktors, oder, wo dies angängig, des Schularztes, resp. im Beisein des Direktors oder bei Mädchen, Privatschulen der Vorsteherin in kurzen Worten auf die Gefahren des Lasters, auf die körperlichen und geistigen Folgen der üblen Gewohnheit hingewiesen werden und der dringende Rat ihnen gegeben werden, abzulassen von diesem Laster und nach Möglichkeit sich zu beherrschen. Der Belehrende sei hierbei sehr vorsichtig und gewählt in seinen Worten und vermeide ängstlich, die Sünder etwa weiter einzuweihen in die geschlechtlichen Geheimnisse. Dass natürlich ein gewisses pädagogisches Taktgefühl nötig und bei den einzelnen Kindern je nach den vorliegenden Umständen zu individualisieren ist, aber allgemeine Vorschriften hierüber sich nicht geben lassen, liegt auf der Hand. Natürlich gilt dies grösseren Kindern gegenüber. Bei kleineren Kindern bis zu 10 Jahren halte ich eine ordentliche Tracht Prügel für wohl angebracht.

Doch was würde wohl diese Belehrung in den Schulen nützen, wenn damit nicht Hand in Hand ginge eine derartige Aufklärung in der häuslichen Erziehung? Ich meine, **hier** soll stets bei einem gewissen Alter des Kindes, das individuell je nach der Ausbildung verschieden, bei herannahender Pubertät von Seiten der Eltern oder Erzieher eine vernünftige, sachgemässe Belehrung über die Bedeutung der geschlechtlichen Thätigkeit stattfinden. Von Seiten der Eltern und Erzieher aber soll diese Ermahnung nicht erst gegeben werden, wenn die Onanie schon ausgebrochen, sondern hier schon vorher bei frühestem Beginn der geschlechtlichen Entwickelung, ja schon im zweiten Kindesalter, in der Zeit des ca. 7.—10. Lebensjahres und zwar hier deswegen so früh, weil hier zwischen Eltern resp. Erziehern und Kindern noch ein anderer, mehr familiärer Ton herrscht. Eine Berührung unseres heiklen Themas, des sexuellen Gebietes hat hier noch lange nicht die tiefe Bedeutung für das Kind, wird in ganz anderem Sinne aufgefasst, als z. B. eine Ermahnung im Alter von 12—14 Jahren aus dem Munde des Lehrers oder gar Arztes. Leider erfolgt diese Belehrung von Seiten der Eltern heutzutage wohl ganz ausserordentlich selten. So sagt Róti, loc. cit.: „Falsches Schamgefühl, auch Sorglosigkeit ist es oft, welches viele Eltern veranlasst, mit ihren Kindern über diesen

Gegenstand nicht zu sprechen. Manche machen triviale Scherze darüber, wenn sie bemerken, dass ihre kleinen Kinder mit den Genitalien spielen, an denselben zerren und zupfen. Sie halten das Ganze für bedeutungslos, für Spielerei und bedenken nicht, dass diese unscheinbaren Manipulationen oft an dem Lebensglücke ihrer Kinder einen unheilvollen Einfluss ausüben werden. Sie sehen ihre Kleinen blass, hohlwangig, mit umränderten Augen, schlotternden Knien, apathisch und träge einhergehen. Da werden alle Ursachen des schlechten Aussehens erwogen: Würmer, verdorbener Magen etc., aber auf die Idee, dass dieser Verfall der Kinder von der Onanie herrühren könnte, kommen die Eltern selten. Wenn sie die Kinder sorgfältiger überwachen, ihnen in ihre einsamen Schlupfwinkel nachgehen und dort ihre onanistischen Manipulationen verhindern würden, könnte viel Unheil verhütet werden."

Cohn fordert in seiner 4. These daher: „Durch Vorträge und gedruckte Belehrungen sind auch die Eltern und Pensionsgeber darauf hinzuweisen, dass sie die Pflicht haben, den Kindern die Gefahren der Onanie auseinanderzusetzen." Hierzu ist allerdings erst nötig, dass die Eltern und deren stellvertretende Erzieher selbst über die Onanie und ihre schädlichen Folgen aufgeklärt werden. Nach Cohn sind hierzu populäre Vorträge sehr geeignet. Meist sind derartige Vorträge über sexuelle Dinge ausserordentlich besucht, weil die meisten der Zuhörer glauben, pikante Sachen zu hören. Es wäre daher in erster Linie notwendig, dass nur völlig erwachsenen Personen der Zutritt zu solchen Vorträgen gestattet würde und selbst Leuten unter 20 Jahren derselbe auf jeden Fall verweigert würde. Sehr wohl könnte die Sache von gemeinnützigen Vereinen in die Hand genommen werden, die durch Vorträge jeder Art für Aufklärung und Bildung der unteren Volksschichten zu wirken suchen. „Auch kurze gedruckte Belehrungen könnte der Direktor bei der Anmeldung eines Kindes dem Vater oder Pensionsgeber mitgeben, ebenso wie jetzt bereits in einigen Städten Frankreichs auf der Mairie den Vätern, welche ein neugeborenes Kind anmelden, eine kurze Belehrung über die Gefahr der Entzündung der Augen der Neugeborenen eingehändigt wird." (Cohn.) Auch sollten die Kinder vom Hausarzt gelegentlich bei Konsultationen mit kurzen Worten darauf hingewiesen werden, jede unnützge Berührung der Geschlechtsteile als von schädlichen Folgen begleitet zu unterlassen, denn „der günstige Einfluss, den gerade ein beruhigendes Wort des Arztes ausübt, lässt erkennen, dass man Unrecht hat, den bösartigen Eindruck der sexuellen Reizungen zu verschweigen.“ (Baginsky). Fournier sagt, man solle den Kindern schon von frühester Jugend an geschlechtliche Berührungen als etwas Anstössiges, Unehrenhaftes und Gefährliches ebenso verbieten wie das Bohren mit den Fingern in der Nase und in den Ohren.

Ob der Lehrer den Kindern bei Besuch von Aborten ein „Merkt Euch, jede Berührung der Geschlechtsteile ist dem Körper schädlich,“ als besonders vorteilhaft zurufen soll, wie Cohn will möchte ich dahingestellt sein lassen. Ich glaube, bei grösseren Kindern könnte es nur ein Aufmerksammachen auf die Genitalien in der Zeit auf dem Aborte bedeuten. Hingegen lasse der Lehrer nie zu gleicher Zeit zwei Knaben oder zwei Mädchen den Abort während der Schulstunde aufsuchen, sondern einzeln ein Kind nach dem andern. Er gebe ihnen ferner eine kurz gemessene Zeit zur Abfertigung des Bedürfnisses, ein Punkt, der auch in der häuslichen Erziehung berücksichtigt werden sollte. Man gestattete den Kindern bei wirklich vorhandenem Bedürfnis, dass sie austreten können, damit nicht, wie früher dargethan, die überfüllte Blase oder der mit Kot angefüllte Mastdarm auf die Geschlechtsorgane drücke und so einen Reiz ausübe.

Als letzte These giebt Cohn die: „Straflosigkeit ist demjenigen Schüler zu versprechen, der die mutuelle Onanie zur Anzeige bringt,“ diesem Satz möchte ich noch hinzufügen: und zwar anonym, ohne Wissen seiner Mitschüler, denn Cohn selbst sagt: „Der Grund, dass sie viele Monate lang in den Klassen getrieben werden konnte, war nicht allein der, dass die jüngeren Knaben sich fürchteten, als „Klatscher“ oder „Petzer“ zu gelten, wenn sie die ihnen im Anfange höchst widerliche Sache dem Lehrer mitteilen würden, sondern auch die Furcht vor eigener Bestrafung. Die Kinder hatten selbst nur eine dunkle Ahnung, dass sie ein Unrecht begehen; da sie aber niemals von Seiten des Lehrer darauf hingewiesen wurden, so fürchteten sie sich, Anzeige zu erstatten.“ Auch die Furcht vor Hintansetzung und Verachtung von Seiten seiner eigenen Mitschüler mag wohl manches noch nicht verdorbene junge Gemüt abhalten, die Sache dem Lehrer zur Anzeige zu bringen und andererseits mag es wohl auch die Scham sein, etwas Derartiges dem Lehrer einzugestehen.

Dies sind in kurzen Umrissen die Hauptgrundzüge, nach welchen eine Bekämpfung unseres Lasters in der Schule und während der Schulzeit statthaben müsste, wenn überhaupt man sich einen Erfolg versprechen will und erwünscht ist. Dass davon ein grosser Teil, wohl der grösste, noch Zukunftsmusik ist und in fernen Äonen erst zur Ausführung gebracht werden wird, dessen sind Alle, die hierfür eintreten, sich wohl bewusst. Es liegt dies einerseits daran, dass von vielen Seiten und nicht zum Geringsten leider gerade von Seiten der Pädagogen und Lehrer diese Forderungen als übertriebene und unausführbare Hirngespinnste mitleidig belächelt und unbeachtet gelassen werden, zum Teil wohl auch daran, dass dadurch die Anforderungen an die Thätigkeit der Lehrer und Erzieher bedeutend erhöhte sein würden, event. ihnen, wenn Schulärzte eingeführt würden, eine neue Aufsichtsbehörde, wie sie ganz falsch meinem und die jetzigen Bestrebungen gegen die Einführung der Schulärzte zeigen, zu den schon genügenden alten zugesellt würde, ein geringer Teil der Pädagogen hat mich, wie ich im Vorwort sagte, dahin auch missverstanden, andererseits liegt dies aber daran, dass von Gegnern der antionanistischen Bestrebungen diese Ausführungen mit Unrecht zu unterdrücken gesucht werden, weil sie meinen, dass das Scham- und Sittlichkeitsgefühl unserer Jugend durch derartige Dinge verletzt werde, dass hierdurch die Kinder geradezu zur Unsittlichkeit geführt würden. „Natürlich würden alle augenverdrehenden Sittenprediger d e n Lehrer verdammen, der es wagen würde, in der Schule über Onanie zu sprechen, er wäre jedoch durch den Gedanken befriedigt, ein heilbringendes Werk gethan zu haben,“ sagte Reti. Ich möchte hier nur daran erinnern, wie der Neo-Malthusianismus, jene von Philantropen zum Wohle der Menschheit wirkende Richtung von Frömmlern noch heute als sittenverderbende Schule bis aufs Messer bekämpft wird. Die Geschichte des Malthusianismus (vide Dr. Drysdale „Malthusian League“) giebt beredtes Zeugnis dafür, wie ein Francis Plage, besonders aber der berühmte Philantrop Robert Owen und John Stuart Mill, dann der Bostoner Arzt Dr. Charles Knowlton (fruits of philosophy 1833) Frau Anna Besant in ihrem edlen Wirken und Werken bekämpft worden sind. Dass auch die antionanistischen Bestrebungen wohl begründet sind und nicht sittenverderbend, sondern im Gegenteil sittenverbessernd und sittenheilend wirken wollen, dürfte wohl nach Durchsicht der in vorliegendem Werke niedergelegten Fakta klar sein und weil ferner ein grosser Teil unserer Mitmenschen dadurch aufgerüttelt würde aus seinem Dolce far niente, das jeglicher Neuerung und jedem Fortschritte, gleichviel welchen Genres und auf welchem Gebiete nur scheelen Auges betrachtet. Cohn meint zuversichtlich, dass eine Anregung dieser wichtigen Frage trotz allen anfänglichen Widersprüchen später in einer seinen Ansichten entsprechenden Weise doch gelöst werden wird und zieht zum Vergleich heran seine vor ca. 30 Jahren ins Werk gesetzten und mit schönstem Erfolg gekrönten Bestrebungen bezüglich der Kurzsichtigkeit und ihrer hygienischen Verhütung in den Schulen. Aber wir müssen hier bedenken, dass unsere Bestrebungen, die Bekämpfung der Onanie, auf ein viel scrupulöseres Gebiet gerichtet sind, auf ein Gebiet, wo der Kampf, wie in der Natur der Sache gelegen, bei weitem nicht so klar und offen geführt werden kann, wie bei der Verhütung der Kurzsichtigkeit, wo bei letzterer ausserdem schon viel mehr der Boden vorbereitet war, wo die Meinungen und Ansichten viel geklärter waren schon bei Laien, geschweige denn selbst bei Fachinteressenten. Gerade aus diesem Grunde, weil unser Laster so im Geheimen und Verborgenen wütet, dass seine Folgen, sein ganzes Wesen noch so ausserordentlich wenig bekannt ist, dass ferner unglückselige Prüderie, falsches Schamgefühl, Unverstand und böser Wille uns hier hartnäckig entgegenstehen, werden unsere Reformvorschläge zur Bekämpfung des Lasters in der Schule — und damit der Hauptangriffspunkt des Lasters überhaupt — wohl noch lange Zeit „papierne“ bleiben, bis endlich die allgemeine Demoralisierung, die immer höher und höher gestellten Forderungen an der Leistungsfähigkeit im Kampfe ums Dasein, zuletzt aber der Fortschritt in der Hygiene, in der medizinischen Wissenschaft überhaupt die unerbittliche Nacktheit hier niedergelegter Thatsachen menschlicher Verirrungen darthun, und Menschen und Gesetzgeber aufrütteln werden aus ihrem Nirwana zur Bekämpfung einer der ekelhaftesten und scheusslichsten Verirrungen des Geschlechtstriebes schon von Jugend an, in der Schule.

Natürlich muss auch in der Zeit nach den Schuljahren, im Jünglings- und Jungfrauenalter, also in jener Lebensperiode, wo ein Ausreifen und Ausbilden zur geschlechtlichen Thätigkeit stattfindet, in den Lehrlings- und Fortbildungsschulen, in der häuslichen Erziehung mutatis mutandis prophylaktisch ebenfalls der Onanie entgegengearbeitet werden, wenn auch unter schwierigeren Verhältnissen als in der Schulzeit, weil die jungen Leute nicht mehr in dem Maasse der genügenden Kontrolle unterstellt sind. Nur darauf möchte ich hier nochmals hinweisen, dass gesetzlich durch Verbot von demoralisierten Vergnügungslokalitäten für junge Leute bis zum 18. Lebensjahre gegen unser Laster wie überhaupt gegen geschlechtliche Laster und Krankheiten ausserordentlich viel erreicht werden könnte. Wer diesbezügliche Studien machen will, dem bieten ja die Grossstädte mit ihren Tanzlokalitäten, Nachtcafés, Animirkneipen etc. genügenden Stoff und Gelegenheit, um zu schauen, welch' unsägliches Elend hier in geschlechtlicher Beziehung, auch bezüglich der geschlechtlichen Erkrankungen, auf unsere Jugend heraufbeschworen wird, wie hier ein hübscher Fonds von Jugendkraft durch sittliche Ausschweifungen untergraben wird, dem allgemeinen Staate und Volkswohle verloren geht.

Auch hier könnte die Schule ganz entschieden noch heilsam wirken und zwar insofern, als beim Entlassen aus der Schule vom Schularzt den Kindern eine kurze, bündige und sachliche Belehrung über die geschlechtlichen Verhältnisse mitgegeben würde. Ich möchte daher den Cohn'schen 4 Thesen noch als 5. folgende beifügen:

V. Die Kinder sind beim Verlassen der Schule hinzuweisen auf die Gefahren, welchen sie ausgesetzt sind, wenn sie sich sexuellem Umgange hingeben. Gedruckte Vorschriften zum ferneren sittlichen Lebenswandel sind ihnen zur stetigen weiteren Beherzigung mit auf den Weg zu geben.

Man wird hier an das treffliche Wort eines französischen Edelmannes erinnert, der seinem Sohne beim Verlassen des Vaterhauses die gewichtige Mahnung mit auf den Weg gab: „Si vous ne craignez pas Dieu, craignez la vérole“ (vérole = Lustseuche i. e. Syphilis).

Allerdings würden wir hier wohl sehr mit der Geistlichkeit,

sowie mit dem Vorurteil der Menge zu kämpfen haben, wenn kurz nach der Konfirmation, diesem erhebenden geistlichen Akte, den Kindern Belehrungen gegeben werden sollten über die geschlechtlichen Verhältnisse und ihr Verhalten in geschlechtlichen Dingen. Moralprediger würden hierin nicht nur allein etwas Verfängliches, sondern direkt zum Geschlechtsgenuss Aufreizendes finden. Aber ich frage, ist es den Eltern oder Vormündern lieber, wenn ihre Söhne einige Jahre nach der Schulzeit, als junger, blühender, kräftiger Jüngling, oft ihr einziger Stolz, einer heftigen, syphilitischen Erkrankung anheimfällt oder wenn er beim Eintritt in die Welt gewarnt wird, hingewiesen wird auf die Gefahren des geschlechtlichen Umganges durch die erste Autorität hier, den Schularzt, resp. den Hausarzt? Wenn man bedenkt, wie fast alle geschlechtlichen Erkrankungen fast alleinig im ausserehelichen Geschlechtsgenuss, in der sogenannten „wilden Liebe" ihre Quelle haben, „eine jede Prostituierte wird mit Syphilis inficiert" sagt Lesser, so muss man sich wundern, dass im Publikum verhältnismässig so wenig über diese Gefahren bekannt ist. Aber der grösste Teil der Menge hat eben davon keine Kenntnis. Es rührt dies zum Teil mit daher, dass wirklich auf wissenschaftlichen Grundlagen beruhende populäre Werke über sexuelle Enthaltsamkeit, wie z. B. das von Ribbing, noch zu wenig verbreitet sind, während andere Werke, wie das von Bebel: „Die Frau und der Sozialismus" u. A., denen die wissenschaftliche Basis fehlt, in denen alles Mögliche und Unmögliche auf den „verderblichen Einfluss unterdrückter Naturtriebe" i. e. auf die geschlechtliche Enthaltsamkeit geschoben wird, eine ausserordentlich weite Verbreitung — leider — im Publikum gefunden haben. „Die nie versiegende Quelle der Geschlechtskrankheiten ist und bleibt der aussereheliche Geschlechtsverkehr und all die Massregeln, welche man zu ihrer Bekämpfung treffen will, müssen zunächst die Assanierung des ausserehelichen Geschlechtsverkehrs anstreben. Aber leider hat man dies bisher viel weniger vom hygienischen als vom moralischen Standpunkt aus betrachtet," sagt Blaschko und aus eben diesem Grunde wird diese meine oben angeführte These wohl ausserordentlich heftig bekämpft werden, aber würden jene Gegner unserer Bestrebungen „all den Jammer und das Elend sehen, welches wir Ärzte so oft als unausbleibliche Folge der Geschlechtskrankheiten in Ehe und Familie beobachten, sie würden nicht mehr den Mut finden, gegen die elementaren Forderungen der Hygiene und Humanität einen so frivolen Einspruch zu erheben“, sondern würden diese öffentlichen prophylaktischen Massregeln zur Bekämpfung der geschlechtlichen Unarten und geschlechtlichen Erkrankungen mit Freuden begrüssen und unterstützen.

II. Die Prophylaxe der Onanie durch richtige Ernährung.

Eine Hauptregel beim Nahrungsgenuss behufs Prophylaxe sexueller Unarten ist die, des Abends kurz vor dem Zubettgehen den Magen nicht mit allzuschwer verdaulichen Speisen zu überladen, weil der Schlaf durch den Genuss schwerer unverdaulicher Speisen unruhig, von lebhaften Träumen begleitet wird, besonders aber, weil dadurch während der Nacht, wo die Verdauung vor sich geht, eine starke Blutwallung, Congestion eintritt und dadurch eine Reizung des Sexualsystems stattfinden kann. Beim weiblichen Geschlecht ist besonders während der Menstruationszeit scharf darauf zu achten. Das Abendessen soll daher mindestens 3—4 Stunden vor dem Zubettgehen eingenommen werden und stets aus leicht verdaulichen Speisen bestehen. Die Kleidung ist ferner aus demselben Grunde vor dem Essen genügend zu lockern, insbesondere trifft dies die Schnürleibchen und Unterrockbänder der Frauen und jungen Mädchen, die Leibriemen der Männer.

Man sorge ferner dafür, dass die Kinder des Abends nur wenig Getränke, selbst wenig Wasser, zu trinken bekommen, damit nicht die mit Urin gefüllte Harnblase auf die Samenbläschen resp. auf den in der Entwickelung stehenden Uterus drücke, dadurch erregend Erektionen auslöse und so im Schlaf zur Onanie führe. Bei Verstopfung ist eventuell noch vor dem Schlafengehen den Kindern ein kleiner Einlauf zu geben.

Auch bezüglich des Geschlechts muss nach völlig erlangter Geschlechtsreife ein Unterschied in der Ernährung gemacht werden. So lange der Geschlechtsunterschied noch nicht völlig ausgebildet ist, während der Kindheit und Pubertätsreifung sollte ebenso wie in der Erziehung auch in der Diät kein Unterschied zwischen männlichen und weiblichen Kindern gemacht werden. Hingegen während der Zeit der völligen sexuellen Reife sollte berücksichtigt werden, dass Frauen, ganz abgesehen davon, dass der Stoffwechsel, die gesamte Mauserung durchschnittlich eine geringere ist als beim Manne, wegen ihres leichter erregbaren Temperaments, ihrer grösseren nervösen Erregtheit weniger reizende Speisen und Gewürze zu sich nehmen dürfen als der Mann dies thut. Während der Gravidität und in der Laktationsperiode, sowie während der Menstruation sollten dieselben ganz gemieden werden, weil dieselben eine gewisse sexuelle Reizung herbeiführen, die, wenn nicht Befriedigung gewährt wird, zur Onanie führen kann.

Im Grossen und Ganzen: Bei Erwachsenen sind Genussmittel, in mässigen Graden genommen, sexuell nicht erregend, denn schon von Jugend an ist der Körper an geringe Quantität von Reizmitteln wie Thee, Bier, Kaffee gewöhnt. Nicht hinter jeder Tasse Kaffee verbirgt sich die Onanie, wie Hahnemann dachte. In der Kindheit sind, wenigstens in gesunden Tagen, alkoholische Getränke nicht zu gestatten, denn beim Kinde, dem die Beherrschung sexueller Gefühle eben abgeht, vermag der Alkohol nicht allein indirekt, sondern sogar direkt zur Onanie zu führen. Es ist dies von französischen Ärzten für den in Frankreich so beliebten Absynthliqueur bewiesen. Knaben ist bis zum 17. Jahre kein Tabakrauchen zu gestatten.

Für Kinder sind und bleiben die gesündesten und auch geschlechtlich nicht anreizenden Getränke in erster Linie Milch, dann Wasser in jeglicher Form, Kakao, Chokolade, ganz leichtes Bier und ebensolcher Thee. Dagegen ist eine kräftige tonisierende, nahrhafte, leicht verdauliche, aber nicht reizende Kost dem kindlichen Organismus am zuträglichsten und absolut nicht erregend. Den besonders bei jungen bleichsüchtigen Mädchen und schwangeren Frauen bekannten abnormen Gelüsten nach sauren, gewürzten Speisen ist nicht nachzugeben.

Hier möchte ich noch darauf hinweisen, dass der Arzt, besonders bei üppigen, stark entwickelten Kindern, von denen er weiss oder vermutet, dass ihre sinnliche Begierde eine ziemlich grosse, ihr Geschlechtstrieb ein sehr reger, bei seiner Ordination Bedacht nehme und die als Aphrodisiaka bekannten Mittel, vorzüglich Canthariden, zu vermeiden suche. Auch die so häufige Verordnung von Ergotin, Secale cornutum in irgend welcher Form bei üppigen, kräftig entwickelten Mädchen möchte ich hier vermieden wissen, da nach meinen Erfahrungen eine gering erregende Wirkung aufs sexuelle Centrum dem Ergotin zukommt.

III. Die Prophylaxe der Onanie durch richtige Bekleidung.

Über die Schädlichkeit der Korsetts ist schon gesprochen worden. Der Hausarzt mache den Müttern klar, dass Schulmädchen überhaupt keine Korsetts tragen sollten, dass den der Schule entwachsenen Mädchen nur ein leichtes, die inneren Organe in ihrer natürlichen Lage nicht beeinträchtigendes und dadurch nicht schädigendes Korsett zu tragen gestattet werde. Die durch dass Korsett gesetzte Hemmung des Pfortaderkreislaufes muss notwendigerweise eine grössere Congestionierung des Venenblutes in den Unterleibsorganen zur Folge haben und so auf die Dauer zu einer Blutüberfüllung, dadurch zu einer frühzeitigeren Entwickelung dieser Organe führen, ein Umstand, der gerade zu vermeiden ist. Doch „trotz Predigens, Ermahnens, Sprechens seitens der Ärzte gegen unhygienische Moden kann Jeder die Beobachtung machen, dass dieses blutwenig Einfluss auf den Gang der Mode bisher geübt hat. Die Mode ist eben ein Tyrann, mit dem man nur paktieren kann“, sagt Mensinga, und ich möchte hinzufügen, ein Tyrann, der mit einer anderen gewissen menschlichen Eigenschaft eben das gemeinsam hat, dass selbst Götter gegen ihn vergebens kämpfen. Es sollten die Korsetts nur an der eigentlichen sogenannten Taille d. h. zwischen Hüfte und unterem Teil des Brustkastens den Thorax einengen.

Für Kinder ist lockere, kurze Kleidung am Platze. Besonders die losen Kollerkleider, auch Hänger, Faltenkleider, Kutten genannt sind nicht nur einfach und praktisch bequem, sondern auch der Gesundheit zuträglich.

Als Deckmittel, zum Verbergen des Lasters wirkt die Kleidung besonders bei Knaben. Das Tragen der Hände in den Taschen hängt bei vielen Knaben, natürlich ohne dass Eltern den Zusammenhang ahnen, mit masturbatorischen Trieben zusammen. Der von Bock einmal gegebene Rat, den Knaben keine Taschen in die Hosen machen zu lassen, weil sie dadurch gar zu leicht zu ihren Genitalien gelangen und so Onanie treiben, verdient entschieden mehr Beachtung. Man bringe bei Knabenhosen die Taschen hinten an. Man meide ferner zu enge Hosen, bei Mädchen zu enge Beinkleider, damit diese nicht durch das Reiben irritierend auf die Genitalien einwirken. Fournier verbietet noch das Tragen von Wolle auf der blossen Haut, besonders der Beckengegend und will unter den Beinkleidern, eine ganz selbstverständliche Forderung, noch lange Unterhosen getragen wissen.

Das Bett halte man luftig, kühl und hart. Als Unterlage genügt fast stets eine Matratze aus Rosshaaren, Seegras, Stroh. Ein Teil der nächtlichen Erektionen und Pollutionen ist auf zu warme Unterbetten, besonders Federbetten, zumal bei Rückenlage, zurückzuführen. Es ist ferner von früher Jugend an dahin zu arbeiten, dass die Kinder beim Einschlafen die Hände stets auf die Bettdecke legen. Den Wert einer derartigen Angewöhnung beurteilt Fonssagrives: „L'education physique des garçons", Paris 1870, folgendermassen: „Die Kinder im zartesten Jugendalter müssen stets beide Hände auf der Bettdecke liegend und auf dem Ohr schlafen. Die Gewohnheit ist von höchster Wichtigkeit. Man vermeidet so die zufälligen Reizungen, welche die Sinnlichkeit wecken, die moralische Reinheit des Kindes schädigen, die Kinder auf eine ihnen völlig unbekannte Gefahr hinführen."

Im Sommer ist am besten eine Wattdecke oder dergleichen, im Winter ein Federdeckbett angezeigt. Auch das Federkissen sollte im Sommer wegfallen, der Kopf sollte stets kühl liegen. Bett- und Leibwäsche sei rein und trocken. Sinnlich erregende Lektüre ist ebenso wie reichliche Mahlzeiten und Trinkgelage vor dem Zubettgehen zu vermeiden. Behufs Zuführung nötiger frischer Luft ist ferner, auch bei Kindern, in einem mit dem Schlafzimmer in Verbindung stehenden Zimmer das Fenster zu öffnen. Überhitzte Schlafzimmer wirken direkt schädlich.

Von grösster Wichtigkeit ist weiterhin, dass die Kinder sich früh nach dem Erwachen sofort erheben müssen und nicht noch eine Zeit lang wach im Bett liegen, denn nichts wirkt gerade für unser Laster einladender als dieser Moment. Saint François de Salles sagt: „Das sofortige Aufstehen erhält die Gesundheit und die Keuschheit. (Le lêver tôt conserve la santé et la saintité.) In Pensionaten, Alumnaten etc. ist gerade bezüglich dieses Punktes ausserordentliche Wachsamkeit nötig, weil hier die Masturbation im Grossen gezüchtet wird. Der französische Hygieniker Devay giebt daher in seiner „Hygiène des familles“ den Rat, in Schlafsälen derartiger Institute während des Nachts eine Lampe brennen zu lassen und von Zeit zu Zeit stille, unbemerkte Revisionen und Inspektionen vorzunehmen, die grösste Ruhe dort herrschen zu lassen, denn „Alles, was am Schlaf hindert, begünstigt die Onanie“.

IV. Die Prophylaxe der Onanie durch vernünftige Lebensweise und Beschäftigung.

Unter vernünftiger Lebensweise verstehe ich hier die Einrichtung und Ordnung der Lebensgewohnheiten nach bestimmten, den Naturprozessen und Naturgesetzen des menschlichen Organismus entsprechenden Regeln.

Von welcher Bedeutung die Lebensweise für das geschlechtliche Leben ist, zeigt im Grossen und Ganzen am besten wohl der Unterschied zwischen dem Leben auf dem Lande und in der Grossstadt, den ich schon früher hervorgehoben.

Bei Grossstadtkindern sind am besten zur Vermeidung onanistischer Gedanken die Bewegungen im Freien in Form der „Jugendspiele“, wie Lawn-tennis, Fussballspiele, Krokettspiel etc. geeignet. Ein französischer Arzt, Dr. Bouchut, hat in seiner „Hygiène de la première enfance“, 3. Aufl., Paris 1885, gefordert, dass mindestens 2 Stunden täglich auf Jugendspiele verwendet werden sollen. Vortrefflich wirkt auch beständige Körperarbeit, das zeigen uns die Indianerstämme, wo das Laster fast unbekannt sein soll. „Das Leben auf dem Lande in kontinuierlicher, harter, körperlicher Arbeit hat schon so manchen inveterierten Onanisten dauernd geheilt, der unter der Herrschaft der alten Verhältnisse vergeblich gegen die Gedankenunzucht und Verführung zur That ankämpfte.“ (Fürbringer.)

Wann sollen die Jugendspiele und gymnastischen Übungen beginnen? Schon in früher Kindheit, während der häuslichen Erziehung, zu welchem Zwecke eben in grösseren und mittleren Städten, gleichsam zum Ausgleich gegen die Ausarbeitung der Landbevölkerung, Spielschulen, Turnschulen, Exerzierschulen etc. für noch nicht zum Schulbesuch alte Kinder entstanden sind. In diesem Alter, wo der Drang nach Thätigkeit erwacht, soll in einer dem Alter des Kindes entsprechenden Weise diesem Drange nach Beschäftigung nachgegeben werden. Die Spiele wirken hier nicht bloss zur Kräftigung der Muskulatur und des Körpers, zur Ausbildung der manuellen Geschicklichkeit, sie geben dem aufkeimenden Verstand gleichsam die beste Anleitung zum vernunftgemässen, richtigen Gebrauch seiner Sinnesorgane und Bewegungsapparate, hierdurch tragen sie bei zur Stählung des Charakters, sie vermehren und stärken die physischen Kräfte der Kinder und dadurch rückwirkend das Selbstvertrauen in die eigene Kraft.

Bei grösseren Kindern und Erwachsenen treten an Stelle der Jugendspiele noch Turnen, Schlittschuhlaufen, Fechten, Radfahren, Kegelspiele und andere gymnastische Übungen.

An zweiter Stelle kommt bei Kindern wie Erwachsenen als vernünftige Lebensweise prophylaktisch gegen unser Laster in Betracht die Abhärtung durch Bäder, kalte Waschungen etc. Doch davon später im Kapitel: „Hydrotherapie".

Die täglich fortschreitende Hygiene wird wohl in absehbarer Zeit, hoffen wir, es durchsetzen, dass, ebenso wie beim Militär, überall, wo es angeht, Schwimmunterricht als obligatorischer Unterricht im Hochsommer in den Schulen eingeführt wird. In den anderen Jahreszeiten sollten Badeanstalten, seien sie auch noch so primitiver Natur, — den ersten Fortschritt bedeuten Lassars Volksbrausebäder — der Menschheit ein Flussbad nach Möglichkeit ersetzen. „Bis zu einem gewissen Grade steht die Empfindung unter der Gewalt des Willens", sagt Kant, und durch diese Abhärtung vermögen wir mit, dem Willen die Herrschaft über die Empfindung einzuräumen und zur Selbstbeherrschung zu erziehen.

V. Die Anerziehung eines willensstarken Charakters als beste Prophylaxe der Onanie.

Wenn alle prophylaktischen Maassregeln nicht imstande sind, der übermässigen Libido sexualis Einhalt zu thun, der feste Wille allein vermag es oft noch. Von Jugend auf müsste daher Stärkung und Ausbildung der Willenskraft das erste Prinzip aller Erziehungsmethoden sein, ein Punkt, der in den jetzt herrschenden leider fast ganz vernachlässigt wird, so dass man fast von einer Pathologie des Willens — sit venia verbo — in unserem heutigen Erziehungssystem sprechen kann, die, man kann wohl sagen, zu einer physischen wie sittlichen Degeneration des gesamten Menschengeschlechts führt.

Wann soll die Willenserziehung beginnen?

Schon von frühester Jugend an und zwar dann, wenn das Kind durch selbstthätige Anstrengung Aufsitzen und Laufen gelernt hat, beginnt die Ausbildung des Willens. Fast alle jetzigen Erziehungsmethoden gehen auf die Entwickelung des Gedächtnisses hinaus, vernachlässigen dabei aber meist völlig die Verstandes- und Willensbildung. Fürs Erste gestatte man dem Kinde, bei Beginn des Laufens seine Glieder frei zu bewegen. Man lasse es durch selbständige Anstrengungen sitzen und gehen lernen, so wird der Wille im kindlichen Gemüt geweckt und allmählich durch weitere selbständige Bemühungen gekräftigt, während diejenigen Kinder, die fortwährend Hilfsleistungen bekommen, verwöhnt werden, Schwäche und Unsicherheit des Charakters zeigen, die den meisten Menschen eigen ist. Die richtigste Stärkung und Förderung des Willens geschieht durch Gewohnheit. Die Macht der Gewohnheit zeigt sich auch hier. Zweite Hauptregel zur Erreichung unseres Zweckes ist daher: Man suche Alles, woran sich das Kind nicht gewöhnen soll, von ihm abzuhalten, hingegen wiederhole und zeige dem Kinde das, woran es sich gewöhnen soll. So einfach diese Forderung klingt, so wenig wird ihr bei der Erziehung Folge gegeben. Der Launenhaftigkeit ist daher niemals nachzugeben, sondern das Kind muss sich den Anordnungen der Erzieher aufs Strengste fügen; es muss lernen, sich dem Willen derselben als einem Gesetze der Notwendigkeit unterzuordnen. Man schrecke hier in dieser frühesten Zeit ja nicht zurück vor Schlägen, denn hier dienen die Schläge nicht zur Bestrafung begangener oder schon vorhandener Fehler, sondern zur Nichtangewöhnung derselben. Unbewusst soll sich das Kind dem Willen des Erziehers unterordnen, es ist demselben unbedingten Gehorsam schuldig. Man lasse drittens die Kinder nur eins thun, nur einer Beschäftigung nachgehen, das einmal Begonnene muss streng durchgeführt werden. Nicht etwas Neues anfangen, bevor das Alte nicht vollendet ist. Selbst im Spiele halte man an diesem Grundsatze fest. So bildet man das Kind zur Ausdauer und Beharrlichkeit. Die festeste Beharrlichkeit als Ausfluss eines unerschütterlichen Willens ist es, die selbst die grössten Genies erst auf die Stufe der Vollendung gehoben, während das Flattern von einer Arbeit zur andern, ohne zu vollenden, die Kinder zum Wankelmut, zum Flattersinn und Leichtsinn bildet. Gerade das Überwinden von Hindernissen stärkt den Willen, planmässige, mehr schwierigere Übungen müssen die Kinder hierbei unterstützen.

Man erziehe den Willen schon früh zu einem sittlichen, lenke die Kinder früh, nur Gutes zu thun. Am besten lässt sich dies thun im Naturreich. Man impfe ihnen Liebe für Pflanzen und Tiere ein durch Füttern der Tiere im Walde, der Vögel im Winter, dulde nicht das unbedeutendste Quälen und Martern der Tiere. Bei einem Unfalle eines Spielgenossen lege das Kiud selbst Hand an und sei behilflich, so werde dem Kinde Mitleid zum Pflichtgefühl gemacht. Ist das Thun des Kindes ein ungerechtes und grausames, so appelliere man an das Selbstgefühl des Kindes, suche das Ehrgefühl desselben zu erwecken, führe ihm sein Gebahren zu Gemüte, so dass es sich schäme des eben Begangenen, Unehrlichen und hingelenkt werde zum Gutesthun. Man muss das Kind gewöhnen, ein begangenes Unrecht einzugestehen.

So wird durch beständige Übung und Beispiel im Laufe der Jugendjahre die Anerziehung des sittlichen Willens, der Sittenkraft, der Selbstachtung und des Selbstvertrauens befördert. „Die Anleitung zur Kräftigung und Entfaltung des Willens ist die Spitze aller geistigen Entwickelung und Thätigkeit. Das reichste Wissen, der schärfste Verstand, das innigste Gefühl, die erleuchtetste Vernunft haben keinen Wert ohne einen thatkräftigen, sittlichen Willen, ohne die ausführende Macht des Willens“, sagt Bock, und in der Willensschwäche, in der mangelnden Willenserziehung unserer jetzigen Erziehungsmethoden beruht die Schwäche gegen die ankämpfende Verführung des geschlechtlichen Lebens, sie ist es, die selbst den tüchtigsten, befähigtsten und besten Menschen versinken lässt in den Schlamm sittlicher Verworfenheit, in jene Verirrungen und Laster, deren Folgen uns mit Grausen und doch — tiefer Wehmut erfüllen, und „wie das Vorhandensein des Geschlechtstriebes eine mächtige natürliche Entwickelungskraft darstellt, so ist doch dessen zeitweilige (auch dessen absolute) Beherrschung eine Kulturkraft von ausserordentlicher Bedeutung.“ (Seved Ribbing.)

Erster Grundsatz jeglicher Erziehung muss

demnach, nicht wie bisher einseitige Geistesbildung, sondern Willensbildung sein. Denn die Erziehung zur Selbstbeherrschung ist der Inbegriff der ganzen Moral". (Feuchtersleben, Diätetik der Seele.)

Ich bin mir wohl bewusst, in dieser vorliegenden Skizze der Prophylaxis der Onanie nur Unvollständiges geboten zu haben und weiss wohl, dass noch so Manches über die Prophylaxe des Übels, besonders durch Aufbesserung der sozialen Verhältnisse etc., sich sagen liesse, doch das würde zu weit führen und sicher auf unüberwindliche Schwierigkeiten stossen. Auch würde dies eine Behandlung der sozialen Frage bedeuten. Den Zusammenhang zwischen dem sozialen Leben und dem Geschlechtsleben in allen seinen Nuancen und seinen Schattenseiten zu schildern und prophylaktische Vorschläge hier zu thun, mag einer berufeneren Feder als der meinigen vorbehalten bleiben. Das aber ist sicher, dass einst die vorstehenden Thesen, die heute vielleicht von Vielen als übertriebenes Fantasiegebilde, als Zukunftsdrama bezeichnet werden mögen, dereinst in ihrer bitteren Wahrheit erkannt werden, dass die Forderung der prophylaktischen Bekämpfung dieser scheusslichsten Geissel der Menschheit allmählich, doch unaufhaltsam mit zwingender Notwendigkeit dereinst an kommende Geschlechter herantreten wird, und dann, je später in Angriff genommen, desto schwieriger durchführbar ist. Nur Scheinheiligkeit und mangelnde Urteilsfähigkeit werden bestreiten können, dass unsere Thesen und unser Verlangen ohne jegliche Verletzung wahrer Sittlichkeit erfüllt werden kann, dem wahren Förderer und Freund der Sittlichkeit und des Wohles der gesamten Menschheit werden sie willkommen sein, ihm eine Anleitung geben, nach seinem Teil beizutragen an der Hebung und Kräftigung der Sittlichkeit der jetzigen und kommenden Geschlechter.

Die Therapie der Onanie.

Ist das Laster einmal ausgebrochen, hat man durch Nachforschungen irgend welcher Art die klarsten Beweise in den Händen, dass der Onanie schon gefröhnt wird, so hat natürlich eine weitere eigentliche Therapie Platz zu greifen. Es ist aber wichtig, dass in jedem einzelnen Falle, wenn die Therapie überhaupt erfolgreich sein soll, die Ätiologie zu eruieren ist, da das Laster ohnehin therapeutisch nicht besonders günstig liegt. Die so ausserordentlich verschiedene Ätiologie unserers Lasters bringt es mit sich, dass die Behandlung eine ebenso verschiedene, hauptsächlich causale, resp. prophylaktische, in der Vermeidung der Grundursache, viel seltener eine symptomatische sein wird.

Nach den ätiologischen Gesichtspunkten werde ich daher erörtern:

<table>
<tr><td>I.</td><td colspan="2">Die Behandlung der Onanie im Allgemeinen</td></tr>
<tr><td>II.</td><td>Die Behandlung der auf körperlichen Gebrechen beruhenden</td><td rowspan="2">Onanieformen</td></tr>
<tr><td>III.</td><td>„ „ der auf perversem Geschlechtstrieb beruhenden</td></tr>
<tr><td>IV.</td><td>Die psychisch-suggestive</td><td rowspan="4">Therapie</td></tr>
<tr><td>V.</td><td>Die medikamentöse</td></tr>
<tr><td>VI.</td><td>Die instrumentelle</td></tr>
<tr><td>VII.</td><td>Die operative</td></tr>
<tr><td>VIII.</td><td>Die Ehe</td><td rowspan="2">als therapeutische Momente der Onanie</td></tr>
<tr><td>IX.</td><td>Der aussereheliche Beischlaf und die sexuelle Abstinenz</td></tr>
<tr><td>X.</td><td colspan="2">Die Anstaltsbehandlung der Onanie.</td></tr>
</table>

1. Die Behandlung der Onanie im Allgemeinen

muss sich, wie leicht einzusehen, in erster Linie richten nach dem Alter der betreffenden Patienten. Ein z. B. in den dreissiger Jahren oder noch älterer Onanist bedarf natürlich einer ganz anderer psychischen wie individuellen Behandlung als ein in der Pubertätszeit oder im jugendlichen Kindesalter stehender.

Fürs erste möchte ich hier raten, bei derjenigen Altersgruppe von Onanisten, die naturgemäss an Zahl die grösste und daher praktisch wichtigste, bei den in den Pubertätsjahren stehenden Onanisten nicht ein gar zu strenges sittliches Regime walten zu lassen, oder gar durch Hinweis auf die übertrieben geschilderten Folgen den Sünder abbringen zu wollen. Denn man vergesse nicht, bei unseren jetzigen Erziehungsmethoden, der mangelnden Willensbildung und Charakterfestigkeit haben derartige Drohungen und Warnungen ganz exceptionell selten Erfolg, andererseits sind die jungen Leute in diesem Alter noch nicht alle sittlich genug gereift, um die Tragweite ihrer Handlungen zu ermessen. Man übertreibe die Folgen nicht, sondern zeige den Sündern in sachlicher Weise die Folgen an der jedem onanistischen Akte unmittelbar folgenden Schwächung des Körpers, an der allmählich eintretenden Schwächung und Erschütterung des Nervensystems etc. Man sorge für richtige geistige Nahrung, richtige Gesellschaft, Umgang etc., wie ich dies früher schon dargethan. Besonders bei der Onanie der Mädchen möchte ich daran erinnern, dass es hier Pflicht jeder Mutter sein sollte, derselben in Fleisch und Blut übergehen sollte, zur Zeit der geschlechtlichen Entwickelung unbemerkt ein recht scharfes Auge auf das gesamte Leben und Treiben des Mädchens zu haben, bei Verdacht auf Onanie dem Kinde die Augen zu öffnen, hierbei besonders Rücksicht nehmend auf die weibliche Eitelkeit, vielleicht von verderblichem Einfluss der Onanie auf die Schönheit zu sprechen. Bei den Mädchen besitzt meist die Mutter das ganze Vertrauen, allein der Mutter vertraut sich das besser erzogene Mädchen aus natürlichem Schamgefühl in derartigen Dingen an. Viel schwerer ist hier das Wirken und Eingreifen des Arztes. Notwendig ist aber, dass der Familienarzt in genannter Zeit die Mutter zur stillen Beobachtung auffordert. Die nötige Aufklärung über sexuelle Verhältnisse ist dem Kinde in kurzer, bündiger, aber richtiger Form zu geben. „Es ist übel angebracht, wenn man die Kinder über das Geschlechtsleben ganz im Unklaren lässt, denn später, wenn die Erkenntnis von anderer, unberufener Seite dem Kinde in entstellter Form zugeflüstert wird, wenn der Reiz des Geheimnisses die kindliche Neugierde auf Abwege leitet, ist der Schaden oft schon bedeutend. Ein kluger Vater und eine sorgsame Mutter werden wohl wissen, wann, wie und in welchem Maasse sie mit ihren Kindern über die Gefahren und schlüpfrigen Pfade des geschlechtlichen Lebens sprechen dürfen." (Réti loc. cit.)

Bei jüngeren Kindern vor der Pubertät soll vor körperlichen Züchtigungen (nicht auf den Hinteren) nicht zurückgeschreckt werden. Ganz kleinen Kindern und Säuglingen ist mechanisch durch Fesselung der Hände ans Bett, durch Spreizen der Beine und Anbinden derselben an die Bettkante jegliche onanistische Reibung und Reizung der Genitalien unmöglich zu machen.

Zur Allgemeinbehandlung der Onanie gehört, nach Verbannung aller Schädlichkeiten, in erster Linie die

Hydrotherapie. Ich möchte ihr neben der psychisch-moralischen Therapie mit die Hauptbedeutung in der Onaniebehandlung zuteilen.

Man verordne daher fast durchgängig bei allen Onanisten — wenn anders dieselben sich nicht in einem Zustande von Marasmus befinden — kalte, des Morgens vorgenommene Abwaschungen des gesamten Oberkörpers und der Genitalien. Am besten werden dieselben vorgenommen mit einem grossen, viel Wasser fassenden Schwamm. Der Betreffende jetzt sich dabei auf einen Stuhl, entblösst sich bis auf die Genitalien, und beginnt, vom Hals anfangend in langen raschen Zügen bis zu den Genitalien den ganzen Oberkörper mit dem nassen kalten Schwamm abzuwischen. Hierauf werden mit einem langen, nicht wollenen Tuche die betreffenden Körperteile mehr durch Abklatschen als Abreiben getrocknet und wieder bedeckt. Die Genitalien und ebenso die Kreuzgegend lasse ich noch einmal extra, aber möglichst schnell, dieser Procedur unterwerfen. Die Temperatur des Wassers sei im Sommer Brunnen-, resp. Wasserleitungswasser, im Winter Wasser von ca. 15—20° R, je nach der Empfindlichkeit des Patienten. Sind die Onanisten aber von besonders kräftiger Konstitution, so sollten nicht kalte Abwaschungen, sondern die noch stärker wirkenden kalten Abreibungen des gesamten Oberkörpers, und zwar folgendermassen gemacht werden. Es werden 2 möglichst grosse und breite Handtücher in kaltes Wasser getaucht, nur wenig ausgerungen, das eine um eine Achsel und den Oberkörper, das andere um die Hüfte und die Genitalien umgeschlagen und über beide in streichenden Bewegungen von einer zweiten Person der Onanist abgerieben. Auch Übergiessungen mit kaltem Wasser (in Form einer Douche per Giesskanne) sind bei diesen robusten Personen angezeigt. Durch diese kalten Abwaschungen und Abreibungen wird die Spannung im Arteriensystem der betreffenden Organe, der Genitalien vermindert, das Blut aus den inneren Organen nach der Haut transportiert und hierdurch direkt einer venösen Blutanstauung in den Geschlechtsorganen vorgebeugt. Hierauf beruht ja auch die Wirkung der kalten Abwaschungen bei selbst heftigen Erektionen. Beide, sowohl die kalten Abreibungen wie Abwaschungen sollten am besten von einer kalten Douche durch eine kleine Kindergiesskanne gefolgt sein. Direkt vor dem Zubettgehen dürfen diese Prozeduren nicht vorgenommen werden, weil die direkt darauf folgende Bettwärme als Gegenreaktion die geschlechtliche Thätigkeit anregen würde. Auch die kühlen Sitzbäder von 15—20° R (1 Minute Dauer) sind warm zu empfehlen, besonders wenn sie von einer kalten Stachelbrause auf die Genitalien gefolgt sind. Auch sie dürfen nicht direkt vor dem Zubettgehen vorgenommen werden. Bei Herzleiden, rheumatischen Affektionen etc. sind diese Kaltwasserkuren natürlich contraindiciert.

Zu warnen ist vor kalten Fussbädern. Hingegen leisten wöchentlich 2 mal vorgenommene lauwarme Vollbäder 24—26°, gefolgt von kalten Übergiessungen auf die Genitalgegend, ebenfalls vortreffliche Dienste, bisweilen auch allmähliche Abkühlung im Vollbade bis 22° R. Fuchs (Therapie der anomalen Vita sexualis) erhofft viel von Halbbädern von 14—16°, 5 Minuten Dauer, gleich temperierten Regendouchen auf den Damm, Sitzbädern und kalten Friktionsfussbädern.

Die gesamte Hydrotherapie muss methodisch begonnen und weitergeführt werden. Nichts schadet mehr und nutzt weniger als einige Tage lang gemachte kalte Bäder, dann einige Tage lang Antaphrodisiaka etc. Bei geschwächten anämischen und blassen Patienten beginne man mit lauen Temperaturen und gehe allmählich abkühlend vor, während hingegen — wie ja bei den meisten Onanisten — bei gleichzeitig vorhandener sexueller Neurasthenie bei kräftiger Körperkonstitution zu raten ist, möglichst „kühl schon von Beginn an vorzugehen, denn es liegt die Hauptwirkung im Kontrast, der die Reaktion bedingt.“ (Krüche.) Warme Abreibungen von 28° und darüber sind für Onanisten absolut ohne jeglichen Erfolg, während kalte Abreibungen und Abwaschungen nicht bloss körperlich, sondern auch geistig eine Erfrischung nach sich ziehen. Beim Kapitel „Hydrotherapie“ möchte ich erwähnen, dass Winternitz und seine Schule auch eine direkte Beeinflussung der Harnröhrenschleimhaut durch kaltes Wasser vermittelst der sogenannten Kühlsonde „Psychrophor“, versucht hat. Ich habe dieselbe mehrfach versucht, doch ohne besonderen Nutzen, bisweilen zeigen sie immerhin einen, wohl nur psychischen Nutzen, denn sehr bald verfällt der Masturbant in sein altes Leiden. Fürbringer sah 2 mal Impotenz der Kühlsondenbehandlung folgen. Näheres darüber in Rohleder „Prophylaxe der funktionellen männlichen Genitalstörungen.“

Die Anwendung der Elektrizität ist meines Erachtens bei der Onanie streng contraindiciert, da durch den elektrischen Strom wohl eher eine Anregung und Reizung der Genitalien zu erwarten sein dürfte.

Hingegen wird der gesamte hygienisch-diätetische, sowie der gymnastische Behandlungsapparat, wie er im Kapitel Prophylaxe genügend besprochen worden ist, auch in der Therapie seine Anwendung finden.

II. Die Therapie der auf körperlichen Gebrechen beruhenden Formen der Onanie,

a) Der hysterischen, epileptischen und hypochondrischen Onanieformen liegt in der Bekämpfung des Grundleidens und wird hier bei Hysterie in erster Linie eine psychische sein müssen. Nur muss dieselbe mit völliger Energie durchgeführt werden. Vielleicht, dass hier auch einmal die Hypnose, die ja in letzter Zeit schon ermutigende Erfolge auf sexuellem Gebiete wie Impotenz, krankhaften Samenverlusten durch von Charkot, Bernheim, v. Krafft-Ebing, Moll u. a., besonders aber von v. Schrenck-Notzing gezeitigt hat, auch auf vorliegende Onanieform angewandt wird.

Die Therapie der Onanie bei Epilepsie ist die der letzteren selbst. Während des Anfalls wird man zu verhindern suchen, dass Patient an seine Genitalien gelangen kann.

Bei denjenigen Formen, die auf Hypochondrie beruhen, ist die Therapie am schwierigsten. Hier muss vom Arzt Rücksicht genommen werden auf den allgemeinen Körperzustand, dann auf Verdauungsstörungen, Kreislaufstörungen im Pfortadersystem gefahndet werden, weil diese Hypochondrie erzeugen können, ganz besonders aber auch auf die Umgebung des Patienten, seine ganze Lebensweise, Anschauungen, Ideenkreise, seinen Bildungsgrad geachtet werden. Da die Hypochondrie in ihrer Grundlage auf einer Hyperästhesie der sensitiven Nerven beruht, der Hypochonder ein Gemütskranker ist, gehört er auch in eine Anstalt für solche, wo eine wirklich psychische Beeinflussung statthaben kann, die ihm das Selbstvertrauen in die eigene Kraft wieder weckt und er genügend vom eigenen Ich abgelenkt wird, denn das Hauptcharakteristikum der Hypochondrie liegt in einer krankhaften Aufmerksamkeit auf den eigenen Organismus. Auch Reisen, völlige Aufhebung der bisherigen Lebensweise wirken günstig, wie Eingehen der Ehe etc. Hypochondrie und sexuelle Neurasthenie wirken oft wechselseitig. Die Hypochondrie so manches jungen Mannes wurzelt in früheren onanistischen Ausschweifungen.

Bei den

b) auf Hautkrankheiten beruhenden Onanieformen

hat der Arzt therapeutisch ein recht dankbares Gebiet. Denn hier ist der Juckreiz das die Onanie auslösende Moment und muss daher therapeutisch auch stets gegen diesen Juckreiz mit eingeschritten werden. Der Arzt muss bei Patienten, die hieran leiden, daran denken, dass event. dadurch Onanie veranlasst werden kann. Die Behandlung der einzelnen Hautkrankheiten gehört nicht hierher.

Ebenso wird bei den inneren zur Onanie führenden Erkrankungen wie Phthisis, Diabetes neben der symptomatischen, den Juckreiz beseitigenden Therapie ja stets eine gegen das Grundleiden statthaben.

III. Die Therapie der auf perversem Geschlechtstrieb beruhenden Onanie

gehört vor das Forum der Psychiatrie. Hier hat die psychische Therapie gute Erfolge, so dass man jetzt wohl mit Recht nicht alle Formen von perversem geschlechtlichem Triebe und daraus entspringenden perversen geschlechtlichen Handlungen als absolut unheilbar bezeichnen darf. Die Homosexualität ist ein psychischer Zustand, der eben nur durch psychische Vorgänge beeinflusst werden kann. So hat von Schrenck-Notzing-München bei der konträren Sexualempfindung unter 32 Fällen 12 Heilungen und 15 Besserungen erzielt. v. Corval (Artikel: Suggestivtherapie in den Eulenburg'schen Encyklopädischen Jahrbüchern II. Jahrg. 1892) hält die Psychotherapie für die bedeutendste der jüngsten Zeit zur Bekämpfung der konträren Sexualempfindung.

Notwendig ist auch eine Bekämpfung der individuellen Disposition durch hygienisch-diätetische Lebensweise. „Für den Patienten ungünstige Umgebung werde, wenn möglich, verbannt und suche man eine sexuelle Unempfindlichkeit gegen das männliche und eine Neigung gegen das weibliche Geschlecht zu suggerieren. Besonders die homosexuell veranlagten Naturen, die Urninge, sollen an hochgradiger Hyperästhesie des Geschlechtslebens leiden, all' ihr Denken und Handeln konzentriert sich auf sexuelle Gebiete. Man versuche den Urning durch allmähliche Überzeugung, durch Willensstärkung teilweise von seinem perversen Geschlechtstriebe zu befreien, schärfe ihm ein, jegliche Gelegenheit zum abnormen geschlechtlichen Verkehr oder zur Onanie nach Möglichkeit zu vermeiden. Besonders wichtig ist der Rat, dass der Arzt einem Onanisten mit homosexuellem Triebe nicht schlechtweg anrate, normalen geschlechtlichen Verkehr mit dem Weibe auszuüben. Die meisten Urninge werden dabei von einem derartigen Ekel erfasst, dass ein Coitus absolut unmöglich ist und das Nichtgelingen desselben eine psychisch deprimierende Rückwirkung auf das seelische Befinden des Betreffenden zur Folge hat. „Jeder Misserfolg vergrössert nur die Verzweiflung und den Zweifel des Patienten an seiner Heilung." (Moll.) Denn das, was zu bekämpfen ist, ist der perverse Geschlechtstrieb, nicht die aus demselben entspringende perverse Aktion; die Ursache, nicht die Folge soll man bekämpfen, ganz abgesehen davon, dass der Beischlaf beim Urning mehr als bei jeglichem anderen Onanisten einen allgemein schwächenden Einfluss hat. Die Onanie bietet derartigen Leuten eben mehr Genuss und Vergnügen als der selbst gelingende normale Coitus, der oft nur Ekel und Abscheu anstatt Befriedigung hinterlässt. Bisweilen jedoch ist der Arzt in die Lage versetzt, Onanie treibenden Urningen den Geschlechtsverkehr mit dem Weibe anzuraten, nur ist eben grösste Vorsicht nötig, weil der Coitus bei einer sexuell sehr erregten Prostituierten für derartige Patienten von den oben genannten Folgen schädlicher, deprimierender Art begleitet sein kann. Bezeichnend ist hier die Äusserung eines Patienten Molls, der den Coitus als Onanie per vaginam bezeichnete. Aber mit welchem Weibe — wenn nicht mit einer Prostituierten, schon der Ansteckungsgefahr wegen — soll der Geschlechtsverkehr einem ausserehelichen Urning mit grosser Vorsicht angeraten werden? Darüber müssen wir selbst schweigen, denn wir geraten dabei in ein Dilemma, aus dem kein Ausweg." (Rohleder, die krankh. Samenverluste etc.) Bei alledem ist sicher, dass bei gewissen homosexuell beanlagten Onanisten der Arzt in die Lage versetzt sein kann, zum Coitus naturalis, selbst mit einer Puella publica, anzuraten. Genauere Angaben lassen sich absolut nicht machen. Die Beurteilung ist hier stets sehr schwer.

Es hängt dies von dem Grade der Homosexualität, von den weiteren Verhältnissen des Urning-Onanisten und anderen Faktoren ab, und muss der Gewissenhaftigkeit des Arztes die Entscheidung in jedem speziellen Falle überlassen bleiben. Dem Arzte, der die Anempfehlung eines ausserehelichen Coitus mit sich und seinem Gewissen nicht glaubt rechtfertigen zu können, ist nur anzuraten, einen derartigen Eall einem Spezialisten zur Beurteilung überweisen zu wollen.

Ich meine, dass der therapeutische Nutzen eines natürlichen Beischlafs nicht zu hoch angeschlagen werden darf, weil er meist nicht gelingen dürfte, und gesetzt, der Coitus mit einem Weibe sei dem Urning gelungen, welches ist der Effekt desselben bezüglich seiner Heilung? Der grösste Teil der Urninge hat, selbst wenn vor dem Coitus mit dem Weibe Verlangen nach einem solchen vorhanden, solches nicht autosuggeriert war, nach demselben einen zurückbleibenden Horror. v. Schrenck-Notzing meint, dass zur Herbeiführung der Heterosexualität der normale Coitus von grosser Bedeutung sei.

Doch sei hier noch einmal besonders darauf aufmerksam gemacht, dass nur in Fällen von auf Homosexualität, auf Urningtum beruhender Onanie der aussereheliche Verkehr einem unverheirateten Onanisten angeraten werden darf, denn sowohl durch soziale wie durch gesetzliche Bestimmungen sind die Urninge an der Bethätigung ihres angeborenen, leider meist sehr stark entwickelten, perversen Geschlechtstriebes verhindert. Und nur von diesem Standpunkt aus, von der Mächtigkeit dieses abnormen Triebes aus betrachtet, lässt sich das Sittlichkeitsgefühl, das Gewissen des Arztes beim Anraten eines ausserehelichen Coitus in diesen Fällen beruhigen. Einem geschlechtlich normal, also heterosexuell beanlagten unverheirateten oder gar solchem verheirateten Onanisten den ausserehelichen Verkehr anzuraten, halten Fürbringer und Ribbing mit Recht geradezu als ein Verbrechen.

Trotz alledem sollte jeder Arzt den perversen Trieb in einen normalen umzuwandeln wenigstens nicht unversucht lassen. Allerdings gehört schon zu diesen „Versuchen“ eine ausserordentlich grosse Geschicklichkeit, Kenntnis der gesamten Vita sexualis, daraus resultierend richtige Beurteilung der tristen Lage und des Charakters eines Homosexuellen. Erst dann, wenn der Urning merkt, dass der Arzt das richtige Verständnis seiner Lage besitzt, geniesst Letzterer das volle Vertrauen des Ersteren.

Es ist ferner nötig Bekämpfung der Nervosität, der nervösen Disposition durch hygienische Mittel, Diätetik, richtige Umgebung und — Erziehung. Besonders Tarnowsky ist der Ansicht, dass bei schwach entwickelter conträrsexueller Beanlagung die Umgebung nach der einen oder anderen Seite geschlechtlich umstimmend zu wirken vermag und hält z. B. die Neigung der Knaben zu weiblichen Eigenschaften und umgekehrt die der Mädchen zu männlichen für einen Fingerzeig, dass hinter diesem anscheinend unschuldigen Zuge Homosexualität stecke. Auch hier bewährt sich der früher von mir gegebene Rat, das Eintreten der geschlechtlichen Entwickelung durch die Erziehung möglichst weit hinauszuschieben. „Wenn wir bedenken“, sagt Moll, „dass sehr viele Urninge die ersten Anzeichen ihrer Perversion bereits als Kinder noch vor der Pubertät beobachten, so müssen wir dem Gedanken näher treten, ob nicht der frühe Beginn der geschlechtlichen Entwickelung mitunter den Knaben zur homosexuellen Neigung infolge der leichteren Nähe von Knaben führt und ob nicht hieraus später eine dauernde Perversion hervorgehen kann.“

Und auch der Urning-Onanist vermag trotz seines immens intensiv ausgeprägten sexuellen Triebes durch tagtägliche Willenskräftigung, Selbstbeherrschung und -Bekämpfung bis zu einem gewissen Grade Herr seiner verderblichen Leidenschaft zu werden.

IV. Die psychisch-suggestive Therapie der Onanie.

Die psychische Therapie ist, wie erwähnt, vom Freiherrn v. Schrenck-Notzing-München am meisten gewürdigt und angewandt worden. Nach diesem Autor erscheint die psychische Beeinflussung durch Suggestion „zukünftig in der Behandlung der Onanisten die Hauptrolle zu spielen“. Mag dies auch nicht der Fall sein, wird auch stets der Erziehung, resp. der Selbstzucht zum sittlich moralischen Handeln, zur Willensenergie die Hauptrolle in der gesamten Bekämpfung der Onanie zufallen, so muss doch zugegeben werden, dass die Erfahrungen, die Schrenck-Notzing mit der psychischen Behandlungsweise gemacht, als recht ermunternd und befriedigend im Hinblick auf die Schwierigkeiten der Bekämpfung des Lasters genannt zu werden verdienen. Leider tritt uns hier der Übelstand entgegen, dass diese suggestive Beeinflussung für einen grossen Teil der Ärztewelt, sei es aus Mangel an Zeit, sei es aus fehlender Beanlagung zur Suggestion, unanwendbar bleibt. Desto mehr sollte jeder Arzt psychisch seinen Einfluss bei seiner Onanieclientel geltend machen. Natürlich können nur erwachsene, vernünftige Personen, nicht Kinder das Objekt einer psychischen Behandlung sein. Ich meine, dass schon beim Verlassen der Schule die psychische Behandlung — neben der auf ätiologischer Basis beruhenden — einsetzen kann, sie muss methodich, sowie genügend lange betrieben werden. Meist wird es Sache des „Hausarztes", als des völlig mit der Familie Vertrauten, sein. Je grösser die Autorität des Letzteren, je schärfer und bestimmter, aber doch liebevoll dessen Auftreten, umsomehr wird erreicht. Je nach dem verschieden vorliegenden Falle wird auch das Auftreten des Arztes ein ganz verschiedenes sein müssen. Während in dem einen Falle mehr ein schroffes, sehr energisches Auftreten heilsam sein kann, wird in anderen Fällen mehr ein zartes Entgegenkommen nötig sein. Dies muss dem ärztlichen Taktgefühl überlassen bleiben. Geistig höher gestellten Onanisten rate der Arzt, dem individuellen Charakter derselben entsprechend, eine passende Lektüre an, belehre sie über den Zweck und die Absicht gewisser, sexuelle Leiden schildernder Schundlitteratur, die ausserordentlich vieler Patienten Lieblingslektüre ist. Zu individualisieren ist erstes Erfordernis der psychischen Therapie. Man gebe, wenn angängig, der Umgebung des Patienten einen Wink, denselben unbemerkt genau zu kontrollieren und dem Arzte dann zu referieren. Des weiteren habe ich früher in der moralischen Erziehung gezeigt, in welcher Weise in dem Menschen die Erweckung der sittlichen Kraft, des Ehrgefühls und des Selbstvertrauens anzubahnen ist, wie ferner ein kräftiger sittlicher Wille, ein energischer Charakter durch psychisch-moralische Beeinflussung und Erziehung zu erwecken ist. Denn „eine tüchtige Jugendzucht pflegt Ehrgefühl, und jeder Mensch, der Gutes üben lernte, scheut sich, schlecht zu werden. Männlicher sittlicher Halt ist ebenso erlernbar, wie ein Kindlein unterwiesen wird", sagt schon Euripides. Denn der Charakter ist die bestimmt ausgeprägte, feste Art des sittlichen Wollens, die zu persönlichem Leben gewordene Sittlichkeit. Die Grundbedingungen des sittlichen Charakters sind daher Einheit, Konsequenz, Festigkeit und Entschiedenheit des Wollens.

Hierzu, zu dieser psychischen Beeinflussung des Onanisten sind nötig:

1. Ärztliche Beratungen und Belehrungen als sachverständige.

2. Elterliche Einwirkungen, resp. solche von Anverwandten.

Ribbing meint, dass das Wichtigste der psychischen Behandlung das Vertrauen zu den Eltern sei.

V. Die medikamentöse Therapie der Onanie.

Wie mancher Kollege mag lächeln über die medikamentöse Behandlung einer geschlechtlichen Unart, die auf falscher Erziehung beruht! Wie soll Willensschwäche durch Medikamente zu heilen sein? Und dennoch kann in geeigneten Fällen eine Beeinflussung unseres Lasters, wenn allerdings auch wohl mehr prophylaktisch, vorbeugend als direkt therapeutisch möglich sein. Andererseits kann man zur Unterstützung der übrigen Behandlungsweisen zeitweilig auch eine medikamentöse Beeinflussung stattfinden lassen, ganz abgesehen davon, dass ein grosser Teil der Onanisten den Arzt nach einem Rezept, nach der schriftlichen Verordnung eines Medikamentes zur Beruhigung der sexuellen Erregung drängt. Auch psychisch wirkt die medikamentöse Verordnung bei weniger gebildeten Leuten oft beruhigend. Schon dieser psychisch-suggestiven Wirkung wegen soll der Arzt den danach verlangenden Onanisten ein Rezept als Unterstützung der nebenbei eingeschlagenen auf ätiologischer Basis begründeten Therapie geben.

Welches Medikament ist hier nun als bestes Sedativum für die geschlechtliche Erregung am Platz, welches Mittel ist das beste Antaphrodisiakum? Natürlich sind auch hier eine Unzahl von Medikamenten zur Behandlung empfohlen worden, Specifica, welche teils direkt beruhigend, teils unmittelbar, teils mittelbar, durch Bekämpfung der sexuellen Neurasthenie wirken sollten. Sie alle aufzuführen, wäre zwecklos, nur die Wichtigsten seien genannt. So sind empfohlen worden: Brom, Cocain, Morphin, Arsen, Lupulin, Blatta orientalis etc., sowie die ganze Reihe moderner Antipyretica, vom Antipyrin bis herab zum Thallin, Antinervin etc.

Welche Mittel soll der Arzt vorordnen? Am sichersten von

all' diesen Mitteln wirkt Brom, es ist das angenehmste und sicher wirkendste Antiaphrodisiakum überhaupt, das ich auch bei geschlechtlichen Erregungszuständen jeglicher Art gebe. Ich gebe es entweder rein und zwar des angenehmeren Geschmacks wegen in Form der Dr. Sandow'schen brausenden Bromsalze, abends vor dem Zubettgehen, eventuell bei sehr starker Erregung auch am Tage, und zwar folgendermaassen: 1 Messglass des Salzes = ca. 3 g Brompräparate (1,2 Kal. bromat., 1,2 Natr. bromat., 0,6 Ammon. bromat., resp. mit 0,07 Ferrum) auf ca. 200 ccm. = 1 Wasserglas Trinkwasser, ungefähr dieselbe Zusammensetzung wie im Erlenmeyer'schen Bromwasser. Bei besonders hochgradig sexuell erregten Onanisten gebe ich auch Brompräparate in Verbindung mit Lupulin nach folgender Formel:

Rp. Glandul. Lupul. 10,0
Kal. bromat 20,0
Sacch. alb. aut Saccharini ad. libitum.

Mf. pulv. D.S. Tägl. 2—3 × 1 Theelöffel auf die Zunge mit Wasser hinuntergespült, weil das gelbbraune Lupulin, das Hopfenmehl sich im Wasser natürlich nicht löst. Auch jedes dieser beiden Mittel abwechselnd für sich allein habe ich besonders bei jenen Patienten angewandt, die leicht zu einer Bromacne oder einer anderen Eruption des Bromismus geneigt sind. Das Lupulin, dem von den verschiedensten Seiten eine geschlechtlich herabdrückende Wirkung abgesprochen wird, ist meiner Ansicht nach nicht ganz ohne Wirkung, wenn es allerdings auch mit dem Brom nicht Schritt zu halten vermag. Das Brom wird auch von Réti, Fürbringer und den meisten anderen Autoren als bestes empfohlen. Auch das Morphin in Verbindung mit dem Arsen soll nach Fürbringer von trefflicher Wirkung sein, nur verbietet eben die Heftigkeit dieser Gifte meistenteils ihre längere Anwendung, und wohl nur bei völliger Erfolglosigkeit des Brom und Lupulin dürfte in besonders hartnäckigen Fällen ausnahmsweise dazu geschritten werden. Fuchs loc. cit. giebt auch Codein, Trional etc., jedoch erst bei sehr grosser Unruhe und starken Aufregungen, weil die Masturbation nur selten zu längerer Schlaflosigkeit führt. Auch an das Brom und Lupulin findet sehr schnell eine Angewöhnung des Körpers statt. Ich gestehe, dass ich einmal bei einem 17jährigen Patienten allmählich bis zu Abenddosen von 4,5 Netriumbromat (das vom

Magen besser vertragen wird als die anderen Brompräparate) angelangt war, zwar ohne jeglichen schädlichen Erfolg für den Betreffenden, jedoch auch ohne irgend welchen Nutzen. Der Organismus hatte sich an die allmählich erhöhten Dosen ohne jegliche weitere Wirkung gewöhnt. Arsen, Atropin und die Antipyretica waren stets erfolglos.

VI. Die instrumentelle Therapie

ist wohl noch ausserordentlich wenig verbreitet und bekannt. Nur hier und da wird von einem vom besten Wollen bestrebten, aber fleischlich schwachen Onanisten zu mechanischen Maassnahmen geschritten, welche das Berühren der Genitalien mit den Händen verhindern sollen. Weit mehr scheinen derartig mechanische Verhinderungsmittel in Frankreich, dem allerdings bekanntlich auch auf dem Gebiete geschlechtlicher Anreizungsmittel klassischen Lande, in Gebrauch zu sein. Ich halte mich daher hier mit an die Fourniersche Schilderung. Das bekannteste all' dieser Instrumentchen ist wohl ein hohles Metallplättchen, meist aus Kupfer und Zinkblech, je nach dem Geschlecht und dem Alter verschieden, welches auf die Genitalien zu liegen kommt, hier durch Riemen um die Schenkel befestigt wird und so verhindert, dass Berührungen der Finger mit den Genitalien statthaben können. Es ist, wie es scheint, eine Nachahmung der schon im grauen Altertume von Athleten in der Lumbalgegend getragenen Schilderchen, welche die nächtlichen Pollutionen verhindern sollten.

Das sinnreichste, aber auch umständlichste Instrument, welches je zur Verhinderung der Onanie konstruiert worden ist, ist wohl dasjenige von Jalade Lafond, welches derselbe in seinen Considérations sur les hernies abdominales Paris 1822 tome I p. 443 beschreibt. Er geht, nachdem er alle möglichen und unmöglichen Mittel versuchte, von dem Gedanken aus, dass das einzige Mittel, zu einem befriedigenden Resultate bezüglich der Heilung der Onanie zu gelangen, darin bestehe, den Onanisten jegliche Möglichkeit zu benehmen, zu seinen Genitalien zu gelangen, und zwar durch Schutzdecken, wobei aber gleichzeitig eine Urinsecretion absolut noch ermöglicht ist. Der Lafond'sche komplizierte Apparat „ceinture contre l'onanisme, Onanieverhinderungsgürtel“ genannt, besteht aus einer Bandage oder einem Corsett aus grauem Segeltuch oder Baumwollenstoff, nach Art eines Hemdes hinten zum Zusammenschnüren, durch Achselbänder getragen, unten nach Art einer Badehose schliessend, so dass er weder heraufsteigen, noch herabfallen kann. Nach vorn ist er durch mehrere Gummizüge geschlossen, damit die Bandage sich nun den verschiedenen Stellungen und Bewegungen von Brust und Bauch anpasse. Am unteren Ende, in der Gegend der Genitalien, ist ein Metallschildchen oder eine Metallkapsel, von dem verschiedensten Metall hergestellt, angebracht, welches der Form der Genitalien angepasst ist, also länglich dreieckig für Mädchen, hohlraumförmig für Knaben zur Aufnahme des Gliedes und des Hodensackes. Der Hohlraum dieser Metallbüchse hat ein grösseres Volumen als die Genitalien selbst, ebenso wie der für den Penis bestimmte Kanal im Umfange bedeutend weiter ist als der erstere. Der ganze Metallapparat ist ein wenig nach der Seite geneigt angebracht, um ein Vorspringen unter dem Beinkleide zu verbergen. Der die Metallbüchse durchziehende Kanal ist natürlich auch genügend weit für die Erektionen des Penis, die ohne Berührung der Genitalien sich einstellen und hat vorn eine kleine Öffnung zum Austritt des Urins. Der ganze Apparat ist unverschiebbar angebracht, damit die Bewegungen nicht einen Zustand von Genitalreizung, von Erethismus hervorbringen, und dem angestrebten Ziel gerade entgegenarbeiten würden. Über den ganzen Schild noch verbreitete Luftlöchelchen dienen dem Luftzutritt zur freieren Transpiration der Haut. Die Bandage wird nach Mass angefertigt, so dass sie weder die Genitalorgane drückt, noch in den Bewegungen oder anderen Funktionen störend wirkt. Mit dieser Bandage will Jalade Lafond in einer Anzahl von Fällen die besten Erfolge erzielt haben.

Andere, wie Cloquet, haben Masken von Eisendraht konstruieren lassen, deren Maschen so eng sind, dass ein Durchdringen des Fingers oder anderer Gegenstände zur Reizung der Genitalien unmöglich ist.

Fürbringer macht die Angabe, dass von einem Mitarbeiter des British medical Journal das Anlegen eines kleinen Käfigs oder Vogelbauers an die Genitalgegend empfohlen worden sei, der verschlossen wurde und dessen Schlüssel der Vater zu sich nahm.

Wenn schon ein solches Verhinderungsinstrument angebracht werden soll, so empfehle ich die in verschiedenen Grössen, auf dem

Prinzip der Lafond'schen beruhenden, nur einfacher konstruierten, sogen. „Onaniebandagen“, welche nach Art eines Bruchbandes einen Leibgürtel und 2 Schenkelriemen haben und eventuell mit 3 kleinen Vorlegeschlössern versehen werden können. Jede bessere chirurgische Fabrik fertigt dieselben an. Preis ca. 18—22 Mark. Bezugsquelle Evens und Pistor, Cassel. Josef Schieck, Wien (Preis 40 Kr.) Die Firma Jähne und Heideck (Berlin N, Ziegelstrasse 1) fertigt solche in Form einer Hose, wobei ein Hervortreten der Bandage am Beinkleid vermieden wird. (Preis 30—45 Mark.)

Teilweise werden von den Masturbanten selbst, um wenigstens den Spermaabfluss zu verhindern, kleine Instrumentchen, die sogen. „Pollutionsverhinderungsringe“ angelegt. Dieselben bestehen aus 2 konzentrischen Neusilberringen, dessen innerer, für den erschlafften Penis bestimmt, federt, während der äussere starre, nach innen mit scharfen Zacken versehene im Falle einer Erektion in den Penis unter starken Schmerzen einschneidet. Dieselben sind natürlich völlig nutzlos.

Doch auch Instrumente haben ihre Schattenseiten und nichts ist verkehrter, als jeden Fall von Onanie mit derartigen Verhinderungsinstrumenten behandeln zu wollen. Es müssen hier ebenfalls die individuellen Verhältnisse wohl berücksichtigt werden. Nur als Unterstützungswerkzeug zur Heilung der Onanie werden diese Zwangsmittel ihr Recht und ihre Geltung haben, und hier hat die Erfahrung gezeigt, dass bei jungen unverständigen Kindern, die sich ihrer bösen That kaum bewusst sind, sondern gleichsam nur instinktmässig dem in ihnen ruhenden Drange unbewusst willfahren, in seltenen Fällen bei älteren Kindern und Erwachsenen, besonders bei geisteskranken Onanisten derartige Instrumente, die aber noch einfacher und billiger konstruiert werden können, als obengenannte, am Platze sind und nach meiner Ansicht mindestens eben dieselbe Berechtigung haben, ins ärztliche instrumentelle Heilverfahren eingeführt zu werden, wie die in allen Katalogen von chirurgischen Instrumenten zu findenden Préservatifs, Sicherheitsschwämmchen etc.

Dass es selbst unter den zur Anlegung genannter mechanischer Mittel passenden Fällen von Onanie welche giebt, die selbst dem grössten Scharfsinn des Arztes beim Anfertigenlassen des Instrumentes ein Schnippchen schlagen, dafür diene folgender lehrreiche

Fall von Réveillé Parise (Révue médicale, avril 1823 p. 94). Ein kleines 7jähriges Mädchen, dessen Gesundheitszustand sich von Tag zu Tag verschlechterte, wurde in flagranti bei der Masturbation ertappt. Die Mutter liess demselben, ohne ihm Vorwürfe zu machen, einen Apparat, genau den äusseren Genitalien des Kindes angepasst, anfertigen. Derselbe lag sehr gut und erreichte seinen Zweck. Die Gesundheit des Kindes machte rapide Fortschritte, als plötzlich wiederum ein Rückfall eintrat und das Kind schnell dahinsiechte. Eine genaue Besichtigung des Apparates ergab denselben als völlig intakt, ohne jegliche Beschädigung. Man verdoppelte daher die dem Kinde geschenkte Aufmerksamkeit und entdeckte, wie das Kind sich mittelst einer langen Feder, welche es mit einer „wahrhaft höllischen Geschicklichkeit“ unter den Gürtel gleiten liess, masturbierte.

Die Instrumente können, wenn sie nicht gut passen, Reibungen verursachen und so erst zur Quelle von Onanie werden. Ja, Dr. Blanc (Considérations medico-philosophiques sur quelques points de l'éducation des enfants. Paris 1869) hält sie sogar stets für contraindiciert, weil sie gleichsam eine Art von moralischer Schädigung verursachen. Sicher sollten aus diesem Grunde schon vielen, moralisch noch nicht auf der unteren Stufe von Entsittlichung angekommenen älteren Individuen derartige Instrumente lieber unbekannt bleiben, denn ein derartig an seinen Genitalien verpanzertes älteres Kind muss notwendigerweise im intimen Verkehr mit anderen Individuen einen demoralisierenden Einfluss ausüben. Doch bei obengenannten Masturbanten sind diese Instrumente angebracht und jeder Arzt sollte davon wenigstens Kenntnis haben, um event. im geeigneten Falle von einem Bandagisten ein solches zweckentsprechend anfertigen lassen und anlegen zu können.

Als leichteren und weniger eingreifenden Ersatz für diese Instrumente rate ich, bevor man zu denselben schreitet, folgende Massnahmen an:

1. Bei Knaben den Bock'schen Rat, denselben keine Taschen in die Hosen machen zu lassen, damit sie nicht so leicht zu den Genitalien gelangen und unbemerkt onanieren können. Dieselben könnten, wenn nötig, hinten in der Kreuzgegend angebracht werden.

2. Unterbeinkleider, die hinten geschlossen werden und hinten

mit einem für die Kinder unmöglich zu öffnenden Verschlusse versehen sind.

3. Während der Nacht Fesselung der Hände durch Bänder auf irgend welche, möglichst wenig quälende Art, event. der Beine um das Aneinanderreiben der Schenkel zu vermeiden. Die Zwangsjacke, die Fournier hier empfiehlt, dürfte wohl nur mit äusserster Vorsicht anzuraten sein.

Als fernere instrumentelle Maassnahmen, die gegen Onanie angewandt worden, möchte ich hier kurz nennen: Sondierungen der Harnröhre mit geraden und gebogenen Metallsonden von No. 18 bis 30 Charrière nach Oberländers Dilatationsmethode. Ich habe dieselben mehrfach angewandt, zuerst die geraden, nach kurzer Zeit die gebogenen, pro Sitzung 2—3 Sonden nacheinander einführend, z. B. No. 22, 24, 26 und allmählich in der Stärke steigernd. Der Erfolg war ein leidlich befriedigender, Sie scheinen wohl mehr psychisch zu wirken. Die Kühlsonde, über die ich früher gesprochen, dürfte durch ihre Kältewirkung auf die Harnröhrenschleimhaut und Umgebung noch grössere Wirkung haben. Zu welchen Mitteln hier oft geschritten werden muss, habe ich in meinem Buche über krankhafte Samenverluste etc. Seite 46 in einem Falle — allerdings nicht für gewöhnlich zu empfehlen — gezeigt.

V. Die operative Therapie.

In jenen Fällen, wo alle bisher beschriebenen ärztlichen Maassregeln nicht zum Ziele führten, wo die wilde Begierde zu einer zügellosen Leidenschaft von unbeschreiblicher, alles spottender Stärke vorgeschritten, ist man, besonders in früherer Zeit, bei jugendlichen Individuen, selbst bis zu den schmerzhaftesten Operationen vorgegangen, natürlich meist ganz erfolglos, denn nur die Folgen des unersättlichen Triebes, nicht den in ihnen ruhenden unwiderstehlichen Trieb selbst konnte man für einige Zeit bekämpfen. Derartige Operationen waren besonders die Infibulation und Neurektomia penis beim männlichen, die Clitoridectomie beim weiblichen Geschlecht.

Doch noch andere, mehr oder weniger verkehrte Operationen wurden zur Heilung der Onanie versucht und selbst bis zur Ovariotomie ist — leider — die Verirrung des menschlichen Verstandes vorgeschritten.

1. Die Infibulation — Vernähung — nach dem alten Celsus, der in seinem Werke: De medicina liber VII, cap. 25 eine sehr klare Beschreibung dieser Operation giebt, genannt, ist nach Fournier das einzige Mittel, um derartiger Onanie Einhalt zu thun. Fournier giebt folgende kurze, klare Beschreibung dieser verhältnismässig wenig schmerzhaften Operation. Nach möglichst weiter Vorziehung des Präputium wird dasselbe von innen nach aussen beiderseits mit einer Nadel derartig durchstochen, dass die beiden Stichöffnungen einander gegenüberstehen. Die Fäden werden so lange liegen gelassen, bis die Ränder der Öffnungen vernarbt sind, und einen gewissen Grad von Härte und Schwielenbildung erreicht haben. Dann wird der Faden herausgenommen und durch Silberdraht (oder einen anderen biegsamen Metallfaden) ersetzt. Zur Beurteilung dieser Operation und zur Darlegung des Nutzens derselben erinnere man sich, dass zur Erektio penis ein vollständiges Präputium gehört. Die auf die Norm erschlaffte, sehr dehnbare Vorhaut vermag den weitgehendsten Ansprüchen an die Vergrösserung des Penis bei der Erektion zu genügen. Ist nun das Präputium mit seinem für die Norm gewöhnlich überflüssigen Teil durch die Infibulation vor der Eichel fixiert, so kann eine eigentliche Erektion nicht mehr zu Stande kommen, wenigstens ist dieselbe in Folge der Zerrung am festgehefteten Präputium derartig schmerzhaft, dass sehr bald weitere Manipulationen zum Zustandekommen der Erektion, also onanistische Manipulationen, unterlassen werden. Andererseits macht eine solche künstliche Phimose leicht zu Balanitiden etc. geneigt. Mauriac macht die Angabe, dass nach Vesling in Egypten und Arabien Diejenigen, die das Gelübde der Keuschheit abgelegt haben, das Präputium sich durchbohren und einen grossen Ring hindurch ziehen, welcher ebenfalls mechanisch ein Zustandekommen der Erektion verhindert. Ganz ähnlich, ohne sich unerlaubtem Coitus hinzugeben, verfahren nach Walther ostindische Rassen, und Börner macht loc. cit. die Bemerkung, dass die alten weisen Herrscher von Peru ehemals die Infibulation bei der Jugend einführten, um sie vor Onanie zu schützen. Einen Fall von Selbstinfibulation erzählt Salzmann loc. cit. pag. 176. Ein junger Mensch wurde durch die Tissot'sche Schilderung der fürchterlichen Folgen der Onanie dermassen erschreckt, dass, da er glaubte, den tagtäglichen Versuchungen nicht

genügend Widerstand leisten zu können, er zum Plan der eigenen Penisamputation schritt. Aber die Operation mochte ihm doch wohl selbst zu schmerzhaft vorkommen und so verfiel er darauf, die Vorhaut, nachdem er sie möglichst weit vorgezogen, mittelst eines Nagels gegen einen Tisch zu durchbohren. Er verfiel dabei in Ohnmacht. Nachdem er wieder zu sich gekommen, zog er einen mit Campher gedrängten Faden durch die Öffnungen, und nachdem dieselben geheilt waren, vertauschte er den Leinenfaden mit einem Messingfaden und bog denselben mittelst Zange hufeisenförmig zusammen, damit die Glans nicht gedrückt wurde. 15 Jahre hindurch trug der junge Mann den Ring, ohne jemals wieder der Onanie zu verfallen.

Einen weiteren Fall, wo der Arzt mit Erfolg einen derartigen Ring zur Heilung anbrachte, erzählt Dr. Pozzo in der Gazette méd. ital. lomb. und in der Gazette méd. de Paris v. 31. Juli 1875. Er liess einem kleinen, heftig masturbierenden Knaben einen goldenen Ring, ähnlich den Ohrringen, anfertigen und durch die Vorhaut ziehen. Das Mittel erreichte in kurzer Zeit seinen Zweck.

Mag auch in gewissen seltenen Ausnahmefällen der Arzt sogar berechtigt sein, zu einem so grausamen, operativen Heilverfahren seine Zuflucht zu nehmen, so darf doch nicht verkannt werden, dass es Fälle von Onanie giebt, wo es Zwecks Erreichung des Ziels, der Ejaculatio spermatis, der Erektion gar nicht bedarf, oder, richtiger gesagt, gar nicht mehr zur Erektion kommt. Gerade derartige wild und wüst Masturbierende besitzen oft einen hochgradig hyperaesthetischen Genitalapparat, und bringen es durch Erhitzung der Fantasie leicht dahin, dass die Ejaculatio seminis oft schon vor der Erektion eintritt, ein Übergangsstadium oder vielmehr schon das erste Stadium der krankhaften Samenergüsse. Bei allen derartigen Onanisten wäre natürlich die Infibulation eine völlig verkehrte Operation, da sie nur im Stande ist, das Zustandekommen der Erektion, aber nicht der Ejakulation zu verhüten. Ganz abgesehen davon, dass später die gegenseitige Operation, die Phimosenoperation, die Beschneidung wieder gemacht werden müsste. In neuester Zeit haben A. C. Clark und H. E. Clark (Lancet 27. Sept. 1889) mit glänzendem Erfolg bei einem geisteskranken 43jährigen Masturbanten aus jedem der Nervi afferentes penis ein $^1/_2$ Zoll langes Stück reseciert.

2. Der Infibulation beim männlichen Geschlecht entspricht die Clitoridectomie beim weiblichen. Doch auch eine Infibulation der Frau ist versucht worden, aber zu anderem Zwecke, zur Verhütung des Zustandekommens eines Coitus schon längst von wilden Völkerschaften geübt worden.

Zur Verhütung der Onanie ist die Infibulation, die Vernähung der kleinen Labien wohl nie versucht worden, und würde hier auch wohl fast zwecklos sein, da dadurch ja bloss die instrumentelle Onanie in der Vagina, aber die anderen Arten weiblicher Onanie, durch Friktion der Labien etc. nicht verhindert werden könnten. Hier tritt die Clitoridektomie ein.

Wie schon der Name sagt, besteht die Clitoridektomie in einer Excision der Clitoris, welche vermittelst eines Bistouris resp. mit der Scheere vorgenommen wird. Auch sie wird ebenso wie die Infibulation von uncivilisierten Volksstämmen ausgeführt. So sollen den Weibern der russischen Sekte der Skopzen Clitoris, kleine und selbst grosse Schamlippen zum Theil exstirpiert werden.

Wie aber kommt man dazu, hier die Clitoris zu exstirpieren? Natürlich kann dadurch nicht, wie bei der Infibulation des Mannes, die Onanie mechanisch unmöglich gemacht werden, sondern es soll dadurch eine Herabsetzung resp. Aufhebung des sexuellen Triebes herbeigeführt werden.

„Der geschlechtliche Akt geht normaliter beim sexuell gesund veranlagten Weibe einher mit einem gewissen Wollustgefühl, welches hervorgerufen wird durch die Erregungen des sensiblen Nervenplexus der Vulva und Vagina infolge der Reibungen des Penis resp. bei der Onanie der Finger, Jnstrumente etc. Diese Erregungen werden zur Hirnrinde und zum Centrum genitospinale geleitet und lösen hier das Wollustgefühl, resp. die Reflexbewegungen im Genitalapparat aus und zwar die Erektion und die Ejakulation. Wir müssen hier nämlich strikt unterscheiden zwischen

1. Geschlechtstrieb und
2. Wollustgefühl.

Der Geschlechtstrieb wird ausgelöst durch die Reizungsvorgänge der Graafschen Follikel im Eierstock, welche durch Vermittelung der Ovarialnerven — und meist unterstützt durch Erregungen und Erhitzungen der Fantasie, durch periphere Anregungen, sexuelle Vorstellungen im

Gehirn etc. den sexuellen Trieb, die Neigung zur Begattung hervorrufen.

Das Wollustgefühl hingegen wird ausgelöst in der Clitoris, dem Kitzler. Hier ist der Sitz der Krauseschen Genitalnervenkörperchen, in welche die feinsten Zweige des Nervus pudendus communis endigen. Die Clitoris steht nun mit dem Bulbus vestibuli in innigem Connex, dergestalt, dass bei Reizungen der Ausläufer des nervus pudendus communis, wie sie der Coitus und onanistische Manipulationen darstellen, das Blut aus dem Bulbus in die Clitoris sich ergiesst und hierdurch die Erektion derselben hervorruft. Gleichzeitig hiermit tritt, auf reflektorische Vermittelung durch das Centrum genito-spinale hin der Uterus tiefer, das Orificium uteri externum wölbt sich vor, hierdurch wird der Uterin- und Cervicalschleim ausgepresst. Es ist dies die Ejakulation beim Weibe, gleichzeitig der höchste Punkt geschlechtlicher Erregung, der geschlechtliche Orgasmus, mit lauten Schluchzen einhergehend, beim Manne jenem Momente zu vergleichen, wo die ersten stossweisen Ejakulationen erfolgen, das Sperma aus dem Ductus ejaculatorius in die Harnröhre übertritt" (Rohleder, vita sexualis 1896 No. II.). Auch nach von Krafft-Ebing ist allein die Clitorisreizung das Erektion, Ejakulation und Orgasmus auslösende Moment. Ist nun die Clitoris weggenommen, so fällt das eben geschilderte Wollustgefühl weg, resp. es ist bedeutend gemindert. Die Clitoridektomie ist zu oben genanntem Zwecke mehrfach vorgenommen, darunter von Operateuren wie Gräfe, Dubois, Richerand etc. zuletzt wohl von dem bekannten verstorbenen Wiener Gynaekologen Prof. G. Braun. Derselbe teilt auch zwei interessante Fälle von Heilung durch diese Operation mit.

1. Ein 24jähriges Mädchen aus guter Familie war durch lang geübtes, gewohnheitsmässig betriebenes Laster in einen Zustand vollständigen, physischen wie moralischen Verfalls geraten, seit 5—6 Jahren war sie sorgfältig, jedoch ohne Erfolg, behandelt worden. Die leichteste Berührung brachte hier die normal grosse, jedoch leicht erregbare Clitoris zu convulsivischen Zuckungen. Die geschlechtliche Aufregung quälte die Kranke Tag und Nacht und trieb sie immer wieder und wieder zur Onanie, die sie von Tag zu Tag mehr erschöpfte. Mit Übereinstimmung ihrer Mutter und ihrer eigenen wurde der Vorschlag Prof. Pithas, die Clitoris

zu exstirpieren, angenommen und es wurden Clitoris und kleine Schamlippen mit einer galvano-caustischen Schlinge abgeschnitten. Nach Verlauf von drei Wochen zeigte sich eine geheilte Narbe. Nur am Grunde derselben war noch ein kleiner Rest der Clitoris sichtbar, jedoch nicht abtragbar. Und der Erfolg der Operation? Die Kranke erholte sich sichtlich, nahm Interesse an Dinge, die ihr vorher absolut kein solches eingeflösst hatten, denn ausser sexuellen Dingen war ihr Alles gleichgiltig gewesen. Zwei Monate später erklärte sie, dass sie von der Wunderwirkung der Operation überrascht sei und dankte Gott, sich der Operation unterworfen zu haben.

Der zweite Fall betrifft eine 25jährige Frau, welche einen Abort durchgemacht hatte, den furchtbarsten sexuellen Begierden unterworfen war und sich der Masturbation im höchsten Grade ergab, die sie zu jeder Arbeit unfähig machte. Bei der Untersuchung zeigte sich eine Hypertrophie der Clitoris und der kleinen Labien. Nachdem die verschiedensten Mittel vergebens angewandt worden waren, wurde mit Zustimmung der Partnerin die Excision der Clitoris vorgenommen mit Hilfe eines galvanocaustischen Apparates. Das Resultat war das denkbar günstigste. Die Frau war von ihrer geschlechtlichen Überempfindlichkeit geheilt, welcher früher nach ihrem eigenen Geständnis selbst der heftige Coitus nicht genügen konnte. Seit jener Zeit konnte sie ihren gewohnten Beschäftigungen wieder nachgehen.

Prof. Braun fasst das Facit seiner Beobachtungen in folgende Worte zusammen: „In dem Falle tief eingewurzelter Onanie bei jungen Mädchen und Frauen und besonders bei Witwen, wenn die Folgen allzuhäufiger Wiederholung der Masturbation nicht allein in physischen Symptomen, sondern selbst in geistigen Störungen sich bemerkbar machen und die gewöhnlichen Hilfsmittel der Therapie ohne Erfolg geblieben sind, zögere ich nicht, die Amputation der Clitoris und der kleinen Schamlippen vorzuschlagen.“ Und dieser Standpunkt Brauns ist wohl auch der richtige, nur in den allerheftigsten Stadien der Onanie, wenn die Onanie in ihren Folgen schon bis zum dritten Stadium, dem der leichteren Psychosen vorgeschritten ist und die Folgen derselben für den allgemeinen geistigen wie körperlichen Zustand wirklich bedrohliche geworden sind, jegliche anderen therapeutischen Hilfsmittel völlig erfolglos geblieben sind, dürfte vom Arzt der Vorschlag einer Clitoridektomie gewagt werden. In allen früheren Stadien, selbst im höchsten Grade des 2. Stadiums, bei allgemeiner Nervenzerrüttung halte ich bei Erfolglosigkeit der anderen Mittel die Clitoridektomie dennoch nicht für angezeigt, denn man muss bedenken, dass diese Operation ebenso wie die Infibulation den im Individuum liegenden abnormen Geschlechtstrieb nicht dämpfen kann, da dieser ja im Ovarium ausgelöst wird. Ferner hat diese Operation einen grossen Nachteil, an den bisher noch kein Autor gedacht. Die Clitoridektomie schafft nämlich beim Weibe den künstlichen Zustand der Dyspareunie, d. h. einen abnormen sexuellen Zustand, bei dem die Wollustempfindung sehr abgeschwächt, resp. gar nicht vorhanden ist. „Ich muss hier betonen, dass Dyspareunie, mangelndes Wollustgefühl nicht gleichzusetzen ist der Anaesthesia sexualis, der sogenannten Frigidität, dies ist Mangel des Geschlechtstriebes überhaupt. Aber Geschlechtstrieb und Wollustgefühl sind zweierlei, wie ich vorher auseinandersetzte. Eine Frau mit Dyspareunie hat Geschlechtstrieb, eine Frau mit sexueller Anaesthesie nicht. Das Hauptmoment, das Tragische des Zustandes der Dyspareunie liegt darin, dass diese Frauen trotz ihres oft nur allzu heftigen Begattungstriebes und trotz der mit allen Chikanen und allen feinen, pikanten Nüancen ausgeführten Begattung dabei nicht befriedigt werden.

Der Coitus gewährt der Frau mit Dyspareunie keine Befriedigung. Da das Wollustgefühl nun in der Clitoris seinen Sitz hat, diese aber durch die Clitoridektomie ganz oder zum grössten Teil entfernt worden ist, muss die Erregung der die Clitoris versorgenden Geschlechtsnerven, besonders des Nervus pudendus nur eine höchst mangelnde sein, resp. ganz verloren sein, die Clitoridektomie hat eine künstliche Dyspareunie geschaffen. Dass dieser Zustand aber, dessen Hauptcharaktericum in dem Fehlen der Ejakulation beim Coitus liegt, für das menschliche Weib, für dessen physisches wie psychisches Wohl, von eminenter Bedeutung ist, liegt auf der Hand. Denn der ganze geschlechtliche Akt gipfelt in diesem Wollustgefühl; geht dieses der Frau verloren, geht ihr jegliche Freude und Befriedigung am Coitus, am Geschlechtsleben überhaupt verloren." (Rohleder, Vorlesungen etc.) Die Wichtigkeit dieses Zustandes schildert Kisch (loc. cit.): „Die Dyspareunie ist von gewaltigem Einfluss auf das Allgemeinbefinden der Frau, auf ihre soziale Stellung in der Ehe, und, wie man wohl annehmen darf, auch auf die Fortpflanzungsfähigkeit." Welcher gewissenhafte Operateur und Arzt wollte es da noch wagen, die Clitoridektomie zu machen, d. h. ein ev. grösseres Übel mit einem kleineren einzutauschen?

Alles in allem bleibt also auch die Clitoridektomie bei der Frau ebenso wie die Infibulation des Mannes eine exceptionell selten in Anwendung zu bringende Operationsmethode. Mit Recht vermag daher auch Mauriac zu sagen, dass diese Operation, obgleich durch die besten Ärzte und Chirurgen zur Heilung der Onanie ausgeführt, nur noch wenige Anhänger zähle und obgleich sehr leicht auszuführen, doch etwas Widerstrebendes habe, so dass man nur im äussersten Falle, als letztes Mittel zu ihr Zuflucht nehmen solle.

3. Wie weit die Verirrung des menschlichen Verstandes ging, beweist, dass — horribile dictu — man selbst bis zur 3. Ovariotomie behufs Heilung der Onanie schritt. Es soll zuerst ein ungarischer Schweinehirt, um den allzu unbeschränkten geschlechtlichen Begierden seiner Tochter Einhalt zu thun, nach Anwendung aller anderen Mittel seine Tochter kastriert haben und zwar in derselben Weise, wie er es bei den Sauen gewohnt war! Eine Analogie zum König Gyges, der seine Konkubinen zur Konservierung ihrer Reize ebenfalls einer Kastration unterwarf!

Mag nun allerdings auch nach Hensen das Reifen und Platzen der Grafschen Follikel in den Eierstöcken z. Z. der Reife durch Reizung der Ovarialnerven (in Verbindung mit der Vorstellungskraft des Hirn) die Libido sexualis, den Geschlechtstrieb wachrufen, so ist dennoch eine derartig eingreifende Operation wie die Ovariotomie für keinen Fall von Onanie, sie sei auch noch so heftig, erlaubt, es sei denn, dass erkrankte, pathologische Zustände der Ovarien als Ursache der Onanie nachgewiesen werden könnten. Ausserdem sind die Ergebnisse der Kastration inbezug auf die Libido sexualis denn auch noch sehr verschiedene, so fand Glaevecke bei 27 kastrierten Frauen nur in 11 Fällen sexuelle Neigungen völlig erloschen, in 10 Fällen herabgesetzt. Hegar sah des öfteren, jedoch ebenfalls nicht beständig, Abnahme des Geschlechtstriebes und Hauff erzählt von einem jungen Mädchen, das, obgleich es nachweislich keine Ovarien hatte, dennoch stark der Onanie ergeben war. Ja, Spencer-Wells, der berühmte amerikanische Gynaekolog, will sogar eine Zunahme der Libido sexualis post castrationem beobachtet haben!, so dass Kisch meint, die Ovarien seien nicht der Beherrscher, sondern mehr der Regulator des Geschlechtstriebes.

Doch wie dem auch sei, derartige grosse Operationen wie Ovariotomie zur Bekämpfung der Onanie sind streng verpönt. Hingegen giebt es doch eine Menge.

4. kleinerer, mehr oder weniger schmerzhafter operativer Eingriffe, die zur Heilung des Lasters wohl berechtigt sind, und die jeder Arzt im Interesse der Patienten kennen sollte. So hat Fürbringer „einen jungen Burschen, bei dem keine Belehrung und Strafe half, durch Abköpfen des vorderen Teiles seiner Vorhaut mit schartiger Scheere — natürlich ohne Narkose — dauernd geheilt“ und einer jungen Dame, die selbst in der Gesellschaft von ihrem entsetzlichen Triebe heimgesucht wurde, durch wiederholte Anätzung der Vulva eine erhebliche Besserung verschafft“. Überhaupt möchte ich an Stelle der Clitoridektomie möglichst schmerzhafte, — doch ungefährliche — Ätzungen der Clitoris vorschlagen. Fournier spricht von einer Durchbohrung der Vorhaut und Hindurchziehen eines Ringes, wie ich unter instrumenteller Therapie erwähnt habe. So werden kleine chirurgische, möglichst schmerzhafte Eingriffe ohne Narkose an der Vorhaut beim männlichen, resp. an den Labien und Clitoris beim weiblichen Geschlecht ihr Ziel, wenigstens für einige Zeit, sicher erreichen. Besonders auf jene Formen von Onanie sei hier verwiesen, die auf Phimosis beruhen. Hier kann eine Phimosenoperation ohne Narkose ganz vortreffliche Dienste leisten. Der Erfolg all' dieser Operationen wird für kurze resp. längere Zeit entschieden zu konstatieren sein. Doch auf die Dauer wird wohl selten auch eine derartige Operation vorhalten können und doch dürfte in gewissen Fällen vor ihrer Anwendung nicht zurückgeschreckt werden dürfen.

VIII. Die Ehe als **therapeutisches** Moment bei der Onanie.

Schon in früheren Zeiten ist die Ehe als eins der vorzüglichsten

Mittel anerkannt worden, um „die verwilderten Begierden in passendster Weise zu regulieren", wie Curschmann sagt. Schon Jean Jacques Rousseau spricht dies in seinem Émile aus, wo er sagt: Wenn die Begierden einer glühend heissen Leidenschaft unüberwindbar werden, beklage ich Dich, mein lieber Emile. Aber ich werde keinen Moment schwanken und keineswegs dulden, dass der Zweck der Natur umgangen werde. . . . . Wie dem auch sei, ich werde Dich eher den Frauen entreissen können, als Dir selbst. Curschmann, Fournier, Eulenburg, v. Schrenck-Notzing u. a. bedeutende, erfahrene Ärzte empfehlen das Eingehen der Ehe zur Heilung der onanistischen Triebe. Fournier meint, dass besonders in dem Falle, wo die Macht des Temperamentes oder die oft noch heftigere der Gewohnheit so stark ist, dass alle Mittel erfolglos sind, bliebe als letztes Mittel nur die Ehe, und giebt, wenn nicht allzu schwerwiegende Bedenken dagegen sprechen, den Rat, zwischen einem derartig Unglücklichen und einem liebenswürdigen Mädchen eine eheliche Vereinigung herzustellen, die sicher eine Besserung des Onanisten zur Folge haben werde.

Ganz abgesehen davon, dass die Thätigkeit des Arztes sich entschieden nicht bis auf die weiteren Details beim Zustandekommen der Ehe erstrecken soll, sondern nur das Eingehen derselben anrät und die hygienischen, resp. z. Z. bestehenden sanitären Zustände der beiden Ehekandidaten zu untersuchen hat, halte ich diese Ansicht für falsch und unstatthaft, ja in vielen Fällen für gewissenlos, ebenso wie diejenige Rétis, der sagt: „Wenn jedoch alle Mittel versagen und sich eine unbezähmbare Geschlechtslust einstellt, so müssen diese Mädchen so rasch als möglich heiraten und der Bräutigam soll von ärztlicher (!) Seite darauf aufmerksam gemacht werden, dem übermässig geschlechtlichen Triebe seiner Frau in rationeller Weise Einhalt zu thun. Es hängt nur vom Manne ab und nur er allein ist imstande, seine junge Frau auf die Bahn eines anständigen Weibes zu führen." Für eine nicht zu rechtfertigende Überschreitung des ärztlichen Befugnisses muss ich diese Anschauungen beider Ärzte ansehen, denn

1. ist es eine ungeheure Zumutung, die man an einen jungen Mann stellt, ein junges, durch die Onanie sittlich herabgekommenes Mädchen zu heiraten, allein um sie zu bessern, resp. umgekehrt, um einen durch

nichts bisher zu regelnden Geschlechtstrieb durchs Ehebett zu heilen. Denn man bedenke nicht bloss die physische, sondern auch die psychische Seite der Ehe, die nur dann eine glückliche sein kann, wenn sie eine auf Übereinstimmung der beiderseitigen Charaktere und gegenseitige Achtung begründete ist. Man will hier eine Person von ihrem Laster befreien, um zwei Menschen unglücklich zu machen. Ausserdem dürfte es den meisten erotischen jungen Mädchen — unter denen es ja sehr viele Onanistinnen giebt — unter den heutigen sozialen Verhältnissen wohl nicht so leicht sein, „so rasch als möglich" einen Mann zu erhaschen. Man bedenke, welch' namenloses Unglück kann über einen braven, sittlich rein und hoch dastehenden jungen Menschen gebracht werden, wenn er nicht imstande ist, die geschlechtliche Begierde seiner Ehehälfte im Ehebett zu befriedigen! Da soll der Arzt noch den Bräutigam aufmerksam machen und belehren, in welch' rationeller Weise dem übermässigen Geschlechtstriebe seiner Frau Einhalt zu thun ist! Welches ist diese rationelle Weise? Ich meine, in solchen Fällen würde es besser sein, lieber eine Person, einen derartigen jungen Mann oder junges Mädchen seinem unglücklichen Triebe zu überlassen, sie der Anstaltsbehandlung zu übergeben, als noch einen zweiten Menschen um das Lebensglück durch eine unglückselige Ehe zu betrügen. Ich würde hier, natürlich den Verhältnissen entsprechend, im Allgemeinen von der Ehe eher abraten, als zuraten. Aber

2. Der Haupt- und Kernpunkt der ganzen Sache: die Ehe ist kein absolut sicheres Mittel zur Regulierung und Heilung derartig heftiger Onanie.

Auch Fürbringer sagt: „Es merkt der Praktiker sehr bald, wie schwer es im allgemeinen hält, sich Gott Hymens als Bundesgenossen zu versichern, ganz abgesehen davon, dass er sich keineswegs, wie bereits angedeutet, immer hilfreich erweist". Ribbing meint, dass die „Mehrzahl der Onanisten, durch hygienisch-moralische oder religiöse Gründe veranlasst, wirklich ihr trauriges Leben überwindet, ohne dafür im lüderlichen Leben oder in der Ehe Heilung zu suchen", denn gerade beim Eingehen der Ehe sollen alle Anforderungen der Gesundheitslehre soweit als möglich berücksichtigt werden, wenn anders wir ein gesünderes, kräftigeres kommendes Geschlecht erwarten sollen. Leider ist eine volkstümliche, dem Menschengeschlecht zum Segen gereichende ärztliche Unterweisung beim Eingehen der Ehe in unseren modernen Kulturstaaten noch nicht zur Notwendigkeit geworden. „Der genannte Neuro-Psychiater v. Schrenck-Notzing in München ist der Meinung, dass die beste Heilung von Onanie durch einen regelmässig ausgeübten Beischlaf herbeigeführt werde, und in der That geben wohl die meisten Ärzte in diesen Fällen den verheirateten Patienten den Rat, einen regelmässigen geschlechtlichen Verkehr mit der Ehegattin zu unterhalten, unverheirateten Patienten den, sich bald zu verheiraten. Dabei ist aber zu bedenken, dass diejenigen verheirateten Patienten, die in der Ehe onanieren, — zum grössten Teil sicher — ihrer ehelichen Pflicht zur Genüge nachkommen, ja vielleicht infolge allzu grosser Häufigkeit in Verbindung mit der Onanie oft Fiasko machen, eine Impotenz erwerben, die durch Anraten eines regelmässigen Coitus mit der Frau nur gestärkt werden könnte. Es ist also den verheirateten Patienten nicht anzuraten, mehr ehelichen Verkehr zu suchen, sondern der Arzt soll hier mehr psychisch auf eine Selbsterziehung der Patienten hinwirken. Er stelle ihnen vor, welches Unrecht, welches Laster sie tagtäglich an sich, an ihrer Familie begehen, er zeige ihnen ihren moralischen Defekt, die Folgen desselben in seinem wahren Lichte. Auch älteren Unverheirateten den Rat einer baldigen Eheschliessung zu geben, dürfte, abgesehen von den sozialen und anderen Umständen, die einer eventuellen Eheschliessung oft im Wege stehen, noch dadurch bedenklich erscheinen, dass ein grosser Teil dieser Onanisten nebenbei dem ausserehelichen Coitus naturalis, namentlich in grossen Städten, wo die Prostitution hierzu leicht die Hand bietet, in völlig genügender Weise schon zuspricht“. (Rohleder, loc. cit.)

Alles dies sollte, meine ich, den Arzt bezüglich des Punktes „Anempfehlung der Ehe zur Heilung der Onanie“ ausserordentlich vorsichtig machen, er kann unendliches Unheil über ganze Familien durch diese Anempfehlung heraufbeschwören — denn, wenn je im Leben, so soll beim Eingehen der Ehe die Vernunft als Beraterin hinzugezogen werden, gerade die Ehe soll das Hauptmittel zur Veredelung des Menschengeschlechts darstellen, und nur dann, wenn sie, sowohl in physischer wie psychischer Hinsicht hin mit Rücksicht auf die bekannten Gesetze der Vererbung und Anpassung geschlossen wird, wird sie diesen ihren Zweck erreichen. Mit Recht nennt Häckel als veredeltste Form der Gattenwahl die „psychische Auslese“, bei der „die geistigen Vorzüge des einen Geschlechts bestimmend auf die Wahl des anderen einwirken“. Geistige Vorzüge und körperliche Gesundheitszustände sollen unser Leitmotiv beim Eingehen der Ehe bilden und hier sollen wir Ärzte ratend und fördernd zur Seite stehen. Ich frage aber, thun wir dies, wenn wir hierbei das Eingehen der Ehe mit einem Menschen anraten, welcher infolge heftiger Onanie — oder auch anderer geschlechtlicher Insulte — körperlich oder gar geistig Schaden davon getragen hat? Doch gewisslich nicht. Aus diesen Thatsachen folgt für den denkenden Arzt, hier ausserordentlich vorsichtig zu sein und nur den verheirateten Patienten eventuell einen — regelmässigeren, nicht einen zu often Beischlaf mit der Gattin zur Heilung anzuraten, bei Unverheirateten bezüglich des Eingehens der Ehe aber eher abzuraten, die auch deswegen kein Heilmittel der Masturbation ist, weil wie Hörschelmann betont, genügend Familienväter in glücklicher Ehe mit regelmässigem Sexualgenuss doch noch der Masturbation verfallen. Die geistigreifen unverheirateten Onanisten beschäftigen sich übrigens selbst schon genügend mit der Frage der event. Verheiratung. Die früher geübte Masturbation drückt die Sünder auch psychisch so sehr, dass sie an genügender Potenz in event. Ehe zweifeln. Auch das unethische Moment spielt hierbei mit. So fragte mich eine Dame, ob sie wohl ganz gesund und kräftig werden könne, wenn sie nicht heirate und — wenn sie heirate, verpflichtet sei, wegen event. Folgen ihres Lasters ihrem Gatten von demselben etwas zu sagen.

Dies bringt mich auf die weitere Frage

IX. Der Anempfehlung eines ausserehelichen Beischlafs zur Heilung der Onanie.

Es ist dies ein Thema von ausserordentlicher Wichtigkeit, das selbst von bedeutenden medizinischen — und nicht medizinischen — Autoritäten eine sehr verschiedene Beantwortung erfahren hat. Die Wichtigkeit des Gegenstandes mit seinen vielen Kontroversen erfordert eine eingehendere Besprechung.

Der aussereheliche Verkehr wird — wenigstens in der Hauptsache — wie bekannt vermittelt doch offene resp. geheime Prostitution. Diese wiederum ist, wie Blaschko und Andere statistisch bewiesen haben, die Hauptquelle der geschlechtlichen Erkrankungen sowohl beim männlichen wie weiblichen Geschlecht: Unter 1129 geschlechtlich kranken Patienten seiner Poliklinik fand Blaschko, dass die Männer fast ausschliesslich ausserehelich, nicht in der Ehe, die Frauen ausschliesslich in der Ehe durch Infektion von Seiten der Männer erkrankt waren, also der aussereheliche geschlechtliche Verkehr fast allein zu einer geschlechtlichen Erkrankung geführt hatte und die eheliche Infektion „nur eine Art Appendix zur ausserehelichen abgiebt". Daraus ergiebt sich: Jeder, der sich dem ausserehelichen Verkehr hingiebt, hat mit grösster Wahrscheinlichkeit Aussicht, sich eine geschlechtliche Erkrankung, es sei Gonorrhoë, Lues oder Ulcus molle zuzuziehen. Betrachten wir ferner das ganze Leben und Treiben der Jetztzeit, die erschwerten Existenz- und Daseinsbedingungen, besonders beim weiblichen Geschlecht mittlerer und unterer Klassen, der immer erbitterter geführte Kampf ums Dasein und die daraus entspringenden wirtschaftlichen Notlagen, die „kümmerlichen Erwerbsverhältnisse der Frau, welche ihr in vielen Berufszweigen ein menschliches Dasein kaum mehr ermöglichen, die Perioden der Arbeitslosigkeit, in denen Tausende von Frauen und Mädchen aufs Pflaster gesetzt werden, das notgezwungene frühzeitige Hinaustreten unerfahrener Mädchen in den harten wirtschaftlichen Kampf" (Blaschko), das allzugrosse Angebot weiblicher Arbeitskräfte auf allen Gebieten, besonders in Grossstädten, die Abnahme der Eheschliessungen, infolgedessen das von Jahr zu Jahr sich steigernde Junggesellentum, das immer weiter und weiter hinausgerückte Heiratsalter beim männlichen Geschlecht — und man wird sich nicht wundern, dass das Angebot des weiblichen Geschlechts, sowohl auf dem Gebiete der öffentlichen wie geheimen Prostitution ein immer grösseres wird, immer mehr im Steigen begriffen ist, und der aussereheliche geschlechtliche Verkehr nicht bloss in den Grossstädten, sondern selbst in kleineren Städten und Ortschaften ein immer erleichterter wird, die Gefahr einer geschlechtlichen Erkrankung, infolge eines ausserehelichen Coitus sich stetig steigert. „Wer eben mit Prostituierten geschlechtlich verkehrt, riskiert immer eine Gonorrhoë (und Syphilis, Verfasser) zu bekommen“ (Bröx). Bedenken wir nun, dieser Gefahr soll ein Onanist auf Anraten eines Arztes ausgesetzt werden! Ich will hier nicht die Frage aufwerfen, welches von beiden Übeln, ob eine geschlechtliche Erkrankung oder Onanie das grössere sei, ich glaube, in weitaus der Mehrzahl der Fälle dürfte die geschlechtliche Erkrankung als das schwerere anerkannt werden. Einem unverheirateten Onanisten zur Heilung seines Lasters zum ausserehelichen Verkehr anraten, würde das nicht heissen, den Teufel mit Beelsebub austreiben? Derselben Ansicht huldigt Hörschelmann, (Petersb. med. Wochenschrift) u. A. Diese Ärzte hätten dann doch mindestens die Verpflichtung, den erwachsenen Onanisten, denen sie ausserehelichen Verkehr anraten, Präventivmittel zur Vorbeugung einer geschlechtlichen Erkrankung mit an die Hand zu geben. Und selbst zugegeben, dass die Gefahr der geschlechtlichen Infektion beim ausserehelichen Coitus eine sehr geringe und selbst gar keine ist, so ist der aussereheliche Verkehr ebensowenig wie der eheliche ein absolut sicheres Mittel zur Heilung des Onanisten von seinem Laster. Es ist sicher, dass ein grosser Teil der Onanisten im geschlechtsreifen Alter neben seinem Laster gelegentlich dem ausserehelichen Verkehr schon huldigt, und wenn dies auch nicht der Fall sein sollte, so bedenke man nur die moralische Seite seines Anratens zum ausserehelichen Verkehr. Der, abgesehen von seinem onanistischen Treiben, sittlich noch nicht weiter verdorbene jugendliche Onanist wird hierdurch den feilen Dirnen und all' dem Scheusslichen, das der Verkehr mit diesen verworfenen Subjekten mit sich bringt, in die Arme geworfen. Jeder erfahrene Arzt wird bestätigen können, dass, je mehr ein Onanist ausserehelichen Verkehr mit Prostituierten unterhält, desto schwerer er zur sittlichen Lebensweise zurückkehrt. Ribbing sagt: „Nur selten kehrt der Onanist von der feilen Dirne zum sittlichen Lebenswandel zurück, ist er einmal thöricht genug gewesen, genanntes Heilmittel zu ergreifen, so lebt er meistenteils in der Annahme, dass sein Zustand fortwährend dessen weitere Benutzung verlange“. Einmal hinabgeschleudert in diesen unsittlichen Schlamm, vermag gerade der Onanist infolge seiner Willensschwäche sich viel weniger wieder emporzuarbeiten als der Willensstarke. „Onanisten durch den Rat zum ausserehelichen Coitus naturalis von ihrem Laster befreien zu wollen, halten wir für eine bedenkliche

Lösung des Dilemmas, die in ihren Eventualitäten reiflicher erwogen werden sollte, als dies von Seiten gewisser Ärzte geschieht. Hier haben wir den Cynismus widerliche Blüten treiben sehen, von denen sich der gewissenhafte Arzt mit Abscheu abwendet“. (Fürbringer.)

Wenn daher leider Gottes auch heute noch von Seiten mancher Ärzte dem Onanisten der aussereheliche Verkehr zur Heilung angeraten wird — wie z. B. im Nouveau dictonnaire de médécine et de chirurgie t. 24 pag. 494, wo noch steht: „Bei vielen jungen Leuten hören die onanistischen Gewohnheiten mit dem Zeitpunkte auf, wo sie mit einem Weibe Umgang gehabt haben.. — Ohne in allen solchen Fällen formell den Beischlaf zu empfehlen, müsste man denselben doch vielleicht anraten, wenn es sich darum handelt, ein Individuum zu erretten von der Leidenschaft jenes die Einsamkeit suchenden Lasters, das sich sonst mehr und mehr in ihm festwurzelt“ — so geschieht dies in ganz unverantwortlicher Weise, denn abgesehen von der Gefahr der Ansteckung mit geschlechtlichen Erkrankungen irgend welcher Art und der moralischen Seite dieses Rates hat derselbe keine Begründung. Der Onanist wird von seinem Laster weder durch ehelichen, noch durch ausserehelichen geschlechtlichen Verkehr mit Sicherheit auf die Dauer geheilt und dem eventuellen kurzdauernden, zeitweiligen Erfolge dieses Rates stehen so schwer wiegende Bedenken gegenüber, dass jeder gewissenhafte Arzt nicht nur anraten, sondern im Gegenteil mit allen Mitteln der Überredungs- und Überzeugungskunst seinen Onanisten abraten wird. „Abgesehen von allen moralischen Gründen, bin ich vollkommen überzeugt, dass keine physiologischen oder anderen Gründe den Arzt berechtigen, den promiscuosen oder systematischen Umgang mit dem anderen Geschlecht zu empfehlen oder auch nur stillschweigend gutzuheissen“. (Akton.)

Da kommen wir zu der Frage: Was sollen wir da diesen unverheirateten Onanisten, die durch ihren geschlechtlichen Trieb mit unwiderstehlicher Gewalt zu geschlechtlichen Akten hingetrieben werden, überhaupt anraten, wenn, wie es meist der Fall ist, ein Eingehen der Ehe aus persönlichen oder infolge äusserer Verhältnisse nicht rätlich erscheint? Sind sie nicht der Verzweiflung anheimgegeben? Der einzige wahre Ausweg wäre hier Enthaltsamkeit von jeglichem geschlechtlichen Verkehr und Gebrauch der

Genitalien. Ribbing, dessen Werkchen: „Die sexuelle Hygiene“, in der Aufforderung zur beständigen sexuellen Enthaltsamkeit bis zur Eheschliessung gipfelt, hält diese überall für möglich. Hierzu bemerkt nun Puschmann sehr richtig: „Die Frage, ob es möglich ist und ohne Schaden für die Gesundheit geschehen kann, dass sich erwachsene Menschen des geschlechtlichen Verkehres enthalten, wird von einigen bejaht, von anderen verneint. Behauptung steht hier gegen Behauptung. Überzeugende Beweise lassen sich weder dagegen noch dafür bringen, weil die geschlechtlichen Bedürfnisse der einzelnen Individuen sehr verschieden sind und ein allgemeines Gesetz darüber nicht aufgestellt werden kann. Die körperliche Organisation des Menschen verlangt die geschlechtliche Verbindung von Mann und Frau zum Zwecke der Fortpflanzung. Die in den zivilisierten Ländern Europas dafür bestehende äussere Form ist die Ehe, welche diese Vereinigung der Gesellschaft gegenüber legitimiert. Leider gestatten es aber unsere heutigen sozialen Verhältnisse nur wenigen jungen Männern, die von Haus aus Vermögen besitzen oder durch ausserordentliche Begabung oder Glücksumstände rasch einen einträglichen Erwerb erlangen, in dem Alter der Geschlechtsreife zu heiraten. Die zahlreichen jungen Ärzte, Juristen, Beamten und Offiziere müssen der Gesellschaft und dem Staate jahrelang Dienste leisten, ohne für ihre Arbeit eine entsprechende Entlohnung zu empfangen, welche sie in den Stand setzte, eine Familie zu ernähren. Will man dieselben nicht zur absoluten Enthaltsamkeit in geschlechtlichen Dingen verurteilen, so müssen Formen gefunden werden, in denen der geschlechtliche Verkehr ermöglicht wird.“

v. Krafft-Ebing sagt: „Unzählige, normal konstituierte Menschen sind im Stande, auf die Befriedigung ihrer Libido zu verzichten, ohne durch diese erzwungene Abstinenz an der Gesundheit Schaden zu nehmen.“ Acton meint, dass absolute Enthaltsamkeit von jungen unverheirateten Männern und ohne Schaden für ihre Gesundheit geübt werden könne und müsse. Auch der Hygieniker Österlein ist dieser Ansicht. („Keuschheit ist aber nur möglich bei schlichtem mässigen Leben, bei gehöriger Selbstbeherrschung und Genügsamkeit.“) Doch — quot capita, tot sensus. Dass diese sexuelle Keuschheit nichts schadet, ist sicher. Die Hauptfrage ist aber, ob sie beständig durchführbar ist, ich meine offen — leider — nein! „Ein stark entwickelter Geschlechtstrieb durchbricht alle Schranken, die die Hemmungsvorstellungen der Religion und Moral, die Meinung der Gesellschaft und die Gedanken an die Folgen von Fehltritten ziehen.“ (Benedikt.) Das alleinige Verurteilen der erwachsenen Onanisten zur absoluten beständigen Enthaltsamkeit in geschlechtlichen Dingen bis zur Ehe, event. bei nicht Heiratenden fürs Leben ist bei starkem sexuellen Triebe bei vielen — wohl für die Gesundheit nicht schädlich, aber — leider nicht immer durchführbar. Jeder Kenner der Bedeutung des sexuellen Lebens und der Mächtigkeit der sexuellen Triebe wird mir dies bestätigen. Der Drang des Menschen zur geschlechtlichen Befriedigung ist ein natürlicher, daher nicht gewaltsam zu unterdrückender. Das zur Befriedigung des geschlechtlichen Verkehrs geschaffene Verhältnis der Ehe ist, da es nicht überall eingegangen werden kann, für den geschlechtlichen Verkehr der Gesamtheit also ungenügend und infolge dessen ist die Prostitution eine natürliche Folge dieser Thatsachen. Sie hat eine naturhistorische Entwickelung. „Wir können sie nicht abschaffen, wir und unsere Nachkommen nicht bis ins tausendste Glied; ebensowenig wie wir Diebstahl, Betrug und andere, dem genus homo anhaftende Flecken hinwegdekreditieren können, denn gegen Leidenschaft, Naturanlage und Not (aus denen die Prostitution entspringt, Verf.) hat noch keine Strafe abschreckend gewirkt.“ (Scholz, Prostitution und Frauenbewegung.)

Diese Prostitution muss aber nun, wenn anders sie nicht schädlich wirken soll, im Interesse der Moral und Gesundheit der menschlichen Gesellschaft, von seiten der Regierung und Ärzte reguliert werden, sie bedarf einer gesetzlichen Regulierung. In weiterer Verfolgung dieser Thatsachen kommt Puschmann zur Anempfehlung von Staatsbordellen, deren Verwaltung und Leitung den öffentlichen Behörden, dem Staate obliegen soll, denn darin liege „ebensowenig eine Herabsetzung desselben, als wenn man ihn an die Spitze von Gefängnissen und Zuchthäusern stellt. Ein Vorwurf könnte dem Staate dabei nur dann gemacht werden, wenn er aus der Prostitution Nutzen ziehen will.“ Auf diese Puschmannschen Staatsbordelle resp. auf die Vorschläge Blaschkos, Scholz u. v. A. zur Regulierung und Assanierung der Bordelle, der Kontroll- und Behandlungsreform hier einzugehen, würde zu weit führen.

Für uns steht fest, dass die Bordelle und Prostituierten Seuchenherde für sexuelle Erkrankungen sind und da wir noch keine reine „gesunde Prostitution“ — sit venia verbo — haben, noch keine Staatsbordelle, mit denen die Gewissheit gegeben ist, dass eine geschlechtliche Infektion durch den ausserehelichen Verkehr ausgeschlossen ist — die Aussichten auf Verwirklichung dieser staatlich kontrollierten Bordelle sind nach dem heutigen Stand der hierbei in Betracht kommenden Faktoren noch sehr triste — so halte ich den Arzt auch nicht für berechtigt, dem erwachsenen Onanisten therapeutisch zur Heilung von seinem Laster zum ausserehelichen Verkehr zu raten. Ist der Trieb einmal allzugross, die Willenskraft zur Selbsbeherrschung d. h. Enthaltsamkeit zu schwach, so möge der Onanist — wenn er nicht in eine Heilanstalt gehen will — lieber wieder einmal seinem Laster als der Prostitution verfallen, was ich wenigstens immerhin noch als das kleinere Übel ansehe. Allmählich erstarkt der Selbstbeherrschungstrieb bei festem Willen doch, das Laster wird seltener, und dann wiegt der soziale wie der persönliche Schaden, den die Onanie hervorbringt, noch lange nicht den durch Unzucht und sexuelle Erkrankungen entstandenen auf, wenn auch selbst ein Mantegazza behauptet, dass der Onanie „tausend Mal selbst die Prostitution mit ihrem Schmutz vorzuziehen“ sei — denn der Coitus ist überhaupt kein Heilmittel gegen Onanie, ergo ist auch selbst ein mit Präventivmassregeln gegen sexuelle Ansteckung auszuübender Coitus, ganz abgesehen von seinen moralischen Konsequenzen, dem Onanisten nicht anzuraten.

X. Die Anstaltsbehandlung der Onanie.

Da also die Ehe oder gar der aussereheliche Verkehr als Heilmittel gegen die Onanie nicht herangezogen werden dürfen, wird man mich fragen: Was ist zu thun, wenn alle vorhergenannten Mittel fehlschlagen?

Hier rate ich als einzige Ausflucht noch die Anstaltsbehandlung. Welche Anstalten sind hierzu geeignet? Da eine derartig heftige Onanie stets starke Krankheitserscheinungen von Seiten des Nervensystems gesetzt hat, also sexuelle Neurasthenie vorliegt, erachte ich es als das Beste

bei Erwachsenen: Eine Anstalt für Nerven- resp. Gemütsleidende in reiner, gesunder, waldreicher Luft (Thüringen, Schwarzwald, Baden), bei robusten Personen an der See, in den Alpen etc.

bei Kindern mehr eine Erziehungsanstalt, eine Korrektionsanstalt, wo ein strenges, straffes Regime herrscht.

bei psychisch Perversen natürlich Irrenheilanstalt.

Hier in den Anstalten sollen alle nur irgend möglichen Behandlungsweisen der Onanie zu gleicher Zeit sofort eingeleitet werden, also eine allgemeine hygienisch-diätetische, eine psychisch moralische, in Verbindung mit Bromkalikur, instrumentell durch kleine chirurgische Operationen, Sondenbehandlung etc. Der Patient bleibe solange in der Anstalt, bis eine vollständige Heilung oder wenigstens weit vorgeschrittene Besserung eingetreten ist.

Auf das Nähere brauche ich hier nicht einzugehen, die einzelnen äusseren und individuellen Verhältnisse werden dem betreffenden Arzte Anweisungen genug zur weisen Auswahl einer derartigen Heilanstalt an die Hand gehen und bei besser situierten Ständen werden ihm keine Schwierigkeiten entgegenstehen. Nur in der Praxis pauperum wird die soziale Notlage dem Arzte auch hier einen Strich durch die Rechnung machen. Vielleicht ist es der kommenden Zeit vorbehalten, derartigen Patienten, -- wie heute die Kinder in Ferienkolonien, Tuberkulöse, Chlorotische, Anaemische ins Gebirge und Wald zu senden — auf Kosten von wohlthätigen Unterstützungen, Fonds etc., eine Anstaltsbehandlung zu Teil werden zu lassen.

Bevor ich das Werk schliesse, möchte ich noch ein Wort zur „Beurteilung des Onanisten“ sagen.

Aus der Abhandlung geht hervor, dass die Onanie ein Laster, und fügen wir hinzu, eins der abscheulichsten sexuellen Laster ist, weil vorgenommen am eigenen Körper, eine Schändung des eigenen Körpers zum Zwecke geschlechtlicher widernatürlicher Befriedigung. Der Onanist ist also, insofern er überhaupt mit dem Bewusstsein, etwas moralisch Unerlaubtes, Böses zu thun, handelt, ein lasterhafter Mensch, die Onanie eine lasterhafte Begierde. Jedoch würde nichts verkehrter sein, als diese Ansicht schlechtweg als Norm hinstellen zu wollen. Die Beurteilung der Onanie und der ihnen Huldigenden ergiebt sich aus der ihr zu Grunde liegenden

Ursache. Es kann hier nicht meine Aufgabe sein, je nach den verschiedenen Ursachen der Onanie eine Beurteilung der einzelnen Klassen dieser Onanisten zu geben. Doch soviel ist sofort einleuchtend, dass z. B. ein infolge sexueller Perversität oder infolge körperlicher Gebrechen zum Onanisten gewordener Mensch ganz anders beurteilt und psychisch behandelt werden muss als ein infolge moralischer Schwäche durch falsche Erziehung dem Laster sich Ergebender, — ganz abgesehen auch natürlich vom Alter, der geistigen Reife desselben — oder gar ein durch Impotenz zur Onanie — aus Verzweiflung — Greifender. Si duo faciunt idem, non est idem: wenn Zwei das Gleiche thun, ist es nicht das Gleiche; nicht auf die Handlung selbst kommt es bei der Beurteilung des Onanisten an, sondern auf das Beurteilungsvermögen desselben, dessen Bildungsstufe. Es ist sicher nicht leicht, zu Gunsten einer Klasse von Mitmenschen zu sprechen, die durch ihre ekelhafte Neigung, ihr oft schamloses Gebahren untereinander eine Abscheu bei sittlich reifen Leuten hervorrufen muss. Wer aber die Stärke und Heftigkeit der grössten aller menschlichen Leidenschaften, der Sinnlichkeit zu ermessen vermag, wer nicht bloss als Sittenrichter, sondern als Arzt hinter die Koulissen jenes auf Erden sich abspielenden Dramas „Liebe" zu schauen genötigt ist, wer mit offenen Augen dem Laufe des menschlischen Treibens zuschaut und wahrnimmt, wie mit dem Erringen einer höheren Kultur, mit den stetig verfeinerten Sitten und Gebräuchen, mit der Zunahme einer „höheren Bildung" in allen Schichten der Gesellschaft der homo sapiens durch sinnlose Genüsse und Verwirrungen immer mehr und mehr entnervt, überreizt wird, der wird nicht gerade über diese unglücklichen Geschöpfe, die Onanisten, den Stab brechen, die durch falsche Erziehung oder irgendwelche Momente so an eigener Wertschätzung und Charakterstärke verloren. Andererseits möchte ich Diejenigen, die nur das strengste Urteil für den Onanisten übrig haben, an das Gleichnis vom Splitter im fremden und Balken im eigenen Auge erinnern, sie mögen des öfteren Einkehr halten in sich selbst, und zusehen, ob sie „die kindlich reine Seele bewahrt von Schuld und Fehle," nicht zu vergessen, dass gerade infolge dieses Mangels an Verständnis oft nur die Lüge dem Onanisten übrig bleibt, dass talentvolle, ehrenhafte und gebildete Männer in hochgeachteten Stellungen früher Onanisten waren. Kurz, wo der Laie in der Onanie nur das nackte Laster erblickt, wird der verständnisvolle Arzt erst nach reiflicher und gründlicher Erörterung der Ätiologie oft einen krankhaften Zustand, sei es durch Erziehungseinflüsse hervorgerufene Charakterdefekte, seien es erworbene, psychische Degenerationen u. a. m. erblicken, und in dem Onanisten, obwohl derselbe ein Schänder seiner eigenen Menschenwürde ist, dennoch ein bemitleidenswertes Kind seiner Natur, ein Produkt seiner Erziehung und — Umgebung sehen, das ebenso Beachtung verdient wie ein mit einer Körperanomalie Behafteter.

Dies bringt mich auf den der Masturbation gemachten Vorwurf des Verbrechens.

Ist die Onanie ein kriminelles Vergehen?

Der Psycholog, der Arzt, der Hygieniker, vor allem aber der Sexualpatholog, der die ungeheuer verschiedenen Formen der Perversionen und Perversitäten des Sexualtriebes, vom Coitus bis herab zum scheusslichen Verbrechen der Leichenschändung studiert, wie durch Paraesthesien und Coitus interruptus, Satyriasis, Nymphomanie, Sadismus, Masochismus, Fetischismus, Conträrsexualismus, Exhibitionismus, Paederastie, Amor lebiscus bis zur Necrophilie und zum Incest der Mensch durch die Libido sexualis bis zum gemeinsten Verbrecher werden kann, der wird mir zugeben, dass die so widerwärtige Masturbation doch noch eine der einfachsten geschlechtlichen Verirrungen ist, selbst das Ekelerregende und Widerliche, weil Unnatürliche, das der Onanie anhaftet, erscheint im Hinblick zu den anderen Auswüchsen der Libido sexualis gemildert. Der Onanist hat einen Mangel von moralisch-sittlichem Halt, von Verachtung und Missachtung der eigenen Menschenwürde, einen Defekt von Schamgefühl, eine „moral insanity“. Daher masturbieren Hysterische und Epileptisthe oder gar Imbecille, Kretins mehr und eher, weil ihnen das Urteilsvermögen über ihre Handlungen, der Sinn für Keuscheit und Moral geschwächt resp. entschwunden ist. Moraglia meint, dass die Onanie sich als Effekt derselben Gründe darstellt, aus denen das Delikt hervorgeht, sie sei ein psychisches Äquivalent der Delinquenz. Nach ihm bildet die Masturbation ein Zwischenglied, ein Übergangsstadium zur Prostitution.

Mag dies auch bisweilen der Fall sein, dürfte doch noch ein

grosser Unterschied sein zwischen der Prostitution und der Masturbation, denn man bedenke: Die Prostitution ist das Laster gegen Entgelt, zur Befriedigung des Sexualtriebes Anderer, die Onanie aber nur zur Befriedigung eigener Sinneslust. Daher ist die Onanie auch nicht, wie dieser Autor will, eine geschwächte Form der Delinquenz. Zwischen dem Delikt und der Onanie existieren daher keine „bald engeren, bald lockeren Bande“, und auch die Thatsache, „dass, wenn auch nicht alle, und vielleicht auch nicht $^{1}/_{10}$ der Masturbierenden zu diesem Laster noch das Delikt fügt, und der grösste Teil der Verbrecher — um nicht zu sagen Alle — und alle Prostituierten ohne Unterschied sich rückhaltslos der Masturbation hingeben“, würde, selbst wenn sie richtig wäre, uns durchaus noch nicht berechtigen „die Onanie als fast unzertrennliche Begleiterin des Delikts hinzustellen.

Der Onanist ist kein Delinquent, d. h. ein Mensch, der seinen Mitmenschen gegenüber eine soziale Gefahr bedeutet, sondern höchstens ein Deliquent gegen sich selbst, der am eigenen Körper sich vergeht.

Wie verhält sich das Strafgesetzbuch zur Onanie?

Der § 175 desselben bestimmt:

„Die widernatürliche Unzucht, welche zwischen Personen männlichen Geschlechts oder von Menschen mit Tieren begangen wird, ist mit Gefängnis zu bestrafen; auch kann auf Verlust der bürgerlichen Ehrenrechte erkannt werden.“

Nun liegt nach Erkenntnis des Reichsgerichts vom 23. und 24. April 1880 nur dann „widernatürliche Unzucht“ vor, wenn eine dem naturgemässen Beischlaf ähnliche Handlung stattfand. Da dies, auch bei gegenseitiger Masturbation für gewöhnlich nicht der Fall ist, so ist Autoonanie wie mutuelle Onanie straflos, strafbar wären sie erst dann, wenn die Onanie durch Reiben des Gliedes an einem anderen Körper stattfände, wodurch eine „beischlafsähnliche“ Handlung hervorgerufen sein würde, es würde dies auch mehr ins Gebiet der sogen. „Frottage“ gehören, die ich im II. Teil meiner Vorlesungen über Sexualtrieb und = Leben des Menschen näher erörtern werde.

Schlusswort.

„Die Kriminalstatistik weist die traurige Thatsache auf, dass die sexuellen Verbrechen in unserem modernen Kulturleben fortschreitend zunehmen . . . Der Moralist erkennt in diesen traurigen Thatsachen weiter nichts als einen Verfall der allgemeinen Sittlichkeit.“

„Dem ärztlichen Forscher drängt sich der Gedanke auf, dass diese Erscheinung im modernen sozialen Kulturleben mit der überhandnehmenden Nervosität der letzten Generation im Zusammenhang stehe, insofern sie neuropathisch belastete Individuen züchtet, die sexuelle Sphäre erregt, zu sexuellem Missbrauch antreibt und bei fortbestehender Lüsternheit, aber herabgeminderter Potenz zu perversen sexuellen Akten führt.“ —

Die Worte Kraft-Ebings dürften, von etwas milderem Lichte beschienen, auch auf unser sexuelles Gebrechen mit seinen Folgezuständen Geltung haben. Von diesem Standpunkte aus wird der Kenner der Verhältnisse die vorliegende ausführliche Monographie unseres Lasters als eines der vielen sexuellen Gebrechen und zwar des allerverbreitetsten berechtigt finden.

Die Onanie ist eine Sünde, eine schwere Sünde, sagen die Religionslehrer, sie ist ein unausrottbarer Krebsschaden unserer gesamten menschlichen Gesellschaft, sagen die Moralisten, denn Kultur, Sitten, Glaubensdogmen, ganze Völker und Völkerstämme, sie kommen und gehen, die dem genus homo — allein! — anhaftenden geschlechtlichen Laster, sie bleiben — sit venia verbo — gleichwie die Energie des Weltalls, constant, unvergänglich. So lange es Menschen giebt, giebt es Prostitution, Masturbation, Nymphomanie und wie die sexuellen Laster alle heissen mögen.

Sehr wohl weiss ich auch, dass durch meine in diesem Werke niedergelegten Reformvorschläge keine Abschaffung der sexuellen Sünden möglich ist und erwarte auch nicht zuviel davon, ja die hier niedergeschriebenen Ansichten und Vorschläge werden teilweise als übertriebene Fantasiegemälde und undurchführbar bezeichnet, ja teils selbst bekämpft werden, um wieviel schwerer ist es, diese Schäden einzuschränken oder gar — weil teils unmöglich, — sie auszurotten, doch

„Zur moralischen Hebung des Menschengeschlechts tragen wir gern bei, aber nicht dadurch, dass wir den Krankheiten ungehinderten Lauf lassen. Ja, könnten wir der Welt nur ein Mittel schenken, durch das jeder geschlechtliche Umgang (noch mehr jeder geschlechtliche Trieb. Der Verf.) ob legitim oder nicht, völlig unschädlich würde, so würden wir gar nicht zögern, das zu thun. Leider giebt es jedoch ein solches nicht. — — — Unsere Erziehung muss schon darauf zugeschnitten werden, den Körper gesünder zu machen, wir müssen uns der Kultur anpassen; wir müssen uns mehr Nerv und weniger Nerven anschaffen, müssen uns befleissigen, die kommende Generation in reiner geistiger Atmosphäre aufzuziehen. — — — Für meinen Teil erhoffe ich eine Verbesserung der Sitten durch gemeinschaftliche Erziehung, wenn diese richtig geleitet und von Erziehern beiderlei Geschlechts ausgeführt wird; in dem Unterrichte sollte auch für jedes Entwickelungsstadium soviel, wie gerade passend erscheint, vom Geschlechtsleben Platz finden. Alles diesbezügliche Wissen stiftet mehr Nutzen, wenn es auf dem Wege der geordneten Unterweisung, als wenn es auf heimlichen Umwegen erlangt wird. — — —

„Ich weiss nicht, ob ich in einem Irrtum befangen bin, für mich aber ist die sexuelle Frage sowohl die Wurzel wie die Blüte, der Anfang wie das Ende der Moral. Arbeitet man auch Tag und Nacht für der Menschheit Wohl, opfert man dafür Gut und Blut, so scheint mir das alles nutzlos zu bleiben, wenn man das Geschlechtsleben, die sich ewig verjüngende Elementarschule für einen wahren Altruismus vernachlässigt und herabzieht . . . . . Da jedes menschliche Leben und Dasein seinen Ursprung in einem geschlechtlichen Verhältnisse findet, kann das letztere als das Herz der Menschheit betrachtet werden. Wird dessen Wirksamkeit erschüttert und zerstört, so leiden davon alle Glieder der Menschheit," sagt Ribbing und zeigt ebenfalls damit, dass auch er **den alleinigen Weg der Besserung der Sitten in der Erziehung findet.**

— — — — — — — — — — — — — — — — — — —

Ich bin mir wohl bewusst, dass ich mein Thema nicht erschöpft, sondern den leider nur zu ergiebigen Stoff und seine eminente Wichtigkeit in genügender Beleuchtung dargestellt habe. Wenigstens dürfte es nach Vorangegangenem dem Leser nicht schwer sein, die

Bedeutung dieser geschlechtlichen Verhältnisse im menschlichen Dasein zu erfassen, ebenso aber auch die Abwege, auf die der sexuelle Trieb zu führen vermag und — leider ständig führt. Aber ebenso wie dieser von der Natur ins Leben gerufene sexuelle Trieb eine Kulturkraft von grösster Wichtigkeit, eine Entwickelungskraft der gesamten Kultur ist, so soll es nicht minder sein dessen — wenn auch nicht gänzliche — so doch möglichste Beherrschung. Sie ist eine moralisch-sittliche Kulturkraft von meist ungeahnter Tragweite für das Wohl und Wehe der ganzen Menschheit. Die hygienischen-prophylaktischen Bestrebungen, die zu dieser Beherrschung, zu dieser sexuellen Enthaltsamkeit führen — dies ist die Tendenz des ganzen Werkes — liegen in der Anerziehung eines stark sittlich-moralischen kräftigen Willens und Charakters durch Schule und Haus von Jugend an. Die Hygiene unserer sexuellen Misstände braucht also nach dieser Hinsicht hin eine andere, auf den Gesetzen der Vernunft begründete Erziehung.

Die vorliegenden Zeilen werden des tieferen Nachdenkens des verehrten Lesers wert sein. Dass die hier geschilderten Verhältnisse bestehen und einer dringenden Reform bedürftig sind, werden nach meinen Auseinandersetzungen wohl nur Wenige bestreiten, denn diese Reformen werden doch einst zur zwingenden Notwendigkeit der mächtig und mächtiger fortschreitenden hygienischen Bestrebungen der Jetztzeit. „Es ist ein wahres Zeichen aller Kulturnationen, dass sie mit klarem Bewusstsein Einrichtungen zur Erhaltung und Stärkung und Gesundheit Aller treffen. Man könnte die Thätigkeit eines Volkes in gesundheitlicher oder hygienischer Rücksicht geradezu als einen Maassstab überhaupt für die Grösse seiner Fähigkeit gebrauchen, in der Kulturgeschichte eine Rolle zu spielen“ sagt der grosse Hygieniker v. Pettenkofer, und keine Kraft, wie schwach sie auch sein möge, entziehe sich dieser ihrer Aufgabe im Kulturleben der Menschheit. Beide Geschlechter sind in gleicher Weise berufen, jedes nach einer seinen Kräften und seinem Wesen entsprechenden Art, mitzuarbeiten an diesem Kulturwerke, an dieser wahren inneren Mission, der Besserung der Menschheit von sexnellen Gebrechen.

Buchdruckerei Roitzsch vorm. Otto Noack & Co.

Zeitfracht Medien GmbH
Ferdinand-Jühlke-Straße 7
99095 Erfurt, Deutschland
produktsicherheit@kolibri360.de